Fiona Kiss und Andreas Steinert

Handbuch Pflanzenschutz im Biogarten

Wirkungsvoll vorbeugen, erkennen und behandeln.

100 % biologische Methoden

3. Auflage

Erlerstraße 10, A-6020 Innsbruck
E-Mail: loewenzahn@studienverlag.at
Internet: www.loewenzahn.at

Umschlag- und Buchgestaltung sowie grafische Umsetzung: Löwenzahn/Karin Berner
Illustrationen: Saskia Beck, www.s-stern.com
Umschlagfotos: Shutterstock.com: Käfer unten (Yuri Kravchenko); Fotolia: Apfelschorf oben Mitte (fotoknips); Fiona Kiss: Birnengitterrost oben links, Breitfüßige Birkenblattwespe oben rechts, alle Fotos Rückseite; Bildnachweise Innenteil ab Seite 375.

Gedruckt auf umweltfreundlichem, chlor- und säurefrei gebleichtem Papier.
Bibliografische Information Der Deutschen Bibliothek
Die Deutsche Bibliothek verzeichnet diese Publikation in der Deutschen Nationalbibliografie; detaillierte bibliografische Daten sind im Internet über <http://dnb.ddb.de> abrufbar.

ISBN 978-3-7066-2593-7

Fiona Kiss und Andreas Steinert

Handbuch Pflanzenschutz im Biogarten

Wirkungsvoll vorbeugen, erkennen und behandeln.
100 % biologische Methoden

Inhalt

II. Teil – Die wichtigsten Plagen, Schädlinge und Krankheiten im Garten

III. Teil – Der Gartendetektiv – draußen in der Praxis – Diagnostik

Ökologische Pflege übers Jahr

Anhang

Vorwort

„Das Jahr der Weißen Fliege" ist kein heiliges buddhistisches Zeitalter, sondern fand real in Franken Anfang der 2000er Jahre statt. Ich stand mit einer Kollegin in der Landesanstalt Veitshöchheim zur Beratung und fast jeder Besucher stellte die gleiche Frage. Was könne man gegen die Weiße Fliege tun? Glauben Sie mir, dass ich nach der 200sten Antwort etwas mürbe wurde, aber jeder Besucher und jede Besucherin hat das gleiche Recht auf eine umfassende und individuelle Antwort. Also hielt ich durch.

Aber in mir reifte ein Plan! Ich sollte die Antworten verschriftlichen, ausdrucken und einfach mitgeben! Doch dummerweise reichte das nicht aus, denn das nächste Jahr war „Das Jahr der Schnecke".

Zudem kommt ein weiterer schwieriger Punkt hinzu. Immer wieder werden uns Proben vorgelegt, wo wir erst mal sagen müssen: „Ja, was ist jetzt das?" Gar nicht selten liegt da nur ein amputierter Teil des Patienten. Eine verschrumpelte Frucht, ein mürbes Blatt, ein schon sehr knuspriger Zweig. Alles bei 60 °C im Auto drei Tage lang getrocknet und uns dann in freudiger Erwartung der Hilfe vorgelegt. Stellen Sie sich einen Tierarzt vor, der ein verwesendes Ohr vor sich liegen hat und herausfinden soll, was dem Hund fehlt (Ein guter Tierarzt würde sagen: „Mindestens ein Ohr!").

Tausende verschiedene Pflanzen, mit teilweise ihnen eigenen Symptomen, keine guten Probennahmen und sich ständig verändernde rechtliche Bedingungen für Pflanzenschutzmittel. Das schreit nach einem Buch, das vielleicht dazu beitragen kann zu beobachten, zu recherchieren und zu entscheiden, was zu tun ist.

Und dann rief der Löwenzahn Verlag an. Ein Pflanzenschutzbuch solle erstellt werden und die liebe Andrea Heistinger hatte uns vorgeschlagen. Eine Ehre für uns, die wir gerne annahmen, vielleicht auch in der Hoffnung, nie mehr zweihundert Mal die Weiße Fliege zu diskutieren.

Danke an meine Mitautorin Fiona, die mit Fachwissen, Humor und gutem Gespür für wirklich schlechte Metaphern meinerseits sowie nicht zuletzt mit wunderbaren Fotos das Buch ermöglichte. Meinen Kindern und Bonuskindern verlangte ich viel Zeit ab und bedanke mich für ihre Geduld und ihre flapsigen Anmerkungen, wenn es wirklich zu viel wurde.

Andreas Steinert

Großen Respekt vor jedem, der ein Buch schreibt. Blauäugig haben wir das Angebot vom Löwenzahn Verlag angenommen und dieses Buch verfasst, nicht wissend, wie viel Hirnschmalz, Selbstzweifel und strukturiertes Arbeiten dahinter stecken.

Es erscheint wesentlich leichter, unsere Erfahrungen in Kursen und Seminaren weiterzugeben, draußen, direkt vor und bei den Pflanzen, etwas zum Angreifen und Anschauen zu haben, statt eine leere Wordseite zu befüllen – und das auch noch geordnet und überlegt! Vortragen, Diskutieren und Erforschen mit unseren KursteilnehmerInnen war bisher unser Spezialgebiet. Das Meiste haben wir durch unsere Arbeit in der Praxis gelernt, wo es immer sehr schnell Antworten und Lösungen braucht, die aber nicht in Büchern stehen. Auch die mehr als 10-jährige Beratung und Zusammenarbeit mit der GARTEN TULLN und *Natur im Garten* haben unsere Erfahrung immens bereichert. Viele Fachleute wurden wertvolle Wegbegleiter und erweitern unser Wissen ständig. Es ist mir eine Freude, mit all den begeisterten Gärtner-

Innen, Fachmenschen und HobbygärtnerInnen im Austausch sein zu dürfen.

Danke von uns beiden an alle, die uns beim Entstehen dieses Buches geholfen haben: an den geduldigen und motivierenden Verlag selbst (wir waren nicht gerade schnell ...), an unsere vielen lästigen und wundervollen FreundInnen mit der ewig gleichen Frage, wann denn das Buch nun endlich fertig sei. Danke auch für Rückmeldungen und fürs Korrekturlesen an Roland Gaber, Sabine Pleininger und Claudia Strobl-López und auch an all unsere Kinder aus dem großen Patchwork-Wahnsinn, von denen wir ganz schön viel Zeit abzwacken mussten.

Schließlich ein großes Dankeschön an unsere Eltern, die uns von klein auf ein Leben im Grünen ermöglichten.

Ein Buch über Pflanzenschutz zu lesen, ist nicht so prickelnd wie solche über Gemüseanbau oder richtige Pflanzenauswahl, da es bei diesen Büchern doch immer nur um Krankheiten und Schädlinge geht.

Um in diesem Beruf zu arbeiten, muss man manchmal Acht geben, nicht in eine Depression zu verfallen vor lauter Fressen und Gefressenwerden oder bei all den Absterbe-Erscheinungen, gegen die wir, ehrlich gesagt, völlig machtlos sind.

Ein besonderer Dank hier an Andreas, der mit seinem eigenen herrlichen Humor das Thema bearbeitet und dadurch das Buch erst lesbar gemacht hat. Auch dafür, dass wir die gleiche Begeisterung für all die „Kleinigkeiten" empfinden, die uns täglich umgeben. Das Schreiben war so doch auch eine Mordsgaudi!

Ich möchte meinem Sohn danken, der mich immer auf das Winzige und Wesentliche da draußen hingewiesen hat. Kein Spaziergang konnte beschleunigt werden, wenn eine Raupe seinen Weg kreuzte, kleine, frisch geschlüpfte Schlangen wurden eingesammelt und mit ihnen gespielt, jede Rosenkäferlarve aus dem Kompost musste ins Haus gebracht werden und wurde nur durch viel Zureden kein neuer Mitbewohner.

Selbst als ich versuchte, die hungrige zwei Meter lange Äskulapnatter vom Apfelbaum zu stoßen (unmögliches Unterfangen), da sie die Drosseljungen vor unserer Haustür verschlingen wollte, blieb mein Sohn beobachtend, nahm sich ein Eis und setzte sich vor den Baum, um die beste Sicht zu haben und meinte, sie sei eben hungrig. Im Endeffekt war es zwar traurig, aber auch ein einzigartiges Erlebnis, dieser wirklich großen, kräftigen Schlange beim Verspeisen von drei Jungvögeln hintereinander zuzusehen. Spätestens hier lernte ich beobachten und nicht zu werten. Also habe ich mich aufs Fotografieren verlegt und beobachte seither vieles durch die Linse.

Gewidmet ist dieses Buch unseren Kindern, auf dass sie immer neugierig und im Kontakt mit der Natur und dem Leben bleiben.

Fiona Kiss

Über dieses Buch

Ein „Handbuch Pflanzenschutz im Biogarten" war nicht unsere Absicht. Ein Pflanzenschutzbuch zu schreiben, das ja. Klein und handlich sollte es werden, aber doch auch in die Tiefe gehen und Zusammenhänge erklären. Dass es jetzt ein dickeres Buch wurde, hat zwei Gründe:

Einerseits war es uns ein Anliegen, Lust auf Beobachtung zu machen und das Erlangen neuer Perspektiven zu fördern. Bei genauem Hinsehen erfreut der betörende Duft des Weidenbohrers, die anmutige Schönheit der Blattläuse oder das bezaubernde Farbenspiel eines Virusbefalls immer mehr Garten-Freaks und diese Sichtweise wollen auch wir unseren LeserInnen näherbringen. Und um Sie zum Fan der stinkenden Blumenwanzen zu machen, muss eben überzeugend geschrieben werden. Viel geschrieben werden.

Andererseits ist für dieses Thema eine große Anzahl von Fotos notwendig. Ein buntes Blumenbeet kann man sich in der Phantasie schneller und besser vorstellen als das beeindruckende zarte Orange des aufblühenden Birnengitterrosts am Wacholder. Und das wollten wir Ihnen wirklich nicht vorenthalten!

Für die schnelle Suche ist der letzte Abschnitt des Buches gedacht, die Diagnostik. Hier finden Sie unter anderem Bestimmungshilfen für Schadbilder und wirbellose Tiere sowie eine Jahresübersicht über die wichtigsten Krankheiten und Schädlinge an ausgewählten Pflanzen und den möglichen Maßnahmen bei Befall. Das ist aber nur ergänzend gedacht.

Den Hauptteil bilden die ersten beiden Kapitel, welche über die unglaublichen Fähigkeiten der Pflanzen, die Grundlage gesunder Pflanzen, das Gleichgewicht im Garten, Nützlinge, Vorbeugung und Heilung, Beschreibungen der wichtigsten Schädlinge und Krankheiten und vieles mehr berichten. Diese beiden Kapitel sollen den Tatendrang animieren, sich mit den Kleinen und den Kleinsten in unserer Natur zu beschäftigen, und Spaß am Untersuchen und Neugier auf Neues und Unbekanntes wecken. Es kostet Sie am Anfang sicher etwas Überwindung, die Hinterteile der Engerlinge genau zu betrachten, um zu wissen, wer da beißt, jedoch ist Lernen beim Tun die beste Art, sich Wissen anzueignen. Den freundlich grinsenden Popo des Gartenlaubkäfers vergessen Sie nie mehr! Und lächeln dann sogar zurück.

Dass wir in diesem Buch auf die schonendsten Methoden zur Regulierung von Schädlingen und Krankheiten zurückgreifen, versteht sich von selbst. Ökologische Pflege sollte im Garten Standard sein, denn die chemischen Keulen funktionieren weder lange, noch gut. Reine Symptombekämpfung ist ebenso nicht zielführend. Wenn Probleme im Garten wirklich immer wieder auftreten, dann lohnt es sich, die Ursache herauszufinden. Das kann einfach sein, aber auch unglaublich diffizil. „Gartendetektiv" haben wir diesen Part des Buches genannt. Eine Miss Marple, ein Sherlock, die genau beobachten und scharf kombinieren. Das kann richtig Spaß machen, auch wenn nicht immer ein bestimmter Grund für eine Schädigung herausgefunden werden kann. Eine Diskussion mit anderen „Profilern" des Gartens ist aber in jedem Fall befruchtend für neue Ideen und kann helfen, ein Gartenproblem zu lösen.

Wichtig war uns auch, die verwirrenden Unterscheidungen zwischen Pflanzenauszügen, Grundstoffen und Pflanzenschutzmitteln verständlich zu erklären, da dieses Thema in allen unseren Kursen nachgefragt wird. Hinweise zu ökologisch verträglichen Spritzmitteln werden Sie in diesem Buch finden. Wir möchten aber nachdrücklich darauf hinweisen, dass ein Mittel immer nur eine Notfallmaßnahme darstellt. Unser Ziel sollte sein, Spritzmittel, auch biologische, auf lange Sicht möglichst zu vermeiden, da sie trotz allem einen Eingriff in das natürliche Gleichgewicht jedes Gartens bedeuten.

Sabine Pleininger und Thomas Lohrer standen uns dankenswerterweise für die Interviews zur Verfügung. Beide sind uns wichtige Wegbegleiter, und wir haben in der Vergangenheit viel von ihnen lernen dürfen.

Eine kurze Erklärung für die Freunde wissenschaftlicher Nomenklatur: Nicht immer steht der botanische, zoologische oder sonstige Name hinter dem deutschen Begriff. Das haben wir zugunsten der Lesbarkeit unterlassen. Doch sollte der wissenschaftliche Name mindestens einmal im Text vorkommen, spätestens jedoch im Stichwortverzeichnis werden Sie ihn finden.

Beim Gendern haben wir ein wahres Durcheinander, meinen aber immer die weibliche und männliche Form, mit Ausnahme des „Männerschnupfens" im Virenkapitel.

Zum Schluss noch unser eigenes Schnellrezept für den Garten, um nicht gleich die Nerven zu verlieren:

1. Langsam und cool bleiben.
2. Anschauen und nicht wegschauen.
3. Die am wenigsten invasiven Methoden wählen – „Duldender Pflanzenschutz".

Und gaaaaaanz wichtig: der Natur und sich selbst Zeit geben.

Wir hoffen, dass Sie, liebe Leserin und lieber Leser, in diesem Buch eine feine Hilfe zur Selbsthilfe für Ihr eigenes kleines Paradies finden.

I. Teil – Vorbeugen und heilen

Wie bleibt meine Pflanze gesund – Wie wird meine Pflanze gesund?

Warum werden Pflanzen krank?

Weil sich eine Unzahl Bakterien, Pilze, Phytoplasmen und Viren für eine vegane Lebensweise entschlossen hat. Auch Tiere lieben Pflanzen und sind manchmal strikte Vegetarier. Sie wollen nur Pflanzen und deshalb werden diese geschädigt oder krank. Warum aber nicht alle Pflanzen krank werden und wenn doch, warum dann nur manche, das kommt erst ganz am Ende dieses Kapitels.

Jetzt sollten Sie sich von einigen Gedanken verabschieden, die sich im Laufe der Jahrtausende in das kollektive Gedächtnis der Menschheit eingefressen haben: Pflanzen stehen einfach so alleine rum, sind prinzipiell so intelligent wie ein Toast und warten nur darauf, gefressen zu werden. Warum erzählen wir Ihnen das?

Wir erzählen das, weil dieses Kapitel die Grundlage der Pflanzengesundheit darstellen soll. Die Abwehrsysteme der Pflanze, die Kommunikation mit der Umwelt, die Belebung des Bodens, die Belebung des Pflanzeninneren ... *Die* allerwichtigsten Grundlagen für eine gesunde Pflanze. Was wir vermeiden wollen ist, dass Pflanzenschutzmittel als kläglicher Ausgleich für Planungs- und Pflegefehler eingesetzt werden. Halten wir lieber die Pflanzen gesund. Klingt banal und ist es auch.

Die allerwichtigste Frage im Garten:
Was kann ich meiner Pflanze Gutes tun?

Also nochmal. Pflanzen sind wehrlose Geschöpfe, wie zum Fressen gemacht. Das war jedenfalls lange die allgemeine Meinung. Nachdem sich der Mensch dann aber doch gewundert hat, dass manche Pflanzen giftig sind oder auch Drogen enthalten, wurde gemutmaßt, dass diese Stoffe Fressfeinde abhalten sollen. Aha! Das klingt ja fast nach Verteidigungsstrategie! Und so etwas Ähnliches hat die Pflanze auch. Da Pflanzen vor Fressfeinden nicht weglaufen können, mussten sie im Laufe der Evolution Taktiken entwickeln, um sich zu verteidigen. Und die sind so wahnsinnig raffiniert, man glaubt es kaum!

Die Abwehrsysteme der Pflanzen

Strukturveränderungen – keine Rose ohne ...

Es ist schon alleine die äußere Struktur der Pflanze, die Feinde abhalten kann. Dornen, Stacheln und Brennhaare kennt jeder. Und jeder ahnt auch, dass die Pflanze so etwas hat, weil sie nicht gefressen oder beschädigt werden will. Man fasst das ja wirklich nicht gerne an. Manche strukturelle Veränderung der Pflanze kann aber auch diffiziler sein. So gibt es eine Akazienart, die Ameisen beherbergt. Wie ein Hotel für die kleinen Krabbler, mit Wasserversorgung, Nahrung und Wohnstatt. Die Ameisen verlassen die Pflanze gar nicht mehr und leben wunderbar im Schutz der für sie angelegten Wohnhöhlen. Und die Ameisen danken es der Akazie. In erster Linie werden konkurrierende Pflanzen, vor allem Schlingpflanzen, rigoros durch die Ameisen entfernt. Aber auch gefräßige Raupen und anderes großes Getier, wie zum Beispiel Giraffen, die Akazien zum Fressen gern haben, werden vertrieben oder gevierteilt. Eine Giraffe natürlich nur vertrieben.

Andere hilfreiche Strukturen sind bestimmte Wachsschichten auf den Blättern, die den Lotoseffekt aufweisen. Pilzsporen und Bakterien werden bei Regen einfach abgespült, denn sie können nicht richtig anhaften. Sie können den Lotoseffekt natürlich an der Lotospflanze sehen, aber auch an der Kapuzinerkresse, der *Hosta* und vielen weiteren Pflanzenarten. Sie verstärken ihre Wachsschicht und bilden eine mikroskopisch feine, dachziegelartige Struktur, die alles abperlen lässt. Bei einem Rundgang durch Ihren Garten finden Sie bestimmt auch nach einem Regen oder nach dem Gießen solche Blätter, auf denen die Tropfen wie Perlen sitzen. Wunderschön und wirkungsvoll!

Blätter mit Lotoseffekt werden nie nass und sind immer schön sauber. Auch Pilzsporen können nur schwer anhaften.

Auch ein lockerer Wuchs lässt Pflanzen schneller abtrocknen und verhindert so die Verpilzung. Aber das wollen unsere Gärtnereien nicht produzieren, weil es wiederum die KundInnen nicht wollen. Viele neigen dazu – geben Sie es zu! – eher kompakt wachsende Pflanzen zu kaufen und das etwas sparrige, dürre Exemplar daneben stehen zu lassen. Und weil wir so sind, macht das auch die Gärtnerin oder der Gärtner und „hilft" der Pflanze, so seltsam und gegen ihre Natur zu wachsen, mit synthetischen Hemmstoffen. Diese künstlichen Stoffe lassen Triebe wachsen, wo sonst nichts wächst und für uns sieht die Pflanze dann wahnsinnig gesund, kompakt und kraftstrotzend aus. So ein chemisch gestauchter Zwerg ist natürlich anfälliger für Pilzkrankheiten, denn im Inneren der Pflanze herrschen paradiesische Zustände für Pilze: warm und feucht! Und dazu eine gehemmte Pflanze! Das freut den Pilz und er tritt ein …

Wirklich nicht zum Reinbeißen: Stacheln einer Rose und Dornen einer Schlehe. Stacheln sind an der Pflanze gebildete Auswüchse, Dornen sind umgewandelte Blätter oder Sprosse! Stacheln lassen sich von der Pflanze lösen, ohne diese zu beschädigen. Für Dornen gilt das nicht, da sie fest mit der Pflanze verbunden sind. Sie stechen aber beide!

Das „Immunsystem" der Pflanze – Geschichten aus der Abwehr

Auch wenn chemische Fachausdrücke manche LeserInnen abschrecken werden, lesen Sie das folgende Kapitel trotzdem. Es ist die Grundlage um Pflanzen zu verstehen und wird Sie voller Neugier in die nächste Gartenrunde schicken. Lassen Sie sich also ein auf eine reizvolle Reise durch das chemische Abwehrarsenal einer vermeintlich wehrlosen Pflanze!

Und wir beginnen mit Inhaltsstoffen, die Sie vermutlich kennen! Nikotin, Koffein, Cannabinole, Strychnin, Opiate, Senföle, Kokain, Morphine, Blausäure und andere leckere, lustige oder tödliche Stoffe in Pflanzen sind in erster Linie nicht für Ihren Genuss bestimmt, sondern sollen Fressfeinde abhalten. Und die Natur ist da sehr erfinderisch. Manche Stoffe sind scharf, bitter, machen einen duselig oder sind tödlich giftig. Was wirkt, hilft der Pflanze beim Überleben.

Thymian besitzt besondere Inhaltsstoffe, welche Pflanzen gesund halten können. Deshalb steht er derzeit im Fokus der Pflanzenschutz-Forschung.

Eine ganze Reihe von Stoffen, die auch als sekundäre Pflanzenstoffe bezeichnet werden, halten Schädlinge ab, sichern aber auch unser Überleben, schmecken gut oder helfen uns gesund zu werden. Vitamine, Aminosäuren und Fette sind für uns lebenswichtig. Senföle in Kohlpflanzen geben den feinen Geschmack und Capsaicin in Chili die brennende Schärfe. Von den Gewürzkräutern und ihrer gesundheitsfördernden Wirkung gar nicht zu reden. Weiterhin werden die Inhaltsstoffe vieler Pflanzen als Arzneimittel genutzt, z. B. Kamille, Baldrian, Salbei und Thymian.

Nicht alle Stoffe sind zur Insektenabwehr bestimmt, aber nahezu alle sind wichtig für die Pflanzengesundheit, weil sie auch gegen Pilze, Bakterien, Viren oder andere Mikroorganismen wirken, welche die Pflanze schädigen würden. Und so wirken sie auch bei und vor allem in uns!

Die ständige Herstellung von Abwehrstoffen in der Pflanze hat aber zwei entscheidende Nachteile. Sie ist energieaufwändig und die Fressfeinde können sich daran gewöhnen. Im Laufe der Evolution ist noch jede Abwehrmaßnahme geknackt, aber eben auch immer wieder eine neue entwickelt worden. So nutzen manche Raupen, wie die des Tabakschwärmers (*Manduca sexta*), das in ihren Nahrungspflanzen enthaltene Gift, um sich wiederum selbst zu schützen. Ein ständiger Wettlauf zwischen Pflanze und Tier, wer die Nase vorne hat.

Um nun den Energieaufwand zu verringern und um resistente Schädlinge zu vermeiden, greifen die Pflanzen zu einem Trick: Sie produzieren manche Abwehrstoffe nur gezielt und bringen sie auch nur dann zum Einsatz, wenn wirklich ein Angriff stattfindet. Das hat zwar den Nachteil, dass es Zeit braucht, bis der Stoff wirkt, aber der Überraschungseffekt ist auf Seiten der Pflanze.

Und das Arsenal dieser Stoffe ist groß. Beispielsweise bestehen die Zellwände der Pilze wie bei den Insekten aus Chitin. Die Pflanze produziert entsprechend ein Enzym, das Chitin auflöst. Pflanzen selbst haben kein Chitin, deshalb ist der Stoff für die Pflanze unproblematisch. Enzyme haben übrigens immer die Endung „-ase" und wenn das Enzym Chitin angreift, dann ist es eine Chitinase. Es gibt viele verschiedene „Asen", die auch in der Abwehr eingesetzt werden.

Manche gebildeten Abwehrstoffe sind aber prinzipiell auch für die Pflanze gefährlich, wie z. B. Blausäure. Diese Säure ist gierig nach Eisen und zieht es auch aus stabilen chemischen Verbindungen frech und recht brutal heraus. Wir Menschen haben Eisen im Blut. Wenn Sie also Cyanverbindungen essen (Cyan meint blausäurehaltig) dann klaut dieses Gift Eisen aus Ihrem Blut. So kann kein Sauerstoff mehr transportiert werden und Sie ersticken, obwohl Sie atmen. Pflanzen brauchen Eisen zur Herstellung von Blattgrün. Also auch schlecht, wenn die Blausäure kommt, denn Grün heißt für die Pflanze Energie! Keine Energie, tote Pflanze!

Um sich also nicht selbst zu vergiften, greift die Pflanze zu einem Trick: Sie bindet die Substanz chemisch an Zucker. So ist diese unschädlich und kann in der Pflanze gebildet werden, ohne Schaden anzurichten. Diese Zucker-Giftstoff-Verbindungen werden Glycoside genannt.

Alle Wörter mit „Glyc" haben was mit süß oder mit Zucker zu tun. Auch Glycol, das Ihr Auto als Frostschutz im Kühler hat. Aber das Glycosid ist ja erst mal unschädlich; zum Glyc für die Pflanze! Um es scharf zu machen, also den Giftanteil vom Zucker abzutrennen, nutzt die Pflanze jetzt eine „Ase", also ein Enzym.

Pilze sowie Insekten bestehen aus Chitin und Pflanzen können Chitin einfach auflösen. Chemisch gesehen ist Chitin ein Zucker, der nicht süß, aber nach Käfer schmecken kann.

Durch diesen biochemischen Grundkurs können Sie den Stoff sicher bereits benennen: Glycosidase! Jetzt wirkt die Blausäure lokal begrenzt, nämlich dort, wo der Angreifer sitzt: Der Pilz oder die Bakterie hat kaum Chancen. Diese Blausäure-Glycoside können Sie übrigens auch schmecken: Bittermandeln oder auch die Knospen einiger Obstbäume tragen Marzipanaroma in sich, was Blausäure anzeigt.

Wir sind prinzipiell erst am Anfang! Die sogenannte „induzierte Resistenz", das Bilden von Phytoalexinen oder die proteolytischen Spaltungen in der Signalkette der Pflanzen zur *systemic aquired resistance* sind so unglaublich spannend, dass sie ein eigenes Buch verdienen und hier nur genannt werden. Sie merken, es wird kompliziert und wir fürchten, es könnte Sie langweilen.

Pflanzenstärkungsmittel – Schutzimpfung für das Immunsystem

Die Forschung zum Immunsystem der Pflanze ist sehr weit fortgeschritten. Im Text haben wir angedeutet, mit welchen sehr komplizierten Signalketten bestimmte Abwehrstoffe gebildet werden und was diese dann bewirken.

Pflanzenstärkungsmittel können diese Immunkraft der Pflanzen gezielt hervorrufen oder steigern. In einigen Naturstoffen befinden sich Substanzen, auf die Pflanzen mit einer Immunsteigerung reagieren. Diese (Elicitoren genannten) Stoffe sind beispielsweise Ackerschachtelhalm (*Equisetum arvense*), Fettsäuren oder auch Zucker.

Wird die Pflanze damit besprüht, dann bildet sie Abwehrstoffe aus, die es angreifenden Pilzen, Bakterien oder Schädlingen sehr viel schwerer machen.

Die Forschung sucht Stoffe, die gezielt die eine oder andere Abwehrreaktion der Pflanze provozieren.

Nachteil der Pflanzenstärkung: Der Effekt hält nur relativ kurz an, etwa 7–10 Tage, und alles, was nachwächst, ist ungeschützt. So müssten die Stärkungsmittel mindestens alle zwei Wochen angewendet werden, um ausreichend Schutz zu gewähren. Ist der Erreger aber nur zeitlich begrenzt unterwegs, beispielsweise fliegt der Birnengitterrost nur im April, dann ist die Pflanzenstärkung während ebendieses Zeitraums wunderbar geeignet.

Der Bereich Pflanzenstärkung ist im Moment durch neue Gesetzgebungen stark in Bewegung. So gibt es nun eine neue Rubrik, die „Biostimulanzien". Mehr zu Stärkungsmitteln im Kapitel „Von Vorbeugen bis Heilen: der Pflanzenschutzkuchen" (ab S. 24).

Pflanzen kommunizieren mit der Natur ...

Eine der raffiniertesten Methoden der Pflanze ist das Anlocken von Freunden. Nach dem Prinzip „Der Feind meines Feindes ist mein Freund", schaffen es die Pflanzen, durch Duftstoffe Nützlinge herbeizuholen, wenn Läuse oder Raupen sich über die Blätter hermachen. Und nicht nur das: Pflanzen bemerken sehr genau, wer an ihnen frisst oder saugt. Anhand des Speichels oder auch des Kots erkennt das Gewächs den Übeltäter und lässt gezielt flüchtige Substanzen ab.

Diese Duftstoffe locken jetzt genau die Nützlinge an, die benötigt werden. Marienkäfer bei Läusen, Schlupfwespen bei Raupen oder oft

Ackerschachtelhalm wird traditionell zur Pflanzenstärkung eingesetzt, weil er das Immunsystem der Pflanze auf Turbo bringen kann.

auch Meisen bei allem Möglichen. Gerade Meisen reagieren sehr gezielt auf Bäume, die um Hilfe duften.

Weil Pflanzen gute Geschöpfe sind, behalten sie die Information, dass etwas an ihnen beißt oder saugt, nicht nur für sich. Sie geben andere Substanzen an die Luft ab, die ihre Artgenossen warnen. Diese können jetzt ihr Abwehr nach oben fahren und sind schneller geschützt.

Dieses System der freundlichen Warnungen im Pflanzenreich hat einige Giraffen das Leben gekostet. In Afrika warnen sich Akazienbäume nämlich vor allzu gefräßigen Giraffen, die Akazienblätter gerne fressen. Ein Bitterstoff, der zudem giftig ist, wird in der Akazie gebildet und nach kurzem Benagen ziehen die Giraffen zum nächsten Baum, denn der aktuelle schmeckt nicht mehr.

Akazien haben die Möglichkeit, über volatile, also fliegende Substanzen ihre Nachbarbäume zu warnen. Diese bilden dann schnell die Bitterstoffe und sind ungenießbar. Eine solche Warnung funktioniert selbstverständlich nicht gegen die Windrichtung, denn nur mit dem Wind können die Stoffe treiben.

Meisen riechen mit Raupen befallene Bäume und benötigen gerade in der Brutzeit vor allem Frostspanner-Raupen zur Fütterung der Jungvögel.

Und die Giraffen waren tatsächlich schlau genug, *gegen* den Wind weiter zu ziehen. Als weiße Farmer begannen, Zäune zu ziehen, konnten die Giraffen nicht gegen den Wind weitergehen und mussten die mit Bitterstoffen vergifteten Bäume abfressen, um nicht zu verhungern. Dabei wurde ihre Leber so stark geschädigt, dass viele Giraffen in kurzer Zeit eingingen. Doch dieses tragische Ereignis hatte wenigsten einen Vorteil: Die Wissenschaft wurde auf die erste Kommunikation zwischen Pflanzen aufmerksam. Und das war erst der Anfang.

... und mit sich selbst

Pflanzen stehen in ständigem Austausch mit Individuen ihrer eigenen Art und mit artfremden Gewächsen. Einer der effektivsten Kommunikationswege ist der über das WWW, das Wood Wide Web. Dieser recht lustige Begriff soll zeigen, dass gerade in Wäldern fast alle Pflanzen miteinander vernetzt sind und zwar unter Zuhilfenahme der Pilze.

Vor über einhundert Jahren entdeckt, sind vor allem die **Mykorrhizapilze** in das Interesse der Forschung gelangt. Schon lange ist bekannt, dass diese Pilze eine Lebensgemeinschaft mit den Pflanzen eingehen. Sie liefern zusätzliche Nährstoffe, können Phosphor lösen, Medikamente für die Pflanze herstellen und liefern auch noch zusätzliches Wasser. Somit vergrößern sie quasi den Wurzelbereich um bis zu eintausend Mal! Als Belohnung erhalten sie von der Pflanze Zucker. Geben und Nehmen, was auch als Symbiose, Zusammenleben, bezeichnet wird. Und sie leben nicht nur mit *einer* Pflanze zusammen, sondern mit vielen, vielen anderen.

Seit wenigen Jahren wird immer mehr über dieses Netzwerk bekannt. Dass Schädlings-Warnungen nicht nur über die Luft ausgegeben werden, konnte mit Basilikum bewiesen werden. Auch über die Mykorrhiza wird gewarnt. Verblüffend wird es, wenn das Netzwerk nicht nur ein kommunikatives ist, sondern auch ein soziales. So werden geschwächte Bäume mit Nährstoffen versorgt. In einem Versuch wurde einem Opferbaum ein schwarzer Sack über den Kopf gezogen. Dieser konnte nun nicht mehr assimilieren, also mit Sonnenlicht Zucker produzieren. Über das Pilznetzwerk wurden jedoch Nährstoffe anderer Bäume an diesen Baum geliefert, so dass er überleben konnte!

Auch im Schatten stehende Kinder von Buchen leben jahrzehntelang ohne ausreichend Sonnenlicht, nur ernährt und am Leben gehalten von der Mutter (oder auch anderen Bäumen) über das Pilznetzwerk. Fällt die Mutter tot um, dann ist die Zeit der Kinder gekommen und sie können das Wachsen beginnen. Manchmal erst nach einhundert Jahren als Baum-Zwerg! Pflanzen sind bereits seit Jahrmillionen vernetzt, wie fossile Funde zeigen. Hier nun ein kurzer Überblick, was Pflanzen noch so alles können.

Bäume in Wäldern sind über Pilznetzwerke miteinander verkabelt und helfen sich gegenseitig in Stresssituationen.

Die dunkleren Bereiche des Rasens haben sich mit einem Mykorrhizapilz verbrüdert und profitieren sichtlich von ihm.

- Pflanzen können riechen, also Gerüche wahrnehmen und sie lieben anscheinend Tomatenaromen, zu welchen die Wurzeln gerne hin wachsen.
- Pflanzen können Geräusche von sich geben. So klicken Maiswurzeln alle drei Sekunden, vermutlich, um nicht ineinander zu wachsen. Und dazu muss die andere Pflanze natürlich hören können ...
- Pflanzen können auch hören und reagieren sehr auffällig auf bestimmte Frequenzen, die sie mögen oder nicht.
- Pflanzen können sich (vermutlich in den Wurzelspitzen) als eigenständige Individuen erkennen!
- Und Pflanzen erinnern sich! Wo sie das speichern ist unbekannt, aber man hat Mimosen ständig auf den Boden geworfen und nach einiger Zeit haben die Mimosen erkannt, dass das Fallen keine echte Bedrohung ist. Sie haben das mimosenhafte Hängenlassen der Blätter eingestellt und „merkten" sich diese Erfahrung etwa 30 Tage lang. Dann hatten es die Mimosen wieder vergessen.

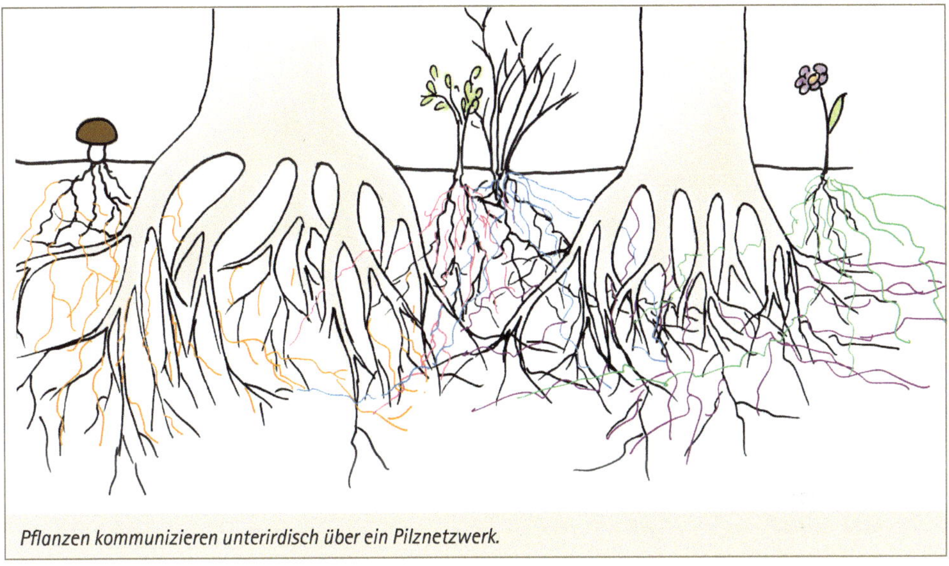

Pflanzen kommunizieren unterirdisch über ein Pilznetzwerk.

Beispiel einer oberirdischen Kommunikation: Befallene Pflanze ruft mit Duftstoffen Nützling zu Hilfe, der seine Eier in den Schädling ablegt. Der Schädling wird abgetötet und die Nützlingslarven schlüpfen.

Gehen Sie also gut mit Ihren Pflanzen um. Sie merken es sich!

Vieles ist hier noch zu erforschen, aber denken Sie jetzt nicht, dass Bäume die besseren Menschen seien. Das sind sie nicht, denn auch ein gnadenloser Verdrängungskampf ist Alltag unter den Pflanzen. Es werden Stoffe ausgeschieden, die anderen Pflanzen das Wachsen schwer machen, es wird gedrückt, geschoben, gewürgt und der Saft abgedreht. Allelopathie ist das Fachwort für die Wechselwirkung von Pflanzen untereinander, indem diese chemische Stoffe einsetzen. Ebenso wie negative Wirkungen können auch positive, fördernde Effekte im Empfängerorganismus ausgelöst werden.

In der Vegetationskunde, also der Lehre des Zusammenlebens der Pflanzen, gibt es sogar ein Teilbereich, der als Pflanzensoziologie bezeichnet wird. Immer wieder finden sich in der Natur bestimmte Pflanzen in Gruppen zusammen und ein Standardsatz der Vegetationskundler ist:

Wenn eine Pflanze nicht am optimalen Standort, mit optimaler Nachbarschaft steht,

Sukzession (Ihr Garten in 100 Jahren).

dann wird sie krank werden und letztendlich verschwinden!

Das ist der Lauf der Dinge in der Natur: ständige Verdrängung (Sukzession nennt das der Ökologe) und *am Ende steht immer der Wald*! Das ist dann ein relativ stabiler Zustand und wird als Klimaxstadium bezeichnet. Auch Ihr Garten wird ein Wald werden, wenn Sie nichts mehr tun. Aber Sie tun ja etwas. Sie schneiden, mähen und rupfen aus, graben um und setzen die Pflanzen, die Sie wollen.

Warum also werden Pflanzen krank?

Weil Ihr Garten noch kein Wald ist!

Noch nicht, aber die Natur arbeitet dran. Wir setzen Pflanzen in unsere Gärten und auf unsere Felder, die an diesem Standort langfristig ziemlich sicher keine Chance hätten. Dann füttern wir sie mit salzigen Kunstdüngern, rauben ihnen jegliche Kommunikationsmittel, magern den Boden ab und wundern uns über Krankheiten. Solcherart gestresste Pflanzen können sich nicht mehr wehren.

Deshalb sollten wir alles daran setzen, den Pflanzen ihren Platz, den sie von uns bekommen haben, so bequem und annehmlich wie möglich zu gestalten. Und das ist recht einfach.

- ein guter Boden
- viele Freunde, also z. B. Mikroorganismen im Boden
- nette Nachbarn
- Licht, Wasser und gute Vollwertkost in Form natürlicher Dünger

Dann kann die Pflanze ihre ganze Immunpower nutzen, um Krankheiten und Schädlinge im Zaum zu halten. Das ist der beste Pflanzenschutz, den es gibt!

Platzmangel, Trockenheit, Streusalz, Hundelulu und Verdichtung durch parkende Autos. Dieser Baum leidet unter Stress und ist krank.

Woran erkenne ich eine gestresste Pflanze?

Viele Symptome zeigen, dass der Pflanze etwas nicht behagt. Wenn Sie die Ursache herausfinden, dann können Sie Pflanzenschutzmaßnahmen bleiben lassen. Versuchen Sie also, Ihrer Pflanze die Umgebung so fein wie möglich zu gestalten. Wenn Boden, Ernährung, Wasser und Mikroorganismen stimmen, dann geht es der Pflanze meist gut. Wenn nicht, zeigt sie es durch:

- geringes Wachstum, nicht vom Fleck kommen und bei Jungbäumen oft Flechtenbewuchs. Flechten sind nur für alte Bäume wunderbar, weil sie einen Nützlingsunterschlupf für Raubmilben darstellen. Junge Bäume können hingegen unter Flechten leiden!
- Notblüte zu ungewöhnlicher Zeit, kompletten Fruchtfall, Abwerfen der Blätter, Verbleichen oder Vergilben der Blätter, Glanzverlust, Absterben
- massiven Schädlingsbefall, Krankheiten
- Abgabe von Wasser durch die Blätter (muss kein Stress sein, kann aber), Kristallbildung an Blattstielen

Wenn Ihre Pflanze optimal steht, dann konzentrieren Sie sich auf den Boden. Guter Boden, gesunde Pflanze. Das werden Sie noch öfter lesen und auch Tipps erhalten, wie Sie den Stress Ihrer Pflanzen abmildern können.

Flechten auf alten Bäumen sind hervorragende Nützlingsunterkünfte. Auf Jungbäumen, wie auf dieser Kastanie, zeigen sie Stress an.

Von Vorbeugen bis Heilen: der Pflanzenschutzkuchen

Pflanzenschutzmittel möglichst vermeiden. Diesen Satz finden Sie öfter in diesem Buch und es ist auch unser Anliegen, besser die Ursachen für Krankheits- oder Schädlingsbefall herauszufinden, als Symptom/Bekämpfungs-Strategien zu empfehlen. Das Gleichgewicht im Garten herstellen und bewahren. Der Pflanze Gutes tun. Das ist wahrer Pflanzenschutz. Spritzen von Pflanzenschutzmitteln ist nur ein kleiner Teil des Pflanzenschutzes und sollte, wenn überhaupt, nur gezielt angewendet werden und wohlüberlegt sein.

Es gibt eine Grafik, die zwar schrecklich technisch aussieht, aber die Grundlagen gesunder Pflanzen eigentlich sehr gut darstellt: die Pflanzenschutzpyramide. Um das Technische jedoch etwas abzumildern, haben wir eine inhaltlich identische Grafik gestaltet, die aber nicht Pyramide, sondern Kuchen ist. Das war uns sympathischer.

Auf diesem Pflanzenschutzkuchen sehen Sie ganz unten die Basis gesunder Pflanzen, die besprechen wir gleich zuerst. Die zweite und dritte Ebene enthalten weitere vorbeugende Maßnahmen, die schon gezielter gegen die Krankheiten und Schädlinge gerichtet sind, aber durch ihre Art und Weise kaum in das natürliche Gleichgewicht eingreifen. Erst ganz oben, auf der schmalen Spitze des Kuchens, steht der Pflanzenschutz. Und auch der kann noch unterteilt werden: in besonders nützlingsschonende Mittel und Biobomben. Letztere haben nur in Spezialfällen ihren Sinn.

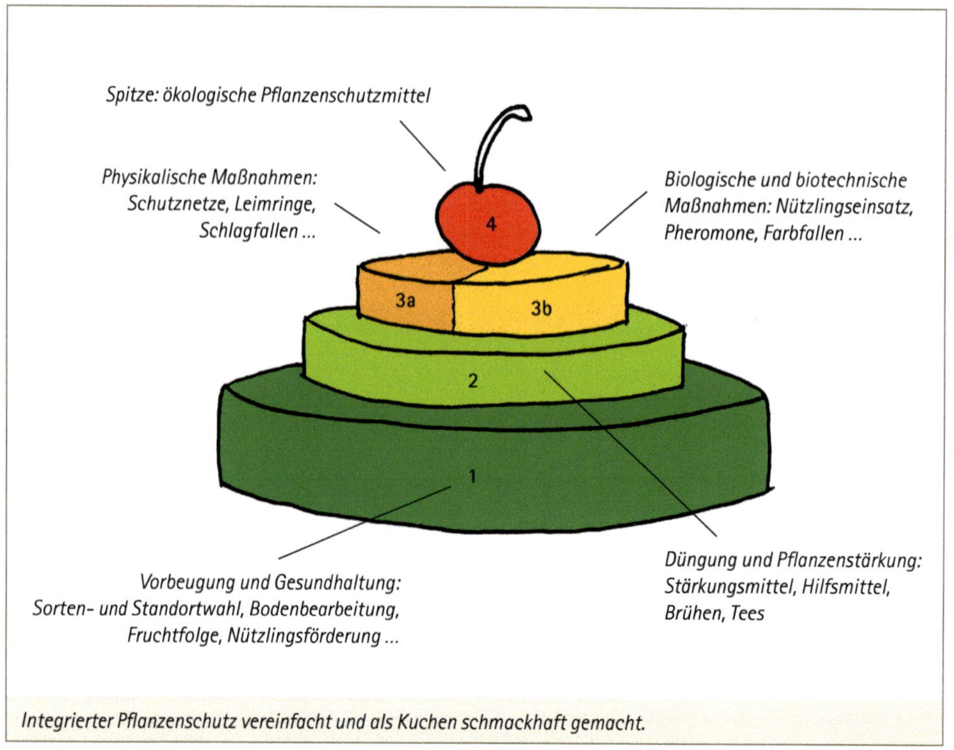

Integrierter Pflanzenschutz vereinfacht und als Kuchen schmackhaft gemacht.

Starten wir also mit der Grundlage gesunder Pflanzen, dem Tortenboden sozusagen. Und wir halten die Erklärungen kurz, denn viele Bücher aus dem Löwenzahn Verlag behandeln gerade diese Themen sehr genau.

Der Tortenboden: die Grundlage gesunder Pflanzen

Bodenpflege ist *die* Vorbeugung schlechthin. Nur das Zusammenleben der Pflanze mit Milliarden kleiner Mikroorganismen hält sie gesund. Deshalb „füttert" die Pflanze ja auch das Bodenleben, indem sie bis zu einem Drittel ihres produzierten Zuckers durch die Wurzeln abgibt. So wie bei uns nur jede zehnte Zelle (!) in und auf unserem Körper wirklich auch unsere ist, umhüllt sich die Pflanze mit einer Schutzschicht aus vielen tausend verschiedener Mikroorganismengattungen und -arten.

Fördern Sie das Bodenleben durch Kompost oder Komposttee, vermeiden Sie Kunstdünger und chemische Pestizide, ständige Bedeckung durch Pflanzen oder Mulch.

Jede **Bodenbearbeitung** sollte schonend sein. Umwenden des Bodens unbedingt vermeiden, denn das schwächt das Bodenleben, das oft nur in bestimmten Tiefen leben kann. Grabgabeln sind optimal und wenn Fräsen oder Umwenden nicht zu vermeiden sind, dann können Sie mit Kompost oder Komposttee schnell wieder Leben einhauchen.

Pflanzenpflege meint Kulturmaßnahmen wie Schnitt, Ausgeizen (Seitentriebentfernung), Umtopfen oder Kalken des Stamms gegen Frostrisse. Gerade der Schnitt ist im Obstbau eine wichtige vorbeugende Maßnahme, um das feuchte Klima, was Pilze lieben, zu vermeiden. Nicht jede Pflanze muss gepflegt werden, aber einige werden sehr viel seltener krank, wenn fachlich richtig eingegriffen wird.

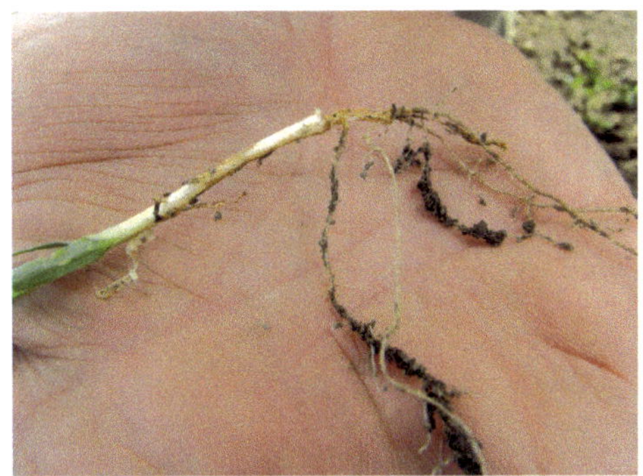

Anhaftende Erde an Wurzeln zeigt die Ansammlung von Mikroorganismen. Die Pflanze füttert durch Wurzelausscheidungen das Bodenleben und lockt es auch dadurch an.

Komposttee ist ein Kaltwasserauszug aus Wurmkompost. Pro Liter sind etwa ein bis zehn Milliarden Mikroorganismen enthalten.

Fördern Sie Nützlinge! Die natürlichen Gegenspieler brauchen meist bunte Vielfalt, moderndes Holz und andere Kleinstrukturen, wie Steinhaufen. Ein Nistkasten für Meisen hilft Wunder gegen Schadinsekten und viele Nützlinge fressen nur als Larven Schädlinge. Die erwachsenen Tiere brauchen oft Blüten zum Überleben.

Eine gute **Sortenwahl** kann Pflanzenschutz überflüssig machen. Es gibt krankheitsresis-

Mit der Grabgabel nur lockern und nicht umgraben! Das erhält das Bodenleben, denn in jeder Tiefe wohnen verschiedene Spezialisten.

tente oder auch krankheitstolerante Sorten, was bedeutet, die Pflanze wird krank, stirbt aber nicht dran. Manche alte Sorten sind besser als neue, auf Ertrag gezüchtete, das muss aber nicht sein. Und es gibt gerade im Obstbereich oft regionaltypische Sorten, die mit Ihrem Klima und dem Schädlingsdruck gut zurechtkommen. Aber auch das muss nicht immer stimmen. Für die Sortenwahl im Obst- und Gemüsebereich helfen sicher die vielen Löwenzahn-Bücher, die Andrea Heistinger mit der Arche Noah geschrieben hat. Und für Zierpflanzen gibt es viel Literatur, die Rosen-, Stauden- oder Gehölzsichtungen beinhalten.

Zur **Mischkultur** eine kleine Geschichte: In Mittelamerika wurden traditionell drei Pflanzen zusammen angebaut. Die sogenannten „Drei Schwestern" Bohne (*Phaseolus vulgaris*), Mais (*Zea mays*) und Kürbis (*Cucurbita* spp.)

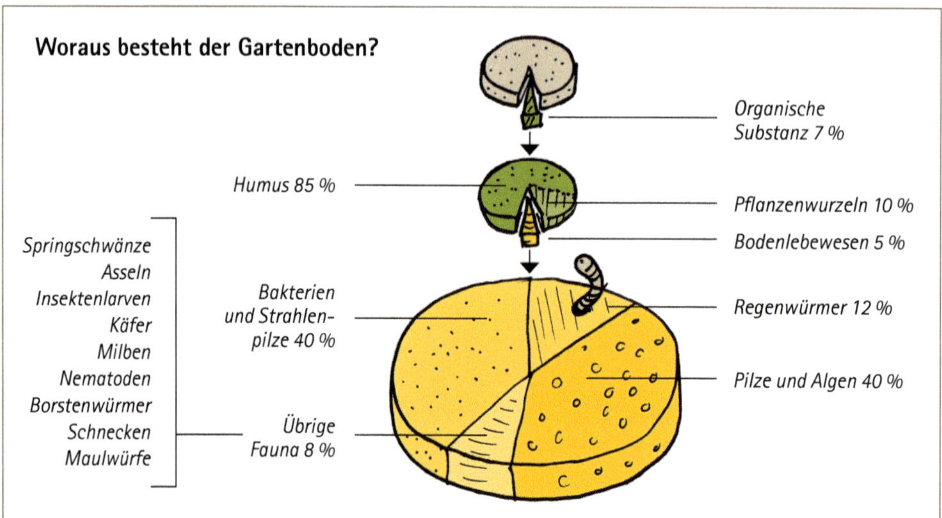

80 % des Bodenlebens ist mikroskopisch klein und besteht hauptsächlich aus Pilzen und Bakterien. Von den sichtbaren Tieren, sind die Regenwürmer dominierend. Unterschiedliche Arten übernehmen verschiedene Funktionen, wie Tiefen lockern, vertikale und horizontale Durchwühlung oder oberflächennahe Bodenbearbeitung. Regenwurm ist eben nicht gleich Regenwurm. Vorsicht bei Umschichtungen des Bodens! Die übrige Fauna macht nicht einmal 10 % des Bodenlebens aus. Hier finden sich unter anderem Maulwürfe, Schnecken, Käfer, Larven, Asseln, Milben sowie die sehr nützlichen kleinen Springschwänze. Nach W. Neudorff GmbH.

Manche Rosensorten sind für einige Standorte ungeeignet. Und andere fühlen sich gerade dort wohl.

ergänzen und stärken sich gegenseitig. Als der Trend zur Monokultur kam, mussten sehr viel mehr Pestizide eingesetzt werden, so dass in kleinbäuerlichen Betrieben wieder auf die Drei-Schwestern-Wirtschaft, die sogenannte *Milpa*, zurückgegriffen wurde. Der Mais dient als Klettergerüst für die Bohnen, diese liefern Stickstoff und der Kürbis bedeckt mit seinen großen Blättern den Boden und schützt vor Austrocknung und Erosion.

Manche Pflanzen profitieren also gut von ihren artfremden Nachbarn, andere eher nicht. Studieren und Anwenden von Mischkulturtabellen ist eine weitere Möglichkeit, Pflanzen gesund zu halten. Pflanzen mit ungefüllten Blüten locken in der Mischkultur Nützlinge an, wie etwa die Schwebfliegen als Blattlausjäger.

Stehen jährlich immer wieder die gleichen Kulturen an gleicher Stelle, dann laugt der Boden einseitig aus und Krankheiten wie auch Schädlinge bauen hohe Populationen auf. Ein **Fruchtwechsel** für mindestens drei Jahre sollte eingehalten werden, wobei nicht nur die Art, sondern auch die Pflanzenfamilie eine andere sein sollte. Es gibt jedoch Krankheiten, die mehrere Jahre im Boden überdauern können. Gerade Pilze, die Dauersporen wie Sklerotien bilden, sind hartnäckig. Kompostgaben oder Gründüngungen können helfen. Auch bei der Gründüngung sollten Sie aber darauf achten, dass z. B. keine Kreuzblütler wie Senf (*Sinapis* spp.) enthalten sind, wenn Sie gerade andere Vetreter dieser Pflanzenfamilie, wie Kohlpflanzen im Beet stehen hatten. Das verhindert die Ausbreitung von kohl-liebenden Krankheiten und Schädlingen.

Von Mischkultur profitieren alle beteiligten Pflanzen, wenn denn die Mischung auch stimmt.

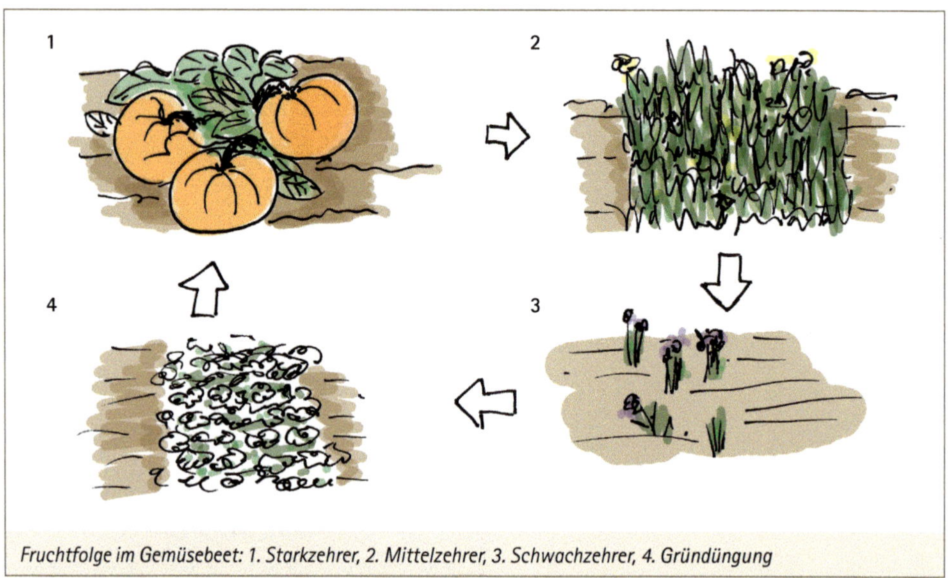

Fruchtfolge im Gemüsebeet: 1. Starkzehrer, 2. Mittelzehrer, 3. Schwachzehrer, 4. Gründüngung

Dass der **Standort** passen soll, klingt selbstverständlich. Doch oft genug stehen Pflanzen schlicht falsch. Sonnenanbeter im Schatten oder Sandbewohner im Lehm. Auch unterm Walnussbaum ist es nicht gut, weil er herbizide Stoffe abgibt. Zur Standortwahl gehört aber z. B. auch ein Dach über der Tomate, weil der Erreger der Kraut- und Knollen-/Braunfäule vier Stunden Blattnässe braucht, um eindringen zu können. Auch Blattnässe durch Regen sollte vermieden werden. Windoffene Lagen mögen Gemüsefliegen nicht und deshalb sollten Sie vor allem Karotten nicht im Windschatten anbauen.

Hygiene! Wir schreiben über Belebung des Bodens durch Abermilliarden Mikroorganismen und dann Hygiene? Nun, wenn sie durch Hygiene weniger Schädlingsdruck hat, dann muss sich die Pflanze nicht so viel wehren. Und Kompostbakterien können viel, aber nicht alles auffressen. Fruchtmumien aus Obstbäumen entfernen, mit Braunfäule kontaminierte Tomatenstäbe reinigen oder pilzbefallenes Falllaub, madenverseuchte Kirschen sowie miniermottenbefallenes Kastanienlaub beseitigen, bringt sehr viel für das nächste Gartenjahr. Was auch unter Hygiene fällt, ist die Kontrolle zugekaufter Pflanzen oder auch Saatgut auf Befall. Bei Pflanzen ist das oft schwierig, denn Viren oder Bakterien haben wie beim Menschen eine Inkubationszeit, also es dauert, bis Symptome sichtbar werden. Auch leben manche Schädlinge versteckt in den Blattachseln. Versuchen Sie, trotzdem auf Schädlinge

Der Fluch der Fruchtmumie: Wenn Monilia-kranke Früchte den Winter über am Baum hängen bleiben, ist eine Neuinfektion sehr wahrscheinlich.

und Krankheiten zu achten. Das erspart so manchen Pflanzenschutzmitteleinsatz.

Ein Punkt noch zur **Bewässerung**. Nicht nur die Wasserqualität (Härte, Temperatur) hat Gesundheitseinfluss, auch *wie* gegossen wird. Also die Menge, die Häufigkeit, die Tageszeit und ob die Pflanzen nach dem Gießen tropfnass sind oder nicht.

Standardregeln: Meist schaden zu kaltes oder zu hartes Wasser, nasse Pflanzen werden leichter von Pilzen befallen, morgens gießen hält ebenfalls Pilze und auch Schnecken ab und lieber weniger oft, dafür mehr Wasser geben.

Die zweite Etage: Düngung und Pflanzenstärkung

Über die **Düngung** finden Sie auch immer wieder Passagen im Buch. Zu viel Düngung fördert oft Schädlinge, denn die Pflanze produziert dann zu viel Eiweiß, das sie durch Wachstum gar nicht verwerten kann. Viel Eiweiß, viele Schädlinge. Auf einer optimal ernährten Pflanze verhungert der Schädling oder kann sich nicht gut weiter vermehren. Auch die Art des Düngers ist entscheidend. Organische Dünger geben ihre Nährstoffe immer dann ab, wenn es warm oder feucht genug ist, weil dann die Mikroorganismen anfangen, den Dünger umzubauen. Ist es kühl oder trocken, gibt's kein Futter für die Pflanze und sie braucht es dann ja auch nicht. Kunstdünger beeinträchtigen das Bodenleben stark und geben ständig Nährstoffe frei. Das macht Pflanzen anfällig für Krankheiten und Schädlinge.

Die Nutzung von **Pflanzenstärkungsmitteln** sieht fast schon aus wie ein Pflanzenschutzeinsatz, denn oft werden die Stärkungsmittel gespritzt. Die Wirkung ist jedoch eine andere: die Immunabwehr der Pflanze wird ähnlich einer Schutzimpfung auf Höchstniveau

Nur Naturdünger geben ihre Nährstoffe genau dann ab, wenn die Pflanze sie auch benötigt.

gebracht. Krankheiten und Schädlinge tun sich mit einer Pflanze in Topform schwer.

Jetzt nähern wir uns mit Riesenschritten der nächsten Kuchenetage. Und hier wird es schon etwas ungemütlicher für die Schädlinge und Krankheiten, denn wir nutzen Methoden, die sie *gezielt* fernhalten, anlocken oder auffressen, ohne aber dabei ins Gleichgewicht einzugreifen, denn das sollte bewahrt bleiben.

Die dritte Etage: direkte und gezielte Maßnahmen

Wenn Sie einen Käfer, der Ihre Pflanzen benagt, umbringen, dann nutzen Sie bereits die erste Methode: **physikalische Maßnahmen**. Zu diesen gehören auch Schutznetze, Leimringe,

Ausgesperrt! Fresser und Sauger können Sie durch Netze gut von den Pflanzen fernhalten.

Vogelscheuchen und Schneckenzäune, sowie das Wegschneiden befallener Zweige oder das Abspritzen mit einem scharfen Wasserstrahl. Nutzen Sie die Physik!

Farbfallen zum Abfangen von Schädlingen, wie hier im Kirschbaum gegen die Kirschfruchtfliege, gehören zur Biotechnik.

Auch das Absammeln von Kartoffelkäfern (Leptinotarsa decemlineata) *ist schon eine physikalische Maßnahme. Mühsam, aber wirkungsvoll.*

Nützlinge sind käuflich. Hier abgebildet sind winzige Erzwespen gegen die Weiße Fliege kurz vor dem Schlupf.

Biotechnik ist schon etwas diffiziler, denn hier wird ein Reiz ausgenutzt, der die Schadtiere anlockt oder fernhält. Duftstoffe, Sexuallockstoffe und Farbfallen werden hier eingesetzt.

Wenn Sie Marienkäfer kaufen und gegen Blattläuse einsetzen, betreiben Sie **biologischen Pflanzenschutz**, also den Einsatz von Nützlingen, wie auch Mikroorganismen, die Schädlinge krank machen.

Ganz oben und doch am kleinsten: Pflanzenschutzmittel

Und jetzt zur Kirsche auf dem Kuchen. Nicht, dass sie das Beste wäre, aber davon sollte am wenigsten da sein: Pflanzenschutz mit **Pflanzenschutzmitteln**. Und hier natürlich nur mit Wirkstoffen, die im ökologischen Landbau zugelassen sind oder natürliche Wirkstoffe enthalten.

Ein Pflanzenschutzmittel ist in der Regel die letzte Wahl, denn Pflanzen schützen heißt beobachten, cool bleiben und vorbeugen.

Im Kapitel „Pflanzenschutzmittel" sind ab S. 81 die einzelnen Wirkstoffe genau erklärt; es sind hauptsächlich Insektizide und Milbenmittel (Akarizide), wenige Pilzmittel (Fungizide) und ein Schneckenwirkstoff. Achten Sie beim Einsatz bitte auf möglichst nützlingsschonende Mittel wie Rapsöl oder Backpulver und verzichten Sie, wenn es geht, auf Pyrethrum oder Kupfer. Weiterhin sollte die Diagnose stimmen, sonst sind die Mittel umsonst ausgebracht. Und keine Wirkung ist ohne Nebenwirkung. Das gilt leider auch für ökologische Pflanzenschutzmittel.

Der Boden als Grundlage

Bei all unseren Kursen, Führungen oder Seminaren erklären wir zuallererst die folgenden Zusammenhänge: Der Boden, unser wichtigster Partner im Pflanzenschutz, sollte nicht nackt, sondern immer bewachsen oder mit einer Mulchschicht abgedeckt sein, um die Bodenlebewesen (Nützlinge) vor Austrocknung oder Verschlämmung zu schützen. Es leben wesentlich mehr Organismen *in* unserem Boden als *auf* ihm. Ein Gramm Boden enthält Milliarden von Mikroorganismen, also Bakterien, Pilze, Algen und Einzeller. Unter einem Quadratmeter Boden leben Hunderttausende bis Millionen von Bodentieren, wie Fadenwürmer, Regenwürmer, Milben, Asseln, Springschwänze und Insektenlarven.

Beim Einsatz von Fungiziden im Garten werden auch im Boden die wichtigen Pilze abgetötet, die für die Kommunikation zuständig sind und die Gesundheit der Pflanzen unterstützen. Insektizide und Kupfer sind wiederum für die Bodenorganismen toxisch! Ein teuflischer Kreislauf beginnt, was vielen Gartenbesitzern nicht bewusst ist, weil sie es nicht sehen.

Betrachten Sie einmal den Waldboden mit seiner dicken Laubschicht, unter der es vor Leben brodelt, und vergleichen ihn mit einem reinen, streng gepflegten Rosenbeet, wo der Boden leblos und meist hart daliegt. Ohne Leben im Boden werden die Nährstoffe nicht umgesetzt und für die Pflanzen aufbereitet. Da kann selbst die beste Rose nicht ihren vollen Glanz und ihre Kraft entfalten, nicht zu vergessen, dass sich der Schädling immer über geschwächte Pflanzen freut. Wenn Sie sich dann noch vorstellen,

Laub bedeckt und schützt das Bodenleben und wird von Bodenlebewesen zu Nährstoffen für unsere Pflanzen umgewandelt.

Regenwürmer lockern den Boden auf und hygienisieren ihn, indem sie z. B. schädliche Pilze verdauen.

Die kleinen Springschwänze (Collembola) sind wichtige Streuzersetzer und schaffen dadurch wertvollen Kompost.

Rissiger Boden kann ein Zeichen für schwache Belebung sein. Pflanzenwurzeln, Mikroorganismen und Bodenbedeckung fehlen hier.

Mulchabdeckungen mit Gras oder Hanf schützen das Bodenleben und den Boden vor Verschlämmung, Austrocknung und Unkraut.

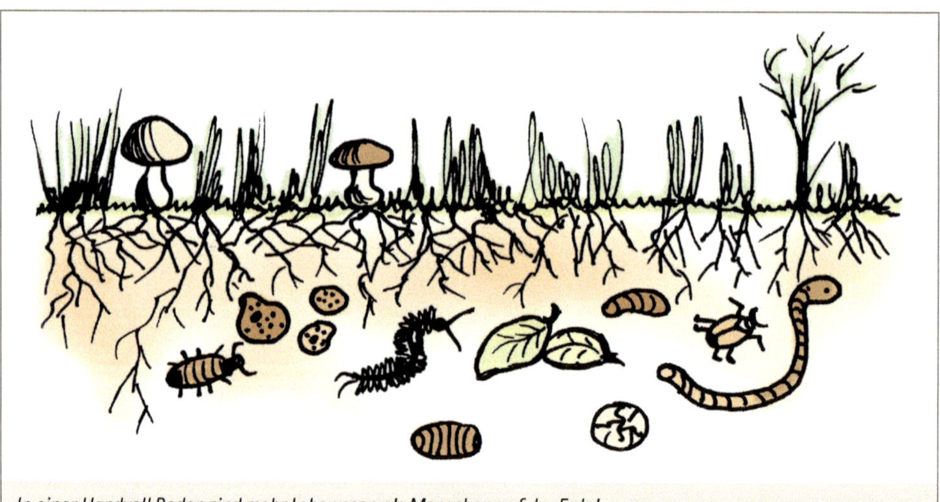

In einer Handvoll Boden sind mehr Lebewesen als Menschen auf der Erde!

dass das meiste Leben im Boden ganz eng um die Wurzeln herum stattfindet, da diese sogenannte Exsudate an den Boden abgeben, die wiederum für die Mikroorganismen eine leckere Mahlzeit bedeuten, dann wird Ihnen schnell klar, wie wichtig ein durchwurzelter und nicht offen liegender Boden für das Leben darin ist.

Wenn Sie diese Erkenntnis einmal verinnerlicht haben, schmerzt der Anblick jedes „nackten" Bodens umso mehr. Sogar die Informationen über einen Angriff durch Schädlinge auf einer Pflanze können über das hochkomplexe Mykorrhiza-Netz im Boden schnell weitergeleitet werden. So warnen Pflanzen einander frühzeitig und aktivieren sofort Abwehrmechanismen, um gegen einen weiteren Angriff besser gewappnet zu sein. Das Bodenleben ist einer unserer wichtigsten Verbündeten im ökologischen Pflanzenschutz und findet noch immer viel zu wenig Beachtung. Darum ist der Schutz des Bodenlebens, des gesunden und stabilen Lebens im Untergrund, so unverzichtbar für uns.

Tun Sie Ihrem Boden Gutes

- Schützen Sie den offenen Boden mit einer Mulchschicht aus Gras, gehäckseltem Gartenmaterial, Laub, Hanf- oder Flachsschäben. Dies ist ein wunderbarer Behelf, bis die Pflanzen zusammengewachsen sind.
- Säen Sie, wo es geht, überall Gründüngungsmischungen aus: Phazelie, Buchweizen und andere helfen bei der Regeneration und bieten dem Bodenleben Futter.
- Wurzeln wo immer es geht. In durchwurzelten Flächen leben wesentlich mehr Organismen.
- Verwenden Sie natürlichen organischen Dünger: Sie füttern so das Bodenleben und dieses ernährt gezielt die Pflanze.
- Spendieren Sie eine Runde Komposttee für gesündere Garten- und Balkonpflanzen: Diese Mikroorganismen in flüssiger Form können Sie leicht selber herstellen.

Kompostgaben erhöhen den Humusgehalt im Boden, ernähren die Pflanze und sorgen für ein munteres und gesundes Bodenleben.

Phazelie, der Bienenfreund, ist eine wunderbare Gründüngungspflanze, wird von Bienen und Hummeln gerne angeflogen und besticht auch optisch.

Nützlinge – helfende Mäuler im Garten

Welche Nützlinge gibt es?

Es gibt viele verschiedene Organismen, die zu den Nützlingen zählen und die als kleinere oder größere Helferlein unsere Gärten veredeln. Wir stellen sie nachfolgend in Gruppen dar, zwecks besseren Überblicks. Die Bandbreite reicht hier von Säugetieren bis zu mikroskopisch kleinen Organismen wie Pilzen oder Bakterien. Es gibt sowohl natürlich vorkommende Nützlinge als auch speziell gezüchtete Arten, die käuflich zu erwerben sind und eine wichtige Rolle im biologischen Pflanzenschutz spielen.

Insekten stellen die artenreichste Tiergruppe der Erde dar, daher haben wir eine Auswahl der für uns und für unsere Gärten wichtigsten getroffen. Die nachstehenden Listen erheben keinen Anspruch auf Vollständigkeit und sollen Ihnen lediglich einen Überblick verschaffen.

Der III. Teil dieses Buches (ab S. 306) hilft Ihnen bei der Frage: Ist das nun ein Insekt oder nicht?

Was sind Nützlinge?

Ein Nützling ist ein Organismus, der für den Menschen besonders dadurch nützlich ist, dass er schädliche Tiere vernichtet. Er kann sie als Nahrung, aber auch als Wirt gebrauchen und hilft uns, unsere Pflanzen schädlingsfrei zu halten. Nützlinge können also Spinnentiere, Insekten, Säugetiere, aber auch Pilze oder Bakterien sein.

Die Natur trennt nicht nach Nützlingen oder Schädlingen. Fressen und Gefressenwerden ist die Devise. Ein ausgefinkeltes Räuber-Beute Schema bis ins Kleinste ist da zu beobachten. Dadurch entsteht auch erst das ökologische Gleichgewicht, das wir uns am besten in den Garten holen, um die geringstmögliche Mühe mit dem Thema Pflanzenschutz zu haben. Hier liegt auch der Schlüssel für ein freudvolles und friedvolles Gärtnern: das „Dulden und Zulassen" von verschiedenen Organismen, um eben dieses ausgewogene Miteinander zu erreichen und selbst die wenigste Arbeit zu haben.

Die Unterscheidung in Nützling und Schädling brauchen nur wir Menschen, um in „gut" (für

Nützlinge übernehmen vielfältige und wichtige Aufgaben, wie zum Beispiel die der Bestäubung.

Ameisen fungieren auch als Gesundheitspolizei im Garten: hier beim Zerlegen und Abtransport eines Junikäfers.

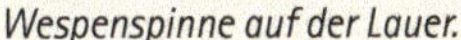

Wespenspinne auf der Lauer.

Naturschauspiel im Kleinen: Die Geburt einer Blattlaus.

uns) und „böse" (für uns) zu trennen. Wobei gut für kein Fressfeind und Böse für Fressfeind (Konkurrent) unserer zu schützenden Pflanzen steht. Im Folgenden werden wir uns trotzdem an den Sprachgebrauch Nützling – Schädling halten, um Sie nicht völlig zu verwirren. Wichtig ist für uns, dass Sie bei Ihren Spaziergängen und Neuentdeckungen im Garten immer im Hinterkopf behalten, dass auch ein Schädling einen Nutzen bringen kann und nicht alle über einen Kamm zu scheren sind. Also lieber länger beobachten und herausfinden, was der „Schädling" noch so alles kann, frisst oder was er für das sensible Ökosystem im Garten bedeutet, bevor durch einen Eingriff das Gleichgewicht gestört ist. Als Beispiel seien hier die Blattläuse genannt, die einerseits eindeutig als Schädlinge zu bezeichnen sind, die aber andererseits die Lebensgrundlage und Nahrung vieler Tierarten bilden und somit doch von großem Nutzen im Naturgarten sind.

Nützlinge regulieren nicht nur Schädlinge, sondern sie bestäuben Blüten, zersetzen in der Streuschicht den Bioabfall, bauen Humus auf und bieten Ihnen ein absolut faszinierendes Naturerlebnis, wenn Sie sich nur die Zeit für Beobachtungen nehmen. Starten Sie am besten bei den Blattläusen. Hier finden Sie ein Schauspiel unterschiedlichster Färbungen und Arten. Von rot, grün und schwarz bis hin zur Zweifarbigkeit in grau-schwarz-gestreift geht die Palette, je nachdem, auf welcher Pflanze die Laus sitzt. Wer einmal eine Geburt der in Steißlage in die Welt purzelnden Läuse beobachtet hat, wird mehr Respekt vor diesen kleinen Pflanzensaftsaugern haben.

Warum Nützlinge im eigenen Garten?

Die Förderung von Nützlingen ist an und für sich schon eine Pflanzenschutzmaßnahme, und zwar eine der wichtigsten, effektivsten und langfristigsten. Leider hat der Mensch in der Vergangenheit seine Gärten und die Landschaft immer mehr ausgeräumt und „gesäubert" und macht das auch heute noch. Übersicht und bloß keine Wildnis war und ist angesagt. Unwissenheit ersetzt hier den Hausverstand.

Manche Gärten, die wir pflegen durften, wurden intensiver geputzt als das Wohnzim-

Perfekte Arbeit der Schlupfwespe: parasitierte Blattläuse (Blattlausmumien) auf einer Rosenknospe.

Eine Florfliegenlarve beim Aussaugen einer Blattlaus.

Rot, birnenförmig und viel schneller als die Spinnmilben. Wenn Sie also rote Pünktchen über die Pflanzen rennen sehen, dann sind Raubmilben (hier Phytoseiulus persimilis*) auf der Jagd.*

*Eine prächtige Gemeine Spinnmilbe (*Tetranychus urticae*). Die dunklen Punkte verschwimmen beim Betrachten mit dem bloßen Auge zu zwei großen dunkleren Flecken.*

Marienkäferlarve auf ihrem Raubzug an einer Rosenknospe. Die Rose wurde vollständig von Blattläusen gesäubert.

Schwebfliegenlarve auf einem Rosenblatt – hungrig nach Blattläusen.

mer im Haus. Durch diese Eingriffe wurden und werden die Wohnmöglichkeiten und das Nahrungsangebot für Nützlinge drastisch reduziert. Die Balance der Natur wird gestört und dort, wo keine Fressfeinde als Gegenspieler mehr vorhanden sind, können sich Schädlinge, wie die allseits gefürchtete Spanische Nacktschnecke, und Krankheiten wunderbar ausbreiten. Im Grunde wissen viele nicht, was sie sich da antun und wieviel Arbeit sie sich durch Umwege aufbürden.

Oft durften wir erleben, dass Schädlinge an Pflanzen erst festgestellt wurden, als die Nützlinge die Arbeit bereits erledigt hatten. Je genauer wir unseren Blick für die Spuren der Nützlinge schulen, umso öfter werden wir erkennen, dass z. B. Blattläuse definitiv an einer Pflanze dran waren, jedoch wie von Zauberhand entfernt wurden. Nur mehr leere Hüllen oder aufgeblähte Blattlausmumien zeugen von den Geschehnissen. Hier haben fleißige kleine Blattlausfresser schon den Pflanzenschutz übernommen und uns bleibt nur mehr das Staunen, Freuen und Danken. Alles in allem weniger Arbeit für uns, gesündere und stärkere Pflanzen und ein faszinierendes Erlebnis für Groß und Klein, und das täglich!

Wenn wir es schaffen, ein annäherndes Gleichgewicht zwischen Nützlingen und Schädlingen im Garten zu etablieren, dann regeln sich viele Probleme von selbst, bevor wir überhaupt etwas merken. Das bedeutet aber auch, Schädlinge bis zu einem gewissen Grad zuzulassen!

Du bist eine Wanze, also bist du … gut?

Ohrwürmer gelten als Allesfresser und ernähren sich von vielen Schädlingen. Kommt es allerdings zu einem Massenauftreten, werden auch schon einmal weiche Früchte und Blätter verzehrt. Solange jedoch Blattläuse vorhanden sind, werden diese bevorzugt.

Innerhalb einer Tierfamilie gibt es oft verschiedene Arten, wobei hier schädliche und nützliche Tiere vorkommen können. Gute Beispiele sind **Milben** (Raubmilben – Spinnmilben), **Wanzen** (pflanzenschädigende Arten – räuberische Arten) und **Nematoden** (schädliche – nützliche).

Bei den **Wanzen** erwähnen wir nur an Land lebende Arten. Viele Wanzen besitzen Stink-

Wanzen können sowohl Nützlinge als auch Schädlinge sein.

drüsen und können bei Bedrohung ein Sekret abgeben, das den typischen Wanzengeruch verbreitet und bei Kontakt andere Insekten schädigen oder auch töten kann. Wanzen stechen ihre Beute, oder eben auch Pflanzen, an und saugen diese aus.

Eine sehr wichtige Aufgabe, die Nützlinge im Garten erledigen, ist die **Bestäubung von Blütenpflanzen**! Zuständig sind hier Wildbienen, Hummeln, Fliegen, Schmetterlinge u. v. m. Erdhummeln (*Bombus terrestris*) können Sie auch käuflich erwerben und mitarbeiten lassen.

Leistung der Nützlinge in unseren Gärten

- Maulwürfe fressen unterirdisch lebende Rasenschädlinge und lockern nebenbei verdichtete Bodenschichten auf.
- Meisen verfüttern 25 kg Insekten pro Brut - sie können zwei bis drei Mal pro Jahr brüten, das macht dann im Idealfall 75 kg Insekten pro Jahr!
- Allein an der Rose können wir mehr als 30 blattlausvernichtende Nützlinge finden - also warum hier überhaupt etwas unternehmen?
- Ein Schlupfwespen-Weibchen ist 2–3 mm groß und parasitiert bis zu 300 Blattläuse.
- Ohrwürmer verzehren pro Nacht bis zu 120 Blattläuse und betreiben eine intensive Brutpflege. Sie bewachen und pflegen ihre Eier und eine Zeit lang sogar die Larven.
- Die Fledermaus frisst nachtaktive Schädlinge, die von anderen Nützlingen nicht erfasst werden.
- Florfliegenlarven vernichten 200–500 Blattläuse während ihrer Larvenentwicklung.
- Marienkäfer und Larven laben sich an bis zu 150 Blattläusen pro Tag.
- Schwebfliegenlarven vertilgen in ein bis zwei Wochen 400–700 Blattläuse und treten sehr zeitig im Frühjahr auf.

Maulwürfe lockern unsere Böden, fressen Rasenschädlinge und beschenken uns mit fruchtbarer Erde für die Blumentöpfe im Frühjahr.

Nistkästen sind die einfachste Einladung für die gefiederten Nützlinge. Meisen inspizieren die Kästen bereits im Herbst und nutzen sie auch bei Kälte. Somit lohnt sich das Aufhängen auch nach der Saison vor dem Winter.

Welcher Nützling frisst welchen Schädling und wie kann ich diese im Garten fördern? – Wirbeltiere

Wirbeltiere	Nützling	Beutetiere/Schädling	Nützlingsförderung durch
Lurche	Erdkröte Kreuzkröte	Schadinsekten und Schnecken (z. B. Kartoffelkäferlarven, Asseln, Raupen, Raupen von Kohl- und Erdeulen)	Versteckmöglichkeiten (Steine, Bretter, feuchte Stellen), Laichgewässernähe
Kriechtiere	Eidechse	Insekten und deren Larven, Schnecken, kleine Würmer	Trockensteinmauern, lockere Steinhaufen, Hecken, sonnige Böschungen
	Blindschleiche	kleine Schnecken und Insekten	schattige, feuchte Plätze, Kompost- und Laubhaufen, moderndes Holz, Erdhöhlen
	Schlange	Mäuse	je nach Art unterschiedlich
Vögel	z. B. Kohl- und Blaumeise, Rotkehlchen, Amsel, Krähe, Grünfink, Zaunkönig, Lerche, Grasmücke, Specht u. a.	Insekten und Insektenlarven (z. B. Frostspanner, Apfelwicklerlarven, Wanzen, Blattläuse, Schildläuse, Fliegen, Wespen, Schmetterlinge, Asseln, Spinnen, Milben u. v. m.)	Brutmöglichkeiten, Nistkästen, Bäume und Sträucher als Versteck, Ansitz und Nistmöglichkeit, hohle Baumstämme, Insekten im Garten!
	Greifvögel und Eulen	Kleinnager, Kleinsäuger, Insekten	Ansitzmöglichkeit (z. B. Bäume, hohe T-Hölzer u. a.)
Säugetiere	Igel, Maulwurf, Spitzmaus	Insekten und Larven, Würmer, Schnecken, kleine Wirbeltiere	Laub- und Reisighaufen, dichtes Gebüsch, Hecken
	Fledermaus	Nachtaktive Schädlinge, Apfel- und Pflaumenwickler, Spanner, Spinner, Eulenschmetterlinge, Schnaken, Mücken, Käfer, Fliegen u. v. m.	Ungestörte Nistmöglichkeiten (z. B. Baumhöhlen, Dachböden, Nistkästen, Höhlen, Keller u. ä.)
	Raubtiere (z. B. Marder, Wiesel, Katze, Hund u. a.)	Nagetiere (Wühlmaus, Mäuse, Ratten u. a.)	Baumlöcher, Steinhaufen, unberührte Natur, Verstecke
Weichtiere	Tigerschnegel und Wurmschnegel	Andere Nacktschnecken und deren Gelege, Pilze, Flechten, Algen und organisches Material	feuchte, schattige Plätze, Versteckmöglichkeiten, kein Schneckenkorn streuen!

Äskulapnatter auf Mäusejagd.

Igel brauchen ungestörte Versteckmöglichkeiten.

Hungrige Vogelmäuler benötigen eine Vielzahl an Raupen.

Smaragdeidechse auf Buchsbaumzünslerjagd.

Drosseln ernähren sich von Insekten, Schnecken und Beeren.

Kröten sind gute Insektenfänger und fressen sogar Schnecken.

Fledermäuse sind die Nützlingskönige der Nacht und erledigen Schädlinge, die ebenfalls zu dieser Zeit unterwegs sind.

Dieses kleine Raubtier schleimt sich an und schlägt dann in der Geschwindigkeit eines Faultiers zu: Der Tigerschnegel ist der ungekrönte König im Beet und vertilgt andere Schnecken und deren Eier.

Der Hund als Wühlmausfänger.

Auch ein guter Schneckenjäger – der Feuersalamander.

Welcher Nützling frisst welchen Schädling und wie kann ich diese im Garten fördern? – Gliederfüßer

Gliederfüßer	Nützling	Beutetiere/Schädling	Nützlingsförderung durch
Spinnentiere (verschiedenste Spinnentierarten, sehr wichtige Funktion als Nützling!)	Weberknecht, Afterskorpion, Spinne, Raubmilbe	Unterschiedlichste Insekten	Vielfältige Lebensräume (Nischen) im Garten schaffen
Tausendfüßer	Hundertfüßer	Weichhäutige Gliedertiere (Springschwänze, Blattläuse, Zweiflügler u. v. m.) und Würmer	feuchte Spalten und Ritzen, Steine, Rinde, Laub
Insekten	Libelle	Schadinsekten, wie Fliegen, Mücken, Käfer	Naturnahe Teiche mit Röhrichtzone
	Ohrwurm (dämmerungsaktiv)	Blattläuse, Schildläuse, Spinnmilben, Raupen und andere Insektenlarven, Blutlaus im Obstbau!	Verstecke (Mauerritzen, Laub, Bretter, Steine, Folien ...)
	räuberischer Thrips	schädliche Thripse, Spinnmilben, Weiße Fliege, Schildläuse, Blattläuse u. v. m.	
	räuberische Wanze: Blumenwanzen, Weichwanzen, Sichelwanzen, Baumwanzen	Spinnmilben, Blattläuse, Blattflöhe, Zikaden, Blattsauger, kleine Raupen, Eier und Larven von Milben und Insekten	Naturnahe Standorte, Traubenkirschenbestände im Winter und Frühjahr, Hecken, Obstbäume und krautige Vegetation während der aktiven Entwicklung, Brennesselbestände für Sichelwanze
	Kamelhalsfliege	Blattläuse, Rüssel- und Borkenkäfer, Blattwespen, Raupen	Baum- und Strauchschicht
	Florfliegenlarve („Blattlauslöwe")	Blattläuse, Blutläuse, Milben, Zikaden, Thripse, Schmetterlingsraupen u. v. m.	Hecken, Strauchschicht, Pollen- Nektar und Honigtau für erwachsene Tiere (Blütenpflanzen), Schlupfwinkel zur Überwinterung

Gliederfüßer	Nützling	Beutetiere/Schädling	Nützlingsförderung durch
Käfer	Laufkäfer	Eier, Larven und erwachsene Insekten, Würmer, Schnecken	Hecken, Laubstreu, moderndes Holz, dichte Bepflanzung, bedeckter Boden, Tolerierung von etwas Unkraut
	Marienkäfer	hauptsächlich Blattläuse	Gutes Blattlausangebot im Frühjahr führt zu starker Population, Naturwiesen, artenreiche Bepflanzung, Heckensträucher, Wildkräuter, krautige Pflanzen
	Leuchtkäferlarve („Glühwürmchen")	Nackt- und Gehäuseschnecken	Totholzhaufen, Steinhaufen, Blumenwiese, künstliche Beleuchtung reduzieren, Rückzugsmöglichkeiten
Parasitierende Hautflügler	Schlupfwespe, Erzwespe	Insekten und Eier (parasitieren diese) – Blattläuse, Blutläuse, Schildläuse Schadschmetterlinge, Blattwespen u. a.	Pollen- und Nektarpflanzen, Schädlinge als Nahrung, Bodenstreu, Hecken, Unterwuchs und Saumbepflanzungen
Hautflügler	Faltenwespen (Sächsische Wespe, Deutsche Wespe, Feldwespe, Hornisse u. a.) – staatenbildend	Schadraupen und andere Insektenlarven	ruhige, ungestörte Brutmöglichkeit
	Lehmwespe, Grabwespe – einzeln lebende Wespen	Schadraupen und andere Insektenlarven	Nützlingshäuser, hohle Stängel, offener Boden, sandige Stellen
Zweiflügler	Schwebfliegenlarve	Blattläuse	Doldenblütler und Korbblütler, Weidenkätzchen; Hasel für erwachsenes Tier
	Räuberische Gallmückenlarve	Blattläuse	Honigtau (Blattläuse) für erwachsenes Tier, Blattläuse

Der Hundertfüßer macht den weichhäutigen Gliedertieren Beine. Gut zu erkennen ist, dass er zwei Beinpaare pro Segment besitzt. So etwas in die Hand zu nehmen, sollte wohlüberlegt sein, denn er beißt gerne.

Imposante Räuber in der Luft – Libellen.

Ohrwürmer sind sehr nützlich gegen Blattläuse und andere Schädlinge.

Zebrathripse (Parthenothrips dracaenae) *sind häufige Besucher und Schädiger der Zimmerpflanzen. Die Zebrafärbung kann man gut mit dem bloßen Auge erkennen. Links unterhalb beäugt eine Nymphe (Larve mit Flügelanlagen) das erwachsene Tier beim Trinken. Raubthripse sehen von der Form her sehr ähnlich aus. Sie saugen andere Thripse und deren Eier aus.*

Zwei Wanzen bei der Paarung.

Laufkäfer sind schnelle und effektive Schneckenjäger. Sie fressen sie nicht, sondern speien eine Verdauungsflüssigkeit auf die Opfer und schlürfen das Vorverdaute dann auf.

Ohne Vielfalt und etwas Wildnis im Garten sieht man sie leider selten – die Glühwürmchenlarven, die aussehen, als trügen sie einen Panzer am Rücken.

Eine Schlupfwespe auf der Jagd im Garten. Man nennt sie „Parasitoide", da die Larve der Wespe ihren Wirt abtötet. Echte Parasiten bringen den Wirt nicht um, sondern sind Gast ohne zu bezahlen.

Wo Marienkäfer sind, sind Blattläuse meist auch nicht weit, oder eben umgekehrt.

Die Larve einer räuberischen Gallmücke beim Aussaugen einer Blattlaus.

Hornissen bei der Paarung im Spätsommer.

Die häufigsten Schädlinge und dazugehörige Nützlinge

Schädling	Natürlich vorkommender Nützling	Nützlinge im Handel
Apfelwickler, Pflaumenwickler	Hühner, Enten, Vögel, Wanzen, Laufkäfer, Schlupfwespen u. a.	Granulosevirus, Nematoden, Schlupfwespen
Blattlaus	Weberknecht, Spinne, Hundertfüßer, Ohrwurm, Wanze, Florfliegenlarve, Marienkäfer, Schwebfliege, Schlupfwespe, Gallmücke, Grabwespe, Vögel u. v. m.	Marienkäfer, Florfliegen, Gallmücken, Schlupfwespen, Raubwanzen, Schwebfliegen
Buchsbaumzünsler	teilweise Vögel, Spinnen, Eidechsen u. a.	*Bacillus thuringiensis*, Nematoden, Schlupfwespe (im Versuchsstadium)
Dickmaulrüsslerlarve	Maulwurf, Spitzmäuse, Igel, Vögel u. a.	Nematoden
Gartenlaubkäferlarve	Maulwurf, Wildschweine, Vögel u. a.	Nematoden
Maulwurfsgrille	Maulwurf, Grabwespe, Raupenfliege u. a.	Nematoden
Minierfliegen	Schlupfwespen	Schlupfwespen (Innenraum)
Schadfliegen	Spinne, Baumwanze, Laufkäfer, Grabwespe, Schlupfwespe u. v. m.	
Schadkäferlarven	Weberknecht, Hundertfüßer, Wanze, Kamelhalsfliege, verschiedene Käferarten, Schlupfwespe, Wespe, Raubfliege u. v. m.	Nematoden
Schadschmetterlingsraupe	Vögel, Wespe, Spinne, Ohrwurm, Wanze, Laufkäfer, Raubfliege, Schlupfwespe u. v. m.	Schlupfwespen
Schildlaus	Ohrwürmer, Florfliegen, Wanzen, Marienkäfer	Marienkäfer Schlupfwespen
Schnecken	Weberknecht, Laufkäfer, Weichkäfer, Leuchtkäfer (Glühwürmchen), Aaskäfer, Igel, Spitzmäuse, Tigerschnegel u. a.	Nematoden
Spinnmilbe	Weberknecht, Raubmilbe, Ohrwurm, Wanze, Florfliegenlarve, Marienkäfer, Gallmücke u. a.	Raubmilben Gallmücken

Schädling	Natürlich vorkommender Nützling	Nützlinge im Handel
Thrips	Raubmilbe, Blumenwanze, Florfliegenlarve, Marienkäfer, Raubthrips u. a.	Raubmilben, Florfliegenlarven, Raubwanzen, Raubthripse, Nematoden
Weiße Fliegen	Raubthrips, Marienkäfer, Schlupfwespe	Schlupfwespen, Raubwanzen, Raubmilben
Wollläuse	Marienkäfer, Florfliegenlarve, Schlupfwespe, Schwebfliegenlarve	Marienkäfer, Florfliegenlarven, Schlupfwespen

Hühner vernichten zuverlässig Sägewespen, Wicklerlarven oder Kirschfruchtfliegenlarven unter Obstbäumen. Haben Sie gerade einmal keine Hühner zur Hand, dann können Sie ab Mai auch das Granulosevirus einsetzen.

Die Larve des Dickmaulrüsslers wird biologisch mit Hilfe kleiner Fadenwürmer, der Nematoden, in Schach gehalten.

Diese Nützlinge sollten Sie im eigenen Garten kennen lernen – Blattlausvertilger im Porträt

Schwebfliege und Larve:
Die gelb-schwarz gefärbte erwachsene Schwebfliege liebt Pollen und Nektar von Doldenblütlern und Korbblütlern. Ihre Larve wirkt wie eine Mini-Nacktschnecke und ist durchsichtig bis grünlich.

Die länglichen Eier der Schwebfliege auf einem Rosenblatt, die Larve bei der Nahrungssuche und das Ruhestadium (Puppe) vor dem Schlupf der erwachsenen Schwebfliege.

Florfliege und Larve:
Das erwachsene Tier ernährt sich von Pollen und Nektar. Die Larve ist dämmerungsaktiv, verspeist ihre Nahrung meist auf der Blattunterseite und wird auch Blattlauslöwe genannt.

Das Ei der Florfliege wird auf einem langen Stiel abgelegt, um vor seinen schlüpfenden gefräßigen Artgenossen geschützt zu sein. Die Larve wird wegen ihres großen Hungers auch Blattlauslöwe genannt. Geschützt im Kokon findet die Verwandlung zum erwachsenen Tier statt.

Marienkäfer und Larve:
Der erwachsene Käfer und die Larve ernähren sich beide von Blattläusen, Schildläusen und Spinnmilben. Eine Art (gelb mit schwarzen Punkten) frisst sogar Echte Mehltaupilze.

Die Marienkäferlarve häutet sich, wie alle Larven, einige Male, bis sie bereit für die Verpuppung ist.

Der Zweiundzwanzigpunkt-Marienkäfer (Psyllobora vigintiduopunctata) *weidet den Belag des Echten Mehltaus ab.*

Schlupfwespe:
Viele unterschiedliche Arten, das erwachsene Tier sticht u. a. Blattläuse an und legt seine Eier in die Laus (Parasitierung). Die Jungtiere entwickeln sich in der Blattlaus und töten diese dadurch ab. Sehr effektiver Blattlausvernichter.

Durch Schlupfwespen komplett parasitierte Blattläuse auf einer Saflor-Distel. Der Befall wurde erst bemerkt, als bereits alles vorbei war und die Schlupfwespen entwickelt und geschlüpft waren.

Erwachsene Schlupfwespe auf der Lauer.

Blattlausbefall durch Parasitierung erledigt.

Unterscheidung zwischen Asiatischem Marienkäfer und heimischen Arten

Das wichtigste Unterscheidungsmerkmal beim erwachsenen Tier ist die M- bzw. W-förmige Zeichnung am Halsschild des Asiatischen Marienkäfers.

Die Grundfarbe der Larve ist, wie die des Siebenpunkts, schwarz. Die Larve des Asiaten hat ab dem zweiten Larvenstadium zwei durchgängige orange Streifen. Die heimische Larve des Siebenpunkt-Marienkäfers können Sie gut erkennen, da sie nur am Kopf, am dritten und am sechsten Körperelement orangene Flecken besitzt.

Fälschlicherweise meinen GartenbesitzerInnen manchmal, dass der Asiatische Marienkäfer an den vielen Punkten erkennbar ist oder an der bunten Erscheinung, was ihm ja auch den Zusatznamen „Harlekinkäfer" einbrachte. Auch unsere heimischen Marienkäfer können sehr vielfältige Erscheinungen haben wie z. B. schwarz mit roten Punkten oder gelb mit schwarzen Punkten!

Der Asiatische Marienkäfer war ursprünglich nicht bei uns beheimatet. Dennoch ist er ein Nützling, der sogar wesentlich mehr Schädlinge verspeist als einheimische Cousins. Lästig kann er lediglich im Herbst werden, wenn er ein Überwinterungsquartier sucht und sich in großen Marienkäfer-Trupps auf Hauswänden versammelt oder irrtümlich ins Haus selbst gelangt. Bieten Sie den Tieren einen naturnahen Garten mit wilden Ecken, Laubhaufen und Staudenstängeln als Überwinterungsquartier an, so wird dieser lieber draußen bleiben, als ins Haus zu kommen.

Einer unserer heimischen Marienkäfer: der Zweiundzwanzigpunkt-Marienkäfer.

Asiatischer Marienkäfer (auch Harmonia axyridis *genannt) mit deutlicher Zeichnung am Halsschild und seine Larve mit durchgängigen orangen Streifen.*

Heimischer Siebenpunkt-Marienkäfer (Coccinella septempunctata) *mit Larve.*

Massenhaftes Auftreten des Asiatischen Marienkäfers ist im Herbst keine Seltenheit.

Nützlinge im Handel

Es gibt mittlerweile eine Vielzahl an Nutzorganismen im Handel. Da wir dieses Buch für den gesamten deutschsprachigen Markt geschrieben haben, ist es wichtig, die nationalen Regelungen der Länder im Umgang mit Nützlingen zu beachten. So ist beispielsweise in Österreich und der Schweiz ein Nützling wie ein Pflanzenschutzmittel zuzulassen, in Deutschland gelten nur die Mikroorganismen als Pflanzenschutzmittel. Bringen Sie bitte die in Ihrem jeweiligen Land aktuell erhältlichen Nützlinge und Indikationen in Erfahrung, bevor Sie diese einsetzen. Nachstehende Liste ist als Überblick gedacht und erhebt keinen Anspruch auf Vollständigkeit, da sich der Markt ständig ändert.

Achten Sie beim Einsatz von im Handel erhältlichen Nützlingen auf Anwendungsempfehlungen und Ausbringungshinweise. Eine bestimmte Feuchtigkeit, Temperatur oder Jahreszeit ist meist wichtig für den Erfolg! Auch das Kombinieren mit ökologischen Pflanzenschutzmitteln wird bei starkem Befall teilweise empfohlen. Hier eine Auswahl von Nützlingen, die Sie im Handel erhalten.

Der Australische Marienkäfer wird gegen Wollläuse im Innenraum verwendet.

Nematoden sind mikroskopisch kleine Fadenwürmer, die in der Gießkanne mit Wasser verrührt werden, um sie dann ab 12 °C Bodentemperatur gegen den Dickmaulrüssler auszubringen.

Florfliegenlarven werden in einzelnen Waben bzw. Kartonstreifen geliefert, damit sie sich nicht gegenseitig auffressen. Die Ausbringung der kleinen Räuber kann ab 15 °C Lufttemperatur erfolgen.

Im Handel erhältlicher Nützling	Gegen	Besonderheiten
Australischer Marienkäfer (*Cryptolaemus montrouzieri*)	Wollläuse	nur im Innenraum
Florfliegenlarve, auch „Blattlauslöwe" genannt (*Chrysoperla carnea*)	Blattläuse, Spinnmilben, Wollläuse, Thripse u. a.	Allrounder unter den Nützlingen, im Innen- und Außenbereich ab 15 °C anwendbar
Marienkäfer (diverse Arten außer Siebenpunkt-Marienkäfer)	Blattläuse, Schildläuse, Wollläuse	Zweipunkt-Marienkäfer im Freiland, andere Arten im Innenraum
Räuberische Gallmücke (v. a. *Aphidoletes aphidimyza*)	Blattläuse	im Innenraum
Raubwanze (z. B. *Orius*-Arten)	Thripse, Blattläuse, Weiße Fliege, Spinnmilben u. v. m.	Blumenwanze im Innenraum
Schlupf- und Erzwespen verschiedene Arten	parasitieren Raupen und Larven, Blattläuse, Wollläuse, Schildläuse Weiße Fliege, Apfelwickler, Eier von Schmetterlingen (Maiszünsler, Kohlweißling, Speisemotten u. a.) Eier vieler anderer Gattungen	verschiedene Arten für Innenraum und Freiland, erwachsene Erzwespen beißen die Schädlinge oft an und ernähren sich von der austretenden Flüssigkeit
Schwebfliege (*Syrphidae*)	Blattläuse	erwachsenes Tier braucht Blütenangebot!
Raubmilben		
Verschiedene Raubmilbenarten	Spinnmilben, Gallmilben, Kräusel- und Pockenmilbe, Eier und Larven der Weißen Fliege, Trauermückenlarven, Thripse	als Ei, Larven und erwachsene Tiere
Raubmilbe (*Typhlodromus pyri*)	Spinn- und Kräuselmilbe auf Wein, Spinnmilbe und Apfelrostmilbe (*Aculus schlechtendali*) auf Obst	Filzstreifen werden im Januar/Februar mit Heftklammern auf zweijährigem Holz befestigt
Parasitäre Nematoden		
Nematoden *Heterorhabditis* spp.	Dickmaulrüssler-Larve	Ausbringungszeit: zweimal pro Jahr (Frühjahr und Herbst) bei Bodentemperaturen über 12 °C
Nematoden *Steinernema carpocapsae*	Dickmaulrüssler-Käfer	Fangbrett mit Nuten, in denen sich Nematoden befinden.

Im Handel erhältlicher Nützling	Gegen	Besonderheiten
Nematoden *Heterorhabditis* spp.	Gartenlaubkäfer	Ausbringungszeit: Juli bis September
Nematoden *Steinernema feltiae*	Apfelwickler, Pflaumenwickler	Ausbringungszeit: Ende August bis in den späten Herbst, ab 12 °C
Nematoden *Steinernema feltiae*	Trauermückenlarven	nur Innenbereich
Nematoden *Steinernema carpocapsae*	Wiesenschnaken	Ausbringungszeit: Mitte September bis Mitte Oktober
Nematoden *Steinernema carpocapsae*	Maulwurfsgrillen	Ausbringungszeit: Ende April bis Ende Mai, weitere Behandlung im Folgejahr, da zweijähriger Zyklus
Nematoden *Steinernema carpocapsae*	Buchsbaumzünsler, Erdraupen (bodenbewohnende Raupen von Eulenfaltern)	
Nematoden *Phasmarhabditis hermaphrodita*	Ackerschnecken	nicht geeignet gegen die klassischen Wegschnecken (z. B. Rote Wegschnecke, Spanische Wegschnecke)
Mikroorganismen/Bakterien		
Bacillus thuringiensis (var. *kurstaki* und *aizawai*)	Schadraupen	Achtung: wirkt nur bei Schmetterlingsraupen (z. B. Buchsbaumzünsler, Frostspanner u. a.), nicht bei Blattwespenraupen!
Bacillus thuringiensis (var. *israelensis*)	Stechmücken, Trauermücken	
Bacillus thuringiensis (var. *tenebrionis*)	Blattkäfer, z. B. Kartoffelkäfer	
Bacillus amyloliquefaciens	bodenbürtige Krankheiten – Pilze	
Mikroorganismen/Viren		
Granulosevirus	Apfelwickler, Fruchtschalenwickler	Ausbringungszeit: etwa dreimal zwischen Mai und Juni
Mikroorganismen/Pilze		
Beauveria sp.	Engerlinge – Maikäferlarven	unterschiedliche Stämme gegen die Larven verschiedener Schadinsekten
Trichoderma harzianum	pflanzenpathogene Pilze, wie *Pythium*, *Fusarium*, *Botrytis*, *Sclerotinia*, *Oidium*, Graufäule	hyperparasitärer Pilz

Im Handel erhältlicher Nützling	Gegen	Besonderheiten
Aureobasidium pullulans	Feuerbrand, Lagerfäule, Grauschimmelfäule	Hefe-Pilz, Antagonist, Wirkungsweise beruht auf Konkurrenz um Nährstoffe und Platz
Gliocladium sp.	bodenbürtige Krankheiten, wie *Fusarium, Pythium, Rhizoctonia, Phytophthora*	Antagonist, verdrängt und parasitiert Schadpilze
Metarhizium sp.	Eier und Larven des Dickmaulrüsslers, Juni- und Gartenlaubkäfer (nur in der Schweiz zugelassen)	Granulat aus sterilen Reiskörnern mit Pilzsporen

Die heimische Raubmilbe (Typhlodromus pyri) *kann schon ab Januar, in Filzstreifen verpackt, auf Obst- und Weinkulturen gegen die Spinn- und Kräuselmilbe ausgebracht werden.*

Bacillus thuringiensis *var.* aizawai *kann bei Schmetterlingsschadraupen wie dem Frostspanner eingesetzt werden.*

Nützlinge, wie z. B. Raubmilben und Erzwespen sind schnell und einfach in der Anwendung. Sie können die Tierchen als Kärtchen oder in Säckchen beziehen und direkt in die befallenen Pflanzen hängen.

Wie locke ich Nützlinge an und überzeuge sie zu bleiben?

Um ein harmonisches Gleichgewicht zwischen Nützlinge und Schädlingen zu erreichen, müssen Sie folgende Denksätze in Ihr Leben lassen:

Bäume sind nicht nur Raumbildner und Strukturgeber für Gärten, sie sind Wohnort für eine Vielzahl von Lebewesen und dienen Vögeln als Versteck und Ansitzplatz.

Viele Raupen, wie der Frostspanner, sind sehr wichtig für die Nahrungskette – ein gewisser Befall und Fraß an unseren Pflanzen ist völlig normal und deckt den Tisch für Vögel, Grabwespen und viele andere.

- Ich betreibe **duldenden Pflanzenschutz:** Mein Garten braucht einen gewissen Besatz an Schädlingen (Futter für meine Nützlinge!).
- Ich schaffe Unterkünfte und locke dadurch Nützlinge an.
- Ich greife nur **vorsichtig und bedacht** in das natürliche Gleichgewicht ein (zuerst beobachten und Informationen einholen).
- In meinen Garten kommen **keine chemischen Pestizide.**
- Das **Spritzen,** selbst von Biomitteln, **ist immer die letzte Wahl** (vorher alle anderen Maßnahmen anwenden).

Wie fördere ich Nützlinge im Garten

- keine chemischen Pestizide!
- Duldender Pflanzenschutz – gewisser Schädlingsbefall nötig als Nahrung für Nützlinge
- strukturreiche Gärten – vielfältige Lebensräume
- blütenreiche Beete, Hecken und Heckensäume, Bäume, wilde Ecken
- Verstecke, Unterschlupf- und Überwinterungsmöglichkeiten anbieten
- Staudenrückschnitt erst im Frühjahr, da viele Tiere in den hohlen Stängeln überwintern

Kein Mensch würde mit seinen hungrigen Kindern in ein Gasthaus gehen, in welchem nur Getränke angeboten werden. Ähnlich ist es für Nützlinge. Die Schwebfliege oder der Marienkäfer legen ihre Eier nur in Ihrem Garten ab, wenn Sie dort Blattläuse finden. Mitten in der Blattlauskolonie können Sie die Eigelege finden und kaum schlüpfen die Jungen, machen sich diese auch schon hungrig über die Beute her.

Was brauche ich also in meinem Garten, um ein harmonisches Gleichgewicht herstellen zu können? Zuallererst einmal Geduld! **Die Umstellung eines Gartens braucht seine Zeit. Die Umstellung in den Köpfen der Menschen meist noch etwas länger.** Lassen Sie sich auf das Experiment ein. Je mehr Sie den kleinen Helfern vertrauen und je mehr Sie versuchen, diesen Tieren Heimat und Futter anzubieten, umso schneller stellt sich der Erfolg ein. Wir empfehlen bis zu drei Jahre als Umstellungsphase einzuplanen. In diesen drei Jahren des Beobachtens, Informierens und Experimentierens werden Sie so viel Wissen über Ihren eigenen Garten erlangt haben, dass sich nach dieser Zeit eine wunderbare Entspannung einstellt.

Es gibt natürlich einige einfache Mittel, um schneller zum Erfolg zu kommen:

Schaffen Sie vielfältige Lebensräume und Nahrung durch ein reichhaltiges Blütenangebot. Achten Sie bei der Pflanzenauswahl auf eine gute Mischung. Verwenden Sie auch einheimische Pflanzen, an die unsere Tierwelt besser angepasst ist. Achten Sie auf ungefüllte Blüten, auch einfache Blüten genannt, die den Insekten ihren Pollen bereitwillig zur Verfügung stellen und eine leicht erreichbare Nahrungsquelle sind. Gefüllte Blüten enthalten kaum Pollen, sind schwer zugänglich und lassen keine Nahrungsaufnahme zu.

Mit Geduld und Gelassenheit erreichen Sie im Garten meist mehr.

Ungefüllte Blüten sind eine leicht zu erreichende Nahrungsquelle für unsere heimische Tierwelt.

Bieten Sie Ihren kleinen Helfern im Garten ausreichend Blüten an, um sie anzulocken.

Wildbienen brauchen Pollen und Nektar, um Ihr Wildbienenhotel zu besiedeln. Es handelt sich hier um einzeln lebende Bienen, wie Mauerbienen (v. a. *Osmia* spp.), Blattschneiderbienen (*Megachile* spp.), Löcherbienen (*Heriades* spp.), Maskenbienen (*Hylaeus* spp.), und Scherenbienen (*Chelostoma* spp.), die völlig harmlos sind und nicht stechen. Von den ca. 750 Wildbienenarten im deutschsprachigen Raum leben 19 % in bestehenden Röhren, wie sie das Nützlingshotel bietet.

Wenn Ihr Wildbienenhotel nicht ausreichend besiedelt wird, kann dies an einem zu geringen Blütenangebot in der Umgebung liegen. Etwa 80 % der Blütenpflanzen sind bei der Bestäubung auf Insekten angewiesen. Auch Florfliege und Schwebfliegen suchen blütenreiche Gärten lieber auf und legen dort dann freudig ihre Eier in die Blattlauskolonien. Dol-

Summendes und brummendes Nützlingshotel von „Natur im Garten" auf der GARTEN TULLN in Niederösterreich. Das Blütenangebot wurde gleich mitgepflanzt!

Das Innenleben eines Nützlingshotels lädt zum Staunen ein: In kleinen, abgegrenzten Kammern wachsen die Wildbienen und Grabwespen in einem Jahr vom Ei bis zum erwachsenen Tier heran. Als Nahrung werden Pollen oder, bei den Wespenarten, Raupen eingetragen. Und: Das letzte gelegte Ei muss als erstes fertig entwickelt sein!

denblütler und Korbblütler bieten einer Vielzahl an Tieren reichhaltige Nahrung und lassen die Insekten in Ihrem Garten nur so summen und schwirren. Auch Grabwespen und Lehmwespen besiedeln gerne Wildbienenhotels. Sie tragen Raupen statt Pollen in die Bruthöhlen ein und fungieren so als Nützlinge.

Strukturen und Unterkünfte für Nützlinge

Im Handel sind viele **Nützlingsunterkünfte** erhältlich, wie Wildbienenhotels, Vogelnistkästen, Fledermauskästen, Hummelunterkünfte, Igelhäuser etc. Sie können diese aber auch selber bauen. Beim Bau von Wildbienenhotels ist es wichtig, das richtige Material zu verwenden und es dann ost- bis südseitig aufzustellen. Gerade bei den Wildbienenhotels wird viel Schindluder getrieben. Schlecht gebaute Hotels können Sie bereits überall bekommen. Die mangelhafte Fertigung zeigt sich im Folgejahr in der mangelhaften Besiedelung. Qualitativ hochwertige Hotels haben daher auch ihren Preis.

Spechte und andere Vögel versuchen oft, an die leckeren Larven heranzukommen und zerlegen dabei schnell ein liebevoll gebautes Hotel. Hier empfehlen wir, einfach das Gitter etwas vorgelagert anzubringen, um die „Vogelleckerlis" zu schützen.

Nistkästen am besten schon im Herbst, spätestens aber im März aufhängen, damit diese auch besiedelt werden.

Was bei Wildbienenhotels zu beachten ist

- unbehandeltes Holz für den Rahmen verwenden
- Dachüberstand mindestens 10 cm zum Schutz vor Schlagregen
- trockenes Hartholz eignet sich gut für faserfreie Bohrungen von 2–9 mm Durchmesser
- hohle Stängel: Schilf-, Bambus-, oder Staudenstängel mit glatten Schnittflächen bündeln und einfüllen
- morsches Holz für Asseln, Laufkäfer, Tausendfüßer unten einfüllen
- Vogelschutzgitter etwas vorgelagert anbringen, 5 cm Mindestabstand zur Befüllung einhalten
- ost- bis südseitig aufstellen bzw. aufhängen
- Brutröhren sind ganzjährig besiedelt, daher nicht säubern, nur eventuell ergänzen.
- Besiedlung fördern durch Angebot geeigneter Futterpflanzen im Umfeld von Nisthilfen (Korbblütler, Schmetterlingsblütler, Kreuzblütler, Lippenblütler, Weiden, Obstbäume, Natternkopf, Glockenblumen usw.)

Die Immenkäferlarve, auch Bienenwolf genannt, befällt gerne die Röhren von Mauerbienen und frisst den Pollenvorrat und die Brut auf.

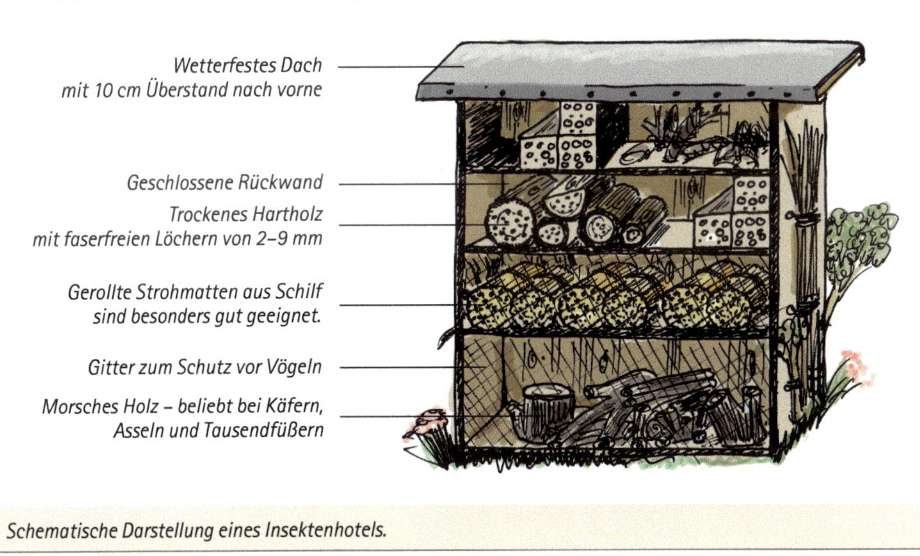

Schematische Darstellung eines Insektenhotels.

Die Ohrwurmtöpfe sollten immer in Kontakt mit dem Baum stehen, damit die Ohrwürmer leicht aus dem Topf in den Baum kommen.

Ohrwurmverstecke aus Töpfen mit Holzwolle als Füllung lassen sich mit Kindern schnell basteln. Sie sollten, bevor sie in den Baum gehängt werden, bei Gehölzhecken auf den Boden gestellt werden, damit die Ohrwürmer diese auch besiedeln.

Lassen Sie etwas **„Wildnis"** in Ihrem Garten zu. Es muss allerding nicht immer der obligatorische Holzhaufen sein. Wenn Sie, wie viele heutzutage, einen kleineren Garten besitzen, dann lehnen Sie einfach **Holzstangen** dekorativ an eine Wand. Wichtig ist hier, dass die Holzstangen die Erde berühren und morschen dürfen. In diesem feucht-morschigen Klima fühlen sich die nachtaktiven, räuberischen Laufkäfer richtig wohl. Von dort gehen sie in der Dämmerung auf Raubfang und vertilgen auch Nacktschnecken und deren Gelege. **Reisighaufen** als Versteckmöglichkeit, **Steinhaufen** oder **Trockensteinmauern** für wärmeliebende Arten, wie Eidechsen, komplettieren Ihr Angebot hervorragend.

In unserem alten Garten hatten wir kein Problem mit Kohlschädlingen, da bei uns ein Smaragdeidechsenpärchen lebte, das sich durch den seitlichen Bewuchs im Gemüsegarten hervorragend an die Kohlpflanzen heranschleichen konnte und die Schädlinge einfach von Brokkoli und Rosenkohl abpflückte. Hier war der Holzstoß vor dem Haus in der Sonne, ganz in der Nähe zum Gemüsebeet, das Erfolgsgeheimnis. Sogar in der Buchbaumhecke konnten wir die Eidechsen beobachten, wie sie den einen oder anderen Buchsbaumzünsler testeten.

Reservieren Sie ein Eck im Garten, wo es etwas ursprünglicher aussehen darf und Sie das

Smaragdeidechsenpaar, das den Holzstoß an der Hauswand bewohnt.

Moderndes Holz im Garten ist eine wunderbare Versteck- und Wohnmöglichkeit für Laufkäfer und Co.

Reisighaufen und Trockensteinmauern bieten Lebensraum für eine Vielzahl von Tierarten.

Für die seltenen sandbewohnenden Spezialisten unter den Bienen und Wespen ist eine offene Fläche aus ungewaschenem Sand ein wertvolles Biotop, damit sie ihre Brutröhren anlegen können.

auch nicht stört. Hier kann sich das geheime Leben mancher Tiere abspielen und für diese als **Rückzugsort** dienen. Brennnesseln oder Unkraut übersehen Sie einfach, die Tiere werden es Ihnen danken!

Zur **Überwinterung** lassen Sie Stauden/Blumen über den Winter stehen und schneiden Sie die trockenen Stängel erst im Frühjahr. In den Stängeln und der Streuschicht überwintert eine Vielzahl an Nützlingen, die Sie durch zu zeitigen Schnitt einfach aus Ihrem Garten entfernen würden.

Für die Spezialisten unter den Wildbienen (wie die Kleine Holzbiene) sollten Sie abgestorbene Stängel etwa von Königskerzen, verschiedenen Karden oder Kugeldisteln stehen lassen, da diese Hohlräume erst im Jahr nach der Blüte besiedelt werden, wenn die Pflanze abgestorben ist. So können Sie seltene Wildbienenarten auch in kleinen Gärten fördern.

Laub entfernen Sie nur vom Rasen. Im Beet und unter den Gehölzen ist es ein Garant für Schutz, Überwinterungsquartier und Nährstoff für Bodenleben und Pflanzen.

Wenn Sie den Platz haben, legen Sie auch eine **Blumenwiese** mit einheimischen Blumen an. Schmetterlinge und andere Insekten lieben dies. Und Vögel lieben Insekten. Je mehr Insekten in Ihrem Garten leben, umso attraktiver ist dieser auch für Singvögel.

Hagebutte, Holunder und Weißdorn sind nicht nur zur Blütezeit ein Augenschmaus, sondern erfreuen Nützlinge und Menschen mit ihrem Fruchtbehang.

Sie möchten die beliebten Schmetterlinge im Garten beobachten? Vergessen Sie nicht, dass auch ihre Jungen, die Schmetterlingsraupen, eine Kinderstube brauchen. Jeder Schmetterling hat eine **Futterpflanze,** auf der seine Jungen aufwachsen. Allein die Brennnessel ernährt über 25 Schmetterlingsarten, für vier Arten ist sie die einzig mögliche Futterpflanze.

Wildstrauchhecken und eine **Saumbepflanzung** sind ein Augenschmaus, perfekte Nützlingsverstecke und leicht zu pflegen. Wählen Sie Gehölze nicht nur nach der Blüte aus, sondern auch nach Fruchtbehang und Herbstfärbung! So hat die Bepflanzung einen vielfältigen Nutzen und Sie und Ihre Nützlinge haben mehrmals im Jahr etwas davon.

Am besten bieten Sie viele kleine Nischen für diese so hilfreichen Lebewesen an, um so das

Oft sind die erwachsenen Stadien der Nützlinge auf Pflanzenvielfalt und Nektarquellen angewiesen – naturnahe und heimische Blumenwiesen können einen Garten in eine Nützlings-Oase verwandeln.

Gleichgewicht zwischen Schädlingen und Nützlingen zu unterstützen. Das Leben mit Nützlingen im Garten ist so viel reicher und interessanter als ohne sie. Jede Gartenrunde wird zum Erlebnis und sogar Ihre Nachbarn werden sich zur faszinierenden „Nützlingsrunde" einfinden.

Blütenpflanzen als Nahrung für Insekten und Nützlinge das ganze Jahr über

Nahrhafte Stauden- und Gehölzbepflanzungen für Nützlinge

Frühblühende Stauden:
Vergissmeinnicht, Primel, Küchenschelle, Blaukissen, Breitblättrige Platterbse, Christrose, Steinkraut, Günsel, Lungenkraut, Lerchensporn

Sommerblühende Stauden:
Phlox, Storchschnabel, Salbei, Kugeldistel, Geißbart, Katzenminze, Königskerze, Thymian

Kuhschellen bzw. Küchenschellen locken sehr zeitig im Jahr mit Nahrungsangebot.

Herbstblühende Stauden:
Silberkerze, Stauden-Sonnenblume, Herbstastern[1], *Rudbeckia*, Fetthenne, Sonnenbraut, Wasserdost

Frühblühende Gehölze:
Zierquitte, Kornelkirsche, Mahonie, Schlehe, Weide, Seidelbast, Berberitze, Weißdorn

Sommerblühende Gehölze:
Holunder, Liguster, Wildrosen, Heckenkirsche, Ölweide, Pfeifenstrauch, Schneebeere, Himbeere, Brombeere, Fiederspiere

Herbstblühende Gehölze:
Besenheide, Johanniskraut, Bartblume, Fingerstrauch

Schmetterlinge und Bienen lieben Herbstastern zur Blütezeit. Am besten schneiden Sie allerdings die Samenstände nach der Blüte ab, damit sich die Astern nicht überall ausbreiten.

---

[1] Astern sollte man nicht aussamen lassen, da sie sich dadurch in der freien Natur ausbreiten und als „invasive Neophyten" (sich stark ausbreitende neu eingewanderte Pflanzen) geführt werden.

Unsere kleinen Helfer können gut mit Korbblütlern, wie dem lang blühenden Alant oder der Ringelblume, angelockt werden.

Tipp: Dolden- u. Korbblütler locken viele nektarliebende Nützlinge an, wie z. B. die Schwebfliege.

Doldenblütler: Anis, Fenchel, Kümmel, Petersilie, Pastinake, Liebstöckel, Wilde Möhre, Engelwurz, Mannstreu u. a.

Korbblütler: Alant, Flockenblume, Gänseblümchen, Ringelblume, Huflattich, Kamille, Löwenzahn, Margerite, Rainfarn, Schafgarbe, Sonnenblume, Igelkopf, Wasserdost, Wegwarte, Wermut, Mariendistel u. a.

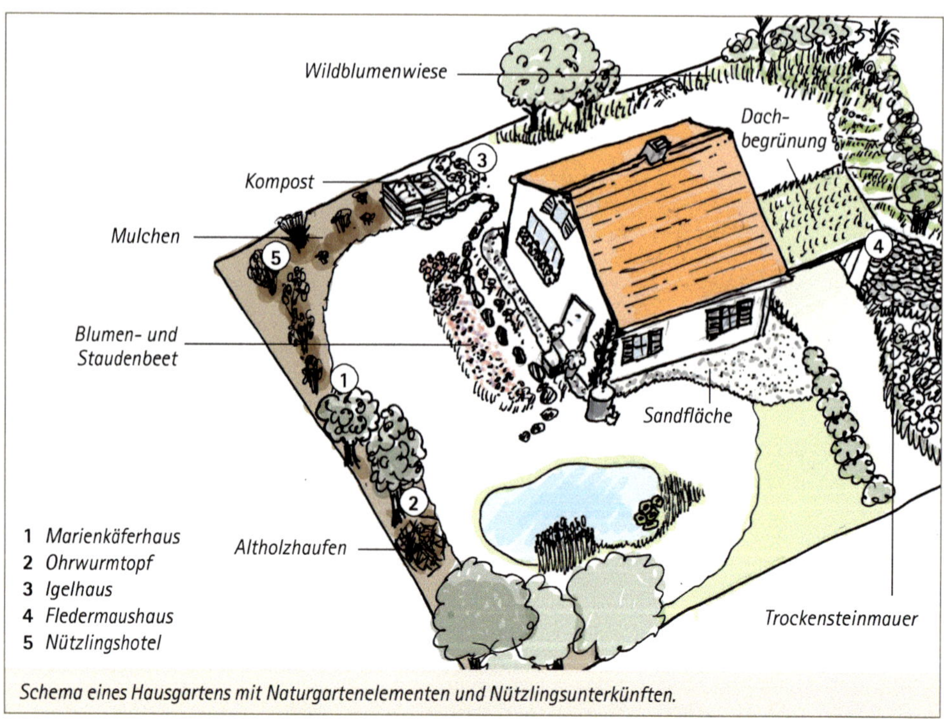

Schema eines Hausgartens mit Naturgartenelementen und Nützlingsunterkünften.

Tipp zur Nützlings-Beobachtung für die ganze Familie: Fangen Sie vorsichtig einen Marienkäfer ein und geben Sie ihn in ein Glas mit Luftlöchern im Deckel. Mit etwas Glück ist es ein Weibchen und befruchtet. Innerhalb kurzer Zeit (ein Tag) werden hochovale gelbe Eier abgelegt. Lassen Sie das Weibchen wieder frei und beobachten Sie das Schlüpfen der Kleinen. Ab Schlupf unbedingt mit Läusen füttern, sonst fressen sich die Larven gegenseitig auf! Geben Sie Blätter und Äste mit Läusen in das Glas, damit es die Larven so gemütlich wie möglich haben. So können Sie gemeinsam die gesamte Entwicklung hautnah verfolgen. Sobald die Larven sich verpuppt haben und sich zum erwachsenen Marienkäfer verwandelt haben, lassen Sie die Tiere unbedingt wieder frei. Am besten direkt in eine Blattlauskolonie im Garten!

Marienkäfer-Kino für die ganze Familie: Beobachten Sie die Entwicklung von der Eiablage bis zum erwachsenen Tier.

Interview mit Sabine Pleininger

Sabine Pleininger und Fiona Kiss führten drei Jahre lang gemeinsam Beobachtungsstudien zum Thema biologischer Pflanzenschutz für das Land Niederösterreich durch und lernten in dieser Zeit den Wert der genauen und regelmäßigen Beobachtung kennen und schätzen. Sabine ist Profi im Nützlingssektor und begleitete schon die GARTEN TULLN, den Schaugarten der Burg Schallaburg und auch das Rosarium Baden bei der ökologischen Rosenpflege.

Liebe Sabine, was ist dein Lieblingsnützling und warum?

Das ist schwer, sich auf einen zu beschränken ... hm, wenn ich mir meine Marienkäfersammlung (Stofftiere, Figuren, Häferln[1], Bilder, Bücher etc.) anschaue, dann ist es eindeutig der Siebenpunkt-Marienkäfer. Das ist einfach das Symbol für einen Nützling schlechthin. Wenn ich aber unter den Nützlingen auswähle, mit denen ich quasi tagtäglich arbeite (mein „Werkzeug"), dann ist es die kleine Schlupfwespe *Leptomastidea abnormis*, die sich auf Zitruswollläuse spezialisiert hat. Sie ist nur ca. 2–3 mm groß und hat zebraartig gestreifte Flügel. Oft entdeckt man sie Monate nach der Ausbringung auf einer Pflanze, wo sie weiterhin nach kleinen Wollläusen sucht, in die sie ihr Ei ablegen kann. Eine treue Seele könnte man sagen, über die ich mich stets freue, wenn ich sie entdecke!

Was ist die beeindruckendste Leistung eines Nützlings, die du kennst?

Die Unerschrockenheit von räuberischen Gallmückenlarven, die sich – kaum aus dem Ei geschlüpft und nicht größer als ein Beistrich – an eine Blattlaus anheften und sie nicht mehr loslassen, bis die Blattlaus ausgesaugt ist. Das nenne ich Überlebenswille!

Wo siehst du die Grenzen für den Nützlingseinsatz? (im Freien und im Innenraum)

Im Freien ist ein bewusster Nützlingseinsatz dort begrenzt, wo sich das Tier nicht mehr entwickeln kann, beispielsweise aufgrund von Temperatur oder fehlenden Überlebensmöglichkeiten: Ein Fadenwurm kann sich ohne Wasser nicht fortbewegen, das mit dem Fadenwurm in Symbiose lebende Bakterium kann bei zu niedrigen Temperaturen den Wirt nicht abtöten. Gegen Trockenheit kann man natürlich etwas unternehmen, gegen die niedrigen Temperaturen im Boden dagegen nicht.

Im Innenraum sehe ich die Grenzen dort, dass es nicht für jeden Schädling einen käuflich erwerbbaren Nützling gibt. Oftmals kommen auf nicht heimischen Grünpflanzen aber auch nicht heimische Schädlinge vor, die sich ungehindert weiterentwickeln können, wenn die natürlichen Feinde fehlen.

Worauf sollte man bei der Verwendung von Nützlingen achten?

Man sollte immer darauf achten bzw. nachlesen, welche Bedingungen der gerade anzuwendende Nützling benötigt. Braucht er eine hohe Luftfeuchtigkeit? Eine Mindesttemperatur? Eine bestimmte Tageslichtlänge? Wichtig ist auch, dass auf der behandelten Pflanze keine Rückstände von Pflanzenschutzmitteln sind, welche unter Umständen den Nützling beeinträchtigen könnten. Kein Problem bereiten abgetrocknete Rückstände von Seifenmitteln, Neem- oder Ölpräparaten. Und natürlich muss man bedenken, dass die Nützlinge nicht lange

[1] Tassen

Sabine Pleininger, Geschäftsführerin der Nützlingsfirma biohelp Garten & Bienen GmbH in Wien.

oder gar nicht lagerbar sind. Sie haben Hunger und wollen frei gelassen werden!

Wann ist bei euch am meisten los?

Im Frühjahr, wenn es warm wird und man die ersten Schädlinge entdeckt.

Welche Nützlinge produziert ihr selber?

Derzeit werden bei biohelp nur Raubmilben gegen Spinnmilben produziert.

Welche Nützlinge haben sich im Haus bzw. Wintergarten bewährt?

Hier bewähren sich alle Arten, die es gerne warm haben wie z. B. der Australische Marienkäfer. Solange er geeignete Nahrung in Form von Wollläusen findet, wird sich der Käfer weitervermehren und sukzessive die Pflanzen von Wollläusen befreien. Man darf sich halt nicht schrecken, wenn man plötzlich weiße, zottelige Larven, die ein wenig wie eine Monsterwolllaus aussehen, auf den Pflanzen entdeckt. Das sind die Marienkäferlarven, die sich genauso wie der erwachsene Käfer räuberisch von den Schädlingen ernähren. Aber keine Sorge: sobald die Populationsdichte der Läuse gegen Null geht, verschwindet auch der Marienkäfer wieder.

Welche Nützlinge sind am einfachsten im Garten zu verwenden und welche würdest du für Neueinsteiger empfehlen?

Im Garten eignen sich sehr gut die Florfliegenlarven, die man in einem schmalen Kartonstreifen erhält. Die Ausbringung funktioniert sehr einfach: Man zieht das Vlies stückchenweise ab und streut dann die Larven direkt auf die Pflanzen, die von Blattläusen befallen sind. Auf der Pflanze können sich die gefräßigen Räuber dann ein Versteck suchen, um in der Dämmerung dann auf Blattlausjagd zu gehen.

Viele Schädlinge sind gegen chemische Pflanzenschutzmittel resistent geworden. Daher verwenden ja auch immer mehr GärtnerInnen mittlerweile Nützlinge. Können Schädlinge auch gegen Nützlinge resistent werden?

Nein, das ist nicht möglich. Egal, ob es um eine Räuber-Beute-Beziehung geht oder um ein Parasit-Wirt-Verhältnis: Die Beute bzw. der Wirt wird immer dem Nützling zum Opfer fallen. Variieren kann die Zeitspanne, bis die Wirkung einsetzt, abhängig davon, wie viele Schädlinge vorhanden sind und in welchem Verhältnis dazu die Nützlinge stehen.

Wie überzeugst du Gartenneulinge davon, sich kleines krabbelndes Getier freiwillig in die Wohnung oder den Garten zu setzen?

Ja, das braucht manchmal wirklich Überzeugungskraft ;-) Ich beruhige dann immer, indem ich erkläre, dass die Nützlinge nie überhand nehmen können und nicht zum nächsten bekämpfungswürdigen Problem werden. Ohne Schädling gibt es auch keinen Nützling!

Gegen welchen Schädling bräuchten wir noch dringend einen neuen Nützling?

Es treten immer wieder neue Schädlinge auf, die durch Pflanzentransporte oder auf anderen Wegen eingeschleppt wurden. Aktuelles Beispiel ist die Kirschessigfliege, die besonders im Wein- und Obstbau große Probleme verursacht. Dagegen einen effizienten Nützling zu haben, den man leicht ausbringen kann, der aber die heimische Fauna nicht beeinflusst, wäre toll.

In welche Richtung geht die Nützlingsforschung im Moment?

Wichtiges Thema ist die Klimaänderung und ob tropische Nützlinge (*Phytoseiulus persimilis, Amblyseius swirskii, Amblydromalus limonicus* etc.) bei uns im Freien überwintern können und zu invasiven Neozoen werden und heimische Arten verdrängen könnten.

Außerdem sind Nützlinge für jüngst eingeschleppte Arten auch immer ein Thema (z. B. gegen die Bläulingszikade).

Wie pflegst du deinen Garten bzw. deine Zimmerpflanzen?

Ich pflege meinen Garten relativ extensiv – lieber lasse ich der Natur ihren Lauf und beobachte, wie schnell sich ein biologisches Gleichgewicht einstellt. Nur beim Buchsbaumzünsler war ich fast ein wenig überrascht, dass der sich erlaubt, bis in meinen Garten vorzudringen (Frechheit!). Da konnte ich dann doch nicht zusehen, sondern habe ihn mit Bt (XenTari®) behandelt. Bei den Zimmerpflanzen setze ich von Zeit zu Zeit Nützlinge ein, wenn es sein muss (Schlupfwespen gegen Schildläuse).

Welche Frage wolltest du schon immer gefragt werden?

Hast du Angst vor dem Asiatischen Marienkäfer bzw. empfindest du ihn als Bedrohung? – Antwort: Nein!

Biotechnik und physikalischer Pflanzenschutz – vorbeugen statt spritzen!

Lassen Sie sich nicht abschrecken von den Wörtern Biotechnik und physikalischer Pflanzenschutz! Wir erklären es ganz kurz anhand von zwei Beispielen. Biotechnik nutzt den Reiz aus, dem ein Tier nicht widerstehen kann. So wird konzentrierter Weibchenduft genutzt, um Männchen in eine Falle zu locken. Klassische Biotechnik. Und wenn Sie eine Gemüsefliege erschlagen, dann ist das physikalischer Pflanzenschutz.

Pflanzenschützer haben sich viele Gedanken gemacht, um Schädlinge schon vor dem Eintreffen an der Pflanze unschädlich zu machen. Das kann sehr viel billiger sein als mit der Spritze aufs Feld zu fahren und es kann auch viel bequemer sein. Oder die Verfahren werden genutzt, um festzustellen, wann ein Tier überhaupt unterwegs ist und in welcher Zahl. Das heißt dann Monitoring. Dazu später mehr bei der Biotechnik ab S. 73.

Physikalische Maßnahmen

Beginnen wir mit der schlichten Physik. Einige Verfahren sind so logisch, dass gar nicht erkennbar ist, dass es sich um vorbeugenden, physikalischen Pflanzenschutz handelt. Das Wegschneiden von stark befallenen Pflanzenteilen oder das Abspülen von Blattläusen mit einem scharfen Wasserstrahl. Beides bewährte Methoden zur Schädlingsregulierung. Absammeln von Schnecken, Zerdrücken von Käfern, Fräsen eines Bodens voller Junikäferlarven oder – etwas heimtückischer – Bestäuben der Pflanzen mit Gesteinsmehl, so dass die armen Tiere ihre Kiefer abnutzen. Klassische Physik mit Reibung, Mechanik und massiver Gewalt.

Etwas eleganter ist der Einsatz von **Gemüsefliegennetzen** gegen Schädlinge. Wenn ein Netz oder ein Vlies über dem Gemüse liegt, dann kann weder die Gemüsefliege noch die Blattlaus an die Pflanzen kommen. Auch gegen den beißenden Erdfloh, die Kirschessigfliege oder aus dem Boden schlüpfende Obstplagen wie die Kirschfruchtfliege hilft diese Maßnahme. Das *rechtzeitige* Bedecken der Kultur ist aber wichtig, denn sonst decken Sie die Schädlinge mit ab und die Nützlinge bleiben draußen.

Auch fein ist der Einsatz von **Leimringen**. Wenn Tiere den Stamm eines Baumes hochklettern müssen, hindert sie der Leimring. So muss das flugunfähige Weibchen des Kleinen Frostspanners (*Operophtera brumata*) im Herbst mühsam den Baum erklimmen, um dort ihre Eier abzulegen. Im Frühjahr schlüpfen dann unzählige kleine grüne Räupchen, die einen Heißhunger auf Blätter und Blüten haben. Bei der nahen Verwandtschaft, dem Großen Frostspanner, ist das genauso. Nur sind die Raupen hier unterschiedlich gefärbt; mal gelblich, andere

Beim Stäuben mit Gesteinsmehl sollten Sie vorsichtig sein, damit keine anderen Tiere durch den feinen Staub geschädigt werden.

Leimringe helfen gegen mehrere Schädlinge und unterstützen Nützlinge in ihrer Arbeit. Ameisen werden daran gehindert, die Lauskolonien in den Bäumen zu erreichen und dort Marienkäfer und Co. zu vertreiben.

Erst wenn ein Jungbaum neben einer Anbindung und einem Kalkanstrich gegen Frostrisse auch einen Schutz gegen Wildverbiss erhalten hat, ist die Pflanzarbeit erledigt.

schwärzlich andere braun, aber alle mit gelber Seitenzeichnung. Um jetzt das Weibchen an der Eiablage zu hindern, wird Anfang Oktober ein Leimring um den Stamm und eventuell auch um einen den Baum stützenden Pflock gelegt. So muss im Frühjahr nicht gespritzt werden.

Leimringe helfen auch gegen die Blutlaus, die ab März aus dem Boden kommt und den Apfelbaum erklimmen will. Wenn denn der Baum ein junger Baum ist, ohne knittrige Borke. Bei älteren Bäumen funktioniert das nicht, denn einige Blutläuse überwintern dann auch in Rindenritzen.

Auch das Aufstellen von Fallen gegen Wühlmäuse oder Feldmäuse ist „physikalisch" (siehe Abbildungen Seite 170). Oder das Schützen von Bäumen gegen Wildverbiss durch Manschetten oder Aufstreichen von Quarzsand gehört dazu. Letztlich gilt das auch für das Errichten eines Zauns, das Aufstellen einer Vogelscheuche oder das Hacken und Flämmen von Wildkräutern.

Biotechnik

Jetzt also noch die **Biotechnik**. Da gibt es viel zu berichten, denn hier geht es ja darum, den Reiz eines Tieres schamlos auszunutzen, um es zu fangen, zu verwirren oder fernzuhalten. Und genau diese drei Methoden sind die Grundlagen der gesamten Biotechnik: Fallen, Verwirrmethode und „Repellents", was mit „Abschreckungsmittel" übersetzt werden kann.

Fallen können verschiedene Reize ausnutzen. Vielleicht kennen Sie die gelben **Klebefallen**, die gegen Trauermücken, Blattläuse oder Weiße Fliegen eingesetzt werden können. Auch blaue und weiße Klebetafeln gibt es. In der Tabelle können Sie nachlesen, welcher Schädling gerne welche Farbe hat – und dann kleben bleibt.

Gelbtafeln	geflügelte Blattläuse, Weiße Fliege, Kirschfruchtfliegen, Zikaden, Rhododendronzikaden, Trauermücken
Blautafeln	Kalifornischer Blütenthrips (*Frankliniella occidentalis*)
Orangetafeln	Möhrenfliege
Weißtafeln	Kalifornischer Blütenthrips, Apfel- u. Pflaumensägewespe
Rottafeln	Ungleicher Holzbohrer

Gelbtafeln sollten im Freien mit Bedacht eingesetzt werden, wenn viele Nützlinge im Garten vorhanden sind, da leider immer wieder auch Marienkäfer und andere Nützlinge kleben bleiben. Im Gewächshaus ist die Gefahr geringer.

Ebenfalls klebrig, aber einen ganz anderen Reiz ausnutzend, sind die **Pheromonfallen**. Ein unschöner Name, aber Pheromone produzieren auch wir Menschen. Es sind Stoffe, die abgegeben werden und beispielsweise signalisieren: „Nimm mich!" oder „Lass mich bloß in Ruhe". Sexualpheromone lassen Schmetterlingsmännchen ins Schwärmen geraten. Sie schwärmen in die Klebefalle. Aggregationspheromone zeigen dem Borkenkäfer: „Hey, hier sind schon ganz viele! Da geh' ich auch hin!". Und die Kirschfruchtfliege nutzt Pheromone, um zu zeigen: „Diese Kirsche ist schon mit einem Ei belegt! Besetzt!"

Genutzt werden Sexualpheromone in erster Linie gegen Schadschmetterlinge. Die für den Hobbygartenbau im Handel erhältlichen Pheromonfallen sind vorwiegend gegen Apfel- und Pflaumenwickler. Dreieckige Fallen mit Leimboden werden mit einer Kapsel bestückt, die so unwiderstehlich nach Weibchen duftet, dass die Männchen in die Falle schwirren und

Pheromonfallen dienen bei Apfelwickler und Buchsbaumzünsler dem Monitoring, also dem Feststellen der Befallsstärke bzw. um zu wissen, wann die Tiere fliegen und die Eiablage stattfindet.

Bei den Kirschessigfliegenfallen wird der Schädling mithilfe des Geruchs von Essig angelockt und gefangen.

Pheromonfalle gegen die Kastanienminiermotte. Die kleinen Schmetterlinge fliegen im Frühjahr um die Stämme und die Männchen werden angelockt.

kleben bleiben. Die Fallen sind nicht zum Abfangen bestimmt, sondern dienen der Feststellung, ab wann und wie viele Wickler unterwegs sind. Daraus schließt man, ob überhaupt eine Bekämpfung notwendig ist, sowie auf den idealen Einsatztermin für eventuelle weitere Maßnahmen, wie z. B. beim Apfelwickler die Spritzung mit dem Granulosevirus. Mittlerweile sind auch Pheromonfallen gegen den Buchsbaumzünsler erhältlich und für Profis gibt es eine große Palette angebotener Sexuallockstofffallen. Gegen Weidenbohrer, Blausieb, Maiszünsler, Eichen-Prozessionsspinner (*Thaumetopoea processionea*), Traubenwickler und auch gegen Glasflügler, einer Schmetterlingsart, die beispielsweise Johannisbeeren (*Ribes* spp.) schädigen können, sind Fallen entwickelt und erprobt.

Wenn jetzt dieser Sexuallockstoff nicht in Fallen ausgebracht wird, sondern in Dispensern großflächig seine Reize über die Kultur verteilt, dann ist das die **Verwirrmethode**. Männchen sind überhaupt nicht mehr in der Lage, ein Weibchen zu finden. Alles riecht nach Frau und die Augen sind nicht gut genug, um die Geruchsverwirrung auszugleichen. Im Weinbau funktioniert das sehr gut. Diese Methode wird allerdings erst ab einer Anlagengröße von einem Hektar empfohlen und ist für den Hausgarten irrelevant, außer er steht voll mit Pflaumenbäumen.

Neben den Sexuallockstoffen werden auch andere Duftstoffe genutzt. Fallen gegen den Gartenlaubkäfer riechen nach konzentriertem Blumenladen, also angeschnittenen Pflanzen. Das lieben die Käfer! Der Ungleiche Holzbohrer wird mit Alkoholfallen gefangen.

Wenn wir nicht anlocken, sondern abschrecken wollen, dann sprechen wir von **Repellents**. Repellieren heißt abwehren und meist werden Substanzen verwendet, die dem Schädling stinken. Knoblauchextrakte gegen Blattläuse, konzentrierter Duft einer Umkleidekabine pubertierender Fußballspieler gegen Wildverbiss (kein Scherz!) oder Lavendelöle gegen Wühlmäuse. Leider ist hier viel auf dem Markt, was nicht ausreichend hilft. Einige Repellents sind jedoch als Pflanzenschutzmittel erhältlich und als solche müssen sie wirken, sonst bekämen sie keine Zulassung. Diese Pflanzenschutzmittel wirken in erster Linie gegen Wildverbiss und enthalten

Substanzen wie Schaffett, Quarzsand, Blutmehle oder nach Füßen stinkende Buttersäure. Doch zu Pflanzenschutzmitteln kommen wir erst später, sind wir doch noch im Bereich Biotechnik.

Repellentien gegen Maulwürfe und Wühlmäuse, Ameisen, Katzen und Hunde oder Marder gibt es zuhauf. Einige funktionieren recht gut, verbindliche Empfehlungen zu geben ist aber schwer. Testen Sie einige und probieren Sie andere Wirkstoffe aus, wenn es nicht gut funktioniert. Aus unserer Erfahrung heraus wirken die in der rechten Tabelle stehenden Repellentien recht gut.

Bis auf den Wermut und Holunderjauche erhalten Sie alle hier genannten Repellentien fertig zum Ausbringen im Handel. Die beiden genannten können Sie selbst herstellen. Dazu mehr im nächsten Kapitel unter: „Das Einmaleins der stinkigen Kräutertränke" ab S. 78.

Knoblauch (*Allium sativum*), Zwiebel (*Allium cepa*), Holunderjauche	Katzen, Maulwürfe
Lavendelöl	Maulwürfe, Ameisen
Rizinus, Holunderjauche	Wühlmäuse
Eukalyptusöl, Pfefferminzöl	Ameisen
Undecan-2-on (naturidentischer Stoff)	Hunde, Marder
Kupferbänder (metallisch)	Schnecken
Cortenstahl (enthält Kupfer)	Schnecken
Wermut	Läuse, Raupen, Kirschfruchtfliege

Duft-(Stink-)Stoffe zur Wildvergrämung.

Holunderjauche wird aus den Blättern des Holunders hergestellt.

Knoblauch sollte Bioqualität haben, dann wirkt er besser.

Schnecken meiden Kupfer.

Pflanzenstärkungsmittel und Pflanzenhilfsmittel – Zwillinge mit unterschiedlichen Regelungen

Dieses Pflanzenstärkungsmittel ist mittlerweile als Dünger klassifiziert. Es hat hervorragende Wirkungen und durfte deshalb laut Gesetz kein Stärkungsmittel mehr sein. Da die Zulassung als Pflanzenschutzmittel sehr teuer ist, sollte es ein Pflanzenhilfsmittel werden. Doch das ging wiederum nicht, weil Neudo-Vital® 6 % Stickstoff enthält, also musste es ein Dünger werden. Und weiter geht's: Neudo-Vital® enthält auch natürliche Fettsäuren, diese sind aber in Biodüngern nicht erlaubt. Aus dem vor allem im Obstbau beliebten Biomittel Neudo-Vital® ist also jetzt ein konventioneller Dünger geworden. Wir empfehlen es trotzdem noch sehr gerne!

Um Sie nicht zu verwirren: Pflanzenstärkungsmittel und Pflanzenhilfsmittel sind rein fachlich gesehen absolut das Gleiche! Nur eine etwas verworrene, aus der Geschichte heraus aber nachvollziehbare Trennung durch die Gesetzgebung ist der Grund, dass beide Begriffe immer wieder auftauchen.

Die Bezeichnung **Pflanzenstärkungsmittel** gibt es offiziell nur im deutschen Recht und bezeichnet Mittel, die „allgemein der Gesunderhaltung der Pflanze dienen" und vor „nichtparasitären Beeinträchtigungen schützen". So steht es im Gesetz. Bis Februar 2013 gab es hier Präparate, die auch ihre Wirkungen auf der Packung vermitteln durften. Das ist jetzt verboten und einige gute Biomittel sind vom Markt verschwunden, eben weil sie eine gute Wirkung hatten. Wirkungen dürfen aber nur Pflanzenschutzmittel haben!

Manche tauchten als Pflanzenhilfsmittel oder sogar als Dünger wieder auf dem Markt auf. Unter den jetzt noch existierenden Pflanzenstärkungsmitteln finden sich Homöopathika, Pflanzenextrakte (getrocknete Pflanzen, ätherische Pflanzenöle und Huminstoffe), Mineralien mit Silikaten oder Carbonaten, Wundverschlussmittel oder Baumanstriche. Darunter befinden sich nach wie vor gute Präparate, aber da sie nicht mehr mit Wirkungen werben dürfen, ist es schwierig geworden, sie richtig einzusetzen oder zu beurteilen.

Sehr viele Pflanzenstärkungsmittel wirken über das Immunsystem der Pflanze, sie sind

Alle Pflanzenschutzmittel sind eindeutig gekennzeichnet. In Österreich z. B. durch eine Pflanzenschutzmittelregister-Nummer (Pfl.Reg. Nr.), in Deutschland durch das Zulassungsdreieck des BVL.

sozusagen eine Art Schutzimpfung. Teilweise wirkt das besser als jedes Pflanzenschutzmittel, jedoch müssen sie auch öfter angewendet werden. Wir empfehlen diese Mittel sehr gerne, denn sie dürfen laut Gesetz nur natürliche Substanzen enthalten und keinerlei Auswirkungen auf die Umwelt haben. Somit sind sie ideal im Naturgarten! Unter www.bvl.bund.de finden Sie eine monatlich aktualisierte Liste der gemeldeten Pflanzenstärkungsmittel, die allerdings nicht überall erhältlich sein werden.

Unser Tipp: Im gut sortierten Gartenfachhandel stöbern (Pflanzenstärkungsmittel müssen nicht in Schränken eingesperrt sein!) und hinten auf der Verpackung die Inhaltsstoffe studieren. Firmen wie Neudorff, Florissa, Naturen, Schacht, Bio Furthner u. v. m. bieten eine Vielzahl gebrauchsfertiger Mittel an.

Wie bereits erwähnt: Einen richtigen, fachlichen Unterschied zwischen Pflanzenstärkungsmitteln und Pflanzenhilfsmitteln gibt es nicht. Nur im Gesetzestext gibt es kleine Unterschiede. In Österreich werden die deutschen Pflanzenstärkungsmittel übrigens als Pflanzenhilfsmittel geführt, was verdeutlicht, dass die Unterscheidung eigentlich unsinnig ist. In den Gesetzen der Schweiz und Italiens gibt es den Begriff erst gar nicht.

Drei von vielen Pflanzenhilfsmitteln, die auf dem Markt erhältlich sind.

Auch **Pflanzenhilfsmittel** haben also eine Wirkung, meist über das Immunsystem der Pflanze. Es ist aber nicht erlaubt, das auch so auf die Packung drucken und schon gar nicht, irgendeinen Hinweis auf eine Krankheit zu geben, die bekämpft werden kann! Da sind die Behörden sehr streng und schon manches Mittel wurde des Marktes verwiesen, weil „gegen Pilzkrankheiten" oder Ähnliches zu lesen war. Somit bleiben nur das Ausprobieren, die Erfahrung und die Mundpropaganda. Oder ein Buch, worin die Wirkungsweisen beschrieben werden.

Hausmittel

Viele Wirkstoffe oder Pflanzenauszüge, die sich bei den Stärkungs- oder Hilfsmitteln finden, beruhen auf Erfahrungen, die GärtnerInnen und LandwirtInnen über Jahrhunderte gemacht haben. Selbst hergestellte Brühen wurden schon von den alten Griechen und Römern beschrieben. Nicht alle sind wirklich ungefährlich, aber vieles gilt heute noch als Alternative zum gekauften Pflanzenschutzmittel. So werden meist Pflanzen, z. B. Rainfarn, aber auch Gesteinsmehle gegen Insekten eingesetzt und solange die Substanzen wirklich ungefährlich sind, empfehlen wir sie auch.

Vorsicht ist allerdings geboten, wenn giftige Pflanzen oder Mineralien als Hausmittel beschrieben werden. Quecksilber und Blei waren früher gängige Mittel, sind aber hochbedenklich und auch der gerne verwendete Tabaksud hat seine Tücken. Tabak enthält bekannterweise das Nervengift Nikotin, das leider wunderbar über die Haut aufgenommen werden kann. Wenn Sie eine vor sich hin sabbernde, alte Pflanzenschutzspritze mit Tabaksud befüllen und auch sich selbst ausreichend häufig treffen, dann

Wenn Sie den Geruch nicht mehr ertragen, ist sie fertig: Jauchen müssen gut vergoren sein, dann stinkt's auch dem, der vertrieben werden soll.

kann das böse ausgehen! So manche LandwirtInnen sind in den 1950er Jahren vom Traktor gekippt, und deshalb ist Nikotin damals als Pflanzenschutzmittel verboten worden.

Solche Mittel sind natürlich nichts für den Naturgarten. Hier eine Übersicht von **pflanzlichen Brühen und Jauchen**, die im alternativen Pflanzenschutz von Bedeutung sind.

Je nach Herstellungsprozess unterscheiden wir: Jauche, Auszug, Brühe und Tee.

Sie können davon ausgehen, dass 1 kg frisches Kraut in etwa 100–200 g getrockneten Krauts entspricht. Eine Grundregel lautet: 20 g getrocknetes (oder 100 g frisches) Kraut pro 1 Liter Wasser. Je nach Zubereitungszeit wird dann vor der Ausbringung noch verdünnt. Die Herstellung verschiedener Brühen und Jauchen verläuft meistens getrennt. Mischungen sind jedoch beim Ausbringen möglich.

Das Einmaleins der stinkigen Kräutertränke

Jauche (= fermentierter Extrakt): 1 kg frisches (ca. 200 g getrocknetes) Kraut auf 10 Liter Wasser, nicht luftdicht verschließen, gelegentlich rühren. Jauche ist fertig, wenn Schwebteile sich absetzen und der Schaum weg ist. Die Flüssigkeit ist dann dunkelbraun! Zeitaufwand im Sommer zwei, im Winter drei Wochen. Als Verdünnung im Verhältnis 1 : 20 bis 1 : 50 sprühen oder gießen; als Dünger und Pflanzenstärkung anzusehen!

Kaltwasser-Auszug: Herstellung wie Jauche, fertig nach 1–3 Tagen (bevor Schaumbildung eintritt); unverdünnt oder als Verdünnung im Verhältnis bis 1 : 10, meistens aber 1 : 1 bis 1 : 3 sprühen oder gießen; zur Schädlingsabwehr und Stärkung.

Brühe: Herstellung wie Jauche, aber nach 24 Stunden erwärmen auf 75 °C und ziehen lassen, bis die Flüssigkeit 35 °C hat. Als Verdünnung im Verhältnis 1 : 3 bis 1 : 10 sprühen oder gießen; zur Schädlingsabwehr.

Tee: 200 g getrocknetes (1 kg frisches) Kraut mit 10 Litern heißem (75–85 °C) Wasser übergießen und geschlossen ziehen lassen, bis die Flüssigkeit 35 °C hat; unverdünnt oder als Verdünnung im Verhältnis bis 1 : 5 sprühen oder gießen; zur Schädlingsabwehr und Stärkung.

Wer den Ackerschachtelhalm im eigenen Garten hat, kann die Brühe selbst herstellen und gegen Pilzkrankheiten und einige Schädlinge verwenden.

Pflanze	Brühe/Jauche/Tee und ihre Einsatzbereiche
Ackerschachtelhalm (Zinnkraut)	**Brühe:** gegen pilzliche und tierische Schädlinge: Schorf, Mehltau, Spinnmilben, Kräuselkrankheit, Rost; Pflanzenstärkung allgemein! Nachwachsende Triebe „beimpfen"
Brennnessel	universelle Herstellung **(Jauche, Auszug, Brühe, Tee)**, auch gemeinsam mit Wermut und/oder Schachtelhalm gegen Läuse und Spinnmilben; sehr gutes Pflanzenstärkungsmittel (Eisen, Spurenelemente, Stickstoff)
Rainfarn	**Tee:** pur gegen Käfer (z. B. Rüsselkäfer), mit höherer Dosierung (30 g auf 1 Liter Wasser) unverdünnt spritzen; **Brühe/Tee** verdünnt gegen Rost- und Mehltaupilze
Wermut	**Brühe oder Tee:** im Verhältnis 1 : 3 bis 1 : 5 verdünnt sprühen gegen Läuse, Raupen (Obstmaden, Wickler); **Jauche:** im Verhältnis 1 : 20 verdünnt gegen Ameisen, Raupen, Säulenrost (Johannisbeeren – unverdünnt auf die unbelaubten Pflanzen sprühen)
Knoblauch – Das Universalgenie!	**Jauche:** (500 g auf 10 Liter Wasser): gegen Bodenpilze, Stechmücken; **Brühe:** (700 g auf 10 Liter Wasser): gegen Mehltau, Rost; **Tee:** (700 g auf 10 Liter Wasser): gegen Spinnmilben, Pilze. Unbedingt Bio-Knoblauch verwenden! (Tipp von der Gärtnerei Seidemann)
Farnkraut (Adler- oder Wurmfarn)	Breite Wirkung als **Jauche oder Brühe** (5 kg frisches oder 500 g trockenes Laub auf 10 Liter Wasser): gegen viele Lausarten (auch überwinternde Schildläuse) sehr gut, unverdünnt gegen Schnecken: Flächen besprühen
Thymian oder Salbei	**Tee:** im Verhältnis 1 : 3 verdünnt gegen Raupen bzw. Ameisen, idealer Mischpartner für alle Tees, auch zur Pflanzenstärkung allgemein
Kamille	**Kaltwasser-Auszug:** im Verhältnis 1 : 5 bis 1 : 10 oder als **Tee** unverdünnt oder im Verhältnis bis 1 : 3 als Verdünnung bei Verletzungen durch Hagel und Starkregen sprühen, als Wurzelstimulator (Saatgutbeizung) gießen!
Basilikum	**Tee:** 2 Esslöffel getrocknetes oder 4–5 Esslöffel frisches Laub mit 1 Liter heißem Wasser übergießen, als schneller „Laustee"
Holunderblatt	**Jauche:** 1,5 kg Frühjahrs- oder 2,5 kg Herbstlaub auf 10 Liter Wasser unverdünnt in die Gänge der Wühlmäuse gießen
Rhabarberblatt	**Jauche:** 1 kg auf 10 Liter Wasser gegen Schnecken, Blattläuse
Tomatentrieb	**Jauche:** 1 kg Seitentriebe auf 10 Liter Wasser gegen Schnecken und Pilze
Schafgarbenblüten/ -blatt	**Kaltwasser-Auszug:** enthält Kieselsäure, Spurenelemente, Kalium; zur allgemeinen Pflanzenstärkung gegen Pilze und für Mineralstoffversorgung über das Blatt!

Quelle: nach Erwin Seidemann

Rainfarn, Salbei, Basilikum, Schafgarbe und Thymian vervollständigen die hauseigene Kräuterapotheke für unsere Pflanzen.

Pflanzenschutzmittel

Gesetze, Recht und Ordnung?

Auch die Einsatzgebiete von Pflanzenschutzmitteln sind streng geregelt. So ist es verboten, Unkraut auf versiegelten Flächen zu behandeln.

Dieses Kapitel ist ein etwas heikles und das hat mehrere Gründe. Pflanzenschutzmittel, Pflanzenstärkungsmittel und die Pflanzenhilfsmittel sind generell sehr streng gesetzlich geregelt. Und im deutschsprachigen Raum stoßen wir auf unzählige, schwer lesbare EU-Verordnungen, mindestens fünf Länder mit verschiedenen hoheitlichen Pflanzenschutz-Regelungen, wobei die Staaten den einzelnen Bundesländern, Kantonen oder Regionen zusätzlich eigene „Landesgesetze" zubilligen. Als wäre das nicht schon genug, kommt noch die Unterteilung in Pflanzenschutzgesetze, Pflanzenschutzmittelgesetze, Pflanzenschutzverordnungen, Pflanzenschutzanwendungsverordnungen und die Biorichtlinien für den Pflanzenschutz hinzu! All dies gesetzeskonform in einem Buch unterzubringen, ist nicht nur unmöglich; wir fürchten auch, dass Sie ein Kapitel von über dreihundert Seiten zu den jeweiligen Gesetzen etwas langweilen könnte.

Prinzipiell ist die Pflanzenschutz-Gesetzgebung sehr sinnvoll. So werden Einschränkungen gesetzt und auch die Anwendung von Mitteln wird sehr genau festgelegt. Nicht nur, an welcher Pflanze welcher Schädling bekämpft werden darf, auch die Häufigkeit der Maßnahmen pro Jahr, die Wartezeiten, der Abstand zu Gewässern, der Einsatz im öffentlichen Grün, im Haus und im Kleingarten sind klar gegliedert. So werden wilde und unkontrollierte Pflanzenschutzmitteleinsätze untersagt. Das war nicht immer so und das war nicht gut!

Ein kniffliger Punkt ist, dass BeraterInnen natürlich nur Pflanzenschutzempfehlungen geben dürfen, die den Gesetzen entsprechen. So ist es nicht erlaubt, Mittel, die zwar gut helfen, aber keine Zulassung als Pflanzenschutzmittel haben, als solche zu empfehlen. Das kann sehr sinnvoll sein, hat aber auch seine Tücken. Manches alte Hausmittel ist nun tabu, auch die Selbstherstellung ist größtenteils verboten und die Verbraucherin oder der Verbraucher wird daher gezwungen, auf teure, zugelassene Pflanzenschutzmittel zurückzugreifen. Doch

11.6.2011 DE Amtsblatt der Europäischen Union L 153/187

DURCHFÜHRUNGSVERORDNUNG (EU) Nr. 541/2011 DER KOMMISSION

vom 1. Juni 2011

zur Änderung der Durchführungsverordnung (EU) Nr. 540/2011 zur Durchführung der Verordnung (EG) Nr. 1107/2009 des Europäischen Parlaments und des Rates hinsichtlich der Liste zugelassener Wirkstoffe

Titel einer EU-Rechtsveröffentlichung. Wirklich schwer zu lesen.

nicht alle zugelassenen Mittel sind ungiftig und einige haben große Nebenwirkungen für Mensch und Natur.

Auch ändern sich die Zulassungen ständig, was die tägliche Beratung schwierig gestaltet. Und unser Buch wäre vermutlich bereits am Tag nach seiner Erscheinung schon nicht mehr aktuell genug für rechtskonforme Empfehlungen.

Prinzipiell gilt für uns: *Kein* Pflanzenschutzmittel ist der beste Pflanzenschutz!

Wenn Sie im Hausgarten jedoch ein Pflanzenschutzproblem haben, dann können Biomittel wunderbar helfen, um einen Befall in den Griff zu bekommen. Trotzdem sollten Sie immer überlegen, was Sie weiter tun können, um selbst das Biomittel nicht mehr zu brauchen.

All diese Punkte haben uns dazu bewogen, den Pfad der gesetzestreuen Tugend etwas zu verlassen, um Empfehlungen geben zu können, die zwar nicht ganz erlaubt sind, Ihnen jedoch vielleicht weiterhelfen können. Wir bleiben dennoch nahe an den Gesetzen und weisen Sie jeweils darauf hin! Hier jetzt aber erst einmal die rechtlichen Begriffserklärungen.

Pflanzenschutzmittel dürfen nicht frei verkauft werden, denn sie müssen beraten werden.

Pflanzenschutzmittel (Pestizide)

Pflanzenschutzmittel sind staatlich zugelassene Substanzen, die gegen Krankheiten und Schädlinge an Pflanzen eingesetzt werden dürfen. Sie sollen also die Pflanze schützen. Aber auch Unkrautvernichter gehören dazu, denn diese bringen zwar wilde Pflanzen um, sollen aber dadurch den Kulturpflanzen helfen, besser zu wachsen. Weitere, den Pflanzenschutzmitteln zugehörige, Wirkstoffe sind künstliche Wachstumshormone_und Mittel, die am Erntegut eingesetzt werden, also zum Vorratsschutz gegen Ratten oder Käfer sowie zur Keimhemmung an Zwiebeln oder Kartoffeln.

Interessant ist, dass Pflanzenschutzmittel eine Wirkung haben *müssen*, denn sonst werden sie nicht als solche zugelassen! Somit können Sie sicher sein, dass Ihr Biomittel auch wirkt.

Für den ökologischen Landbau gibt es eine eigene Pflanzenschutzmittel-Liste der EU, in der alle Wirkstoffe, die eingesetzt werden dürfen, enthalten sind. Diese sind aber wiederum nicht in allen Ländern zugelassen. Weiterhin gilt ein generelles Unkrautvernichter-Verbot im Bioanbau in Europa, jedoch nicht in den USA oder Kanada. Dort werden Fettsäuren und Öle, aber auch Bakterien und Viren, gegen Unkräuter im ökologischen Landbau eingesetzt.

Die bunte Welt der -zide

In der Fachsprache der Insekten- und Pilztöter gibt es eine Unzahl Wörter, die mit „-zide" enden. Das kommt vom lateinischen caedere und heißt einfach töten, vernichten,

zerschlagen. Bei **Insektiziden** vermuten geneigte LeserInnen wahrscheinlich, dass hier Mittel gemeint sind, die Insekten töten sollen. Und bei **Fungiziden** hat der italophile Genießer einen Vorteil. Die Pizza ai funghi ist mit Pilzen. Also töten Fungizide Pilze.
Aber dann geht's los und wird unverständlich: Acari ist die große Unterklasse der Spinnentiere und bezeichnet die Milben, also **Akarizid** = Milbentöter. Mollusken sind Weichtiere, zu denen Muscheln, aber auch Schnecken gehören. Das Schneckenkorn ist demnach ein **Molluskizid**. **Nematizide** wirken gegen Fadenwürmer (Nematoden), **Herbizide** gegen Unkräuter, denn herba heißt Pflanze. Und gramen heißt Gras, somit sind **Graminizide** spezielle Herbizide gegen Gräser!
Auch die Insektizide können, wenn das denn gewünscht ist, noch weiter unterteilt werden. **Aphizide** bringen Blattläuse um, **Larvizide** wirken gegen die Jungtiere von Insekten, wie Engerlinge oder Raupen und eine **ovizide** Wirkung lässt die Eier von Insekten oder Milben absterben. Ein **Rodentizid** tötet nicht Ihren Rhododendron, sondern Ratten und Mäuse, denn rodentia sind die Nagetiere. Zu guter Letzt: **Avizide** sind glücklicherweise nicht mehr zugelassen. Diese Wirkstoffe dienten dazu, Vögel zu beseitigen. Eigentlich arg.

Nahrungsmittel zum Pflanzenschutz? Die Grundstoffliste der EU macht's möglich.

Grundstoffe – Pflanzenschutzmittel selbst herstellen!

Eine wunderbare Idee der Europäischen Union ist zwar leider durch bürokratische Hindernisse aufgebläht, aber trotzdem sehr sinnvoll: Stoffe, die üblicherweise ungiftig sind, wie z. B. Lebensmittel, können bei Eignung zum Pflanzenschutz in eine Liste aufgenommen werden und jeder darf diese Stoffe dann auch als Pflanzenschutzmittel verwenden! Gegen welche Krankheiten und Schädlinge, an welchen Pflanzen und in welcher Konzentration die Stoffe wirken, ist genau festgelegt und kann eine fantastische Hilfestellung sein. Beispiele sind Schachtelhalm, Molke, Zucker, Kalk und Essig – zum jetzigen Zeitpunkt kommen 20 Stoffe in der Liste vor.

Es gibt kein großes Interesse, vor allem der Industrie, kostengünstige Alternativen zum Pflanzenschutz zu forcieren. Denn genau das sind sie: wissenschaftlich und kulturtechnisch geprüfte, ungiftige Substanzen für den *selfmade*-Pflanzenschutz! Lediglich die Bioverbände machen hier gute Arbeit und schlagen weitere Grundstoffe zur Aufnahme in die Liste vor. Von vielen Lebensmitteln sind Wirkungen bekannt und erprobt, empfohlen werden dürfen sie aber eben erst, wenn sie „Grundstoffe nach der EU-VO 1107/2009" sind. Diese Grundstoffe empfehlen wir gern, denn so haben wir Gewissheit, dass die Wirkungen und die Nebenwirkungen genau geprüft wurden.

Nachteile: Die Liste ist in Englisch gehalten und es ist enorm schwierig, sie zu finden. Im Anhang auf S. 350 finden Sie den Link.

Hier eine Übersicht über die Pflanzen und die Einsatzgebiete der Grundstoffe. Hinweise zur Herstellung und weitere Informationen zur Anwendung sind ab S. 77 zu finden.

Übersicht der genehmigten Grundstoffe nach Indikationen*

Kultur	Schädling oder Krankheit	Genehmigte Grundstoffe	Wo**	Anwendungsform
Alle Kulturen				
Essbare und nicht essbare Pflanzen	Weg- und Ackerschnecken	Bier	F	in Fallen
Zierpflanzen				
alle Zierpflanzen	Echter Mehltau, andere pilzliche Krankheiten	Backpulver, Lezithin	F, G	Spritzen
Diverse Bäume und Sträucher	Bakterien und Pilzkrankheiten (s. Datenblatt)	Essig	F	Desinfektion von Schnittwerkzeugen
Zierbäume und *Prunus*-Arten	Echte Mehltaue, *Marssonina* spp., Kräuselkrankheiten, Zweigsterben *Monilia* spp.	Brennnessel	F	Mulchen
Rosengewächse	Feuerbrand (*Erwinia amylovora*)	Essig	F	Desinfektion von Schnittwerkzeugen
Rosen	Rosenblattlaus (*Macrosiphum rosae*)	Brennnessel	F	Spritzen
Rosen	Echter Mehltau, andere Pilzkrankheiten	Lezithin	F, G	Spritzen
Rosen	Sternrußtau (*Diplocarpon rosae = Marssonina rosae*), Rosenrost (*Phragmidium mucronatum*), Echter Mehltau	Brennnessel	F	Mulchen
Spiersträucher (*Spirea* sp.)	Spireenlaus (*Aphis spiraephaga*)	Brennnessel	F	Spritzen
Blühpflanzen, wie *Zinnia* sp.	Pilze, insbesondere *Alternaria zinnia, Alternaria alternata* oder *Fusarium* spp.	Wasserstoffperoxid	F, G	Saatgutbeizung

Kultur	Schädling oder Krankheit	Genehmigte Grundstoffe	Wo**	Anwendungsform
Obstbau				
Obstanlagen	Mittelmeerfruchtfliege (*Ceratitis capitata*)	Diammonphosphat	F	Lockstoff in Fallen
Diverse Obstbäume (s. Datenblatt)	Feuerbrand (*Erwinia amylovora*) und andere bakterielle Fäulen	Essig	F	Desinfektion von Schnittwerkzeugen
Diverse Obstbäume (s. Datenblatt)	Kirschessigfliege (*Drosophila suzukii*)	Talkum	F	Spritzen als physik. Barriere
Obstbäume: Apfel, Zwetschge (Pflaume), Pfirsich, Süßkirsche	Blatt- und Blutläuse, Blattfleckenkrankheiten (*Alternaria alternata*), Triebsterben (*Monilia laxa*), Grauschimmel (*Botrytis cinerea*), Fruchtschimmel (*Rhizopus stolonifer*)	Brennnessel	F	Spritzen
Beeren und kleine Früchte	Krankheitserregende Pilze und Bakterien	Chitosan	F, G	Spritzen
Kernobst	Obstbaumkrebs (*Neonectria galligena*) und andere Pilzkrankheiten	Kalkmilch	F	Blattfallspritzungen u. Sprinkleranlagen
Kernobst	Insekten und Milben, Echter Mehltau und Schorf	Talkum	F	Spritzen als physik. Barriere
Steinobst	Obstbaumkrebs (*Neonectria galligena*) und andere Pilzkrankheiten	Kalkmilch	F	unverdünnt Streichen
Kirsche	Blattläuse (*Myzus cerasi*)	Brennnessel	F	Spritzen
Kirsche	Kirschfruchtfliege (*Rhagoletis cerasi*)	Diammonphosphat	F	Lockstoff in Fallen
Apfel	Blattläuse (*Macrosiphum rosae*), Blutläuse (*Eriosoma lanigerum*)	Brennnessel	F	Spritzen
Apfel	Fruchtbohrer (z. B. Wickler, Sägewespen)	Fruchtzucker	F	Austriebs- und Blütenspritzung

Kultur	Schädling oder Krankheit	Genehmigte Grundstoffe	Wo**	Anwendungsform
Apfel	Apfelwickler (*Cydia pomonella*)	Zucker, Brennnessel	F	Spritzen
Apfel	Echter Mehltau (*Podosphaera leucotricha*)	Lezithin, Ackerschachtelhalm, Weidenrinde	F	Spritzen
Apfel	Schorf (*Venturia inaequalis*)	Backpulver, Ackerschachtelhalm, Weidenrinde	F	Spritzen
Apfel	Blattpilze	Weidenrinde	F	Spritzen
Birne	Apfelwickler (*Cydia pomonella*)	Brennnessel	F	Spritzen
Pfirsich	Blattläuse (*Myzus persicae*)	Brennnessel	F	Spritzen
Pfirsich	Kräuselkrankheit (*Taphrina deformans*)	Ackerschachtelhalm, Weidenrinde	F	Spritzen
Beerenobst (weiche Früchte)	Mehltau (*Sphaerotheca* spp., *Oidium* spp.)	Backpulver	F, G	Spritzen
Stachelbeeren	Echter Mehltau (*Microsphaera grossulariae*)	Lezithin	F	Spritzen
Rote Johannisbeere und Holunder	Johannisbeerblasenlaus (*Cryptomyzus ribes*), Holunderblattlaus (*Aphis sambuci*)	Brennnessel	F	Spritzen
Gemüse				
alle	Krankheitserregende (pathogene) Pilze und Bakterien	Chitosan	F, G	Spritzen
alle	Echter Mehltau (*Sphaerotheca* spp., *Oidium* spp.)	Backpulver	F, G	Spritzen
Doldenblütler (*Apiaceae*), wie Karotte (Möhre), Sellerie, Pastinake, Petersilienwurzeln	Möhrenfliege (*Psila rosea*)	Zwiebelöl	F	Einsatz in Dispensern (nur im Profi-Anbau erlaubt!)

Kultur	Schädling oder Krankheit	Genehmigte Grundstoffe	Wo**	Anwendungsform
Gemüse (Nachtschattengewächse, wie Tomaten, Paprika)	Desinfektion der Werkzeuge gegen *Ralstonia solanacerum* und *Botrytis cinerea*	Wasserstoffperoxid	G	Desinfektion der Werkzeuge
Diverse Gemüse (s. Datenblatt)	*Alternaria*-Blattfleckenkrankheit, Zwiebelhalsfäule (*Botrytis aclada*), bakterielle Krankheiten (*Clavibacter, Pseudomonas, Xanthomonas*)	Essig	F	Saatgutbehandlung
Blattgemüse, wie Salat, Kohl	Blattläuse, wie *Brevicoryna brassicae, Nasonovia ribisnigri*	Brennnessel	F	Spritzen
Kohlpflanzen, Rettich	Erdfloh (*Phyllotreta nemorum*), Kohlmotte (*Plutella xylostella*) und Blattfleckenpilze (*Alternaria* sp.)	Brennnessel	F	Spritzen
Marktgemüse (z. B. Gurken), Salat, Feldsalat	Echter Mehltau (*Podosphaera xanthii*)	Lezithin	F, G	Spritzen
Salat	Bakterielle Blattflecken (*Xanthomonas campestris* pv. *vitians*)	Wasserstoffperoxid		Saatgutbeizung
Gurken	Echter Mehltau (*Podosphaera xanthii*)	Ackerschachtelhalm, Molke, Lezithin	G	Spritzen
Gurken	Pilzliche Wurzelfäulen, Keimlingskrankheiten (*Phytium* spp.)	Ackerschachtelhalm	G	Spritzen
Gurken	Echter Mehltau (*Erysiphe polygoni*), Blattflecken (*Alternaria alternata* f. sp. *cucurbitae*)	Brennnessel	F	Spritzen
Gurken	Echter Mehltau (*Podosphaera xanthii*), Wurzelpilze wie Wurzelfäule, Keimlingskrankheiten (*Pythium* sp.)	Brennnessel	F	Mulchen
Bohnen	Schwarze Bohnenlaus (*Aphis fabae*), Gemeine Spinnmilbe (*Tetranychus urticae*)	Brennnessel	F	Spritzen

Kultur	Schädling oder Krankheit	Genehmigte Grundstoffe	Wo**	Anwendungsform
Tomate	Dürrfleckenkrankheit (*Alternaria solani*), Blattfleckenkrankheit (*Septoria lycopersici*)	Ackerschachtelhalm	F	Spritzen
Tomate	Echter Mehltau (*Oidium neolycopersici*)	Weidenrinde, Sonnenblumenöl	F	Spritzen
Tomate	Kraut- und Braunfäule (*Phytophthora infestans*)	Lezithin	F, G	Spritzen
Tomate	Dürrfleckenkrankheit (*Alternaria solani*), Blattfleckenkrankheit (*Septoria lycopersici*)	Brennnessel	F	Mulchen
Zucchini und Kürbis	Echter Mehltau-Arten	Molke	G	Spritzen
Pilze, z. B. Champignons	Schadpilze an Pilzen, wie Spinnwebschimmel (*Cladobotryum*-Arten, z. B. *C. dendroides* oder *mycophilum*), Trockene Molle, Trockenschimmel (*Lecanicillium fungicola* syn. *Verticillium fungicola*) und Weichfäule (*Mycogone perniciosa*)	Kochsalz	G	punktuelles Streuen bei Auftreten der Schaderreger
Weinbau				
	Echter Mehltau (*Erysiphe necator*)	Backpulver, Ackerschachtelhalm, Weidenrinde, Lezithin, Kochsalz, Talkum	F	Spritzen
	Falscher Mehltau (*Plasmopara viticola*)	Ackerschachtelhalm, Weidenrinde, Lezithin, Brennnessel	F	Spritzen
	ESCA, Komplex verschiedener Pilze der Gattung *Phaeoacremonium*, besonders *P. aleophilum* (= *Togninia minima*) und *P. chlamydospora*	Lehmige Holzkohle	F	Bodenbedeckung (Mulchen)

Kultur	Schädling oder Krankheit	Genehmigte Grundstoffe	Wo**	Anwendungs-form
	Gemeine Spinnmilbe (*Tetranychus urticae, Tetranychus telarius*)	Brennnessel	F	Spritzen
	Bekreuzter Traubenwickler (*Lobesia botrana*)	Kochsalz	F	Spritzen
Heil- und Gewürzkräuter				
alle	Krankheitserregende (pathogene) Pilze und Bakterien	Chitosan	F, G	Spritzen
Landwirtschaft				
Getreide, alle	Krankheitserregende (pathogene) Pilze und Bakterien	Chitosan	F	Spritzen
Mais	Maiszünsler-Raupen	Zucker	F	Spritzen
Diverse Getreide (s. Datenblatt)	Pilze wie Steinbrand (*Tilletia caries, Tilletia foetida*) und Streifenkrankheit (*Pyrenophora graminea*)	Essig, Senfmehl	F	Saatgut-behandlung
Kartoffel	Kraut und Knollenfäule (*Phytophthora infestans*), Grüne Pfirsichblattlaus (*Myzus persicae*)	Brennnessel	F	Spritzen
Raps	Erdfloh (*Phyllotreta nemorum*) und Kohlmotte (*Plutella xylostella*)	Brennnessel	F	Spritzen
Lagerung				
Getreide (Saatgut), Zuckerrübe (Saatgut), Kartoffel (Pflanzgut)	Krankheitserregende (pathogene) Pilze und Bakterien	Chitosan	L	Sprühen oder Tauchen
Äpfel und Kirschen	Lagerkrankheiten	Backpulver	L, F	Tauchen

* Herstellung, Anwendungen und genaue Indikationen finden Sie in den Datenblättern.

** Freiland F, Gewächshaus G, Lager L

Bio-Pflanzenschutzmittel

Im folgenden Abschnitt werden die zugelassenen Wirkstoffe in Pflanzenschutzmitteln für den biologischen Landbau beschrieben. Meist sind diese Substanzen aus Pflanzen oder Bakterien gewonnen, aber auch Mineralien oder Stoffe, die seit Jahrhunderten vom Menschen hergestellt wurden, z. B. Seifen, sind darunter.

Das Schöne an den ökologischen Wirkstoffen ist, dass sie – bis auf wenige Ausnahmen – gut aussprechbar sind: z. B. Rapsöl, Schmierseife oder Schwefel. Chemische Substanzen hingegen klingen oft kryptisch und laden zur Falschschreibung ein. 2,4-Dichlorphenoxyessigsäure wäre so ein Kandidat! Ein Unkrautvernichter für Rasen aus der Zeit von „Agent Orange" ... Oder, fast schon lustig: Propaquizafop, ein zumindest phonetisch interessantes Herbizid.

Wie die chemisch-synthetischen, so müssen auch die Biowirkstoffe wirken! Das wird geprüft und nur die wirklich Guten kommen durch. „Bio taugt nichts!" Wenn Sie diesen Spruch hören, dann wissen Sie es zukünftig besser!

Wir wollen im Folgenden vor allem die wichtigsten Wirkungsweisen, Einsatzgebiete, aber auch mögliche Warnungen zu den Mitteln beschreiben. Denn Bio muss nicht harmlos sein. Ein giftiger Knollenblätterpilz im Abendmahl ist auch *bio*.

Wie oft, wogegen, an welcher Pflanzenart, mit welchem Abstand und viele weitere Informationen finden sich im Kleingedruckten auf der Packung. Gar nicht so einfach!

Blattläuse, Weiße Fliegen, Spinnmilben: Weichhäutige Schädlinge können mit Schmierseife-Präparaten gut in Schach gehalten werden. Für die meisten anderen Tiere ist das Mittel ungefährlich.

Schmierseife (Kaliseife)

Seit den 1940er Jahren ist Schmierseife als Pflanzenschutzmittel auf dem Markt. Um sie herzustellen, wird Rapsöl mit Kalilauge vermischt und die Schmierseife ist fertig! Andere Seifen, wie Kernseife oder Spülmittel, sind oft mit Natronlauge hergestellt. Sie ist weniger pflanzenverträglich und somit nicht geeignet!

Früher galt Schmierseife als Hausmittel und wurde 1–3%ig gespritzt, was etwa einem Esslöffel auf einen Liter Wasser entspricht. Gut ist generell die Verwendung von Regenwasser oder weichem Wasser, da zu kalkhaltiges Wasser mit Schmierseife zu Kalkseife reagiert. Die Wirkung ist dann herabgesetzt oder die Mischung verstopft gar die Düse. Heute ist Schmierseife ein Pflanzenschutzmittel und darf nicht mehr selbst hergestellt werden! Das Mittel ist im Handel erhältlich.

Schmierseife wird gegen weichhäutige Insekten und Spinnmilben eingesetzt. Weichhäutige Insekten sind Blattläuse und Weiße Fliegen, wobei die bemehlten Läuse schwieriger zu bekämpfen sind. Gegen Käfer, Raupen oder andere „harte" Insekten hat die Seife *keinen* Effekt, außer, dass die Tiere nach der Anwendung schön sauber sind.

Wirkungsweise

Tropfnass spritzen, Kontaktmittel! Die Schädlinge müssen direkt getroffen werden, denn Schmierseife wirkt physikalisch und ätzt die Haut der weichhäutigen Insekten auf. Also nicht *auf* das Blatt spritzen, wenn die Läuse *unter* dem Blatt sitzen! Sie zappeln nicht wie bei einem Nervengift nach der Anwendung herum, sondern die Blattläuse saufen einfach weiter, während sie gen Himmel fahren. Das hat zur Folge, dass die toten Insekten manchmal noch Tage auf der Pflanze verweilen, was die ungeübte Biogärtnerin oder den ungeübten Biogärtner zur Aussage verleiten lässt, Bio wirke nicht.

Schädliche Auswirkungen

So ungefährlich Schmierseife auch sein mag, sie brennt in den Augen! Und nicht alle Nützlinge sind begeistert. Zwar ist Schmierseife im Allgemeinen sehr nützlingsschonend, aber für eine Raubmilben- (*Amblyseius andersoni*) und eine Schwebfliegeart (*Syrphus corollae*) wird eine Schädigung beschrieben. Da aber Schmierseife nicht giftig ist, kann direkt nach der Anwendung ein Nützlingseinsatz durchgeführt werden (siehe Tabellen S. 46 und 55).

Unsere Empfehlung

Gegen Blattläuse, Weiße Fliegen und Spinnmilben nahezu überall einsetzbar! Weiße Fliegen frühmorgens bekämpfen, dann ist es noch kalt und sie flattern nicht so wild umher.

Ökologischere Alternativen

Scharfer Wasserstrahl gegen Läuse, Nützlingseinsätze gegen Läuse und Weiße Fliege, Rapsölpräparate.

Pyrethrum (Pyrethrine)

Jetzt kommen wir zu einer richtig kleinen Biobombe. Denn Pyrethrum fegt alles vom Blatt, was sechs, acht oder vierzehn Beine hat. Und trotzdem hat auch dieser Wirkstoff eine Bedeutung für den Naturgarten.

Pyrethrum ist der Blütenextrakt einer Chrysanthemenart (*Tanacetum cinerariifolium*, Dalmatinische Insektenblume). **„Pyrethrine"** be-

Pyrethrum ist der Blütenextrakt der Dalmatinischen Insektenblume (Tanacetum cinerariifolium)

zeichnet die sechs Einzelwirkstoffe, die sich im Pyrethrumextrakt finden. **Cinerin I und II, Jasmolin I und II** sowie eben **Pyrethrin I und II.** Gegen diese Wirkstoffkombination sind bisher nur wenige Resistenzen bekannt, obwohl das Mittel bereits seit mehreren tausend Jahren eingesetzt wird! Mit Dalmatinischem oder Persischem Insektenpulver haben bereits die Römer ihre lästigen Kopfläuse bekämpft. Das waren getrocknete und zerriebene Blütenköpfe der oben beschriebenen *Tanacetum*-Art.

Pyrethrum wird von größeren Insekten zu schnell verstoffwechselt, es wirkt also nicht ausreichend. Deshalb wird dem Pyrethrum ein Wirkverstärker (Synergist) hinzugegeben. In der Regel ist das Rapsöl, welches die Atemwege verstopft. So kann der Käfer nicht richtig schnaufen und das Pyrethrum wird nicht so schnell abgebaut.

Anwendung

Pyrethrum mit Rapsöl wirkt, wie erwähnt, gegen alle frei lebenden Insekten und frei laufenden Milben. Auf keinen Fall sollte die noch nasse Pflanze Sonne abbekommen. Denn die Kombination aus Rapsöl und Sonnenstrahlung verursacht massive Blattschäden! Ab 25 °C nimmt die Wirkung von Pyrethrinen gewaltig ab, was vermutlich auch die „Ungiftigkeit" für Warmblüter erklärt. Wir Menschen haben etwa 37 °C Körpertemperatur und da wird Pyrethrum schnell abgebaut. Das soll aber kein Freibrief für einen sorglosen Umgang mit diesem Wirkstoff sein! Eine Schädigung kann nie ausgeschlossen werden!

Wirkungsweise

Pyrethrum und all seine enthaltenen Wirkstoffe sind Nervengifte und wirken nach wenigen Minuten. Wie die Schmierseife ist Pyrethrum ein Kontaktmittel, das Insekt muss also vom Sprühstrahl getroffen werden. Nach kurzer Zeit in der Sonne oder wenigen Stunden im Schatten ist das Mittel abgebaut. Doch nicht nur Licht, sondern auch Luftsauerstoff baut den Wirkstoff ab. Langfristige Schädigungen sind somit ausgeschlossen und auch die Wartezeit (die Zeit von der Anwendung bis zur Ernte) beträgt nur 1–3 Tage.

Durch den Rapsölanteil wirken die neuen Pyrethrumpräparate auch gegen Schild- und Wollläuse sowie gegen Eier der Schädlinge. Hier würde auch Rapsöl als alleiniger Wirkstoff völlig ausreichen, denn das Pyrethrum erreicht die gut geschützten Tiere nicht!

Schädliche Auswirkungen

„Kleine Biobombe" haben wir Pyrethrum eingangs genannt. Und das trifft es auch sehr gut. Denn nahezu alle Insekten und Spinnentiere werden geschädigt. Auch die Nützlinge, die wir ja dringend brauchen, werden umgebracht. Das ist sinnlos, deshalb geben wir Empfehlungen für Pyrethrum nur in begründeten Ausnahmefällen: Wenn es zu kalt ist für andere Wirkstoffe, wenn keine Nützlinge zu erwarten sind (im Hausbereich) oder wenn wirklich nichts andres mehr hilft, dann kann Pyrethrum eine Hilfe sein. Da ausschließlich kaltblütige Tiere geschädigt werden, muss auch bei Fischen (Gewässernähe) und Reptilien (Eidechsen) besondere Vorsicht geboten werden. Blühende Pflanzen sollten ebenfalls nicht behandelt werden, denn Bestäuber können geschädigt werden!

Unsere Empfehlung

Nur in Ausnahmefällen einsetzen. Gegen Buchsbaumzünsler im Herbst, wenn es für andere Mittel zu kalt ist, gegen Schädlinge an Zimmerpflanzen, wenn andere Mittel nicht helfen. Keine großflächigen Anwendungen!

Ökologischere Alternativen

Saugende Schädlinge: Rapsölpräparate, Neem, Schmierseife oder die bei diesen Wirkstoffen genannten Alternativen. – *Beißende Schädlinge:* Gesteinsmehl stäuben, Bt, Neem oder die bei diesen Wirkstoffen genannten Alternativen.

Naturstoffe als Vorbilder für chemische Pflanzenschutzmittel

Im chemischen Pflanzenschutz gibt es einige Substanzen, die ihre grundlegende Struktur aus der Natur haben, dann aber verändert wurden, um beispielsweise haltbarer oder lichtstabiler zu sein. Diese Stoffe haben aber mit dem ursprünglichen Naturstoff nichts mehr gemein, im Gegenteil. Nicht selten sind sie richtig gefährlich, auch für den Menschen.

Erstes Beispiel: die **Pyrethroide**. Sie bemerken, dass das Grundwort des natürlichen Stoffs Pyrethrin noch enthalten ist. Es ist jedoch ein „oi" hinzugekommen. Und dieses „oi" bedeutet „ähnlich". Humanoid ist menschenähnlich, nicotinoid wie Nikotin und pyrethroid eben ähnlich dem Pyrethrum. Jedoch haben die Pyrethroide ganz andere Eigenschaften als die Pyrethrine. Sie bauen sich schlecht ab, sind hoch umweltgefährlich und vor allem auch giftig für Menschen.
Pyrethroide können Sie in Billig-Modeläden riechen. Leicht stechend-süßlich und auf Dauer ungut. Unbedingt neue Kleidung gut waschen! Immer wieder ist zu lesen, dass Pyrethroide natürlichen Ursprungs wären, aber das ist Unsinn. Es ist ein chemisch-synthetischer Stoff.
Die Nicotinoide, genauer **Neonicotinoide**, haben mit dem Naturstoff Nikotin übrigens nicht viel zu tun. Nur die Wirkungsweise im Insekt ist ähnlich.

Der bittere Kiefernzapfenrübling (Strobilurus tenacellus).

Zweites Beispiel: die **Strobilurine**. Der heimische Kiefernzapfenrübling *Strobilurus tenacellus* hat einen Stoff in sich, der anderen Pilzen das Leben sehr schwer macht, weil er die Energiezentrale in ihren Zellen lahmlegt. Ein Zauberstoff für Pflanzenschützer, jedoch leider nicht sehr stabil an der Luft. Und so wurde auch dieser Naturstoff chemisch aufgebrezelt. Dieser synthetische Stoff wirkt ebenfalls ganz gut und wurde als gut pflanzenverträgliches Mittel beschrieben – bis die ersten Resistenzen gegen die chemischen Strobilurine auftraten. Mittel wie Azoxystrobin oder Kresoxim-methyl haben stark an Wirkung eingebüßt und werden meist nur noch in Kombipräparaten angeboten.

Niem/Neem (Azadirachtin)

Der indische Nimbaum (*Azadirachta indica*), auch Neem oder Niem genannt wird ebenfalls bereits seit Jahrtausenden genutzt, um Insekten und andere Quälgeister zu dezimieren. Aus den Samen des Baums, der sehr alt und sehr hoch werden kann, wird ein Öl gewonnen, das ganz anders wirkt als Pyrethrum. Nicht schnell und brutal, sondern sanft, hinterhältig und doch effektiv.

Der Neem-Extrakt enthält verschiedene Wirkstoffe: **Azadirachtin** ist der Hauptwirkstoff und er hat auch die beste insektizide Wirkung. **Nimbin** und **Nimbidin** klingen wie ein Königspaar aus einem fremden Land. Sie haben ebenfalls insektizide, aber auch virentötende Eigenschaften. **Salannin** und **Meliantriol** wirken abschreckend auf Insekten, was in der Fachwelt als „repellierend" bezeichnet wird. Also insgesamt ein interessanter Cocktail an Wirkstoffen, dem sogar pilztötende Eigenschaften nachgesagt werden.

Anwendung

Neem-Extrakte werden gegen beißende und saugende Insekten eingesetzt. Gegen beißende Insekten ist es generell besser geeignet, denn der Wirkstoff wird weniger vom Insekt direkt, als über den Fraß aufgenommen.

Wirkungsweise

Azadirachtin wirkt im Insekt wie ein körpereigenes Hormon und hat bei Larven den Effekt, dass sie sich nicht mehr häuten und/oder verpuppen können. Erwachsene Tiere hingegen werden in ihrer Fresslust so gebremst, dass sie nahezu oder eben doch verhungern! Zudem wird ihre Fertilität, also ihre Fruchtbarkeit, eingeschränkt. Die Pille für den Käfer sozusagen, der sich dann nicht mehr vermehren kann.

Ein weiterer Vorteil ist, dass Neem-Wirkstoffe in das Blatt eindringen und auch dort vorkommende, minierende Schädlinge erfasst. Diese Eigenschaft wird als „lokalsystemisch" bezeichnet, weil der Wirkstoff eben dort, wo er auftrifft, lokal in das System der Pflanze eindringt. Sie müssen also die Schädlinge nicht treffen, sondern „vergiften" quasi deren Nahrung – ein Fraßgift.

Etwas Geduld sollten Sie aber mitbringen. Zwar wirkt Neem recht rasch, die Wirkung ist aber bei größeren Insekten manchmal nicht gleich zu beobachten. Sprühen Sie am Morgen Ihr Kartoffelfeld gegen Kartoffelkäfer, dann laufen diese Stunden später immer noch umher. Und am nächsten Tag immer noch und zwei Tage später auch! Den „Knockdown-Effekt" eines Pyrethrums hat Neem nicht. Es dauert. Aber gefressen wird fast nichts mehr und vermehrt wird sich auch nicht! Somit ist die Pflanze geschützt.

Der indische Nimbaum (Azadirachta indica).

Neem wirkt auch gegen Tiere, die im Blatt leben, wie Miniermotten oder Minierfliegen, weil es in das Blatt eindringen kann.

Schädliche Auswirkungen

Ganz wichtig: Neem kann Pflanzen schädigen! Impatiens, Fuchsien, einige Rosenarten und Birnbäume reagieren sehr empfindlich auf das Neemöl und haben recht schnell Herbst, also Blattschäden! Dies wird „phytotoxische Reaktion", kurz Phytotox genannt.

Auch einige Nützlinge leiden. Die Hainschwebfliege (*Episyrphus balteatus*), der Siebenpunkt-Marienkäfer, die Florfliege und die Raubmilbe *Amblyseius cucumeris* werden geschädigt. Setzen Sie Neem darum besser nicht ein, wenn diese Nützlinge bei Ihnen vorkommen! Berichte über eine Hummelschädigung konnten zwar als Falschmeldung einer Pflanzenschutzfirma verifiziert werden, trotzdem sollten blühende Pflanzen besser immer ungespritzt bleiben! Womit auch immer Sie gerade hantieren.

Wirkt bei größeren Insekten nicht sofort, aber sehr gut. Selbst in diesem Befallsstadium hat Neem noch geholfen.

Neem wird nicht von allen Pflanzen vertragen. Diese Birne zeigt ihr Unbehagen durch schwarze Blätter nach einer Spritzung. Diese auch Phytotoxizität genannte Unverträglichkeit sollte beachtet werden. Wie heißt es so schön: „Lesen Sie die Gebrauchsinformationen!"

Auf dem Markt ist auch ein Neempräparat, welches Rapsöl enthält. Trotz guter Wirkung hat diese Mischung leider mehr schädigende Eigenschaften. Nutzinsekten, Raubmilben und Spinnen werden geschädigt und auch für Bestäuberinsekten ist dieses Mittelgemisch gefährlich.

Unsere Empfehlung

Neem ist ein wichtiges Mittel, vor allem gegen beißende Schädlinge. Gegen Schmetterlingsraupen wirkt zwar das im Folgenden (ab S. 97) besprochene Bt-Präparat besser. Dennoch kann auch Neem manchmal gegen diese Schädlinge eingesetzt werden, um Resistenzen zu verhindern. Keine großflächigen Anwendungen und *keine* Anwendung, wenn eindeutig Nützlinge zu sehen sind!

Ökologischere Alternativen

Saugende Schädlinge: Rapsölpräparate, Schmierseife oder die bei diesen Wirkstoffen genannten Alternativen. – *Beißende Schädlinge:* Gesteinsmehl stäuben, Bt oder die bei diesen Wirkstoffen genannten Alternativen.

Resistenzen gegen Pflanzenschutzmittel

Resistenzen, also Unempfindlichkeiten, gegen Pflanzenschutzmittel sind im Profianbau ein großes Problem. Insekten, Milben, Pilze oder Bakterien können sehr schnell resistent werden. Aber auch bei Ratten und Unkräutern bilden sich mit der Zeit Individuen heraus, die auf gegen sie eingesetzte Wirkstoffe nicht mehr reagieren.

Besonders groß ist die Gefahr einer Resistenzbildung, wenn

- ein einzelner Wirkstoff wiederholt eingesetzt und kein Wirkstoffwechsel durchgeführt wird. Wirkstoffwechsel bedeutet aber auch, eine Wirkstoffgruppe mit anderen Wirkmechanismen einzusetzen.
- zu niedrig konzentriert wird. Dann wirkt es nicht ausreichend. Das gleiche Problem haben viele chemische Mittel, weil sie sich langsam abbauen. Irgendwann ist die wirksame Dosis unterschritten und die ersten Unempfindlicheren der zu tötenden Zielgruppe siedeln sich wieder an.
- viele Nachkommen produziert werden, z. B. Pilzsporen. Dann haben die Schaderreger eine höhere Chance, dass einige Mutanten dabei sind, die das Mittel vertragen.

Alle Organismen, die sehr viele Nachkommen produzieren, können schnell Resistenzen gegen Pflanzenschutzmittel aufbauen. Pilze, wie der abgebildete Sternrußtau, sind durch die hohe Sporenzahl besonders geeignet.

Resistenzen können Sie also vermeiden, wenn Sie

- Ihre gesamte Strategie gegenüber den Schädlingen verändern (z. B. Nützlinge, Mikroorganismen oder mechanische Methoden einsetzen).
- Biomittel mit physikalischer Wirkung verwenden (Schmierseife, Öle).
- Wirkstoffe, besser noch Wirkstoffgruppen wechseln.
- auf lange wirkende Wirkstoffe verzichten – die haben wir im ökologischen Pflanzenschutz sowieso nicht.

Bacillus thurigiensis (Bt)

Bei diesem Pflanzenschutzmittel kommt die Frage auf, ist das ein Wirkstoff oder ist das ein Nützling? Denn ein *Bacillus* ist zweifelsohne ein Lebewesen und somit, wenn er im Pflanzenschutz eingesetzt wird, auch ein Nützling. Andererseits ist das Bakterium uninteressant, denn nur das von ihm produzierte Toxin (Gift) wird genutzt. In Österreich gilt Bt als Nützling, in der Schweiz, in Südtirol und in Deutschland wird Bt als Pflanzenschutzmittel eingestuft.

Entdeckt und beschrieben wurde *Bacillus thuringiensis* schon vor über einhundert Jahren. Im Ersten Weltkrieg erlangte es Bedeutung, denn es befiel die Seidenraupen, die für die Fallschirmproduktion kriegswichtig waren. Also ein klassischer Schaderreger, der aber in den 1940er Jahren als Mittel gegen Schmetterlingsraupen erkannt wurde!

Anwendung

Das Mittel wird in Wasser gegeben, wo es sich aber nicht auflöst, sondern eine sogenannte Suspension bildet. Wie Mehl in Wasser. Die fertige Brühe wird *über die Pflanzen gesprüht* und

Bacillus thuringiensis *wirkt ausschließlich gegen Schmetterlingsraupen, wie den Buchsbaumzünsler. Das ist gut für die Nützlinge.*

alles, was getroffen wird, ist geschützt! Denn die Raupe nimmt den Wirkstoff beim Fraß auf. Direktes Ansprühen der Raupen bringt also nichts.

Wirkungsweise
Sobald die Raupe Bt gefressen hat, wirkt das Toxin in ihrem Darm und löst diesen auf. Sie stirbt nach wenigen Stunden.

Der *Riesenvorteil* dieses Mittels: Es wirkt nur auf Schmetterlingsraupen! Keine andere Tierart ist gefährdet. Solche als „selektiv" bezeichneten Mittel sind beliebt im Bioanbau, soll doch die Natur erhalten werden.

Der *Nachteil* des Mittels: Es wirkt nur auf Schmetterlingsraupen! Und somit sollten die Raupen auch sicher als solche erkannte werden. Denn die Larven der Blattwespe bleiben putzmunter! Also gleich mal den Bestimmungsteil des Buches aufschlagen und nachschauen, wie die beiden unterschieden werden.

Schädliche Auswirkungen
Keine, außer für Schmetterlingsraupen! Nicht in die Augen gelangen lassen!

Unsere Empfehlung
Das Mittel gegen schädliche Schmetterlingsraupen. Beachten sollte man, dass das Mittel alle Schmetterlingsraupen tötet, daher sollte es vorsichtig verwendet werden!

Ökologischere Alternativen
Gesteinsmehle stäuben, Nistkästen aufhängen, *vorsichtig* mit dem Hochdruckreiniger abspritzen (für Buchs oder Kohlpflanzen, aber nicht für weichblättrige Pflanzen geeignet!).

Rapsöl

Halt! Bevor Sie in die Küche rennen, um eine Flasche Rapsöl zu holen. Das wird nix! Wenn wir in diesem Buch von Rapsöl als Pflanzenschutzmittel schreiben, dann meinen wir Rapsöl*präparate*! Der Unterschied ist, dass in Rapsölpräparaten ein Stoff enthalten ist, der es möglich macht, Öl in Wasser zu lösen. Nur mit diesem sogenannten Emulgator, meist Soja-Lezithin, ist das Öl misch- und verwendbar. Ohne ihn schwimmt es obenauf! Sie kennen das von Suppe oder Salat.

Rapsöl hat als Lebensmittel natürlich sehr wenige schädliche Auswirkungen auf die Umwelt, deshalb empfehlen wir es gerne.

In diesem Stadium findet die Austriebsspritzung statt. Um die Schädlinge im Ei zu ersticken, muss es dort schon atmen. Jetzt ist der beste Zeitpunkt!

Rapsöl ist ein nützlingsschonendes Naturprodukt.

Anwendung

Rapsölpräparat in Wasser auflösen und die Tiere treffen! Es ist ein reines Kontaktmittel. Unbedingt Sonne vermeiden, denn „Sonne und Öl tut der Pflanze nicht wöhl", sagt der Volksmund.

Rapsöl ist zugelassen gegen Läuse aller Art. Schildläuse, Wollläuse, Blattläuse und alle Weiße Fliegen-Arten. Und auch verschiedene Milben können Sie damit bekämpfen. Spinnmilben, Gallmilben oder Kräuselmilben an Wein. Es wirkt ebenfalls gegen andere saugende Insekten, z. B. Thripse.

Eine weitere Anwendung ist die Austriebsspritzung. Hier wird das Präparat beim Hervorkommen der ersten Blätter (maximal bis zum Mausohrstadium, um Verbrennungen zu vermeiden) im Frühjahr gegen überwinternde Eier von Milben und Läusen eingesetzt.

Wirkungsweise

Schlichtweg gesagt: Ersticken! Die Öl-Wasser-Mischung verklebt den Tieren die Atemöffnungen und sie bekommen keine Luft mehr.

Schädliche Auswirkungen

Keine! Wunderbar! Aber beachten Sie die Phytotox (Pflanzengiftigkeit) in Verbindung mit Sonnenstrahlung.

Unsere Empfehlung

Ein zu empfehlendes Mittel, da es besonders nützlingsschonend ist.

Ökologischere Alternativen

Scharfer Wasserstrahl, Nützlingseinsätze.

Paraffinöl (Mineralöl)

Paraffinöle werden aus Erdöl gewonnen und haben als Mineralöle natürlich schlechtere Umwelteigenschaften als Rapsöl. Auch ihr Einsatzgebiet ist eingeschränkt, denn es ist stärker nützlingsschädigend und giftig in Gewässern. Da mögen Sie sich fragen: „Was hat denn dann so ein Mittel im Bioanbau verloren? Und warum nicht gleich Rapsöl?" Und da haben Sie recht.

Paraffinöl wird aus Erdöl erzeugt.

Bis auf wenige Ausnahmen ist Rapsöl immer die bessere Wahl. Wenn Sie aber beispielsweise die Spindelstrauch-Deckelschildlaus (*Unaspis euonymi*) an Ihren Ziersträuchern haben, dann verzweifeln Sie mit Rapsöl. Es wirkt nämlich nicht so gut wie Paraffinöl.

Anwendung

Wie Rapsöl (S. 99), aber Zulassung nur gegen Spinnmilben, Schild- und Wollläuse und zur Austriebsspritzung.

Wirkungsweise

Wie Rapsöl (S. 99). *Aber:* Rapsöl hat die Eigenschaft, mit Luftsauerstoff zu reagieren und zu verharzen. Vielleicht kennen Sie das, wenn Ihre Ölflasche im Küchenschrank am Verschluss zu kleben beginnt und sich die Flasche nur noch schwierig öffnen lässt. Das ist Verharzen des Öls! Das Gleiche geschieht auch auf der Pflanze, was dann bedeutet, dass der Ölfilm aufreißt und wieder Luft an den Schädling kommt. Das passiert bei Paraffinöl nicht.

Bei den meisten Läusen und Milben ist das egal, sie ersticken trotzdem. Manche Schildlausarten jedoch, wie die Spindelstrauch-Deckelschildlaus, sind sehr zäh. Nur Paraffinöl kann da beim Eindämmen helfen. Auch in der Austriebsspritzung ist Paraffinöl prinzipiell besser.

Schädliche Auswirkungen

Alle Mineralöle sind giftig in Gewässern! Unbedingt Abstände einhalten! Und einige Nützlinge leiden wieder sehr: die Florfliege und die im Handel erhältliche Erzwespe *Encarsia formosa*, die gegen die Weiße Fliege (S. 198) eingesetzt wird sowie die Raubmilbe *Phytoseiulus persimilis*.

Unsere Empfehlung

Am besten für den *Innenbereich* geeignet. Gute Wirkungen gegen Schild- und Wollläuse im Innenbereich! Hier am besten den Boden abdecken, denn Ölflecken sind hartnäckig! Im *Außenbereich* eventuell bei der Austriebsspritzung und bei hartnäckigen Schädlingen. Gegen hartnäckige Schildlausarten möglichst nicht spritzen, sondern die Spritzlösung aufpinseln. So gelangt weniger in die Umwelt.

Ökologischere Alternativen

Rapsölpräparate, Schmierseife gegen Spinnmilben.

Gegen Schildläuse wirkt Raps- oder Paraffinöl. Foto oben vor der Spritzung und Foto unten eine Woche nach der Spritzung. Die Schilde heben sich nach erfolgreicher Behandlung ab.

Spinosad (Spinosyne)

Mit Spinosad sind wir wieder bei einem eher heiklen Wirkstoff angekommen. Seit 2008 ist er biotauglich und die Diskussion darüber war nicht einfach und nicht widerspruchsfrei. Spinosad ist ein natürlicher Wirkstoff aus einem Bakterium mit dem lustigen Namen *Saccharopolyspora spinosa.* Es wurde von WissenschaftlerInnen in einer jamaikanischen Rumdestillerie entdeckt, die nach Mittelamerika geschickt wurden, um neue Wirkstoffe zu finden. Der Bazillus lebte im Zucker des heraustropfenden Zuckerrohrsafts, was der Interessierte bereits am Namen erkennt, denn da steckt *Saccharo* drin, also Zucker. In diesem Bakterium finden sich zwei Wirkstoffe, die als **Spinosyn A und D** bezeichnet werden. Beide wirken insektizid.

Anwendung

Spinosad wird in Wasser gelöst und auf die Pflanzen gesprüht. Das Problem ist hier die Dosierung, denn wenn Sie nur eine geringe Menge Spritzbrühe brauchen, ist es schwer, eine 0,01%ige Lösung herzustellen. Eine Überdosierung ist hier leicht möglich.

Angewendet wird Spinosad gegen Thripse, Raupen, Käferlarven (Kartoffelkäfer), Minierfliegen und die Kirschessigfliege, die ein relativ neuer Problemschädling aus Japan ist.

Wirkungsweise

Spinosad ist wie Neem lokalsystemisch, geht also ins Blatt hinein und wird beim Fressen aufgenommen. Dann kommt es zu einem recht schnellen „Knockdown-Effekt", die Schädlinge purzeln herunter. Die Wirkung im Insekt ist jedoch eine völlig andere als bei Pyrethrum oder den chemischen Neonicotinoiden. Daher kann Spinosad, wenn ein Schädling bereits gegen z. B. Neonicotinoide resistent ist, eingesetzt werden.

Schädliche Auswirkungen

Obwohl Spinosad weniger Nützlinge schädigt als Schmierseife („nur" die Erzwespe *Trichogramma dendrolimi* wird geschädigt), ist es

Auch Biomittel können bienengefährlich sein. Spinosad darf auf keinen Fall auf blühende Pflanzen gespritzt werden. Besondere Vorsicht auch bei blühenden Unkräutern, die oft unscheinbar sind und übersehen werden.

In Ameisenköderboxen empfehlen wir den Wirkstoff Spinosad ohne Bedenken, da hier keine Bienengefahr besteht. Verzichten Sie auf die gefährlichen Streumittel zur Ameisenbekämpfung. Ameisenköderboxen werden von verschiedenen Firmen angeboten.

wegen seiner akuten Bienengefährlichkeit sehr umstritten. Auch bei geringer Konzentration werden Hummeln bereits gefährdet, deshalb sollte ein Einsatz von Spinosad gut überlegt und genau abgewogen werden. Die Anwendung auf blühenden Pflanzen (auch blühende Unkräuter oder Honigtau durch Blattläuse!) ist jedenfalls ohnehin verboten.

Unsere Empfehlung
Kein Einsatz im Hausgarten nötig. Lediglich in Ameisenköderdosen ist der Einsatz in Ordnung, wenn denn Ameisenbekämpfung wirklich sein muss (siehe Kapitel „Es nervt! Lästige Tiere von Ameisen bis Zecken" ab S. 277).

Ökologischere Alternativen
Gesteinsmehle, Bt, Neem, gegen Kirschessigfliege vorbeugend Fallen und/oder Netze verwenden und Fallobst vernichten!

Quassia (Quassin)

Endlich mal wieder ein Wirkstoff aus einer Pflanze! Und was für einer! Er scheint wirklich nur die „Bösen" zu treffen und lässt die „Guten" am Leben. Gut und Böse aus der Sicht der GärtnerInnen natürlich. Quassia ist eine standardisierte Formulierung aus dem Surinam-Bitterholzbaum *Quassia amara* und enthält drei Wirkstoffe: **Quassin, Neoquasssin** und **18-Hydroxyquasssin.** In der Schweiz ist Quassia zugelassen, in Österreich meist nur kurz zur Pflaumensägewespe-Zeit und in Deutschland war es ein Pflanzenstärkungsmittel, jetzt scheint es vom Markt verschwunden.

Anwendung
Quassia wird gespritzt. Hierzu übergießen Sie 150–250 g Bitterholz mit 2 Litern Wasser. Die Mischung lassen Sie für 24 Stunden stehen und

Der (Brasilianische) Quassiabaum, auch (Surinam-)Bitterholzbaum genannt.

kochen sie anschließend eine halbe Stunde. Fertig! Im Anschluss können Sie das Ganze mit 10–20 Litern Wasser verdünnen. Feine Sache: Die vor dem Verdünnen hergestellte Brühe hält sich monatelang und das verwendete Bitterholz kann nach dem Kochen wieder getrocknet werden. Bis zu dreimal können Sie es wiederverwerten, danach ist der Quassingehalt zu niedrig. Diese Spritzbrühe kann gegen manche Blattläuse (leider nicht alle), gegen die Kirschfruchtfliege, gegen die Pflaumen- und die Apfelsägewespe, gegen Pflaumenwickler und Kohlmotte erfolgreich eingesetzt werden. Zugelassen ist Quassia aber meist nur gegen die Pflaumensägewespe. Noch einfacher geht es in der Schweiz. Dort gibt es ein fertiges Flüssigpräparat, das 0,2%ig gespritzt wird.

Wirkungsweise

Wie genau Quassin wirkt, ist weitgehend unbekannt. Quassia hat eine abwehrende, also repellierende Wirkung. Die Tiere mögen mit Quassin behandelte Pflanzen einfach nicht mehr essen oder besaugen.

Schädliche Auswirkungen

Auch hier gibt es Positives zu berichten. Bisher konnte keine Nützlingsschädigung festgestellt werden.

Unsere Empfehlung

In Österreich ist Quassia lediglich gegen die Sägewespe und nur zeitlich begrenzt zugelassen. In der Schweiz gibt es eine ständige Zulassung, auch gegen bestimmte Blattläuse. Wir halten uns natürlich an das geltende Recht und hoffen auf weitere interessante Zulassungen gegen Kirschfruchtfliege und Pflaumenwickler.

Ökologischere Alternativen

Netze oder Vlies vor dem Schlupf der Tiere auf dem Boden auslegen.

Gegen die Kirschfruchtfliege: Fallen (Gelbtafeln, Grundstoff Diammonphosphat), Pflaumenwickler und Sägewespe: Fallobst penibel aufsammeln, Nützlingseinsätze: Hühner unterm Baum.

Eisen(III)-phosphat

Als etwa 1998 das erste Schneckenkorn mit dem Wirkstoff Eisenphosphat auf den Markt kam, hat es sich schnell zum Renner entwickelt. Der Wirkstoff ist eine Verbindung, die natürlicherweise im Boden vorkommt und zudem auch noch ein Pflanzennährstoff.

Dass Eisensalze von Schnecken nicht vertragen werden, ist seit den 1950er Jahren bekannt. Allerdings wurden damals auch Arsenverbindungen und andere Grausligkeiten verwendet. Eisen(III)-phosphat ist aber eine für die meisten Tiere absolut ungiftige und trotzdem wirkungsvolle Substanz.

Anwendung

Schneckenkorn wird gestreut. Wichtig ist, dass dies breitwürfig geschieht und die Körner *nicht* in kleinen Häufchen umherliegen. Eine große,

Schneckenkorn ist eingefärbt, damit es besser dosierbar ist.

dicke, fette Nacktschnecke muss, je nach Präparat, 5–12 Körner fressen, bis die Wirkung eintritt. Liegt das Schneckenkorn als Häufchen da, dann nascht die Schnecke kurz und kriecht weiter zum Salat. Findet sie jedoch ständig Körnchen auf ihrem Weg, dann frisst sie auch mehr davon. Zwischen 0,6–5 g sollten je nach Präparat pro Quadratmeter ausgestreut werden.

Sinnvoll kann eine Anwendung bereits im März/April sein, wenn die Ackerschnecken schon unterwegs sind und die ersten Wegschnecken aus den Eiern schlüpfen. Genaue Beobachtung dichter Staudenbestände kann hier hilfreich sein.

Wirkungsweise

Über die Wirkungen gibt es verschiedene Berichte. Die schönere Variante besagt, dass die Schnecken im Kropfbereich und an der Mitteldarmdrüse geschädigt werden und sie daraufhin irgendwie verhungern. Laut der weniger schönen Version tauscht das Eisen das Kupfer im Blut der Schnecke aus und somit kann kein Sauerstofftransport mehr stattfinden. Die Schnecken ersticken dann.

In jedem Fall liegen sie nicht blubbernd und ausschleimend herum, was das alte Schneckenkorn mit dem Wirkstoff Metaldehyd den armen Weichtieren antat. Sie verkriechen sich und sind somit unsichtbar.

Schädliche Auswirkungen

Trotz der Ungiftigkeit für die meisten Tiere hat Schneckenkorn mit Eisen(III)-phosphat einen gewaltigen Nachteil. Auch für unsere Pflanzen ungefährliche Schneckenarten sowie die Nützlinge unter den Schnecken fressen Schneckenkorn und sterben daran. Deshalb sollte es nur gestreut werden, wenn weder Weinbergschnecken noch Tigerschnegel (siehe Kapitel „Nützlinge – Helfende Mäuler im Garten" ab S. 34) in der Nähe sind.

Schneckenkorn nicht in Häufchen ausbringen, sondern breitwürfig.

Unsere Empfehlung

Wenn's nicht anders geht, ist der Einsatz von Eisen(III)-phosphat gegen Schnecken in Ordnung. Andere Methoden sind aber vorzuziehen!

Ökologischere Alternativen

Mechanische Methoden (Absammeln), Bierfallen können auch andere Schnecken anlocken, sind aber außerhalb des Gemüsebeets eine sinnvolle Ergänzung. Morgens gießen, nicht abends. Und gegen die Ackerschnecken gibt es Nützlinge (Nematoden).

Schwefel

„Der Teufel stinkt nach Schwefel." Und viele Verbindungen, die Schwefel chemisch eingeht, stinken ebenfalls. Ein wahres Teufelszeug! Dieses gelbe Mineral ist aber auch ein ganz besonderes chemisches Element. Es schmilzt nicht, wenn es erhitzt wird, sondern geht vom festen gleich in den gasförmigen Zustand über, was auch im Pflanzenschutz genutzt wird. Schwefel kann im Gewächshaus verdampft werden (*sublimieren* heißt das dann, Sie wissen es eh!) und schlägt sich als festes Mineral dann auf den Blättern nieder. Dort reagiert es mit Feuchtigkeit und Luftsauerstoff und bildet meist schweflige Säure. Diese ist giftig für einige Pilze und einige Milben, weshalb das Verfahren schon im Altertum eingesetzt wurde. Äußerlich kann es gegen Hautpilze und Wimmerl (österr. für Pickel) angewendet werden, geschluckt wirkt es laxierend. Schwefel führt gnadenlos ab!

Im Pflanzenschutz wird auch elementarer Schwefel verwendet, der als **Netzschwefel** angeboten wird. Eine weitere Form ist **Schwefelkalk**; hier wird der gelbe Stoff mit Löschkalk gekocht. Daraus entstehen chemische Verbindungen mit dem Kalk, Sie ahnen es, Polysulfide und einige Thiosulfate. Wenn Sie etwas mit „thio" lesen heißt das, dass mindestens ein Sauerstoffatom durch ein Schwefelatom ersetzt wurde. Meist ergibt das grausam stinkende Verbindungen, von denen die menschliche Nase nur wenige Moleküle benötigt, um sie wahrzunehmen. Mit Thio-Verbindungen wird Spritus ungenießbar („Vergällen") und an sich geruchfreies Erdgas riechbar („Gasgeruch") gemacht. Im Pflanzenschutz der konventionellen Landwirtschaft gibt es viele Wirkstoffe mit „thio". Das riecht dann so gut nach Landluft!

Anwendung

Netzschwefel oder Schwefelkalk wird mit Wasser angerührt, wobei sich Ersterer nicht auflöst! Es entsteht eine milchige Brühe, die über die Pflanzen gegeben wird. Traditionelle Anwendungen und Zulassungen sind gegen Echten Mehltau, Schorf und gegen schädliche Milben wie Spinnmilben, Gallmilben oder Kräuselmilben. Schwefelkalk wird zusätzlich gegen Kräuselkrankheit am Pfirsich empfohlen und hat manchmal auch eine Zulassung gegen Bakterien! Der Feuerbrand kann vorbeugend mit Schwefelkalk bekämpft werden.

Wirkungsweise

Schwefel ist ein reines Kontaktmittel, muss also entweder den Pilz/die Milbe treffen oder bereits auf dem Blatt vorhanden sein. Somit sind Pocken-, Gall- oder Kräuselmilben nur im frei laufenden Stadium zu erwischen (also Frühjahr während des Austriebs!). Haben sich die Tiere bereits im Blatt eingenistet, ist es zu spät! Wie bereits erwähnt, oxidiert der Schwefel zu Schwefeldioxid, was sich dann mit dem Wasser zu schwefliger Säure verbindet. Manchmal geht die Oxidation noch weiter und es entsteht sogar echte Schwefelsäure! Damit werden die Blattoberfläche und auch der Mehltaupilz sauer.

Mineralischer Schwefel.

Echter Mehltau, aber auch andere an der Pflanzenoberfläche lebende Pilze wie Schorf oder Hefen (Kräuselkrankheit), reagieren sehr empfindlich auf eine Änderung des Säuregehaltes, also des pH-Werts. Sie sind also leicht umzubringen, wenn der pH-Wert verändert wird, was im Pflanzenschutz dann auch gerne getan wird. Backpulver, Fettsäuren oder eben Schweflige Säure treiben den pH-Wert hoch oder runter und das schmeckt dem Pilz gar nicht! Deshalb werden diese Mittel auch als Biofungizide eingesetzt.

Milben hingegen regieren eher auf das gebildete Schwefeldioxid, welches sie einatmen. Dieser Stoff wirkt recht giftig auf die kleinen Sauger.

Schädliche Auswirkungen

Schwefel ist leider recht unspezifisch gegen Milben, er unterscheidet also nicht zwischen Freunden und Feinden des Menschen. Deshalb sind die Milben, die wir als Nützlinge gerne behalten wollen, ebenso gefährdet wie die pflanzenschädlichen Arten. Seltsamerweise ist die Nützlingsgefährdung durch Schwefel in den aktuellen deutschen und österreichischen Zulassungen herausgefallen. „Nicht schädigend" für „Raubmilben und Spinnen" steht da. Wir bezweifeln das!

Ein optisches und olfaktorisches Problem gibt es noch. Schwefel macht Blattflecken, die aussehen wie Mehltau. Und den wollen wir ja bekämpfen. Auf Zierpflanzen würden wir den Schwefel deshalb nur bedingt empfehlen. Und olfaktorisch: Es stinkt ein wenig!

Da Schwefelpräparate unschöne Blattflecken hervorrufen können, sind sie für den Einsatz an Zierpflanzen weniger geeignet.

Unsere Empfehlung

Netzschwefel und Schwefelkalk haben durchaus ihre Berechtigung im Naturgarten, wenn sie denn bedacht eingesetzt werden. Bei Problemen mit Birnenpockenmilben, Gallmilben (Brombeeren) oder Kräuselmilben an Wein kann Schwefel gut wirken, wenn z. B. Rapsöl geringe oder ungenügende Wirkungen zeigt. Wie bereits erwähnt, ist der Einsatz an Zierpflanzen wegen der Blattflecken nicht so toll. Diese waschen sich jedoch mit der Zeit ab.

Ökologischere Alternativen

Rapsöl gegen im Blatt lebende Milben, Schmierseife gegen Spinnmilben. Gegen Mehltau, Schorf und Pfirsichkräuselkrankheit helfen auch Pflanzenstärkungsmittel mit Fettsäureanteil (z. B. „Neudo-Vital®") oder Backpulver (Hydrogencarbonate). Grundstoffe: Lezithin, Weidenrinde, Chitosan oder Ackerschachtelhalm.

Kupfer (als Oxychlorid, Hydroxid, Sulfat und Oktanoat = Kupferseife)

Nicht erschrecken, bitte! Oxychlorid! Klingt total chemisch. Oktanoat klingt noch gefährlicher! Und Sie liegen gar nicht so falsch. Aber nicht die schrecklich klingenden Verbindungen, sondern Kupfer an sich ist im Ökologischen Landbau ein Streitthema. Manche bezeichnen Kupfer als Schwermetall und deshalb als böse. Aber Eisen ist in der gängigen Definition ebenfalls ein „Schwermetall"! Kupfer bringe Regenwürmer um – und das stimmt. Bei höheren Konzentrationen im Erdreich, und die finden wir im biologischen Wein- und Hopfenanbau durchaus in den Böden, sterben diese wichtigen Bodentiere ab. Kupfer ist aber auch essentieller Spurennährstoff für Mensch, Tier und Pflanze. Und mit Bedacht eingesetzt, ist Kupfer im Biogarten ein hilfreicher Stoff. Ob als Oxychlorid oder Oktanoat. Was das jetzt wirklich ist, erklären wir im Unterpunkt „Anwendung".

Interessant ist vielleicht, dass Kupfer eher zufällig als Pflanzenschutzmittel entdeckt wurde! So die Legende! Weinbauern hatten die naschenden und traubenschädingenden Menschen und Vögel satt. Und so wurden die Trauben mit Bordeauxbrühe gespritzt, die eklig aussieht und auch bitter schmeckt. Bordeauxbrühe ist eine Mischung aus Branntkalk und Kupfersulfat. Und siehe da: der Falsche Mehltau konnte so eingedämmt werden und entdeckt war ein wunderbares Fungizid! Später wurde auch mit „Schweinfurter Grün" experimentiert, was eine arsenhaltige Kupferverbindung ist. Als Folge ging es nicht nur dem Falschen Mehltau, sondern auch dem arglosen Wanderer schlecht und die Stare fielen vom Himmel. Dieses Mittel ist natürlich mittlerweile verboten!

Kupferseife kann gegen Echten *und* Falschen Mehltau verwendet werden.

Anwendung

Kupferpräparate sind meist herrlich bunt! Ob grün oder blau, sie werden in Wasser gelöst und auf die Pflanzen gespritzt. Hier die wichtigsten Kupferverbindungen, die im Pflanzenschutz eingesetzt werden.

- Kupferoxychlorid ist ein mit Wassermolekülen durchsetztes, natürlich vorkommendes Mineral (Tholbachit).
- Kupferhydroxid bildet sich auch auf Ihrem Dach! Es ist im Grünspan enthalten.
- Kupfersulfat oder Kupfervitriol ist im natürlich vorkommenden Mineral Chalkanthit enthalten.
- Kupferoktanoat ist auch als Kupferseife bekannt und eine Verbindung von Kupfer mit einer natürlichen Fettsäure (Oktansäure).

Also gar nicht so gruselig das Kupfer, schon weitgehend auch natürlich vorkommend, wenn auch nicht überall. Aber wir wollen keine Schönwetterstimmung für Kupfer machen. Im Übermaß kann es wirklich zu Problemen führen!

Kupfer wird gegen Eipilze, wie Falsche Mehltaupilze oder *Phytophthora* (z. B. Kraut- und Knollen-/Braunfäule an Tomaten), eingesetzt. Weitere Anwendungen sind gegen Obstbaumkrebs, Blattfleckenpilze jeder Art, Schrotschusskrankheit (bakterielle und pilzliche Ursache) und als Blattfallspritzung im Herbst gegen Blattkrankheiten, wie z. B. Bakterienbrand der Walnuss.

Kupfer muss vorbeugend gegen Pilzerkrankungen ausgebracht werden. Hier sehen Sie Blattflecken an einer Rose.

Wirkungsweise

Wie der Schwefel ist auch Kupfer ein reines Kontaktmittel. Und da sich die Pilze und die Bakterien, gegen die er eingesetzt wird, *in* der Pflanze ausbreiten, kann Kupfer nur vorbeugend eingesetzt werden. Eine Ausnahme bildet hier die Kupferseife, aber dazu später. Die Kontaktwirkung ist somit nur auf der behandelten Pflanze wirksam und alles, was zuwächst, ist nicht mehr geschützt. Kupfer müsste also ständig gespritzt werden, was im Weinbau auch häufig getan wurde, weshalb dann die Probleme auftraten. Kupfer sollte aber *nicht häufiger*, sondern höchstens ein- oder zweimal pro Jahr eingesetzt werden.

Kupfer wirkt gegen Bakterien, Eipilze und „richtige" Pilze gleichermaßen. Der Kupfercent in der Blumenvase, der das Stinken verhindern soll, ist ebenso bekannt wie das Kupferdach, in dessen Traufenbereich keine Flechten oder Moose mehr wachsen. Diese universelle Wirkung bringt natürlich auch Probleme, denn auch die „guten" Mikroorganismen werden geschädigt. Kupfer dringt nämlich in die Energiezentrale der Pilze und Bakterien ein und legt sie lahm. Zusätzlich wird bei Pilzsporen die Keimung verhindert, weil Kupfer bestimmte Enzyme hemmt.

Kupferseife (Kupferoktanoat) hat noch eine besondere Wirkung. Aufgrund der enthaltenen Fettsäure-Reste können auch Echte Mehltaupilze und Schorf bekämpft werden. Und rein gewichtsprozentmäßig enthält Kupferseife am wenigsten Kupfer, was natürlich dem Boden zugutekommt. Weiterhin bildet Kupferseife auf dem zu schützenden Blatt eine kleine, nadelartige Kristallstruktur, die ziemlich wasserunlöslich ist und somit das Blatt recht dauerhaft schützt.

2008 wurde Kupferseife biotauglich, durch eine seltsame rechtliche Situation fiel der Wirkstoff aber wieder aus der Biolistung raus und war bis zur Drucklegung des Buches auch nicht wieder drin. Rein fachlich hat sich aber nichts

Kupfer ist bodentoxisch und sollte daher nur vorsichtig angewendet werden.

geändert, deshalb hat die Kupferseife auch in das Buch gefunden!

Schädliche Auswirkungen

In Gewässern sind höhere Konzentrationen für Algen und andere Bewohner schädlich. Ebenso im Boden, wie bereits erwähnt. Der Regenwurm und auch das Bodenleben leiden unter hohen Kupfermengen. Deshalb noch einmal unser Appell, maximal ein oder zweimal pro Jahr Kupfer einzusetzen.

Weitere Schädigungen: die Florfliege bei Oxychlorid und Hydroxid, der Siebenpunkt-Marienkäfer bei Kupfersulfat und die Blattläuse parasitierende Nutz-Brackwespe *Aphidius rhopalosiphi* bei Kupferhydroxid.

Unsere Empfehlung

Zum dritten Mal: **nur in Maßen**, nicht in Massen! Ein bis zwei Anwendungen pro Jahr sind in Ordnung, denn das meiste Kupfer werden Pflanzen und andere Organismen aufnehmen, die es zum Stoffwechsel dringend brauchen. Mehr jedoch kann vor allem Regenwürmer schädigen!

Falsche Mehltaupilze, Blattfleckenpilze an Zierpflanzen und Obst, Seuchen wie Obstbaumkrebs oder Bakterienbrand, auch Pfirsichkräuselkrankheit im Spätwinter oder Anthraknosen bei Rosen können behandelt werden. Kraut- und Knollen-/Braunfäule an Tomaten aber nicht! Trotz Wirksamkeit ist hier ein Dach über der Pflanze die um so viel bessere Wahl, dass wir Kupfer in solchen Fällen komplett ablehnen.

Ökologischere Alternativen

Ein Dach, Ausgeizen und nicht über die Blätter gießen bei Kraut- und Knollen-/Braunfäule (*Phytophthora*) an Tomaten. Auswahl resistenter Sorten bei Falschem Mehltau an Wein treffen. Komposttee-Extrakte oder Grundstoff Chitosan bei Falschem Mehltau an Gurken und/oder andere fettsäurehaltige Pflanzenstärkungsmittel gegen Kräuselkrankheit am Pfirsich („Neudo-Vital®") verwenden. Grundstoffe: Chitosan, Weidenrinde, Lezithin oder Schachtelhalm.

Backpulver (Kaliumhydrogencarbonat)

Das kennen Sie wieder! Das gute Backpulver, das bei Hitze Kohlendioxid ausdampft und so kleine Blasen in den Teig zaubert. Fluffige Backwaren gibt es nur mit Backpulver.

Drei Arten von Backpulver sollten Sie kennen. Das erste Backpulver enthält Kalium und ist ein zugelassenes Pflanzenschutzmittel, das zweite basiert auf Natrium und ist als Grundstoff zugelassen, und das dritte enthält zusätzlich Säurepulver, meist Weinsäure, die das Freisetzen von Kohlendioxid noch mehr befeuert. Letzteres ist ungeeignet zum Pflanzenschutz, Mittleres darf selbst zusammenrührt und gespritzt werden und Ersteres ist am teuersten, weil ja offiziell zugelassen. Aber um ebendieses geht es im Folgenden: das Pflanzenschutzmittel Kaliumhydrogencarbonat, denn wir sind ja im Pflanzenschutzmittel-Kapitel!

Backpulver vulgo Natriumhydrogencarbonat.

Anwendung

Backpulver löst sich gut in Wasser und wird auf die Pflanzen gespritzt. Gegen Echten Mehltau ist es wirksam, solange nicht mehr als ein Drittel der Blattoberfläche befallen ist. Auch gegen Schorf ist es derzeit zugelassen und auch die Spitzendürre der Aprikose sowie Laubkrankheit von Spargel sowie Zwiebel- und Lauchartigem können eingedämmt werden. In Österreich dürfen auch Grauschimmel und die Samtfleckenkrankheit der Tomate mit Kaliumhydrogencarbonat behandelt werden.

Wirkungsweise

Wie auch bei anderen Mitteln gegen Echten Mehltau, scheint die Wirkung über eine Anhebung des pH-Werts zu funktionieren. Und wie bereits geschrieben, mögen viele Pilze, die auf der Oberfläche der Pflanze wachsen, Schwankungen des Säuregehalts gar nicht.

Schädliche Auswirkungen

Keine Nützlingsschädigung.

Kurzinfo

Während der Recherchearbeiten für dieses Buch haben wir die Zulassungen der Mittel durchgesehen und gestaunt, dass hier teilweise von „starker Schädigung relevanter Nützlinge" die Rede ist. In der Literatur ist das jedoch gegenteilig beschrieben. Letzlich hat ein Anruf bei der Herstellerfirma weitergeholfen. Solange die Daten zur Nützlingsschädigung noch nicht fertig erhoben oder berücksichtigt sind, das Mittel aber zugelassen ist, wird vorsichtshalber von einer Nützlingsschädigung ausgegangen.

Der Echte Mehltau ist ein „Schönwetterpilz". Die Gefahr eines Befalls steigt, wenn es länger sehr trocken und warm ist.

Unsere Empfehlung

Kaliumhydrogencarbonat ist ein gutes Mittel gegen Echten Mehltau an Zierpflanzen, Wein und Gemüse.

Ökologischere Alternativen

Resistente Pflanzen nutzen, Pflanzenstärkungsmittel mit Fettsäureanteil („Neudo-Vital®"), Grundstoff Natriumhydrogencarbonat (auch Backpulver), Molke, Lezithin, Weidenrinde oder Schachtelhalm.

Wirkstoffe für den ökologischen Landbau

Insektizide/Molluskizide/Akarizide

- Kaliseife (Schmierseife)
- Pyrethrine
- Azadirachtin (Neem)
- Kaliumhydrogencarbonat (Backpulver)
- Rapsöl
- Paraffinöl
- Spinosad
- Quassin
- Eisen(III)-phosphat

Fungizide

- Schwefel
- Kupferoxychlorid
- Kupfersulfat
- Kupferhydroxid

Im Biolandbau nicht zugelassen, aber ökologisch vertretbar

Fungizide

- Kupferoktanoat – Kupferseife

Herbizide

- Essigsäure
- Pelargonsäure
- Capryl-/Caprinsäure

Biomittel, mit Vorsicht zu genießen

- Pyrethrum – giftig für alle Insektenarten, Fische, Reptilien und Spinnentiere und somit auch für Nützlinge
- Spinosad – allgemein nützlingsschonend, aber bienengefährlich!
- Kupfer – bei häufiger Anwendung toxisch für Bodenorganismen und Regenwürmer!

Versuchen Sie, mit sanften Methoden das ökologische Gleichgewicht im Garten zu unterstützen und vermeiden Sie die ausschließliche Symptombekämpfung.

In Schafwolle befindet sich Schaffett, das gerne in Weingärten zum Schutz vor Wildverbiss verwendet wird.

Sie haben sich zwar tapfer durch die Wirkstoffe gearbeitet, jetzt müssen wir Ihnen aber leider sagen, dass die präsentierte Liste unvollständig ist. Viele weitere Substanzen sind im Bioanbau erlaubt. Schaffett z. B. wird als Repellent eingesetzt, um hungrige Rehe von jungen Waldbäumen oder Weinstöcken abzuhalten. Auch andere **Repellentien** sind biotauglich, z. B. Quarzsand als Schutz vor Verbiss. Eine Vielzahl der nicht genannten Mittel ist auf Basis von **Mikroorganismen** hergestellt und wird eher im Getreidebau verwendet, andere, wie Grüne Minze-Öl zur Keimhemmung der Kartoffel eingesetzt. Alles viel zu speziell, um in einem kleinen Buch besprochen zu werden.

In Deutschland und Österreich können Sie Produkte für den Haus- und Kleingarten auf den Webseiten der Zulassungsbehörden finden. Leider sind dort auch die chemischen Mittel vertreten.
Für den Biolandbau finden sich auf den Internetseiten des deutschen BVL (bvl.bund.de), auf der österreichischen infoXgen (infoxgen.com) und der schweizerischen FiBL (shop.fibl.org) auch **Listen für die jeweiligen Länder.** Da können Sie noch jahrelang schmökern. Viel Spaß!

Wichtiges zu Pflanzenschutzmitteln:

Wer mit Pflanzenschutzmitteln umgeht, sollte einige wichtige Dinge beachten. Auch oder gerade im Naturgarten sollen die Auswirkungen immer begrenzt sein.

Lagerung von Pflanzenschutzmitteln
Es sollten keine Kinder und andere Unbeteiligte an die Mittel herankommen. Sperren Sie die Mittel am besten frost- und lichtgeschützt weg. Auch zu viel Hitze, z. B. in der Gartenhütte, ist nicht gut. Frost oder Hitze können die Mittel unbrauchbar machen oder die Packung kann bersten. Pflanzenschutzmittel sind generell zehn Jahre haltbar.

Lagerung von Pflanzenschutzmitteln im Privatbereich (z. B. in verschließbaren Kästen frost- und hitzefrei im Keller).

Enthalten sie aber Mikroorganismen, dann ist das Mittel nach kürzerer Zeit nicht mehr ausreichend wirksam. Alte oder nicht mehr gebrauchte Stoffe geben Sie bitte zur Schadstoffsammelstelle und leere Verpackung in den Restmüll. Füllen Sie die Mittel auf keinen Fall in andere Behälter um.

Umgang mit Pflanzenschutzmitteln

- Tragen Sie geeignete Handschuhe als Mindestschutz, gerade beim Umgang mit dem Konzentrat. Auf der jeweiligen Packung können weitere Schutzmaßnahmen stehen, die Sie beachten sollten.
- Konzentrationen und Menge der Spritzbrühe richtig berechnen! Mittlerweile finden Sie häufig Beispiele auf den Packungen, also wieviel Mittel in wieviel Wasser für soundso viele Quadratmeter – das macht es Ihnen leichter! Manche Mittel schäumen beim Verdünnen, da besser erst das Wasser, dann das Mittel. Gut schütteln oder umrühren.
- Verwenden Sie eine gute Spritze und gute Düsen! Und blasen Sie die Düsen nicht mit dem Mund aus, wenn sie verstopft.
- Es sollte windstill sein, wenn Sie spritzen. Wenn der Anorak schon im Wind knattert, dann lassen Sie es besser! Auch Sonne und Regen sind nicht gut. Ein bedeckter Tag oder morgens/abends eignen sich besser.
- Halten Sie sich beim Spritzen an die Gebrauchsanleitung. Tropfnass heißt, dass auch die Blattunterseiten gut benetzt werden, bis die Brühe abtropft. Schützen Sie andere Kulturen und auch sich selbst, indem Sie exakt arbeiten.
- Doch zu viel Brühe? Eigentlich sollten Sie so etwas nicht aufheben und es wird empfohlen, die Brühe im Verhältnis 1 : 10 zu verdünnen und über die behandelte Kultur zu spritzen. Das finden wir nicht immer richtig, denn es spült ja eventuell den Wirkstoff von der Pflanze wieder ab. 2–3 Tage können Sie fast alle Mittel aufheben, stabile Stoffe, wie Schmierseife oder Backpulver, durchaus auch eine Woche oder länger. Und beim nächsten Mal berechnen Sie sicher genauer!
- Auch wenn Sie ausschließlich mit Biomitteln arbeiten, sollten Sie die Warnhinweise auf den Packungen beachten. Abstände zu Gewässern, Wartezeiten, Schutzausrüstung, nicht rauchen oder essen beim Spritzen. Manches wird gerne überlesen, Sie sollten die Hinweise aber trotzdem ernst nehmen – für sich und die Umwelt.

Warnhinweis auf der Verpackung eines Pflanzenschutzmittels.

Ein Plädoyer zum Verdammen aller chemisch-synthetischen Pflanzenschutzmittel

Jede Generation seit der industriellen Revolution hatte auch ihre Pflanzenschutzmittel und in jeder unserer Vorgängergenerationen wurden diese als ungefährlich angesehen. Wurden in der früheren Zeit noch Quecksilberverbindungen, Arsen und andere Gruselverbindungen, obwohl ihre Giftigkeit zum Teil bekannt war, verwendet, wird die Gefährlichkeit chemischer Wirkstoffe heute oft verharmlost oder deren Giftigkeit relativiert. Das hat zur Folge, dass alle Menschen Reste von chemischen Mitteln in der Nahrung, im Wasser, in der Luft und im Boden zu ertragen haben. Punkt. Und wer das nicht will, der kann nichts dagegen tun.

Es ist eigentlich ein Irrsinn. Da werden Höchstgrenzen für Lebensmittel und Wasser festgesetzt, die jeder zu schlucken hat und zwar völlig unabhängig von der wirklichen Gefährdung, die eventuell auch von den Restmengen ausgeht. Sie ***müssen*** das schlucken, ob Sie wollen oder nicht.

Und wenn Sie darüber hinaus erfahren, dass die Grenzwerte recht willkürlich festgelegt werden und dass sie auch keine fixen Größen sind, sondern jederzeit verändert werden können, dann wundern Sie sich nicht. Es steckt ein Milliardengeschäft dahinter und ein Blick auf die Lobbyisten in Brüssel und bei den nationalen Zulassungsgremien reicht aus, um sicher zu sein, dass sich das so schnell nicht ändern wird.

Wie Höchstwerte festgelegt werden

Man nehme eine Ratte und füttere sie mit einem Pflanzenschutzmittel. Wenn sie gerade noch keine Effekte zeigt, also nicht auf die Seite kippt oder Haarausfall bekommt, dann ist das neudeutsch NOEL, von *no effect level.* Diese Zahl wird dann durch, sagen wir mal, 100 geteilt und dann wird das Ergebnis auf das Körpergewicht eines durchschnittlichen *Homo sapiens* umgerechnet. Und schon sind Sie sicher. Sind Sie sicher? Es gibt da einige Schwachstellen in der Logik der Tester.

Erstens lebt eine Ratte nicht lange genug, um wirkliche Langzeiteffekte zu zeigen. Kurz gesagt: Sie stirbt an Altersschwäche, bevor sie krank werden kann. Gut für die Ratte, schlecht für Lebewesen, die älter als ein bis zwei Jahre werden. Besonders fiese Langzeitwirkungen haben Mittel, die wie Hormone wirken. Sie kennen den Ausdruck vielleicht: endokrine Disruptoren! Endokrin ist irgendwas mit Körperdrüsen und wer disruptiert, ist ein Störer. Sie bekommen also eine Drüsenstörung, was zu veränderten Zellen im ganzen Körpersystem führen kann. Unfruchtbarkeit oder Hyperaktivität sind da noch die harmloseren Auswirkungen. Und glauben Sie nicht, dass Lebensmittel, die keine Rückstände zeigen, unbedenklich sind. Diese Disruptoren wirken in homöopathischen Dosen, teilweise unterhalb der gängigen Nachweismöglichkeiten. Winzigste Spuren machen krank, so wie auch winzigste Spuren von Hormonen im Körper Haare aus den Ohren wachsen oder Männer Milch geben lassen. Der ohrenbehaarte und laktierende Mann ist das wandelnde Musterbeispiel zur Gefährlichkeit von Pflanzenschutzmitteln in kleinsten Mengen!

Noch ein Fehler im Testsystem: Ratten oder auch andere arme Labortiere reagieren möglicherweise anders auf Substanzen als Menschen. Ratten vertragen eventuell größere Mengen eines Stoffs recht gut, wo Sie bereits bei kleinen Mengen den Holzpyjama anziehen müssten. Schauen Sie sich nur die jeweils tödlichen Dosen bei verschiedenen Versuchstieren an, um zu wissen, dass alle Säugetiere unterschiedlich auf Substanzen reagieren.

Auswirkungen auf die Umwelt

Darüber könnten wir Bücher füllen – die wichtigsten Auswirkungen auf ein kleines Unterkapitel zu beschränken ist enorm schwierig! Und es ist ja mit den Pflanzenschutzmitteln so, dass sie nur in seltenen Fällen *ausschließlich* den Wirkstoff enthalten. In der Regel kommen Konservierungsmittel, Schaumverhinderer, Benetzungshilfen, Wirkverstärker, Safener, Emulgatoren, Lösungsmittel ... hinzu! Dass diese nicht ungefährlich sind, zeigt das Beispiel Tallowamin, das dem Lieblingsgift aller „Verschwörungstheoretiker", dem Glyphosat, beigemischt wurde. Schlecht abbaubar, hormonelle Wirkungen, krebserregend. Und Tallowamin wurde nur beigemischt, um den Wirkstoff besser in die Pflanze zu bringen. Auch in einem Biomittel der 90er Jahre fand sich ein Emulgator, der Ihr Hormonsystem echt mies disruptieren würde. Nonylphenol heißt das Hilfsmittel, das heute natürlich nicht mehr, aber damals eben in einem Apfelwickler-Bekämpfungsmittel auf Virenbasis enthalten war.

Nicht nur der Boden und das Wasser müssen geschützt werden. Allzu oft wird vergessen, dass Bäume die Luft reinigen und uns mit Sauerstoff versorgen. Unsere Bäume sollten daher gesund alt werden können. Dies ist im städtischen Bereich schon sehr schwierig geworden.

Aber fangen wir einmal an mit den Auswirkungen auf das Wasser. Auf einer Tagung hörten wir einen Wissenschaftler jubeln, dass 86 % der untersuchten Grundwässer unterhalb der Grenzwertbelastung liegen. Ein Grund zum Feiern! Juhu, 14 % der Grundwässer liegen über dem Grenzwert! Und bei den wichtigsten Ackerwirkstoffen und ihren Abbauprodukten im Trinkwasser gilt nicht mal die Grenze von 0,1 µg/L, sondern *bis zu einhundertmal mehr* darf da drin sein. Ein Schelm, wer Gutes dabei denkt. In den Tabellen der Trinkwasserverordnungen finden sich übrigens auch noch Wirkstoffe und Abbauprodukte von Mitteln, die seit Jahrzehnten verboten sind. Leider werden diese Gifte in unseren Gewässern immer noch nachgewiesen.

Wenn Sie übrigens schon immer ein Tier entdecken wollten, das dann nach Ihnen benannt wird: Suchen Sie im Grundwasser! Dieser teilweise riesige Lebensraum ist noch fast unerforscht und immer wieder werden neue Krebsarten gefunden. Was wir sagen wollen ist, dass genau dieser unbekannte Lebensraum sehr empfindlich auf jeden Eintrag reagiert. Aber ebendieses System ist für die Reinigung des Wassers unersetzlich und gefährdeter denn je, denn viele Mittel bauen sich in Wasser sehr viel schwerer ab als im von Mikroorganismen wimmelnden Boden.

Aber auch der Boden ist ein von Pflanzenschutzmitteln bedrohter Lebensraum. Dass Pilzmittel nicht nur Pilze auf Pflanzen töten, sondern auch im Boden, scheint logisch und ist auch so. Insektizide bewirken Ähnliches und sorgen für einen Artenschwund über und unter der Erde. Und das viel gescholtene Glyphosat wurde bereits in den 1980er Jahren als sehr schädlich für die Bodenfruchtbarkeit erkannt. Es vermindert die Artenvielfalt der Mikroorganismen, was zu mehr Krankheiten der Kulturpflanzen führt. Dann können wieder andere Pflanzenschutzmittel verkauft werden und so entsteht ein glänzendes Geschäftsmodell!

Es ist ein viel zitiertes Credo der Industrie, dass sich die Mittel im Boden abbauen, aber das stimmt nur zum Teil. Einige Substanzen bilden beim Abbau neue, teilweise komplexere chemische Strukturen, von denen wenig bis nichts bekannt ist. Und selbst wenn etwas herausgefunden wurde, dann ist das auch nicht immer etwas Gutes. Bleiben wir beim Glyphosat. Es baut sich zu der herrlich klingenden Substanz Aminomethylphosphonsäure um, kurz AMPA. Diese Substanz ist fast nicht kleinzukriegen und hält sich jahrelang im Boden, wobei durch ständige weitere Spritzungen der Gehalt kontinuierlich zunimmt. AMPA löst sich jedoch bei Phosphatdüngungen und gelangt so ins Grundwasser, wo es sich ebenso kaum abbaut. Was diese Substanz letztendlich bewirken wird, weiß niemand.

Artenschwund

Der häufige Einsatz von Pestiziden sowie das Ausräumen der Landschaften für den Anbau von Monokulturen sind auch eindeutig für den Artenschwund verantwortlich. Manche Pflanzen, die noch vor wenigen Jahrzehnten häufig anzutreffen waren, sind jetzt auf den Roten Listen. Schmetterlinge und viele andere Insekten folgen diesem Schicksal, denn oft sind sie auf spezielle Pflanzen angewiesen.

Die direkten Auswirkungen von Pflanzenschutzmitteln sind beim Bienensterben wohl allen plastisch geworden. Und das darauf folgende Verbot einiger Neonicotinoide hat eher kosmetischen Charakter, denn wir sind uns sicher, dass *alle* Neonics für Bestäuber schädlich sind, auch wenn das dementiert wird. Interessant war auch die Beobachtung, dass Bienen anscheinend lieber auf mit Neonicotinoiden behandelte Felder flogen als auf unbehandelte. Der Stoff scheint eine Art Sucht auszulösen. Und trotz angeblicher Unbedenklichkeit für Bienen: In der Mischung mit bestimmten Pilzmitteln (Triazole) werden alle Neonicotinoide hoch bienentoxisch!

Andere, weniger akut schädigende Mittel, können den Eigengeruch der Biene verändern und sie wird, als fremd erkannt, vor dem eigenen Stock totgestochen.

Wussten Sie, dass viele der gefährdeten Pflanzen und Tiere mittlerweile eher in bebauten Gebieten zu finden sind als in der freien Landschaft? In den Randbereichen der Städte ist die Artenvielfalt meist höher als im ackerbaulich geprägten Umland. Das spricht für Sie, wenn Sie einen Naturgarten ihr Eigen nennen können. Das spricht auch für verwilderte Flächen in der Stadt, die eben keine Beleidigung fürs Auge, sondern wertvolle Rückzugsräume sein können. Und das spricht auch für die Arbeit der Landschaftspflege im Randgebiet unserer

Falsch verwendete Pflanzenschutzmittel gelangen über das Kanalsystem in unsere Kläranlagen und so auch in unsere Flüsse und das Grundwasser.

Strukturreiche Lebensräume sind wichtig für die Artenvielfalt. Dies kann auch durch Brachen und Wiesen zwischen landwirtschaftlich genutzten Flächen sowie diese umgebende Strauch- und Baumgürtel erreicht werden.

Gesund groß werden ist ein Grundrecht!

Gemeinden. Viele LandwirtInnen machen hier wunderbare Naturschutzarbeit und schaffen Biotope für bedrohte Arten.

Auf den Feldern sieht das leider anders aus. Von BiolandwirtInnen wird der Einsatz des Pflugs wegen der Bodenschädigung vermieden. Viele gute alternative Strategien sind entwickelt worden, wie beispielsweise die Gründüngung zur Bodenlockerung.

Die von Pflanzenschutz-Industrieverbänden als umweltfreundlich propagierte „pfluglose Bodenbearbeitung" bedeutet jedoch, dass massiv der umstrittene Unkrautvernichter Glyphosat gespritzt wird. Dieser Stoff ist der am häufigsten verwendete weltweit. Ohne nun erneut auf die besorgniserregenden Umweltschäden einzugehen; Glyphosat vernichtet wertvolle Pflanzen, die wiederum Rebhühnern und weiteren Arten das Überleben sichern könnten. Auch der starke Einsatz von Insektiziden führt in ähnlicher Weise zur Verminderung der Biodiversität (Artenvielfalt).

Was können wir jetzt tun?

Im Kleinen beginnen! Die Menge der Pflanzenschutzmittel und Kunstdünger, die auf nichtlandwirtschaftlichen Flächen ausgebracht werden, ist nicht zu unterschätzen. Hausgärten, Schrebergärten, öffentliche Grünflächen, Friedhöfe, Sportplätze, Golfgreens usw. Hier leben wir und wenn wir in diesen Bereichen keine giftigen und umweltgefährlichen Mittel mehr einsetzen würden, wäre schon viel getan. Auf diesen Flächen muss kein hoher Ertrag erwirtschaftet werden, sondern er ist Lebensraum für uns. Ihn zu vergiften, nur weil z. B. Gänseblümchen im Rasen stehen, klingt absurd, ist aber Realität. Mit ökologischen Methoden können wir jede Plage im Garten kontrollieren und in eine für uns bessere Richtung lenken. Jeder kann dazu beitragen. Schön, wenn Sie es tun.

Das Gänseblümchen: Liebenswert oder eine Bedrohung für den Rasen?

II. Teil – Die wichtigsten Plagen, Schädlinge und Krankheiten im Garten

Kein Tier, kein Pilz, keine Krankheit: abiotische Schädigungen

In unserer Beratungspraxis haben wir nicht selten Pflanzen zu begutachten, die aus unerfindlichen Gründen welken, die Blätter abwerfen oder unerklärliche Flecken bekommen. Und manchmal ist es unangenehm, wenn der Verursacher der Schädigung einer der Anwesenden ist. Eine vergessene Drahtschlinge von der Beleuchtung des legendären Fests vor fünf Jahren beispielsweise. Oder eine Zimmerpflanze, die durch eine Welke verzweifelt auf ihre zu nassen, abfaulende Wurzeln aufmerksam machen will und anschließend zu Tode gegossen wird, denn sie welkt und wirkt so verdurstend. Auch falsch eingesetzte Pflanzenschutzmittel oder Dünger können starke Schäden verursachen.

Eigentlich wird die Mehrzahl der Schädigungen, die wir begutachten, nicht durch Krankheiten oder Schädlinge verursacht, sondern durch die sogenannten „abiotischen Faktoren", also durch die unbelebte Natur. Zur unbelebten Natur gehört laut Definition auch menschliches Versagen, selbstverständlich meist unbeabsichtigt.

Die Liste der abiotischen Schädigungen ist lang. Beginnen wir zunächst mit den Top Ten der nicht-parasitären Ursachen.

1. Die Gärtnerin oder der Gärtner: zu viel oder zu wenig gegossen, zu viel oder zu wenig gedüngt, falscher Schnitt, Unkrautvernichter (Reste in der Spritze oder Abdrift durch Wind), falsches Pflanzen, nicht standortgerechte Bepflanzung usw.
2. Das Klima: Hagel, Wind, Sonne, Regen, Trockenheit, Hitze-, Kälte-, Sonnenschäden
3. Die Stadt: Abgase, Streusalz, Ausscheidungen aller Art von Hunden
4. Der Fachverkäufer: falsche Pflanzenschutzmittel, falsche Düngeempfehlung, falsche Pflanzenempfehlung, Vorschädigungen durch Sonneneinstrahlung (Thujen-Ballenware liegt in der prallen Sonne), Frost, Trockenheit, Wasserüberschuss usw.
5. Das Fachbuch: Manche falschen Empfehlungen sind einfach nicht auszurotten, wie z. B. Obstbäume bräuchten unglaublich viel

Zaunelemente, ein vergessener Draht, selbst Plastikbänder können Pflanzen stark schädigen.

Dieser Baum wurde zu tief gesetzt, so dass der Stamm lange Zeit nicht abtrocknen konnte. Das kann Bäume stark schädigen.

Kalium oder Holzasche. Das fördert dann aber leider massiv den Calciummangel!

6. Schwere Baumaschinen beim Hausneubau: Rasenschädigungen und schwaches Wachstum von Bäumen und Hecken sind häufig auf verdichteten Untergrund zurückzuführen.
7. Der Klimawandel: In Zukunft werden viele bisher unproblematische Pflanzen unter den sich ändernden Bedingungen leiden. Seien es Hitze, Nässe oder Trockenheit auch im Winter.
8. In kurzer Zeit hochgezogene Pflanzen in Gewächshäusern, die ohne Chemie kaum lebensfähig sind. Diese Pflanzen halten im Handel, z. B. beim Discounter, noch drei Wochen durch, bis ein argloser Pflanzenliebhaber sie kauft. In der Wohnung oder im Garten angekommen, also unter für sie suboptimalen Bedingungen, geht die Pflanze dann ein.
9. Der Nachbar: Der aus Argwohn schädigen will und nachts Streusalz oder Herbizide über den Zaun kippt („Böser-Nachbar-Syndrom").
10. Der Ideenreichtum und die Kreativität des Menschen: Pflanzenschädigungen können durch so viele Möglichkeiten verursacht werden. So hat ein Kind im Kurpark Baden an einer Kastanie feinsäuberlich an jedem Fiederblatt jedes zweite Blattfeld ausgerissen. Wir haben den „Schaden" fotografiert, uns einen Spaß gemacht und ihn an eine befreundete Beraterin zur Begutachtung geschickt. Natürlich ist es in so einem Fall unmöglich eine vernünftige Diagnose zu stellen.

Kurz nach einem Hagelschauer ist natürlich klar, warum die Pflanzen so zerrupft aussehen. Aber auch nach einigen Wochen können immer noch Schäden, vor allem an Früchten beobachtet werden.

Kurz mal in die Sonne ans offene Fenster gestellt. Gut gemeint, aber die plötzliche UV-Einstrahlung, die durch Fensterglas nicht hindurchgehen kann, hat diese Drachenpalme ziemlich mitgenommen.

Spätestens jetzt sollten Sie an Ihre Balkonpflanzen im Freien denken.

Frosttrocknis an Kirschlorbeer. Immergrüne Gehölze können in sonnenreichen Wintern vertrocknen, da sie Feuchtigkeit durch die Blätter abgeben, der gefrorene Boden aber eine Aufnahme von Wasser verhindert.

Um einer abiotischen Schädigung auf den Grund zu gehen, müssen wir häufig detektivisch vorgehen. Ist etwa die Sonne schuld an Flecken auf den Blättern, dann haben auch nur die äußeren und eher südlich gelegenen Blätter diesen Schaden. Im Inneren und auf der Nordseite befindliche Pflanzenteile sind dann natürlich gesund. Richtig schwierig wird das, wenn uns nur Teile einer Pflanze zur Begutachtung vorgelegt werden.

Im eigenen Garten geht das hingegen wunderbar! Sie sehen alles vor sich, kennen die Himmelsrichtungen, den großen Hund, der immer sein Bein am Buchs hebt, wissen, wie Sie selbst die Pflanzen pflegen und gießen und düngen und vor allem: Sie können sich Ihre eigenen Fehler selbst eingestehen!

Es gibt ein paar Symptome, die ziemlich sicher auf eine nicht-lebende Ursache hinweisen!

- **Die Symptome betreffen mehrere Pflanzenarten:** Sterben beispielsweise *der Rasen und die Unkräuter* darin ab, dann kann das an Trockenheit liegen oder ein Herbizidschaden sein. Auch eine Hecke aus verschiedenen Arten ist abiotisch geschädigt, wenn verschiedene Arten die gleichen Symptome zeigen.
- **Die Symptome sind nur auf einer Seite der Pflanze zu finden:** So ist ein Sonnenbrand eben auf der Sonnenseite zu erkennen und nicht auf der Nordseite oder im Inneren der Pflanze. Hunde nutzen auch immer gern eine bestimmte Seite einer Pflanze um dort zu markieren. Und wenn der Schaden nur auf der Oberseite von Früchten erkennbar

„Schaden" durch Spieltrieb einiger Kinder.

Diese Pflanzen an einem Feldrand haben nur eine kleine Menge Unkrautmittel abbekommen und zeigen weiße Flecken (Chlorophylldefekte) ohne abzusterben. Interessant: Völlig verschiedene Pflanzen zeigen ähnliche Symptome. Das deutet auf abiotische Schäden hin.

Treten Schäden auffällig nur einseitig auf, dann ist das oft ein Zeichen für abiotische Schäden. Hier ein „schöner" Sonnenbrand an Buchs. Oder war vielleicht eine Seite geschützt und die andere hat Frost bekommen? Oder ein Hund hat sehr geschickt immer wieder die gleiche Stelle bepinkelt? Jetzt sollte die Detektivin oder der Detektiv in Ihnen schon lauern ...

ist, dann könnte er durch Hagel verursacht worden sein.

- **Flecken** sind entweder absolut unregelmäßig, gehen über die Blattadern hinweg und/oder betreffen z. B. nur die Spitzen oder Ränder der Blätter. Sonnenbrand macht wilde Flecken, trockene Luft braune Spitzen und Kaliummangel oder Streusalz lassen die Ränder verbräunen.

Die Hitparade der Blattflecken

Jeder, der irgendetwas mit Pflanzen macht, wird früher oder noch früher mit Blattflecken in Berührung kommen. Pilze, Bakterien, Nährstoffmangel oder Luftfeuchtigkeit sind die häufigsten, aber nicht die einzigen Ursachen für das unschöne Braun.

Glücklicherweise können Sie einige Flecken ziemlich sicher einer bestimmten Ursache zuordnen, wobei diese Diagnose, gerade bei Pilz- und Bakterienkrankheiten, nicht immer hilft. Denn der zweite Schritt ist natürlich: Was kann ich denn tun? Das verraten wir Ihnen hier nicht, denn das wird ja in den einzelnen Kapiteln besprochen!

Und noch etwas. Es muss nicht alles stimmen! Jede Pflanzenart reagiert anders auf schädigende Einwirkungen. Deshalb unser Tipp: Die folgende Hitparade, wie eine echte Hitparade auch, hinterfragen!

1. Braune Blattspitzen: ziemlich sicher zu trockene Luft! Einsprühen mit Wasser hilft etwa für zehn Minuten, danach verbräunen die Spitzen weiter. Wahrscheinlich ist der Standort einfach schlecht. Über und neben der Heizung z. B. kann für die Pflanze schwierig sein, da freut sich nur die Spinnmilbe.
2. Braune Blattränder: vielleicht ebenfalls zu trockene Luft. Eine weitere mögliche Ursache ist zu viel Salz im Boden (Streusalz oder Dünger), aber auch Kaliummangel lässt die Ränder sterben!

Ein sehr häufiges Phänomen an Zimmerpflanzen sind braune Blattspitzen. Meist ist zu trockene Luft der Auslöser.

3. Unregelmäßige Flecken, die von den Blattadern begrenzt werden: Das klingt nach Falschem Mehltau, können aber auch andere Parasiten sein, wie z. B. Minierfliegen/-motten oder Nematoden. Falscher Mehltau-Flecken sind im Gegenlicht heller als das gesunde Gewebe.
4. Unregelmäßige Flecken, die über die Blattadern hinweg gehen: vermutlich abiotische Verursacher (Sonnenbrand oder Pflanzenschutzmittel, genauer schauen, ob nur ein Teil der Blätter diese Flecken hat), Pilz- oder Bakterienkrankheiten (schwierige Diagnose, Labor notwendig).
5. Regelmäßige Flecken, Kreise mit verschiedenen Zonen: ziemlich sicher Pilz-, manchmal aber auch Bakterienkrankheit!
6. Kleine gelbe oder weiße Pünktchen: Schauen Sie mit der Lupe: Spinnmilben, Zikaden, Thripse, Wanzen oder andere saugende Schädlinge (mehr zu denen gibt es ab S. 182). Bei Erdbeeren: Weißfleckenkrankheit.
7. Symmetrische Muster, meist gelblich: Nährstoffmangel oder Virenbefall. Die Muster sind bei Viren aber nicht komplett symmetrisch zur Mittelachse des Blatts, bei Nährstoffmangel schon eher. Auch Rostpilze sammeln sich gelegentlich an den Blattadern (z. B. Buchsbaumrost), sind aber blattunterseits an ihren Ausstülpungen zu erkennen.
8. Dunkle Flecken, manchmal netzartig oder in größeren Punkten: können auf Kälteschäden hinweisen, wobei manche Pflanzen schon bei 5–8 °C Kälteschäden erleiden!

Eine Gurke mit Falschem Mehltau.

Abiotische Welken sind schwierig zu erkennen. Im Zimmerpflanzenbereich haben Welken wirklich meist etwas mit Wasser zu tun. Je nach Menschentyp wird auch unterschiedlich gegossen. Ein Zeitgenosse mit eher lustloser Beziehung zu Pflanzen wird seine Zimmerpflanzen eher am Vertrocknen halten. Ein anderer liebt seine Pflanzen so sehr, dass er sie schlicht mit zu viel Wasser versieht. Auch Urlaubsvertretungen neigen zu Schwemmen. Fatal für die Pflanze, wenn sie regelrecht am Absaufen ist: Sie welkt, weil die Wurzeln faulen und signalisiert „wenig Wasser"! Dann kommt gar nicht selten der Todesguss.

Auch bei Balkonkästen und Topfpflanzen im Außenbereich ohne Abflussloch, kann das viele Wasser dem Leben von Pflanzen ein Ende bereiten.

Weitere Möglichkeiten für abiotische Welken:

- Verletzungen der Wurzel beim Pflanzen oder durch Bodenbearbeitung
- starke Verdichtung (z. B. parkende Autos im Wurzelbereich von Bäumen)

- Verletzungen des Stängels/Stamms durch Rasentrimmer oder Freischneider
- Hitze im Bodenbereich (dunkle Balkonkästen und Töpfe)
- ausgetrocknete Wurzeln vor der Pflanzung; häufig bei Gehölzen mit Ballen (zu lange in der Sonne) oder wurzelnackten Pflanzen
- Streusalz, Kunstdünger-Überschuss, Urin
- Aprikosenbäume welken manchmal schlagartig. Das wird auch so genannt: das **Schlagtreffen** der Aprikose. Als Ursache wird vermutet, dass die Unterlage und die Veredelung nicht kompatibel sind (hier verweisen wir auf das wundervolle „Handbuch Bio-Obst" des Löwenzahn Verlags von Andrea Heistinger, Bernd Kajtna und Johannes Maurer). Nach vielen gesunden Jahren kann der Obstbaum fast über Nacht absterben.

Was tun bei abiotischen Ursachen? Nun, bei den meisten Schädigungen wird der gesunde Menschenverstand ausreichen. Verletzungen vermeiden, nicht salzen, Luftfeuchtigkeit erhöhen usw. Konkrete Gegenmaßnahmen haben immer das Ziel, die Schädigungs*ursache* zu beseitigen.

Bei **Streusalz** an viel befahrenen Straßen ist das schwierig. Alleine die Salzgischt, die über die Hecke weht, ist nicht zu kontrollieren. Den Boden sollten Sie im Spätwinter mit sehr viel Wasser (etwa 50 Liter/m^2) durchspülen und durch Kompost oder Komposttee wiederbeleben.

Es gibt noch eine abiotische Schädigung, die durchaus durch gezielten Einsatz von Mitteln gemindert, oder sogar beseitigt werden kann. Wenn die Pflanze hungert ...

Kennen Sie das, wenn es nur eine einzige Toilette weit und breit gibt? Dann wird sie genutzt, und zwar von allen. Das dachten sich Hunde an der Messe Wels wohl auch.

Wenn Wurzeln länger in der Sonne liegen, sterben sie ab. Dieser Rollrasen hat dadurch nach dem Auslegen ein interessantes Muster bekommen, das nun glücklicherweise wieder zugewachsen ist.

Kurz nach dem Winter. Der Rasen ist abgestorben, der Boden strukturlos und tot und im Sommer werden die Bäume braune Blattränder bekommen. Streusalz ist ein großes Problem für städtisches Grün.

Schäden durch Anfahren mit dem Rasenmäher oder Ringeln mit der Motorsense sind ein sehr häufiges Problem. Hier können bepflanzte Baumscheiben und Schutzmanschetten gegen die Motorsense helfen.

Die wichtigsten abiotischen Schadursachen

Abiotische Ursache	Symptom	Zusatzinfos
Kälte- bzw. Frostschaden	rötliche, braune oder schwarze Verfärbungen, Vergilbung, Kräuselung	kann auch an Blüten Verbräunungen verursachen (z. B. bei Obstbäumen)
Frosttrocknis immergrüne Pflanzen (z. B. Kirschlorbeer)	braune Blätter	Boden gefroren und Sonnenschein, dadurch keine Wasseraufnahme möglich
Sonnenmangel	Ausbleichen, Vergeilen von Pflanzen	Standortwechsel, wenn möglich
Lichtüberschuss (Sonneneinstrahlung)	Sonnenbrand bei Früchten und Blättern	kann nach Heckenschnitt passieren bzw. nach plötzlicher Freistellung der Pflanze
Sturm/Wind	Laubfall, Fruchtfall, Blattschäden	ständiger Wind kann Vertrocknung der Blattränder verursachen
Hagel	Löcher und Risse, Flecken auf Früchten usw.	Sekundärbefall durch Pilze möglich

Abiotische Ursache	Symptom	Zusatzinfos
zu viel Wasser	Welke	Wurzeln faulen, daher keine Wasseraufnahme mehr möglich
unregelmäßige Bewässerung	Aufreißen von Früchten, Entstehung von Blütenendfäule bei Tomaten (schwarzes Absterben der Stelle, an der die Blüte saß)	kann Calciummangel bewirken
Bodenverdichtung	schwacher Wuchs, Krankheitsanfälligkeit	Nährstoffaufnahme gestört, Staunässegefahr! Lockerung wichtig
Salzgehalt (Streusalz, Kunstdünger)	Blattrandnekrosen, Welke	durchdringend Wässern (ca. 50 Liter/m^2), Verwechslung mit Kaliummangel möglich
zu hoher pH-Wert	Vergilbungen durch Eisenmangel	pH-Wert senken durch Laub- oder Nadelkompost
zu niedriger pH-Wert	Vergilbungen durch Magnesiummangel	Schwermetalle können von der Pflanze aufgenommen werden, pH-Wert anheben durch Kalkung
Nährstoffmangel oder -überschuss	Blattverfärbungen, Wuchsveränderungen, Nekrosen	Vernässung, Verdichtung und pH-Wert sind hier oft das Problem, nicht der Mangel oder Überschuss im Boden
Schadstoffe im Boden	Kümmerwuchs, Absterben	problematisch sind Übertöpfe aus Zink, Weichmacher aus PVC-Schläuchen usw.
Herbizidschäden	Absterben, Brennnesselblättrigkeit, Vergilbungen	Abdrift durch Wind
Pflanzenschutzmittel	Blattschäden, Vergilbungen	Konzentrationen beachten, nicht bei Sonne spritzen
Hund oder Hündin (Urin)	Einseitiges Absterben von Pflanzen, kreisrund absterbender Rasen ohne Pilzbefall (schwarze Sporenlager fehlen)	riecht manchmal
Freischneider bzw. Motorsense und Rasenmäher	Rindenverletzung am Stammfuß von Bäumen	Schutz durch Manschetten möglich
Luftmangel durch falsches Mulchen, zu viel Humus, Verdichtung, zu viel Wasser oder tonige Erde	Minderwachstum und Absterben, schlechtes Keimen von Saatgut	Luftmangel kann auch gerochen werden, meist muffig-fauler Geruch

Nährstoffmangel

Manche Pflanzen haben schlicht Hunger. Ihnen fehlt ein wichtiges Mineral und sie zeigen es uns meist recht kryptisch, indem sie gelb oder rot werden, Muster erscheinen lassen, teilweise absterben oder die Form ihrer Blätter verändern.

Nährstoffmangel zeigt sich an der Pflanze meist in bestimmten Bereichen, was die Diagnose etwas vereinfacht. *Etwas* vereinfacht. Denn jede Pflanzenart reagiert unterschiedlich auf Mangel an bestimmten Nährstoffen. Die wichtigsten Hungersymptome wollen wir hier kurz beschreiben.

Magnesiummangel zeigt sich zuerst an den älteren Blättern.

Fehlt es an bestimmten Nährstoffen, dann versucht die Pflanze, diese aus den älteren Blättern herauszuziehen und sie zur Triebspitze zu transportieren, um eben gesund weiterwachsen zu können. Funktioniert das, dann sehen wir die Mangelsymptome an den *älteren* Blättern, denn von dort wurden die Mineralien ja abtransportiert. Kann die Pflanze die benötigten Stoffe aber nicht aus den älteren Blättern herausziehen, weil sie chemisch zu stark gebunden sind, dann bleiben die älteren Blätter gesund und die *jüngeren* Blätter zeigen den Mangel an.

Und jetzt kommt uns die Natur mit einer Art Eselsbrücke entgegen! Denn mangelt es an den Hauptnährstoffen Stickstoff, Phosphor oder Kalium zeigt sich der Mangel an den älteren Blättern. Das kann man sich gut merken. Die anderen wichtigen Mineralien, die aber nicht zu den Hauptnährstoffen zählen, zeigen ihren Mangel an den mittleren bis jüngeren Blättern: Eisen, Mangan, Kupfer. Ein Mangel der Erdalkalimetalle Magnesium und Calcium zeigt sich unterschiedlich. Magnesiummangel betrifft die älteren, Calciummangel eher die jüngeren Blätter. Bei Mangel an Calcium (und auch bei Bormangel) kann auch nur die Triebknospe (Fachterminus: Terminalknospe) betroffen sein.

Eisenmangel zeigt sich zuerst an den jungen Blättern.

Gründe für den Nährstoffmangel

... können vielschichtig sein. Beachten Sie aber bitte, dass nicht immer der Nährstoff im Boden fehlen muss! Gar nicht so selten ist ausreichend Dünger vorhanden, die Pflanze kann den Stoff aber aus verschiedenen Gründen nicht aufnehmen. Das können sein:

- Bodenanomalien, also stark sauer oder sehr alkalisch. So kann Magnesium im sauren Bereich (pH-Wert unter 5,5) kaum noch aufgenommen werden und die Pflanze mangelt. Eisen dagegen kann bei pH-Werten über 7

Vier von gefühlt mehreren Hundert Düngern. Achten Sie beim Düngerkauf auf natürliche Zutaten, denn diese versorgen Ihre Pflanzen optimal.

nur noch schlecht in die Pflanze gelangen. Messen des pH-Werts kann helfen.

- Bodenverdichtungen und Staunässe lösen manchmal Umwandlungen der Mineralien in eine Form aus, die die Pflanze nicht aufnehmen kann. Eisenmangel oder sogar Manganüberschuss können die Folge sein.
- Fehlerhafte Bewässerung, also zu viel oder zu wenig oder stark schwankend. Gerade Calcium kann nur im Wasserstrom gleichmäßig innerhalb der Pflanze transportiert werden. Stockt der Wasserfluss in der Pflanze, dann zeigt sich ein Mangel. Deshalb immer schön und regelmäßig gießen!
- Düngungsfehler! Zu viel Dünger ist absurderweise eine der häufigsten Mangelsymptomursachen, denn viele Mineralien konkurrieren im Boden. Geben Sie beispielsweise zu viel Kalium, dann kann Calcium nicht mehr aufgenommen werden.

Die folgenden Tabellen listen die wichtigsten Mangelsymptome auf, getrennt nach dem Ort des Auftretens an der Pflanze.

Symptom an den *älteren* Blättern

Nährstoff	Mangelsymptom	Gegenmaßnahmen	Besonderheit
Stickstoff (N)	Gelb- bis Rotfärbung, gesamte Pflanze eher blass	Düngung z. B. mit Hornspänen, Staunässe und Kälte vermeiden, kein holz- oder strohhaltiges Material einarbeiten	Buchs ist oft rot verfärbt nach nassen Wintern!
Phosphor (P)	Ungewöhnlich dunkelgrüne Blätter, unterseits rötlich bis violett	Belebung des Bodens, Mykorrhiza-Pilze, Düngung	In der Regel ist ausreichend Phosphor im Boden vorhanden und muss nicht gedüngt werden. Bei Mykorrhiza-Einsätzen keine Phosphate düngen!
Kalium (K)	Gelbwerden des Randes (Chlorose) bis hin zu braunem Randabsterben (Nekrose)	gleichmäßige Wasserversorgung, nicht zu viel Calcium/Magnesium düngen (Kalk), Düngung mit Kompost oder Vinasse/Melasse	In der Regel ist ausreichend Kalium im Boden vorhanden! (Ausnahme: Sandböden)
Magnesium (Mg)	Gelbwerden der unteren Blätter, Blattadern grün mit grünem Saum (tannenbaumartig)	pH-Wert messen und ggf. anheben durch Gartenkalk (enthält 8–10 % Magnesium), Bittersalz, zu viel Kalium vermeiden!	Unterhalb des pH-Werts 5,5 ist keine Aufnahme von Magnesium möglich. Bittersalz säuert noch mehr an!

Symptome an den *mittleren bis jüngeren* Blättern

Nährstoff	Mangelsymptom	Gegenmaßnahme	Besonderheit
Calcium (Ca)	Blätter gelblich gefärbt, Vegetationspunkt kann absterben	zu viel Kalium vermeiden! Gleichmäßige Wasserversorgung, Luftfeuchtigkeit im Gewächshaus senken, Kalkung bei niedrigen pH-Werten	*an Früchten*: Stippe beim Apfel (braune Stellen in und am Apfel, Blütenendfäule bei Tomaten und Zucchini (schwarzes Absterben der Stelle, an der die Blüte saß)
Schwefel (S)	jüngere Blätter gelbgrün und auch Blattadern gelb	Organische Dünger enthalten in der Regel ausreichend Schwefel	Schwefelmangel ist meist ein Problem beim Einsatz billiger Kunstdünger
Eisen (Fe)	jüngere Blätter gelbgrün, später Verbräunungen, Blattadern grün	pH-Wert kontrollieren, falls zu alkalisch ansäuern durch Laub- oder Nadelstreukompost; organische Eisendünger, Boden belüften	Blattdüngung mit organischen Eisendüngern ist möglich, hilft aber *nur zeitlich begrenzt.* Moorbeetpflanzen, die es sauer lieben, sind nicht überall geeignet!
Bor (B)	jüngere Blätter sterben ab, Stängel verkorkt. Bei Blumenkohl und Knollengemüsen schwarzes Absterben im Inneren, Steinzellenbildung in Birnen	Belebung des Bodens, Mykorrhiza-Pilze, Düngung mit Mikronährstoff-Düngern	hohe pH-Werte und Kälte fördern Bormangel
Molybdän (Mo)	Randabsterben (Nekrose), Blattfläche gekräuselt, löffelförmige Blätter	Staunässe vermeiden, Verdichtungen lockern, Düngung mit Mikronährstoff-Düngern	niedrige pH-Werte fördern Mo-Mangel
andere Mikronährsstoffe, wie Zink (Zn), Kupfer (Cu), Silicium (Si), Kobalt (Co) und Nickel (Ni)	sehr schwierig zu erkennen	bei Verwendung organischer Dünger sind meist alle Mikronährstoffe enthalten	pH-Wert kontrollieren, da z. B. Cu im sauren Bereich nicht aufgenommen werden kann

Buchs verfärbt sich oft rot bei Stickstoffmangel, der durch Vernässung und Bodenkälte ausgelöst werden kann.

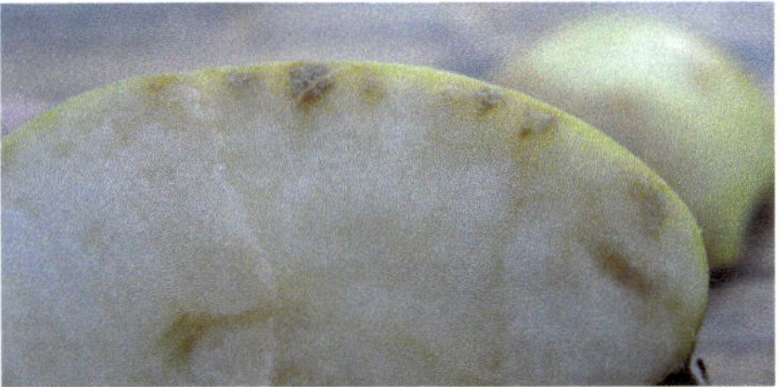

Stippe beim Apfel ist ein Calciummangel und wird oft mit einer Pilzkrankheit verwechselt. Die Ursache ist seltener ein zu geringer Calciumgehalt im Boden. Viel häufiger ist die Nährstoffaufnahme durch unregelmäßige Wasserversorgung oder feuchte Witterung gestört.

Blütenendfäule an der Tomate.

Typische Gelbfärbung der jüngeren Blätter durch Eisenmangel. Bei der falschen Pflanzenwahl kommt dies auf kalkhaltigen Böden häufig vor.

pH-Wert – wenn der Boden sauer wird

Immer wieder finden Sie in diesem Buch und auch in vielen anderen Publikationen die Ausdrücke saurer, alkalischer oder basischer Boden. Alkalisch und basisch meint das Gleiche.

Es gibt Böden, die saurer sind als Wasser (reines Wasser ist neutral), so wie beispielsweise auch Essig. Andere Böden sind eher basisch, ähnlich wie z. B. Seife oder Kalk. Gemessen wird das mit dem sogenannten pH-Wert und der ist verzwickt! Generell ist die Bodenchemie ebenfalls ziemlich kompliziert und könnte ein eigenes, dickes Buch füllen. Deshalb finden Sie in der folgenden Tabelle in aller Kürze die wichtigsten Bodenarten und ihren Säuregehalt.

Bodenart	Bodenmilieu (pH-Wert)	Besonderheit
moorige Böden, torfhaltig	sauer, pH-Wert um 4	geeignet für Moorbeetpflanzen wie Rhododendron oder Heidelbeere
sandige od. silikathaltige Böden ohne Kalkanteil	ebenfalls eher sauer, pH-Wert etwa 4–5	oft Humusmangel vorhanden
sandige Böden mit Kalkanteil	erhöhter pH-Wert bis 7,5 (basischer)	oft Humusmangel, Eisenmangel vorhanden
tonige, lehmige Böden	pH-Wert bei 6–7, bei Vernässung sauer	Lüften des Bodens u. Kompostgabe bei Humusmangel regulieren stark lehmige Böden
Löss- u. salzhaltige Böden in trockenen Gebieten	eher basisch, bis pH-Wert 8	

Der optimale pH-Wert liegt für die meisten Pflanzen im leicht sauren Bereich bei 5,5–6,5! Der pH-Wert 7 wird als neutral bezeichnet.

„pH" steht für *pondus hydrogenii*, was holprig mit „die Kraft des Wasserstoffs" übersetzt werden kann. Und genau das ist der Punkt: Je mehr gelöste Wasserstoffionen im Wasser sind, desto saurer ist es. Die Konzentration wird als pH-Wert angegeben, entspricht aber nicht einfach 1 : 10 oder 1 : 100 oder 1 : 1000. Das ist etwas komplizierter. Zählen Sie die Nullen! Eine Konzentration von 1 : 10.000, also von einem Wasserstoffion auf 10.000 Teile Wasser, ergibt den pH-Wert 4! MathematikerInnen nennen das Logarithmus! Der pH-Wert ist also ein logarithmischer Wert, was bedeutet, dass der pH-Wert 6 *zehnmal* saurer als pH-Wert 7 ist. Und pH-Wert 5 ist dann *einhundertmal* saurer als pH-Wert 7!

Wenn Sie also zukünftig in einer Empfehlung lesen, dass der optimale pH-Wert für diese Pflanze bei 6 liegt, wissen Sie, dass der pH-Wert 5 *zehnmal* und der pH-Wert 4 eben *einhundertmal* zu viel Säure enthalten würden! Und das ist nicht gut, denn dies bewirkt, dass bestimmte Mineralien nicht mehr aufgenommen werden können und die Pflanze Mangel leidet. Schlimmstenfalls werden sogar Schwermetalle gelöst, gerade im sauren Bereich, und das verträgt die Pflanze überhaupt nicht.

Eine einfache Möglichkeit, um den Säuregehalt des Bodens zu messen. Das Glasröhrchen mit 1 cm Erde befüllen, Testtablette und destilliertes Wasser dazugeben und die einsetzende Farbreaktion mit einer Farbskala vergleichen.

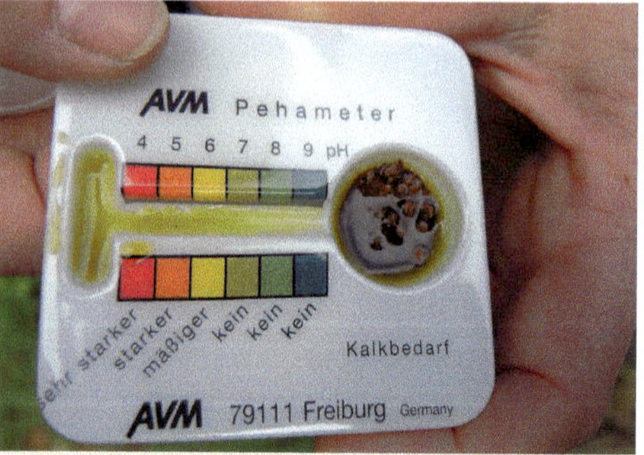

Ein weiterer einfacher Schnelltest für den pH-Wert des Bodens. Auch hier ergibt sich eine Farbreaktion.

Tierische Schaderreger – Es beißt! Die wichtigsten beißenden Schädlinge

Das wird ein Riesenkapitel! Weil es so unglaublich viele Tiere gibt, die gerne in Pflanzen beißen. Das tun wir ja auch und sind somit im weiteren Sinne Fressfeinde für Karotten und Broccoli. Genauso verhält es sich mit den pflanzenfressenden Tieren. Von der kleinen Gemüsefliegenmade bis zur Wildsau. Alles beißende Schädlinge, die unsere Pflanzen lieben wie wir!

Aber wie ist so ein Kapitel anzufangen? Von den kleinen zu den großen Tieren? Nein, denn das würde zu sehr durcheinander geraten und außerdem beißt jeder woanders an der Pflanze zu. Nach Tiergruppen geordnet? Hm. Aber verschiedene Tiergruppen machen manchmal auch ähnliche oder sogar gleiche Symptome und, schwieriger noch, gleiche Gruppen verhalten sich oft komplett unterschiedlich. Das sprengt den Rahmen ja endgültig. Nach Fraßbildern sortieren? Wenn ein Reh geschickt nur die Blätter abfrisst, könnte das auch eine Raupe gewesen sein. Geht also auch nicht so gut. Wo frisst das Tier an der Pflanze? Als Kategorie wahrscheinlich am besten geeignet, auch wenn manche Tiere mal hier und mal da fressen.

Also arbeiten wir uns von oben nach unten, von der Sprossspitze bis zu den Wurzeln vor.

Schmetterlinge legen ihre Eier meist auf die entsprechende Futterpflanze für die Raupen, manchmal aber auch wahllos auf eher ungeeignete Pflanzen.

Raupen sind vielfältig in ihrem Aussehen und brauchen auch unterschiedliche Pflanzen für ihre Entwicklung. Für einen Garten mit Schmetterlingen und Faltern müssen ihren Raupen die richtigen Futterpflanzen angeboten werden. Beispielsweise dem Königskerzen-Mönch (Cucullia verbasci) *die Königskerze, dem Schlehen-Bürstenspinner* (Orgyia antiqua) *verschiedene Laubbäume und Sträucher, dem bunten Wolfsmilchschwärmer* (Hyles euphorbiae) *die Zypressen-Wolfsmilch* (Euphorbia cyparissias) *und dem beliebten Schwalbenschwanz* (Papilio machaon) *Doldengewächse wie Fenchel, Dill oder Möhren.*

Erwachsene Schmetterlinge ernähren sich hauptsächlich von Blütennektar und sind ebenfalls wichtige Bestäuber in Ihrem Garten.

Falter, Eier und Raupe des Großen Kohlweißlings (Pieris brassicae), *einer Schadraupe an Kohl. Wenn Sie Kohl ernten möchten, müssen Sie hier unbedingt eingreifen. Am besten wischen Sie gleich die Eier ab, aber nicht mit Marienkäfereiern verwechseln!*

Fraßschäden entdecken, erkennen und behandeln

Fraßschäden an den Blättern, Löcher im Stängel oder dem Stamm, abgenagte Blüten sowie Maden in Früchten sind oft die ersten der vielfältigen Fraßsymptome, die uns auffallen. Interessanterweise kann anhand des Fraßbilds und einiger anderer kleiner Beweisstücke ein Schädling grob bestimmt werden. Doch starten wir erst einmal mit einem Ausschnitt aus der Vielzahl vegetarisch lebender Tiere, die unsere Pflanzen anfressen. Die folgende Tabelle ist nur ein sehr grober Anhaltspunkt für die Diagnostik. Leider verhalten sich die vielen verschiedenen Tiere nicht den Schubladen gemäß, in die wir sie gerne stecken. Sinnvoller ist es auf jeden Fall (und das gilt immer!), die Tiere auch zu finden! Nichts ist überflüssiger als Pflanzenschutzmittel, die nichts bewirken, weil kein Tier oder das falsche Tier vorhanden ist! Also sehen wir uns die Schäden an und ordnen sie den Tieren zu.

Beim Skelettierfraß, hier am Gewöhnlichen Schneeball (Viburnum opulus) *durch den Schneeballblattkäfer* (Pyrrhalta viburni), *wird alles zwischen den Blattadern weggefressen, z. B. von Käfern und Raupen, sowie an abgestorbenen Blättern durch Asseln und Tausendfüßer.*

Tier	Schaden	Besonderheit
Käfer	Blattfraß, Bohrlöcher, Wurzelfraß, Blüten und Früchte	erwachsene und Jungtiere fressen Pflanzen
Raupen	Blattfraß, Bohrlöcher, Minierfraß, Blüten, Früchte, Wurzeln	nur die Raupen fressen Pflanzen, die entwickelten Schmetterlinge nicht
Blattwespen	Lochfraß, Fensterfraß, Gallen, Bohrlöcher	nur die Larven sind schädigend
Fliegen	Miniergänge, kleine Bohrlöcher	nur die Larven sind schädigend
Mücken	Fraßgänge, Bohrlöcher, Blattbeulen	nur die Larven sind schädigend
Wanzen	„Fraßlöcher"	Wanzen sind saugende Schädlinge. Ihre Saugstellen reißen auf und sehen aus wie Fraßschäden!
Wühlmäuse	Wurzelfraß	
Schnecken	Blätter, Komplettfraß	
Wildtiere	Komplettfraß, Rinde, Blüten, Blätter	Alle bisher genannten Tiere sind ja Wildtiere! Hier gemeint sind jedoch Rehe, Hasen oder Kaninchen, eventuell noch Wildschweine.

Nicht immer ist der Schneckenschleim so gut zu erkennen. Manchmal müssen Sie auch genauer schauen. In der Sonne glitzert er eigentlich sehr schön.

Rüsselkäfer fressen meistens von außen nach innen. Raupen manchmal auch.

Schabefraß durch die Kirschblattwespe (Caliroa cerasi).

Typisch Blattwespe!

Lochfraß an einem Rosenblatt durch Raupen.

Wundersame Gebilde, denen Heilwirkungen zugesprochen werden: Pflanzengallen. In solchen schönen gelben Bällchen entwickeln sich Eichengallwespen (Cynips quercusfolii).

Nicht ganz so spektakulär wie an der Eiche, aber in den Gallen an dieser Weide entwickeln sich ebenfalls Gallwespen.

Manche Insektenlarven entwickeln sich in Minen. Geschützt werden im Blatt Gänge gegraben, die dann auch für uns sichtbar werden.

Der Gartendetektiv erkennt anhand der Kotkrümel, dass hier vermutlich eine kleine Raupe für den Blütenfraß verantwortlich ist.

Hier waren ein Schädling und ein Nützling am Werk: Die Raupe des Schadschmetterlings Blausieb hat sich in den Stamm der Kastanie gebohrt und schädigt diese durch seine Fraßtätigkeit, während oberhalb ein Specht versucht hat, an die Raupe zu kommen!

Bohrlöcher an einer Weide, erzeugt von Larven der Weidenholzgallmücken (Dasineura saliciperda). *Wie ein Sieb können die kleinen Tierchen den Stamm durchlöchern.*

Schaden an Äpfeln, verursacht durch den Purpurroten Apfelfruchtstecher (Rhynchites bacchus).

Viele Tiere, die an Pflanzen herumkrabbeln, können auch harmlos sein. Feuerwanzen oder die hier abgebildete Malvenwanzen (Oxycarenus lavaterae) *kommen zwar häufig an Linden vor und saugen deren Saft, sind aber im Normalfall nicht schädigend. Hier wird gerade ein gemütliches Überwinterungsplätzchen gesucht.*

Den Mais geköpft und dann eingeschlafen. Eulenraupen – hier die Ypsiloneule (Agrotis ipsilon) *– fressen meist nachts, aber nicht nur …*

Rindenschaden durch Wild.

Schaden	möglicher Verursacher
Blattfraß, komplett	Käfer, Raupen, Blattwespen, Rehe, Hasen und Kaninchen
Blattfraß, buchtenartig	Rüsselkäfer, Raupen
Fensterfraß	Blattwespen
Gallen	Wespen (Blattläuse, Milben)
Minierfraß	Raupen, Fliegen, Blattwespen
Blütenfraß	Käfer, Raupen, Blattwespen, Rehe
Früchte	Käfer, Raupen, Fliegen, Wespen, Vögel
Stängel und Stamm	Käfer, Raupen, Mücken, Fliegen, Rehe, Hasen, Kaninchen, Vögel
Übergang Wurzel zu Spross	Eulenraupen
Wurzelfraß, auch Knollen, Zwiebeln usw.	Fliegen, Raupen, Wühlmäuse

Ein typischer Käfer, hier ein Vertreter der Rüsselkäfer mit drei Beinpaaren und der eindeutigen Dreiteilung.

Wenn Sie also einen Fraßschaden bemerken, dann sollten Sie versuchen, das Tier zu finden. Das kann manchmal schwierig sein, wenn es sich unterm Blatt, am Stängel oder sogar in der Erde verkrochen hat. Meist jedoch ist das Tier damit beschäftigt, was es am besten kann: Fressen!

Gut, jetzt finden Sie ein Tier und mit allem Mut und aller Entschlossenheit haben Sie es in ein Glas gegeben. Und jetzt? Es gibt ein paar einfache Tricks, um Insektenlarven anhand einiger Merkmalsvergleiche sicher zu bestimmen und dann auch die richtigen Gegenmaßnahmen zu ergreifen. Sie brauchen dabei jedoch

Die Larve des Siebenpunkt-Marienkäfers ist ein hervorragender Blattlausvertilger. Käferlarven haben drei Beinpaare wie die ausgewachsenen Käfer. Die Kopfkapsel kann farblich variieren.

Die Larve einer Wiesenschnake ist leicht an ihrer „Teufelsfratze" zu erkennen. Dies ist jedoch das Hinterteil und nicht der Kopf! Der Kopf ist bei Fliegen-, Mücken- und Schnakenlarven spitz zulaufend und sie sind beinlos.

hin und wieder gute Nerven, denn die Tiere müssen manchmal in die eine Hand genommen und gegen ihre natürliche Schutzkrümmung mit der zweiten Hand aufgebogen werden. Mit der dritten Hand nehmen Sie dann die Lupe und schauen genauer hin. Viel Spaß damit! – Hier eine Hilfe zum Erkennen der wichtigsten beißenden Kleintiere. Denn ein Reh und ein Wildschwein bestimmen Sie sicher ganz gut ohne Literaturhinweise.

Merkmale zur Erkennung der wichtigsten beißenden Insekten

Beißende Insekten	Erkennungsmerkmale
Käfer	*sechs Beine*, eindeutige Dreiteilung in **Kopf** mit Fühlern, **Mittelteil** oft mit Halsschild, Flügeln und harten Flügeldecken, die den **Hinterleib** bedecken
Käferlarve	„wurmartig" bis buckelig, mit *sechs Beinen* (manchmal verkümmert), auffälliger Kopfkapsel und Kiefern
Schmetterlingsraupe	bestehen aus Kopf und 14 Segmenten. Die ersten drei tragen je ein Beinpaar (= *sechs Beine*!), dann folgen **mindestens zwei Segmente ohne Füße** und dann erst wieder beinartige Teile. Die letzten drei Segmente („Hintern") meist zu optisch einem verwachsen
Blattwespenraupe	raupenähnlich: Kopf, drei Beinpaare, dann aber **nur ein Segment ohne Füße**, dann wieder viele Beinchen! Minierende Arten können jedoch komplett beinlos sein (nur braune Stummel).
Fliegen- und Mückenlarven	gemeinhin als Made bezeichnet, beinlos, maximal Stummelfüße, spitz zulaufender, kaum erkennbarer Kopf mit Mundhaken (Lupe!), meist weiche Haut

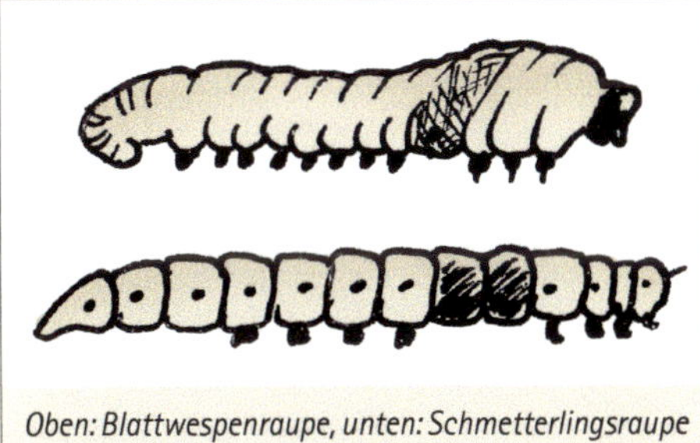

Oben: Blattwespenraupe, unten: Schmetterlingsraupe

Nur ein Segment ist beinfrei: eindeutig eine Blattwespe.

Der große Frostspanner und der Buchsbaumzünsler sind beides Schmetterlingsraupen. Sehr gut zu erkennen sind hier die zwei oder mehr beinfreien Segmente.

Was tun bei beißenden Schädlingen?

Jetzt haben Sie schon ein paar wichtige Werkzeuge, um im Garten fressende Insekten oder Insektenlarven zu bestimmen. Trauen Sie sich die genaue Untersuchung der Tiere zu, um festzustellen, ob es ein Käfer, eine Raupe oder die Larve einer Blattwespe ist. Gerade die letzten beiden sollten Sie gut unterscheiden, denn gegen Schmetterlingsraupen ist ein Mikroorganismus zugelassen, der ausschließlich gegen diese wirkt. Die sehr ähnlichen Blattwespenlarven (auch **Afterraupen** genannt) lässt der Wirkstoff kalt.

Auch führen manche deutschen Bezeichnungen in die Irre. So ist der lästige kleine **Erdfloh** (*Psylliodes* sp.) ein Käfer. Er frisst gerne Gemüse löchrig, vor allem Kohlpflanzen. Bodenlockerung, häufiges Gießen und vor allem ein Schutznetz über der Pflanzung sind hier die besten Methoden.

Gegen die *an Blättern beißenden Schädlinge* würden wir folgende Maßnahmen einsetzen: Betreiben Sie Nützlingsförderung und hängen Sie Nistkästen für Vögel wie Meisen auf. Aber auch Pflanzenvielfalt ist für andere Gegenspieler der Beißer notwendig. Raupenfliegen, Schlupfwespen, Ameisen und Spinnen dezimieren sehr gut. Die ungeliebten gelbschwarzen Wespen sind top! Sie verfüttern Insektenlarven an ihre Jungen, und zwar im Kilobereich pro Tag!

- Netze sind die beste Wahl gegen Gemüsefliegen, Gemüseraupen und Käfer, Leimringe helfen gegen Tiere, die den Stamm hochklettern und bei stark befallenen Pflanzenteilen ist das Wegschneiden oder Wegzupfen oft ausreichend.
- beißende **Minierfliegen** oder **Miniermotten** leben im Blatt und machen dort Gänge (Gangminen) oder Flecken (Platzminen). Einige einheimische Schlupfwespen legen ihre Eier in die Minierer und töten sie so ab. Interessant: Man hat beobachtet, dass gespritzte Kulturen im Nachhinein mehr Minierer aufwiesen als ungespritzte, weil die Gifte auch die Schlupfwespen umbrachten.
- Gesteinsmehle machen die Kiefer der Insekten stumpf. Das ergibt jedoch bei Zierpflanzen optisch nur die Note 1b. Gemüse und Beerenobst können Sie aber durchaus leicht

Ein Katzenschutzgürtel ist eine Möglichkeit, um Vögel vor hungrigen Katzen zu schützen.

Erdflöhe können eine Plage bei Radieschen (Raphanus sativus *var.* sativus), *Rucola* (Eruca *sp.*, Sisymbrium *sp.*) *und ähnlichen Pflanzen sein. Hacken, Mulchen und regelmäßig Wässern mag der Erdfloh gar nicht. Notfalls hilft auch das Stäuben von Gesteinsmehl.*

bestäuben (Gesteinsmehl in einen Strumpf geben und schütteln).

- Thymian hat eine abschreckende Wirkung vor allem auf Raupen, aber auch auf Käfer und Blattwespen.
- und zuletzt: Pflanzenschutzmittel. ***Bacillus thuringiensis*** hilft hervorragend gegen Schmetterlingsraupen. Neem ist einigermaßen nützlingsschonend, hat viele Zulassungen gegen beißende Insekten und wirkt auch im Blatt gegen die Minierer. Schließlich gibt es noch das Natur-Pyrethrum, welches aber nicht eingesetzt werden sollte, wenn Nützlinge am Blatt sind. Pyrethrum kennt keine Unterscheidungen in Freund oder Feind. Alles fällt vom Blatt.

Ein Kleinschmetterling aus Mazedonien lässt die Kastanien alt aussehen. Die Kastanienminiermotte (Cameraria ohridella) *lebt als Larve im Blatt und frisst dort gut geschützt vor sich hin.*

Ich finde keinen Schädling!

Gut, dann müssen wir nach Beweisen suchen. Der Garten-Detektiv sollte einige der wichtigsten Spuren kennen, die beißende Schädlinge hinterlassen, um die Indizienkette schließen zu können. Glücklicherweise hinterlassen eigentlich alle Schädlinge Hinweise, die auf ihre Anwesenheit schließen lassen. Jedoch gilt auch hier: Manche der Verursacher sind bereits längst weg und jede Form von Pflanzenschutz erübrigt sich dann!

Die Tabelle auf S. 138 gibt Ihnen schon erste Hinweise, wer denn jetzt Ihre Pflanzen frisst. Hier folgen nun noch weitere Tipps zur Erkennung.

Wo beißt das Tier an der Pflanze? – Blattfraß, aber keine Tiere

Raupen, also die Jungtiere der Schmetterlinge, hinterlassen fast immer Kotkrümel. Auf den Blättern, in den Blattachseln, auf den Blüten oder – im Innenbereich – auf dem Fußboden. Diese Kotkrümel sind oft schwarz gefärbt, manchmal grün, und sie sind wirklich mehr oder weniger rund! Ihre Größe schwankt zwischen der eines Mohnkorns und eines Streichholzkopfs, auch ihre Form ähnelt diesen beiden Vergleichsobjekten. Manche Raupen hinterlassen zusätzlich Gespinste, die dann wiederum voll mit Kotkrümeln sind. Leider leben manche Raupen jedoch so, dass sich ihr Kot nicht immer auffinden lässt. Eulenraupen beispielsweise leben in Bodennähe und verkriechen sich dann auch in der Erde. Sie fressen zwar oberirdisch Pflanzenteile ab, sind aber generell zu faul, um das auch in den oberen Bereichen der Pflanze zu tun. Fraßschäden in den ausschließlich unteren Bereichen könnten also durch Eulenraupen entstanden sein. Ihre Kotkrümel finden sich aber nicht immer!

Minierende Raupen, also Raupen, die zwischen Ober- und Unterhaut der Blätter leben, hinterlassen selbstverständlich auch keine offen herumliegenden Kotkrümel. Diese befinden sich, wie die Larve selbst, im Inneren des Blattes und Sie können sie entdecken, wenn Sie das Blatt gegen das Licht halten.

Und ob Sie es glauben oder nicht: Diese kleinen Kotkrümel sind unglaublich interessant. Weil die Pflanze nämlich häufig über die auf ihr herumliegenden Gacksis (ein wunderschöner österreichischer Ausdruck für den „kleinen Haufen") herausfindet, wer denn da an ihr frisst. Und sie leitet spezielle Gegenmaßnahmen ein, wie z. B. die Bildung von Giftstoffen gegen die Raupe. Aber da hat die Pflanze die Rechnung ohne den Haufen gemacht! Denn manchen Raupen ist es gelungen, ihren Ausscheidungen Stoffe beizumischen, welche die Immunabwehr der Pflanze fast lahmlegen. Giftstoffe werden nicht mehr gebildet und die Blätter schmecken nochmal so gut!

Vögel und andere Nützlinge, z. B. Raupenfliegen oder Schlupfwespen, finden hingegen die versteckt lebenden Raupen sicher. Und das

Kotkrümel sind ein Indiz dafür, dass hier vermutlich Raupen am Werk waren. Die Krümel können frisch und grün, z. B. vom Buchsbaumzünsler, oder auch schwarz sein, z. B. vom Frostspanner.

Hier war kein Dickmaulrüssler am Werk, sondern eine harmlose Blattschneiderbiene, die Blattstücke für den Nestbau benötigt. Das Motto „Teilen" gilt auch im Garten.

Pflanzenschutzmittel der ersten Wahl, *Bacillus thuringiensis*, ist ein Fraßmittel. Wenn Sie also sicher sind, dass die Schädlinge noch am Fressen sind, dann können Sie es anwenden, denn die Tiere müssen nicht direkt getroffen werden.

Rüsselkäfer sind nachtaktive Vagabunden und somit selten zu sehen. Sie fressen ihre Blätter vornehm immer von außen nach innen. So entsteht der Buchtenfraß, ähnlich wie wir ein Brot essen: vom Rand her! Buchtenfraß wird sehr oft durch Rüsselkäfer verursacht, wobei bei den Dickmaulrüsslern der Schaden im Boden durch ihre wurzelfressenden Larven viel größer sein kann.

Diese Käfer verdienen ein eigenes Unterkapitel. Mehr also im Spezial „Dickmaulrüssler – Dickmaulrüsslerinnen brauchen keine Männer" ab S. 163.

Sie werden auch **Kartoffelkäfer, Schneeballblattkäfer, Erdflöhe** und viele andere Käfer auf Ihren Pflanzen finden und können sie mit den anfangs genannten Methoden gut dezimieren.

Bei Schäl- oder Fraßschäden durch **Wild** kann anhand der Höhe, in welcher der Schaden entstanden ist, ungefähr der Verursacher herausgefunden werden. Jedoch sollten Sie die Größe des einheimischen Feldhasens nicht unterschätzen! Das ist ein Riesenvieh und kommt relativ hoch, wenn es sich aufrichtet. Rehwild kommt an Nahrung in bis zu zwei Meter und Hasen in mehr als einem Meter Höhe heran und Kaninchen schaffen vielleicht 50 cm.

Schutzmatten aus Schilf oder wenn es sein muss aus Plastik, helfen hier gut. Wenn allerdings neben Ihrer frisch gepflanzten Gehölzhecke einzelne, wie mit Gartenschere abgeschnittene Äste liegen, so war dies höchstwahrscheinlich ein Hase und nicht der Nachbar. (Dieser Fall führte beinahe zu einem Streit zwischen Nachbarn!). Ist Ihr Zaun niedergewalzt, die jungen Obstbäume umgeschmissen, der Rasen durchpflügt ... kann dies auf eine Rotte Wildschweine hinweisen – diese Tiere hält so leicht nichts auf und ihnen schmeckt einfach *alles*.

Anstriche mit Quarzsand oder Schaffett wirken gut, sind aber nicht überall machbar. Manschetten aus Schilf, notfalls aus Plastik, sind für Bäume gut geeignet und Duftstoffe

Ein saugender Schädling mit einem Schadbild wie ein echter Beißer. Wanzen saugen im Frühjahr an den Knospen und jungen Blättern. Die Saugstellen reißen dann im Sommer durch das Wachstum der Blätter auf.

sind das Einzige, was die Tiere irritiert. Es gibt ein Spritzmittel aus Blutmehl, aber das hat keine Biozulassung. Wir erwähnen es trotzdem, denn in Biodüngern ist das Gleiche drin und das Mittel hilft recht gut.

Wanzen und Sie sagen gleich: „Stopp! Das sind doch saugende Tiere!" Ja, Sie haben recht. Jedoch können Wanzen, über die Sie im Kapitel „Es saugt! – Die wichtigsten saugenden Schädlinge" (S. 184) noch viel mehr erfahren können, durchaus Löcher in Blättern verursachen. Meist saugen sie im Frühjahr an den Knospen oder den noch jungen Blättern. An der Saugstelle stirbt das Blatt dann nadelpunktklein ab, weshalb Sommerflieder (*Buddleja* sp.) und Hasel (*Corylus avellana*) oft so gerupft und zerfressen aussehen. Mit dem Wachstum des Blatts reißt diese kleine Fehlstelle auf und es entsteht ein kleines Loch. Wächst das Blatt weiter, dann wächst auch das Loch weiter und nicht nur Laien, sondern auch so mancher Garten-Detektiv denkt hier an fressend-beißende Schädlinge. Denn das Loch wird ja immer größer. Weiterhin können auch **Hagel** oder **Pilze** Löcher verursachen, ohne dass Sie weitere Spuren finden.

Hähnchen an Spargel mit Gesang

Klingt wie ein Gericht im exzentrischen Nobelrestaurant. Jedoch sind **Hähnchen an Spargel** oder auch **Lilienhähnchen** (*Lilioceris lilii*) kleine, auffällig gefärbte Käfer (oben rot, unten schwarz), die sich durch starke Fraßtätigkeit (auch ihrer Larven) bemerkbar machen können. Und Hähnchen können singen! Wenn Sie so einen bunten, wunderschönen Käfer leicht drücken, leicht (!) bitte, dann geben sie einen gut hörbaren, hohen Ton von sich. Wenn es eher ein knackendes Geräusch ist, dann haben Sie zu stark gedrückt. Hähnchen gibt es unter anderem an Spargel, an Liliengewächsen und an Gräsern und sie gehören zur Familie der Zirpkäfer.

Die Lilienhähnchenlarven sind nicht stubenrein und wohnen sogar mit ihrem Kot zusammen in einem Sack. Dieser schützt sie jedoch sehr gut vor Fressfeinden!

Hähnchen, die Eier legen? Bei den Insekten geht das. Eier des Lilienhähnchens.

Zwei Prachtexemplare adulter, also erwachsener Lilienhähnchen.

Die Larven der Lilienhähnchen sind eher glibbrige, im eigenen Kot lebende, fast schneckenartige Jungtiere. Ihr Kot schützt sie vor Fressfeinden, denn nicht einmal Vögel wollen dieses unappetitliche Etwas fressen. Sie knabbern vom Rand Richtung Stängel fein säuberlich die Blätter ab und können Lilien oder Kaiserkronen wirklich alt aussehen lassen. Am Spargel erinnern die Larven eher an grau-grüne Kartoffelkäferlarven, sie sind auch weitläufig verwandt.
Was sie nicht mögen, das ist Gesteinsmehl auf den Blättern, denn es macht ihre Kiefer stumpf. Über Spargel gestäubt ist das noch in Ordnung, aber über Ihre Lilien ... das sieht nicht gut aus.

Das Abfangen der Käfer und das Abstreifen der Larven sind die wohl effektivsten Methoden die zirpenden Hähnchen loszuwerden. Die Fangtechnik muss geübt werden, da sich die Käfer bei Gefahr blitzschnell auf den Rücken fallen lassen und so am Boden nicht mehr auffindbar sind. Der Trick besteht darin, als erstes ein Gefäß *unter* das Tier zu platzieren und sich erst dann mit der Hand von oben anzunähern.
Auch Neem hilft ganz gut, denn es verhindert die weitere Entwicklung der Larven und bremst den Appetit der aufregend umherhüpfenden, erwachsenen Käfer.

Stammfraß

Auch hier sehen Sie die Schädlinge in der Regel nicht, denn sie sitzen im Inneren des Stamms.

Holzbohrer sind deshalb schwer zu entdecken und nur ein Loch verrät dem ratlos Davorstehenden überhaupt, dass da drinnen irgendwas ist. Gleich vorne weg: Manche holzbohrenden, stammfressenden Tiere können von außen nicht sicher erkannt werden. Entweder müsste die Form und Beschaffenheit des Gangs sichtbar (also den Stamm querteilen, was ihm sicher nicht gut tut) oder zumindest klar sein, ob das Loch ein Ein- oder ein Ausbohrloch ist. Und das zu unterscheiden ist gar nicht so leicht.

An Rosen findet sich hin und wieder ein kleines Loch an dickeren Stängeln sowie Bohrmehlspuren auf den darunterliegenden Blättern – die Verursacher sind **Rosentriebbohrer**. Der darüber liegende Trieb kann absterben! Wenn wir Ihnen jetzt verraten, dass es einen „aufwärtsbohrenden" und einen „abwärtsbohrenden" Rosentriebbohrer gibt, dann haben Sie schon ein feines Indiz, welcher von beiden

Der Rosentriebbohrer ist erkennbar an einem Einbohrloch am Stängel der Rose und meist auch an Kotspuren.

Der wirklich wunderschöne Wacholder-Prachtkäfer – leider ein Schädling.

das Loch gemacht hat! Bohren Sie also mit einem Stück Draht einmal nach und bestimmen den Schädling eindeutig. Die beiden Bohrer sind die Larven zweier Blattwespenarten, die sich vom Mark der Stängel ernähren. Die aufwärts strebende Art heißt *Blennocampa elongatula* (Aufwärtssteigender Rosentriebbohrer) und die hinabsteigende Blattwespe wird *Ardis brunniventris* (Absteigender Rosentriebbohrer) genannt. Am besten schneiden Sie befallene Teile weg und ab damit in die Tonne. Ab Ende Juni jedoch haben die Larven das Loch bereits verlassen und sich auf den Boden fallen lassen. Dort verpuppen sie sich, um im nächsten Jahr viele kleine Bohrer zu zeugen. Leichte Bodenbearbeitungen um die Rose herum irritieren das Insekt ganz sicher!

Ein wunderschöner Käfer, ein teilweise geschützter dazu, vergreift sich immer häufiger an Wacholder (*Juniperus* sp.), Thuja, Scheinzypresse (*Chamaecyparis* sp.)und Echter Zypresse (*Cupressus* sp.). Der Grüne oder Südliche **Wacholder-Prachtkäfer** (*Palmar festiva*)! Er ist ein eindeutiger Schwächeparasit und befällt meist Pflanzen, die ohnehin gestresst sind. Kleine Triebe von der Dicke eines kleinen Fingers bis hin zu oberarmdicken Zweigen werden meist sonnenseitig befallen, denn der prächtige Käfer liebt es warm. Die gefressenen Gänge sind meist recht flach, enthalten braunes Bohrmehl und gehen nicht tief in das Holz hinein, sondern sind eher zwischen Rinde und Holz zu finden. Die Gänge selbst verlaufen schlangenlinienförmig hin und her, als wäre der Prachtkäfer nicht ganz nüchtern. Bei manchen Pflanzen tritt Harz aus und nicht selten sterben Pflanzen oder Pflanzenteile ab. Vorbeugen können Sie am besten durch Pflanzenstärkung und Stressvermeidung. Insbesondere Trockenheit ist für Thujen und Scheinzypressen, die ja beide aus den nördlichen Regenwäldern stammen, starker Stress. Entfernen und vernichten Sie befallene Pflanzenteile oder, falls Sie die Nerven hierfür haben, lassen Sie diese wunderschönen Tiere schlüpfen!

Der nächste Kandidat der holzbohrenden Schädlinge ist eine Delikatesse der Römer gewesen. Der nach Essig duftende **Weidenbohrer** (*Cossus cossus*) hat viele einheimische Bäume zum Fressen gerne: Ahorn, Birke, Weide, Pappel, Linde, Walnuss, Erlen, Buchen, Ulmen, Eichen, Eschen und auch Obstbäume. Die rötlich gefärbte Raupe des Weidenbohrers kann richtig groß werden: 5–6 cm sind normal! Auch die ausgewachsenen Schmetterlinge sind recht groß. 10 cm Flügelspannweite erreicht das unscheinbar gefärbte Weibchen und hat darum den lustigen Titel „Größter Kleinschmetterling Mitteleuropas" inne.

Ab Sommeranfang legt sie mehrere Hundert Eier ab, schön verteilt in Zwanzigerhäufchen am unteren Bereich des Stamms. Wie beim Prachtkäfer werden auch hier eher bereits geschwächte Exemplare ausgesucht. Im ersten Jahr bohren sich die schlüpfenden Larven nur leicht ins Holz ein und bilden kleine Gruppen, eher im Außenbereich des Stamms. Im zweiten Jahr aber trennen sich die Gruppen auf und jede Larve bohrt jetzt ihren eigenen Gang, meist nach oben. Ab diesem Zeitpunkt können Sie an den Löchern des Baums auch Bohrmehl und hinausgeworfenen Kot finden. Nun frisst die Larve und frisst und frisst. Dann noch ein Winter und die Larve frisst und frisst weiter. Dann noch ein Winter und kurz vor ihrem vierten Geburtstag im Frühjahr verpuppt sie sich entweder im bereits angelegten Ausbohrloch (verstopft mit Holzkrümeln) oder außerhalb des Baums in der Bodenstreu.

Sie merken: Das Tier frisst wirklich viel und kann somit auch großen Schaden anrichten. Auch hier gilt: Vorbeugen durch Stärkung, Stressvermeidung und am besten einmal pro Jahr alle Bäume (vor allem die Jungbäume) auf

Unverkennbar die Raupe des Weidenbohrers mit Einbohrlöchern in einem alten Birnbaum. Sie können die Raupen auch unterwegs treffen, wenn diese in unglaublicher Geschwindigkeit zu neuen Bäumen wandern. Auf Asphaltwegen kann man die Tiere sogar laufen hören!

Löcher untersuchen. In diese Löcher bohren Sie dann mit einem Draht, was mit etwas Glück die junge Larve abtötet. Vielleicht erwischen Sie einen jungen Weidenbohrer! Die älteren unter ihnen machen jedoch Gänge von bis zu 1 m Länge!

Ein weiterer Schmetterling, der seine Entwicklung im lebenden Holz verbringt, ist das **Blausieb** (*Zeuzera pyrina*). Die erwachsenen Falter sind weiß mit schönen dunkelblau schillernden Punkten und die Weibchen erreichen immerhin noch 7 cm Flügelspannweite. Blausiebe lieben quasi alle heimischen Laubbäume und verschmähen gerade Obstbäume nicht. Für junge Bäume, die bis zu 10 Jahre alt sind, können sie eine echte Bedrohung sein, denn auch diese Raupen fressen zwei bis drei Jahre im Holz!

Von Juni bis August werden Eier abgelegt, oft auf Blätter, Knospen oder Zweige. Der Schlupf und das Einbohren der Tiere kann von August bis zum April des Folgejahres stattfinden. Dann wandern sie, je älter und dicker sie selbst werden, in ältere und dickere Zweige. Der letzte gefressene Gang ist bis zu 30 cm lang und 1 cm dick! Das ist riesig und für den Baum ein ganz schöner Schaden. Dieser letzte Gang verläuft von oben nach unten und im unteren Teil befindet sich die Puppenstube, der Fachmann spricht hier von Puppenkammer, wo die letzte Überwinterung der 5 cm langen, gelblichen Larve mit ihren dunkelbraunen Punktwarzen stattfindet.

Kopfüber, warum auch immer, verpuppt sich das Tier. Es ist erstaunlicherweise im Puppenstadium sehr beweglich! Die Puppe kriecht in ihrem Gang auf und ab, bis sie schließlich ganz oben ankommt, als Falter schlüpft und den Gang durch ein mit Spinnfäden und Holzkrümeln verstopftes Loch verlässt. Gegen das Blausieb hilft nur genaue Beobachtung und Entfernen der befallenen Teile. Wenn Sie den Befall frühzeitig erkennen können, hilft auch beim Blausieb das Stochern nach der Raupe mit einem Draht. Die Löcher sind bis zu bleistiftdick und neben Holzmehl kommt eine bräunliche Flüssigkeit aus dem Loch heraus.

Nicht nur Blattwespenlarven, Käfer und Schmetterlingsraupen können sich in Stämme einbohren, auch manche Mücken tun das gerne. Ja, Mücken! Gallmücken! Das ist zwar

Wie viele Schädlinge befällt das Blausieb vorrangig geschwächte Bäume. Hier wurde ein Blausieb beim jährlichen Obstschnitt an einer Birne entdeckt. Jährliche Kontrolle ist bei Verdacht empfehlenswert. Zur Bekämpfung wird ein fester Draht in das Bohrloch geschoben und die Raupe aufgespießt. Ein Weiterfressen wird so zwar verhindert, der Schaden am Stamm bleibt aber und kann die Standsicherheit größerer Bäume beeinträchtigen.

eher selten und auch hier werden vor allem geschwächte Bäume befallen, aber wenn die Mücke bohrt, dann bedeutet das für den Baum meist das Ende. Natürlich sind es auch hier wieder die Larven, die den Befall verursachen. Die Made der Weidenholzgallmücke (*Helicomyia saliciperda*) kann das Holz wie ein Sieb durchlöchern und die gesamte Versorgung des Baums ist stark beeinträchtigt. Die Rinde löst sich ab und der Baum kann geschädigt werden. Es gibt keine wirksamen Gegenmaßnahmen, lediglich bei Wiederaufforstungen wird vorbeugend mit Raupenleim gearbeitet, der auf die Stämme gestrichen wird. Aber das empfehlen wir nicht gerne. Zu viele andere Insekten bleiben ebenfalls hängen und das ist schade.

Einen Käfer hätten wir noch, einen der manchmal auch an Obstbäumen Schaden anrichten kann. Der **Ungleiche Holzbohrer** (*Xyleborus dispar*) gehört zu den **Borkenkäfern** und das bohrende Weib kann im Splintholz des Obstbaums durch viele Bohrgänge ganze Astpartien zum Absterben bringen. „Ungleich" heißt er, weil Männchen und Weibchen sehr verschieden sind, nur die dunkelbraun-schwarze Färbung ist gleich. Die Männchen sind stammtischartig gedrungen-kugelig und können nicht fliegen, die Weibchen sind eher schlank, aber doch walzenförmig, und gute Fliegerinnen. Die Kinder von beiden sind hellgelbe, beinlose Larven mit der käfertypischen braunen Kopfkapsel. Und das Weib schädigt! Die Ungleiche Holzbohrerin bohrt sich im Frühjahr ins Holz ein und erschafft verschlungene Gangsysteme, in welche sie über mehrere Wochen verteilt ihre Eier ablegt. Das Loch ist nur 1–2 mm groß; weißes Bohrmehl und schwarze Pilze, die sich auf dem austretenden Pflanzensaft bilden, verraten die Anwesenheit von Frau Käfer. Beim dem Einbohren bringt sie einen Pilz mit, der den wunderschönen Namen *Ambrosia* trägt. Das sich bildende Pilzmycel ist die göttliche Nahrung für die Kleinen, die selbst kein Holz fressen und somit unschuldig sind.

Frau Ungleiche Holzbohrerin. Rechts übrigens ist ihr Kopf.

Da die Eiablage über Wochen geht, finden sich auch viele unterschiedliche Entwicklungsstadien in den Gängen. Ab Juni wird sich verpuppt und der Schlupf zum Käfer und zur Käferin beginnt ab Juli. Beide verlassen die Gänge nicht und es wird gemeinsam dichtgedrängt überwintert. Im Frühjahr beginnt dann im Gang eine kleine Orgie, die Männchen sind fortan

Larven des Ungleichen Holzbohrers und ihr angerichteter Schaden. Gut auch zu sehen: die dunklen Verfärbungen durch den miteingeschleppten Ambrosia-*Pilz.*

überflüssig und es ist jetzt verständlich, warum sie nicht fliegen müssen. Sie sterben, ohne je Tageslicht gesehen zu haben. Vielleicht auch deshalb das stammtischartige Aussehen. Die befruchteten Weibchen jedoch verlassen den Gang, den einst die Mutter schuf und suchen sich neue Opferbäume. Geschwächte Bäume abermals, oder solche Obstbäume, die auf einer schwach wachsenden Unterlage veredelt sind. Apfel, Birne und Kirsche, aber auch andere Baumarten werden befallen.

Lustigerweise haben nicht nur die Männchen eine Stammtisch-Affinität, sondern auch die Weibchen, denn Sie können sie mit Alkoholfallen fangen, wobei jedoch eine effektive Bekämpfung durch Spiritus vermutlich scheitert. So wird aber in Baumschulen abgeschätzt, dass sich bei einer Fangquote von unter 20 Tieren bei einer Falle je Hektar keine Bekämpfung lohnt. Egal, denn es gibt keine wirksamen Mittel. Gesunde, gestärkte Bäume werden nie befallen. Die Ungleichen sind reine Schwächeparasiten und Ihr gesunder Biobaum wird sicher nicht befallen!

Dürfen wir Ihnen noch zwei wunderschöne Käfer vorstellen? Leider sind sie in Mitteleuropa mehr als unerwünscht, denn wenn sie auftreten kann es sein, dass alle Laubbäume in der unmittelbaren Umgebung gefällt werden müssen. Weil diese Tiere eine wirkliche Bedrohung darstellen.

Wir schreiben über den **Asiatischen Laubholzbockkäfer** und den **Chinesischen Laubholzbockkäfer = Citrusbockkäfer**, die gerne mit ALB resp. CLB abgekürzt werden. Die Gefahr besteht darin, dass nahezu alle Laubbäume und auch Sträucher befallen werden können und die Käfer, wenn sie sich etablieren würden, vermutlich ganze Wälder stark schädigen können. Und als verantwortungsvolle Pflanzenschützer sollen wir die beiden eben nicht unerwähnt lassen. Mit einer Größe von 2 cm bis

Asiatischer und Chinesischer Laubholzbockkäfer sehen fast gleich aus. Hier ein männlicher Asiat beim Reifungsfraß, also Futteraufnahme, um paarungsfähig zu werden. Man kennt das von pubertierenden Jugendlichen.

fast 4 cm sind es stattliche Tiere, glänzend schwarz mit weißen, unregelmäßigen Punkten und bockkäfertypischen langen, schwarz-hellblau geringelten Fühlern. Die Larve ist cremeweiß mit brauner Kopfkapsel und direkt hinter dem Kopf sind zwei hellbraune ^^ zu sehen.

- Der CLB ist im unteren Stammbereich und an den Wurzeln tätig, die die Larve ausgiebig durchlöchert.
- Der ALB kann auch weiter oben sein Unwesen treiben.

Die Larven beider Arten verursachen auffällig große Bohrlöcher mit Durchmessern von 1–1,5 cm, wo zuerst Bohrmehl und später auch kleine Späne ausgestoßen werden. Bei Verdacht sollten Sie unbedingt den Pflanzenschutzdienst verständigen, denn diese beiden Käfer sind meldepflichtig. Eingeschleppt durch Verpackungsholz oder auch Pflanzen können die Tiere sich schnell ausbreiten. In den USA mussten bereits mehrere Zehntausend Bäume gefällt werden, wobei der Schaden auf mindestens eine halbe Milliarde Dollar geschätzt wird.

Sie sollten ALB und CLB aber nicht mit anderen Käfern verwechseln. Heimische Käfer wie der Schusterbock (*Monochamus sutor*) sehen ihnen äußerlich ähnlich, sind aber meist ungefährlich oder sogar geschützt. Das Internet-Portal „waldwissen.net" und andere Institutionen informieren Sie hier sehr gut.

Schaden durch Anoplophora chinensis, *dem Chinesischen Laubholzbockkäfer, tritt im unteren Bereich der Bäume auf, hier an einer Platane.*

Anoplophora glabripennis, *der Asiatische Laubholzbockkäfer, lässt seine Larven im oberen Bereich der Bäume fressen; hier ist ein Ahorn Opfer geworden.*

Spezial: Schnecken

Schnecken und Schnegel – auf den Schleim gegangen!

Unser nächster Kandidat ist sicher kein unbekannter, sondern eher *der* Inbegriff des Schädlings. Der Schneck.

Gäbe es *das* ultimative Mittel gegen Schnecken, dann wäre der Erfinder reich, die Natur aber viel ärmer. Denn wir brauchen Schnecken. Sie sind wichtig in der Natur, da sie auch tote Pflanzen fressen, durch ihre Verdauung wie der Regenwurm Krankheitskeime vernichten und den Abbau abgestorbener Pflanzen beschleunigen. Sie sind Nahrungsquelle, Zwischenwirte für Darmparasiten der Schafe, sogar Bestäuber von Pflanzen und oft ... einfach schöne Tiere.

Schnecken können aber auch anders. Sie vernichten unsere Ernte, sind überall und wir treten barfuß in sie hinein. Dann bemerken wir, wie zäh ihr Schleim zwischen den Zehen klebt. Fast unabwaschbar diese Zuckerverbindung, die fantastische physikalische Eigenschaften hat und die Fortbewegung der Schnecken sichert. Früher wurde dieser tolle Schleim zum Schmieren von Holzrädern verwendet. Daher kommt angeblich der Name Wegschnecke. Manche Arten können sich mit ihrem Schleim sogar spinnenartig abseilen!

Schnecken können sich gut vermehren und aus einer Schnecke im Frühjahr können im Laufe der Saison durchaus 30.000–50.000 Nachkommen werden. Das kann wirklich lästig sein und auch Gemüse, Obst und Zierpflanzen gefährden.

Also Schneckenkorn? „Da gibt's doch auch so ein Biozeug, oder?" „Ja, gibt es, aber Nein. Bitte nicht." Oder besser: nicht immer! Denn es gibt ja auch Nutzschnecken, die ebenfalls in Mitleidenschaft gezogen werden würden. Sie sollten die Schnecken also näher kennenlernen. Schon wieder, denken Sie? Schon wieder, sagen wir!

Die auffälligste Unterscheidung ist natürlich Haus oder kein Haus. Wobei kein Haus nicht ganz richtig ist; es ist nur im Laufe der Evolution zurückgebildet worden. Gehäuseschnecken gibt es zig Arten und nur die wenigsten sind pflanzenschädlich. Weinbergschnecken z. B. machen kaum Schaden, außer sie finden nichts anderes zu Fressen als Nutzpflanzen. Ihre Eigenschaft als Nützling, als Raubschnecke, ist umstritten. Es ist jedoch sicher, dass dort, wo viele Weinbergschnecken zu Hause sind, auffällig wenige Nacktschnecken vorkommen. Diese Beobachtung haben wir immer wieder gemacht und vielleicht liegt es am Schleim oder an Gerüchen der **Weinbergschnecke**, die den Nacktschnecken nicht behagt. Ist das vielleicht eine Art Revierverhalten? Wir wissen es nicht.

Andere häufig anzutreffende Gehäuseschnecken sind die **Schnirkel- oder Bänderschnecken**. Mit ihrem oft gelblich gefärbten Haus, das manchmal mit schwarzen Spiralen versehen ist, sitzen sie gerne auf Bäumen und

Die „Spanische Wegschnecke" (Arion vulgaris) kommt vermutlich gar nicht aus Spanien. Neuere genetische Untersuchungen zeigen, dass sie wahrscheinlich aus Frankreich stammt und besser „Kapuzinerschnecke" genannt werden sollte. Manche WissenschaftlerInnen sprechen sogar von einer einheimischen Schnecke. Wir bleiben aber bei der Bezeichnung „Spanisch", weil sich der Name eingebürgert hat.

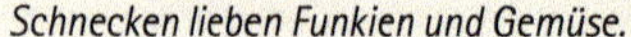

Schnecken lieben Funkien und Gemüse.

Sträuchern und weiden hier die Algen und Moose ab. Nur selten kommen sie herab und machen Schaden. Zwischen den Stauden oder in feuchten Bereichen machen sich **Schließmundschnecken** und andere kleine Gehäuseschnecken breit. Sie sind sehr klein und fressen durchaus Löcher in die Pflanzen. Schneckenkorn ist hier aber sinnlos, denn sie verlassen die Pflanzen nur ungern. Und wieso sollte ein Granulat besser schmecken als eine frische Pflanze?

Ein grobes Unterscheidungsmerkmal der **Nacktschnecken**-Arten ist die Lage der *Atemöffnung*. Liegt sie eher im *vorderen Teil* des Schilds, dann haben wir eine **Wegschnecke** vor uns. Ist das Loch eher *hinten*, dann ist das ein Vertreter der **Ackerschnecke oder** der **Schnegel**. Wegschnecken haben immer eine etwas schädigende Art, sie fressen also Ihr Gemüse. Aber auch hier gibt es Unterschiede.

Schnegel können nützlich und schädlich sein. Sie sind oft schon im Februar und März bei niedrigen Temperaturen unterwegs und beginnen zu fressen! Es gibt unter anderem genetzte Arten und ganz weiße.

Wichtig! Unter den Schnegeln gibt es auch Nützlinge, also *Raubschnecken* wie den auffällig tigerähnlich gemusterten **Tigerschnegel** (*Limax maximus*), der auch Großer Schnegel genannt wird! Dieses Raubtier schleimt sich heimlich an und vernichtet Eigelege und auch die Jungschnecken anderer Schnecken. Ansonsten frisst der Schnegel tote Pflanzen. Und leider auch Schneckenkörner. Also seien Sie *vorsichtig* bei der Verwendung von Schneckenkorn, bitte!

Die Lage des Atemlochs am Rückenschild dient als Unterscheidungsmerkmal, oben: Wegschnecke, unten: Ackerschnecke.

Die Weinbergschnecke, ein wunderschönes Tier.

Wegschnecke und Weinbergschnecke meiden sich in der Regel, aber wie überall gibt es auch hier Ausnahmen. Gerade fressen beide an Zucchini, die Weinbergschnecke frisst jedoch nur bereits abgestorbene oder kranke Teile.

Schnirkelschnecken sind völlig harmlos und eng mit den Weinbergschnecken verwandt.

Wegschneckensex.

Generell sind alle Schnecken nicht davon abgeneigt, ihre Artgenossen zu fressen. Immer wieder finden sich am Wegesrand überfahrene Schnecken und ihre Angehörigen außen herum, die sich da sattfressen. Überlegen Sie bitte zweimal, bevor Sie Schnecken durchschneiden und liegen lassen. Sie locken damit andere Nacktschnecken an.

Der Schneck an sich ist immer ein Zwitter. Das heißt jede/r daher gekrochene Artgenoss/e/in ist potenzielle/r Sexualpartner/in. Bei der Paarung entscheiden sich die beiden, wer der Mann und wer die Frau sein soll. Dann werden bis mehrere Hundert Eier abgelegt und diese meist gut in Bodenritzen oder unter Brettern, in Spalten und Nischen versteckt.

Schneckenmanagement

Ähnlich dem Unkrautmanagement passt das Wort „Bekämpfung" überhaupt nicht. Denn Schnecken kommen immer wieder, haben mal Massenvermehrung, dann wieder nicht und los werden wir sie ohnehin nicht. Management ist eher „Umgang lernen" mit Schnecken, Vorbeugung und natürlich Schutz der Pflanzen, soweit es eben geht.

Vorbeugung ist hier sehr wichtig. Wir versuchen, es den Schnecken möglichst unkomfortabel zu machen. Folgende Möglichkeiten sind gut geeignet.

- Morgens gießen, dass der Garten abtrocknen kann. So ist in der Hauptaktivitätszeit der Schnecken, der Nacht, keine „Rennbahn" für Schnecken vorbereitet.
- Eigelege finden und entfernen. Entdecken können Sie diese unter Brettern, unter Blumentöpfen, aber auch in Erdspalten. Die Eier sind in Haufen abgelegt, etwa 2–3 mm groß und weiß.

Die wirkungsvollste Vorbeugung bei den gefürchteten Wegschnecken ist das Zerstören der Eigelege im Herbst und zeitig im Frühjahr.

- Bodenbearbeitung, vor allem im Herbst! Versuchen Sie, keine Bodenritzen durch Umgraben zu hinterlassen. Hier legen die Schnecken gerne ihre Eier ab.
- Schneckenzäune verhindern die Zuwanderung. Entweder solche, die im Querschnitt aussehen wie eine 1 oder Kupferbänder. Auch das Ausstreuen grober, trockener Materialien hindert die Schnecken am Weiterkommen. Leider hält das nur bis zum nächsten Gießen oder Regen an, danach sind die meisten Streumaterialien wirkungslos.
- Nützlingsförderung! Mehr dazu im Kapitel „Helfende Mäuler im Garten" ab S. 34.

Fallen sind gut wirksam. Gerade Bierfallen locken die Schnecken (leider auch die vom Nachbarn) hervorragend an. Sie trinken ein wenig und der Alkohol lähmt ihre Fußmuskeln. Sie fallen ins Bier und ertrinken. Andere Fallen basieren ebenfalls auf Lockmitteln und Fallenkörpern, aus denen die Schnecken nicht mehr entkommen können. Lebendfallen sozusagen. Nachteil: Die Reinigung ist Nervensache. Vorteil: Gutes Karma für Sie, denn die Schnecken bleiben am Leben.

Die **direkte Bekämpfung** beginnen wir mit einem Nützling, den Sie kaufen können. Er wirkt jedoch fast gar nicht gegen die roten Weg-

Barrieren sind ein sehr wirkungsvoller Schutz, solange keine Pflanzenteile als Kletterhilfe überhängen. Vergessen Sie die Eckteile nicht und sollte trotzdem eine Schnecke innerhalb des Zaunes ihr Unwesen treiben, können Sie diese leicht mit Fallen oder auch Brettern abfangen.

Barrieren wie ein Schneckenkragen helfen Ihnen dabei, Jungpflanzen großzuziehen.

„Wer frisst Ihren Salat und säuft Ihr Bier?" Damit warb eine bekannte Firma für ihr Bio-Schneckenkorn. Bierfallen mit Deckel können durch Regen nicht verwässert werden und behalten so ihre Wirkung. Auf Hochbeeten sind Schnecken damit gut abzufangen, jedoch werden auch andere aus der Umgebung durch den Bierduft angelockt. Übrigens ist die Spanische Wegschnecke ein wahrer Gourmet, da sie manche Biersorten bevorzugt. Testen Sie selbst!

Laufenten sind tolle Nützlinge! Sie brauchen zum Hinunterschlucken des Schneckenschleims aber immer frisches Trinkwasser. Zur artgerechten Tierhaltung gehört am besten auch eine Wasserstelle zum Schwimmen.

schnecken, lediglich bei ihren Jungtieren ein wenig. Gegen Ackerschnecken haben Sie jedoch Erfolg, auch bei den Erwachsenen. Die Nematoden der Art *Phasmarhabditis hermaphrodita* werden gegossen und leben in den oberen Bodenschichten, in die sich die Ackerschnecken gerne eingraben. So können sie befallen werden. Sind aber ein teurer Spaß, diese Nematoden.

Laufenten und Hühner sind ebenfalls gute Nützlinge, aber ein Stall und ein Wasserbassin für die Enten sollten mindestens vorhanden sein. Unterschätzen Sie nicht die Menge an Verdauungsresten dieser Vögel!

Hier wurden Schnecken mit Hilfe eines Knoblauchlockstoffs angelockt, um sie dann ohne langes Suchen absammeln zu können. Was dann? Es gibt unterschiedliche Methoden, um Schnecken um die Ecke zu bringen. Einsalzen ist grausam und Tierquälerei, da die Schnecken sehr langsam verenden. Bei kleineren Schneckenmengen funktioniert das Überbrühen mit kochendem Wasser. Bitte nicht bei größeren Mengen anwenden, da das Wasser zu schnell abkühlt. Wir empfehlen lieber die schnelle Methode: Das Tier wird knapp hinter dem Halsschild, dort wo das Herz sitzt, durchgeschnitten. Schnecken sind Kannibalen und fressen sich gegenseitig, also entfernen Sie die durchgeschnittenen Schnecken, sonst locken Sie weitere an. Bitte bedenken Sie aber: Auch die Spanische Wegschnecke ist ein Lebewesen und sollte nicht unnötig gequält werden. Sie aber in großen Mengen in den Wald, Bäche oder andere Naturräume zu verbringen, löst das Problem nicht, sondern verlagert es lediglich.
Die allerallerbeste Methode ist für uns: ein natürliches Gleichgewicht im Garten herstellen und sich mit Fallen aufstellen, Eier absammeln und Nützlingen behelfen! Der Mensch hat das Gleichgewicht der Natur in den letzten Jahrzehnten durch den Einsatz von Chemie und ungeeigneten Bodenbearbeitungsmethoden empfindlich gestört. Uns muss klar sein, dass es wahrscheinlich auch wieder Jahrzehnte dauern wird, um ein harmonisches Miteinander einzustellen. Arbeiten wir daran!

Laufkäfer und ihre Larven sind hervorragende nachtaktive Schneckenjäger. Und anscheinend auch tagaktive Aaasfresser, denn diese Schnecke wurde überfahren.

Zäune müssen durchlässig sein, damit Igel zwischen den Gärten wandern können. Vorsicht beim Einsatz von Rasenmährobotern! Vermehrt werden stark verletzte und verstümmelte Igel von Tierärzten behandelt. Igel sind keine Fluchttiere, sondern rollen sich bei Gefahr zusammen und werden so von den Mährobotern überfahren. Es lohnt sich, Igel zu schützen.

Notfalls eben doch Schneckenkörner. Es sollte aber das Biomittel Eisen(III)-phosphat, manchmal auch als Eisen(III)-Orthophosphat bezeichnet, sein.

Körner mit dem Wirkstoff Metaldehyd sind bei Nässe nicht so gut wirksam, etwas giftig und nichts für den Naturgarten. Bei diesem chemischen Wirkstoff blubbern die Schnecken vor sich hin, bis sie vertrocknet sind. Das sieht nicht schön aus. Ästhetischer sterben sie mit dem Biomittel Eisen(III)-Phosphat.

Haben die Schnecken Eisen(III)-phosphat gefressen, dann verkriechen sie sich, um zu sterben. Vorsicht bitte, nochmal: Auch ungefährliche oder nützliche Schnecken fressen Schneckenkorn und verenden daran. *Überlegen Sie zweimal, ob es sich wirklich lohnt.*

Der beste Tipp nochmal zum Schluss: *Absammeln und Nützlinge fördern, die Schnecken vertilgen!* Sie schaffen es durchaus, in einer halben Stunde mehr Schnecken abzusammeln, als Sie in einem Monat durch Schneckenkorn oder Bierfallen umbringen können.

Alles in allem lässt sich sagen, dass eine Kombination der Methoden immer am effektivste ist.

Grobe Mulchmaterialien wie Flachs (Linum *spp.*)*- und Hanfhäcksel* (Cannabis *spp.*) *sowie für Schnecken unattraktive Pflanzen erschweren den Plagegeistern das Leben.*

Wurzelfraß

Underground-Party: Tiere in der Erde und im Topf

Kennen Sie das? Sie topfen eine Pflanze um oder graben im Beet und irgendein grausiges Viech, meist wurmartig, kalt und glibbrig glotzt Sie an. Was kann das sein? Ist es schädlich?

Rosenkäfer (oben der erwachsene, unten seine Larve) sind wunderschön schillernde Käfer, die lediglich etwas Pollen fressen und nicht schädlich sind. Wenn die Käfer aber bereits mehrere gefüllt blühende Rosenblüten besucht haben und dort keinen Pollen finden, beißen sie aus Verzweiflung auch mal die Rosenblüte an. Deshalb auch hier die Empfehlung: Am besten viele ungefüllte Blütenpflanzen im Naturgarten kultivieren! Die Larve des Rosenkäfers ist ein wichtiger Holzzersetzer im Komposthaufen.

Und gleich vorneweg: Larven im Komposthaufen (manchmal auch in torffreien Erden) sind in der Regel harmlos und sollten sogar vorsichtig zurückgebracht werden!!! Hier handelt es sich nämlich um die Larven des hübschen Rosenkäfers. Einige wundervolle Käferarten haben sich auf verrottende Holzteile als Nahrung für ihre Larven spezialisiert. Und dieses Futter finden sie im Kompost oder eben manchmal auch in gekauften Erden. **Rosenkäfer** (*Cetoniinae*) oder **Nashornkäfer** (*Oryctes nasicornis*) sind also wunderbar im Kompost, weil sie gröbere Holzteile zerkauen und so zur Kompostierung beitragen. **Rosenkäferlarven** finden sich fast immer im Kompost und da sollten sie auch bleiben. **Nashornkäferlarven** können beeindruckende 10–12 cm groß werden und Ihr Schreck beim Entdecken einer solchen Monsterlarve ist berechtigt. Auch wir würden erst mal erschrecken. Nashornkäfer können manchmal in torffreier Erde angetroffen werden, wenn diese recht viele Holzfasern enthält.

Nach Betrachtung gehen Sie bitte sachte mit den edlen Tieren um, setzen die Rosenkäfer zurück in den Komposthaufen und die Nashornkäfer in einen verrottenden Sägemehlhaufen.

Engerlinge, entdeckt bei der Umwandlung eines Rasenstücks in ein Blumenbeet. Was genau ist das jetzt? Gartenlaubkäfer, Mai- oder Junikäfer?

Den haben Sie sicher im Garten! Ein zerfallender Baumstumpf ist ebenfalls geeignet oder notfalls eben doch der Komposthaufen.

Erster **Tipp** zur Diagnose also: Im Kompost vorkommende Larven sind spezialisiert auf tote Pflanzen und somit ungefährlich für unser Grün. Sie können mit lebenden Wurzeln nichts anfangen und halten sich dort auch nur selten auf. Anders herum würden wurzelfressende Larven (in unseren Augen also Schädlinge wie der Maikäfer) im Komposthaufen verhungern! Dort gibt es kaum lebende Pflanzenwurzeln! Also finden sich pflanzenschädliche Arten in der Regel nur an lebenden Pflanzen! Sollte sich doch einmal ein Rosenkäfer in Ihr Beet oder Ihren Blumentopf verirren, weil Sie vielleicht frisches Substrat aufgetragen haben: Sie können ihn einfach erkennen. Setzen Sie ihn auf den Boden und er rennt los. Auf dem Rücken! Das kann nur er, denn seine Beine sind zu kurz. Auch das unterscheidet ihn klar von den schädlichen Arten.

Welche Bodentiere sind aber für die Pflanzen gefährlich? Manche **Engerlinge,** nämlich die **Larven der Blatthornkäfer**, können schädlich sein. Sie können sie an der Form ihres Hinterns und der Hinternbehaarung unterscheiden.

Käferlarven haben meist eine ausgeprägte Kopfkapsel, manchmal mit beeindruckenden Kiefern, und nur *sechs* Beine (siehe Tabelle S. 139)!

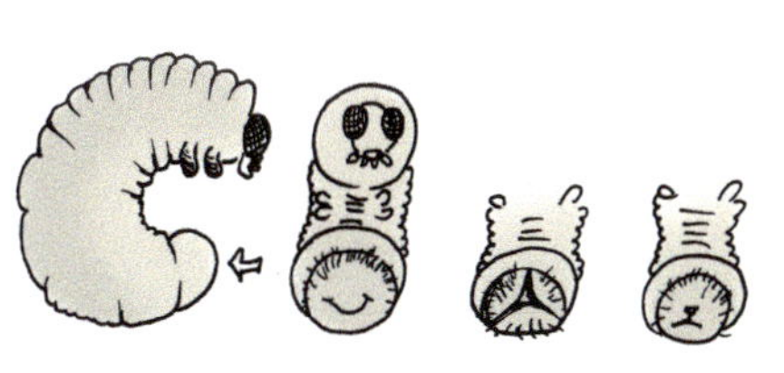

Gartenlaub-, Mai- und Junikäferlarven lassen sich anhand des Hinternspalts bestimmen (Smiley, Mercedesstern, umgekehrter Smiley).

Eine spannende Beschäftigung für Jung und Alt: die Suche nach Rosenkäferlarven im Kompost.

Größere abgestorbene Stellen im Rasen können durch Gartenlaub- oder Junikäfer verursacht werden. In diesem Fall hatten die Vögel sauber umgegraben, alle Larven gefressen und den Boden hervorragend zur Nachsaat vorbereitet.

Drei Sorten gefräßiger Käfer finden sich immer wieder in der Erde. Bei den weißen Engerlingen besticht eine auffällige C-Form und lange Beine. **Gartenlaubkäfer** (*Phyllopertha horticola*) und **Junikäfer** (eigentlich Gerippter Brachkäfer, *Amphimallon solstitiale*) finden sich häufig im Rasenbereich. Darüber können Sie im Spezial „ökologische Rasenpflege" ab S. 291 mehr erfahren.

Maikäferlarven (*Melolontha* spp.; Feldmaikäfer *M. melolontha*, Waldmaikäfer *M. hippocastani*) sitzen eher an holzigen Wurzeln, also unter Sträuchern und Bäumen, verschmähen aber manchmal auch Ihr Gemüse nicht. Auch sie haben lange Beine!

Dickmaulrüsslerlarven wiederum haben keine Beine, aber eben auch diese braune Kopfkapsel am sonst weißen Körper. Sie sind viel kleiner als die Engerlinge, maximal 1 cm groß, aber nicht weniger hungrig auf Ihre Pflanzen. Diese Tiere werden gleich ab S. 162 ausführlicher besprochen!

Drahtwürmer sind orange-braune Würmchen, die sich wirklich drahtig anfühlen. Sie sind die Larven der eher langsamen **Schnellkäfer**, die so heißen, weil sie aus der Rückenlage hoch-

Wirkt schüchtern auf dem Bild, ist aber ein großer Wurzelfresser: die Larve des Maikäfers.

Ein prächtiges Feldmaikäfer-Männchen.

Der Schnellkäfer (oben) und seine Larve, welche Drahtwurm genannt wird. Die Larve kann Löcher in Wurzelgemüse fressen und dadurch Fäulnis verursachen.

Eulen nach Athen tragen wäre auch aktiver vorbeugender Pflanzenschutz. Aber fragen Sie die Griechen vorher. Hier zu sehen: eine Eulenraupe.

schnellen können. Und sie lieben Kartoffeln! Hühner und andere Vögel sind die besten Nützlinge gegen Drahtwürmer, auch das Abfangen mit halben Kartoffeln, deren Schnittfläche zum Boden zeigen soll, kann helfen. Aber so richtig gibt's gar nichts. Gerade wird versucht, den insektentötenden Pilz *Metarhizium anisopliae* einzusetzen. Der scheint zu helfen (siehe auch Spezial „Dickmaulrüssler" ab S. 162).

Raupen finden sich auch in der Erde und meist sind es braun-grau gefärbte Eulenraupen. Sie besitzen sechs Beine direkt hinter dem Kopf und diverse Beine mehr im hinteren Bereich (siehe auch S. 139). Raupen von Eulenfaltern fressen meist oberirdisch in der Nacht und verkriechen sich, wenn es hell wird. Löcher in der Primel? Besser mal graben! Nematoden zum Gießen helfen hier ebenfalls recht gut.

Weitere mit dem bloßen Auge sichtbare Tiere: die **Enchyträen**, die in der Literatur vereinzelt als Weißwürmer bezeichnet werden. Enchyträen sind 0,5–3 cm kleine weiße Würmchen, eher lang gestreckt und schädigen eigentlich nicht. Sie sind mit den Regenwürmern verwandt, aber vermeiden es, Erde zu fressen wie ihre roten Verwandten. Sie vertilgen am liebsten angemoderte Pflanzenteile. Deshalb sind sie manchmal in größerer Menge an geschädigten Wurzeln anzutreffen, was sie zu vermeintlichen Schädlingen macht. Finden Sie also weißliche Würmer in Knollen oder dickeren Wurzeln, dann sind das nicht die Verursacher, sondern nur Nutznießer eines anderen Schädigers.

Trauermücken! Fast jeder kennt sie. Sie sind klein und schwarz, treten in Massen in der Wohnung auf und sind deswegen sehr lästig, weil sie Feuchtigkeit lieben. Und da wir feucht ausschnaufen und manche auch feucht reden, flattern sie ständig um den Mund herum! Nicht zu reden von ihren Lieblingsstellen Klo, Bad und Küche! Wenn sie aber feuchte Blumenerde finden, dann legen sie ihre Eier ab und die schlüpfenden, durchscheinend-weißlichen Maden suchen nach Wurzeln und fressen sie. Also wirklich ein Problem. Halten Sie die Pflanzen trockener und gießen Sie nicht von oben, das hilft schon sehr viel. Die erwachsenen Mücken können Sie zusätzlich mit gelben Klebetafeln sehr gut abfangen. Bei massivem Befall können Nützlinge (Fadenwürmer der Art *Steiner-*

Trauermücken können in der Wohnung lästig werden und die Maden sind begeisterte Wurzelfresser. Mit gelben Klebestickern können Sie die erwachsenen Mücken gut dezimieren. Parallel dazu sollten Sie weniger gießen.

nema feltiae, Bodenpilze der Art *Metarhizium anisopliae*, Raubmilben wie *Hypoaspis miles*) oder auch Neempräparate eingesetzt werden. Trauermücken und auch andere, aus dem Sumpf kommende Mücken sind heimische Insekten und nicht selten werden sie mit neuer Erde in die Wohnung geschleppt. Achten Sie bei der Auswahl von Erden darauf, ob auf den Säcken tote, kleine Mücken herumliegen. Nicht kaufen!

An den Wurzeln sind auch **Wurzelläuse** zu Hause, aber mehr dazu im Spezial „Blattläuse" ab S. 201.

Eine rechte Plage im Gemüsebereich sind die **Gemüsefliegen**. Viele Gemüsearten haben diese lästigen Tiere, deren Larven (Maden) sich einbohren und dort auch meist verpuppen (dann finden Sie kleine braune Kapseln im Gemüse). Kleine Kohlfliegen (*Delia brassicae*) und andere sitzen eher oben, Zwiebelfliegen (*Delia antiqua*) und Möhrenfliegen (*Chamaepsila rosae*) unten im Wurzelbereich. Jungpflanzen kippen um oder Sie finden, das ist dann die zweite und dritte Generation, kleine Löcher oder eben Maden. Die beste Bekämpfung sind Netze, die Sie über die Kultur legen. Das sieht wirklich nicht schön aus, ist aber sehr wirkungsvoll. Windoffene Lagen mögen Gemüsefliegen auch nicht, aber die sind nicht in jedem Garten zu finden.

Eine kleine Made frisst die Wurzel und tarnt sich hervorragend: Kohlfliegenlarve bei der Arbeit (oben an der Wurzel).

Kaum oder gar nicht zu sehen sind **Milben** (die können an der Zwiebel lästig werden, siehe Spezial „Acht Beine und überall – Milben" ab S. 188) und pflanzenschädliche **Nematoden** (Fadenwürmer), die entweder die Wurzeln zu Wucherungen anregen oder in die Blätter wandern und dort eckige Flecken verursachen.

Gut zu sehen und für einige Menschen eher unästhetisch sind die Larven und das erwachsene Tier der **Maulwurfsgrille**. Unser geschätzter Kollege Thomas Lohrer von der Hochschule Weihenstephan beschreibt sie in seinem Podcast als wunderbare Tiere, die praktisch alles können: fliegen, laufen, schwimmen, tauchen und (wir ergänzen) singen. Und das seit Millionen von Jahren! Maulwurfsgrillen sehen auch wirklich archaisch aus. Sie besitzen große Grabschaufeln, einen recht großen Halsschild und sind gelblich braun gefärbt. Der doppelt gemoppelt klingende wissenschaftliche Name *Gryllotalpa gryllotalpa* würde ins Deutsche übersetzt tatsächlich „Grillenmaulwurf grillenmaulwurf" lauten (*Talpa* ist der Maulwurf)! Und diese Grille, die übrigens eher den Heuschrecken zuzurechnen ist, frisst gerne andere Bodenschädlinge, ist also eigentlich ein guter Nützling. Gibt's aber nicht genug zu fressen, dann vergreift der Nützling sich auch an Pflanzen, denn prinzipiell ist er ein Omnivor, also ein Allesfresser. Richtet er bei Ihnen nur überschaubare Schäden an, dann freuen Sie sich über dieses wunderbare Geschöpf, denn er ist auf der *Roten Liste der gefährdeten Arten* als „stark gefährdet" eingestuft, aber nicht geschützt. Bei starkem Vorkommen der Maulwurfsgrille können im Frühjahr Nematoden der Art *Steinernema carpocapsae* gegen die erwachsenen Tiere eingesetzt werden.

Im Haus, genauer im Topf der geschätzten Zimmerpflanze, fallen Ihnen beim Gießen

Die Maulwurfsgrille – ein manchmal dann doch zu gefräßiger Nützling.

Springschwänze sind drinnen bei den Zimmerpflanzen nicht so gern gesehen. Draußen im Kompost sind die Hüpfer aber sehr nützlich und sorgen mit ihren Kollegen, den Regenwürmern, für ein gesundes Bodenleben.

immer wieder viele kleine, weiße, wild umherhüpfende Tiere auf. Auch die Pflanze scheint zu leiden und überhaupt wollen Sie keine hopsenden Tiere im Blumentopf. Meist sind das **Springschwänze** (Collembola), eigentlich sehr nützliche Tiere im Kompost oder im Wald und, zusammen mit dem Regenwurm, auch Bioindikator für ein gesundes Bodenleben! Sie lieben feuchte, abgestorbene Substanz und können sich sehr schnell vermehren. Springen also viele Springschwänze bei Ihnen umher, dann ist das sehr häufig ein Zeichen für zu nasse Pflanzen, also für zu viel Gießen. Lassen Sie die Pflanzen einfach durchtrocknen. Springschwänze brauchen feuchte Nahrung und verhungern, wenn es trocken wird. Zudem sind sie Ur-Insekten und haben noch keinen richtigen Sex entwickelt. Die Männchen lassen Samenpakete fallen und hoffen, dass ein Weib darüber stolpert. Diese Samenpakete sind ebenfalls empfindlich gegen Austrocknung, also hilft das reduzierte Gießen auch gegen die weitere Vermehrung der tollen Tiere.

Selten im Haus, aber oft draußen im Untergrund anzutreffen, sind haarige Tiere mit großen Beißern. Mäuse. Haus-, Feld- und Wühlmäuse. Diese gartenzerstörenden Tiere bekommen zusammen mit dem Maulwurf als nervendem Nützling ein eigenes kleines Kapitel („Was wühlt denn da? Mäuse, Wühlmäuse und Maulwürfe" ab S. 166).

Spezial: Dickmaulrüssler – Dickmaulrüsslerinnen brauchen keine Männer

Sie haben die Männer sogar fast abgeschafft. Die Rede ist hier vom **Gefurchten Dickmaulrüssler** (*Otiorhynchus sulcatus*), denn bei dieser Art können die Weibchen unbefruchtete

Dickmaulrüssler sind flugunfähige Käfer, die eher dämmerungsaktiv sind. Manchmal können sie aber auch tagsüber angetroffen werden.

Klassischer Buchtenfraß durch Dickmaulrüssler. Vom Rand her befressene Blätter.

Eier legen, aus denen wiederum nur Weibchen schlüpfen. Und so reicht also ein Weibchen, das dann mehrere Hundert Eier legen kann, um viele kleine fressende Mäuler an den Wurzeln unserer Pflanzen zu erzeugen. Hauptsächlich im Juli werden die Eier abgelegt und dieser Termin ist wichtig, denn die Nützlinge, die Sie einsetzen können, wirken kaum gegen die Eier. Dazu aber später mehr.

Meist erkennen Sie Dickmaulrüsslerinnen, wenn an den Pflanzen ein mehr oder weniger halbkreisförmiger Buchtenfraß zu sehen ist, die Blätter also ausschließlich vom Rand her so angeknabbert sind, dass es aussieht, als hätte ein Grobmotoriker mit einer Schere versucht daran herumzuschneiden. Rhododendren und andere Immergrüne, aber auch viele laubabwerfende Gehölze wie Rosen, Hainbuchenhecken u. a. sind die Hauptmahlzeit der erwachsenen Käfer, die tagsüber selten zu sehen sind, da sie vagabundieren, sich verstecken und als nachtaktiv gelten.

Viel schädigender als die Erwachsenen sind die Larven im Boden, die an den Wurzeln fressen. Mehrere Hundert kleiner Käferlarven, bis zu 1 cm groß, c-förmig gekrümmt, beinlos und

Larven des Dickmaulrüsslers (links) und Verpuppung (rechts). Wurzeln sind die Hauptspeise dieser Käferbabys.

mit klassischer brauner Kopfkapsel, können Sie an einer Pflanze finden. Überschätzen Sie die Größe nicht! Nagende Käferlarven stellen wir uns unwillkürlich viel größer vor, die Larven der Gefurchten sind gekrümmt aber recht klein und könnten übersehen werden.

Die Ende Juli/Anfang August aus dem Ei schlüpfenden Larven haben jetzt fast ein Jahr Zeit, um groß zu werden. Sie überwintern als Larven und ab etwa Ende Mai beginnt (natürlich nach der Verpuppung) der Schlupf der erwachsenen Käferinnen. Wie bereits erwähnt ist das ein wichtiger Zeitpunkt, denn da wirken die Würmchen nicht, die Sie als Nützlinge einsetzen können.

Nützlinge gegen die Larven der Gefurchten Dickmaulrüsslerin sind für uns *die* Einsteiger-Nützlinge schlechthin. Die Anwendung ist sehr einfach und die Wirkung sehr gut. Millionen mikroskopisch kleiner Fadenwürmer, also Nematoden, werden von der Nützlingsfirma als eine Art Granulat geliefert, das Sie in Wasser „auflösen" und in den befallenen Wurzelbereich gießen. Einfacher geht's nicht. Aber der *Zeitpunkt* ist eben wichtig. 12 °C Bodentemperatur sind das Minimum und die erreichen unsere Böden oft schon ab Mitte April. Bis etwa Ende Mai können Sie einen Einsatz planen, ab diesem Zeitpunkt gibt es fast nur noch Puppen, erwachsene Käfer oder Eier des Dickmaulrüsslers. Und gegen diese wirken die Nematoden kaum. Lassen Sie deshalb die Monate Juni, Juli und August aus! Frühestens ab Ende August und anschließend bis in den Herbst hinein, wenn die Böden wieder kalt werden, können Sie erneut Nematoden gießen. Die kleinen Fadenwürmer dringen durch Körperöffnungen in die Larven ein und infizieren sie mit einer mitgebrachten Bakterie. Die wiederum löst das Tier innerlich auf und in diesem Larvenmatsch vermehren sich die Nematoden weiter. Schließlich platzt das arme Tier auf und Millionen neuer Nematoden gehen auf die Jagd! Erfolgskontrolle: stark verbräunte oder schwarze Larven im Boden.

Tipp: Setzen Sie Nematoden gegen die Dickmaulrüsslerlarven zweimal pro Jahr ein und ergänzen die Maßnahme auf Balkon und Terrasse bzw. im kleinen Garten mit Nematoden-Brettern gegen das erwachsene Tier.

Nach dem Eingießen halten Sie den Boden noch für zwei Wochen feucht (nicht nass!) und lassen ihn nicht austrockenen. Dadurch wirken die Nematoden besser. Räumen Sie außerdem eventuell vorhandenen Rindenmulch zur Seite. Nach der Behandlung sollten Sie nachgießen, damit alle Fadenwürmer ins Erdreich eingeschwemmt werden. Sie können sich den letzten Schritt übrigens sparen, wenn Sie das Mittel bei Regen ausbringen, auch wenn Ihre Nachbarn das vielleicht seltsam finden.

Komplizierter wird es, wenn Dickmaulrüsslerinnen im Wintergarten auftreten, also im Blumentopf. Das viel mildere Klima und die heißeren Sommer können den Entwicklungszyklus verschieben! Es ist hier immer angebracht, dass Sie nachgraben, um Larven zu finden. Zudem können Sie bei Temperaturen von 15–35 °C in Topfkulturen auch einen insektenpathogenen Nutzpilz einsetzen, *Metarhizium anisopliae*. Zur-

Gegen erwachsene Dickmaulrüssler gibt es hölzerne Fangbretter, deren Rillen mit Nematodengel gefüllt sind. Diese Falle legen Sie mit der Rillenseite nach unten auf den Boden unter das befallene Gehölz.

zeit ist er nur in Österreich auch im Hausgarten einsetzbar, in Deutschland nur für Profis und im Außenbereich ohnehin nur an Beerenobst.

Es gibt übrigens mehr als 1000 Arten von Dickmaulrüsslern in Europa und bei uns kommen mehr als 150 verschiedene Arten natürlich vor. Nicht immer wirken die angebotenen Nematoden gegen alle Arten gleich gut. Wenn Sie also mit den Nützlingen keinen Erfolg haben, dann könnte es sein, dass eine andere Art als der Gefurchte Dickmaulrüssler bei Ihnen eine neue Heimat gefunden hat. Die Bestimmung der Arten ist anhand der äußeren Merkmale sehr schwierig und wird deshalb meist über ein DNA-Screening gemacht, also genetisch bestimmt. Manche Universitäten und Nützlingsfirmen bieten eine Bestimmung gratis oder recht günstig an. Dann wissen Sie wenigstens, wie Ihr Käfer heißt.

Was wühlt denn da? Mäuse, Wühlmäuse und Maulwürfe

Drei Bodenwühler, die rein zoologisch nicht sehr viel gemeinsam haben, gehören zu den Gartenbewohnern, die manchmal nicht so gerne gesehen sind. **Feldmäuse** (*Microtus arvalis*) sind keine echten Mäuse und können sowohl unterirdisch Schäden anrichten als auch oberirdisch bisweilen ganz schön viel fressen. Gerade Blumenzwiebeln, die gerne austreiben wollen oder auch Stauden werden immer wieder abgenagt. **Wühlmäuse**, die zoologisch gesehen ebenfalls keine Mäuse sind, sondern eher zu den Hamstern und den Lemmingen gehören, fressen gerne unterirdisch und können ganze Bäume zum Absterben bringen. Zuletzt die **Maulwürfe** (*Talpa* sp.), die natürlich auch keine Mäuse und eigentlich nützlich sind, aber gerade auf Rasenflächen zum Ärger mancher Zeitgenossen immer wieder kleine Vulkane hervorzaubern können.

Unterscheiden können Sie die drei an der Art ihrer hinterlassenen Löcher, wobei nur die Feldmäuse anhand der offenen, kreisrunden, eher kleinen Mauslöcher ohne große Haufenbildung gut von den beiden anderen zu differenzieren sind. Schwieriger ist die Unterscheidung zwischen Wühlmaus- und Maulwurfshaufen. Zwar finden sich in der Literatur Unterscheidungsmerkmale der Gangformen wie „stehende Eiform des Ganges" sei Wühlmaus, „liegende

Wühlmäuse mögen keine Zugluft und ihre Gänge sind immer verschlossen. So können Sie diese gut von den offen liegenden Feldmausgängen unterscheiden.

Wühlmäuse schaffen eher hochovale Gänge, also ähnlich einem stehenden Ei, wohingegen Maulwürfe eher brustschwimmend durch den Boden wühlen und einen querovalen Gang erbauen. Da beide die Gänge des anderen nutzen können, ist die Unterscheidung in der freien Natur aber sehr schwierig.

Eiform" sei Maulwurf oder auch, dass wenn die Gänge leergefressen wären und keine Wurzeln enthielten, lasse das auf die pflanzenfressende Wühlmaus schließen ... theoretisch ja, aber in der Praxis ist das wirklich schwer erkennbar. Auch nehmen wir an, dass die Tiere nicht dumm sind und vorhandene Gänge von beiden Arten gegenseitig benutzt werden.

Einfacher ist es, mehrere Gänge zu öffnen und abzuwarten. Wühlmäuse sind empfindlicher gegen Zugluft als Ihre Verwandtschaft! Bereits nach kurzer Zeit wühlen die Wühlmäuse belebte Gänge wieder zu. Nicht-belebte Gänge natürlich nicht, denn da leben sie ja nicht mehr. Deshalb geben wir auch die Empfehlung, dass Sie *mehrere* Gänge öffnen.

Maulwürfen hingegen ist Zugluft egal. Hier wird nichts zugewühlt. Das Loch ihrer Gänge liegt meist schön zentral in der Mitte des Haufens und senkt sich senkrecht nach unten. Nur selten verlaufen Maulwurfsgänge nahe der Oberfläche.

Nach der Schneeschmelze findet man häufig die Gangsysteme der Feldmäuse. In unseren Gärten treten diese Mäuse glücklicherweise seltener auf, denn die Katzendichte ist hier ungleich höher. Zudem reagieren sie empfindlich auf Veränderungen (Rasenmähen kann schon ausreichend sein) und wandern empört ab.

Maulwürfe fördern wunderbar lockere Erde an die Oberfläche. Nutzen Sie diese für Kübelpflanzen und Beete oder verteilen Sie sie einfach auf dem Rasen.

Wühlmausschaden an einem Flieder.

Maulwürfe sind sehr nützlich. Sie fressen Rasenschädlinge, lockern verdichtete Böden auf und erhöhen durch ihre Gänge die Artenvielfalt. Aber zugegeben: Die Haufen können schon nerven!

Diese räudig aussehende Wühlmaus steht schon länger still. Sie ahnen es, dieses Exemplar ist ausgestopft. In der Natur sieht man diese scheuen Tiere äußerst selten.

Vorbeugung

Um Pflanzen gegen Mäuse und Wühlmäuse zu schützen empfehlen wir Ihnen, am besten einen Drahtkorb um den Wurzelbereich der Pflanzen zu platzieren. Das klingt aufwändig und ist es auch, es scheint jedoch die einzige wirksame Methode zu sein, um die Pflanzen zu schützen. Die Wurzeln von Obstbäumen und anderen langlebigen Pflanzen sollten Sie in jedem Fall mit einem solchen Netz umgeben; ob Sie dies auch bei anderen Pflanzen, wie Stauden, tun sollten, müssen Sie abwägen. Was wir *auf keinen Fall* empfehlen: begiftete Köder oder giftige Gase in die Gänge einzubringen. Erstens hilft es nicht immer, zweitens sind dann auch Vögel, insbesondere Greifvögel, durch vergiftete, herumliegende Tierköder gefährdet und drittens sind vor allem die Gase auch für den Anwender hochtoxisch. Meist wird dabei Phosphorwasserstoff freigesetzt, der dann auch noch in der Schlacke/Asche der Mittel konzentriert enthalten ist, und das ist wirklich giftig!

Gerade die erwähnten Greifvögel sind in größeren Gärten eine Hilfe. Sitzkrücken, also hohe, T-förmige Stangen, werden von ihnen genutzt, um eine unvorsichtige Wühl- oder Feldmaus zu sichten, zu ergreifen und dann zu fressen.

Eine zwar arbeitsintensive, dafür aber sehr effektive Maßnahme ist die Errichtung eines Wühlmauszauns. Sie graben einen Zaun um ein Beet mindestens 60 cm, besser aber 80 cm tief ein. Auch oberirdisch sollte er 60 cm hoch herausstehen. Ziel und Zweck des Wühlmauszauns besteht darin, die Wühlmäuse vom Einwandern abzuhalten, um in Ruhe Wurzelgemüse ziehen und auch ernten zu können. Anja Meckstroth, die Leiterin des Vermehrungsgartens der Arche Noah in Langenlois, hat uns nach Ihren Erfahrungen mit dem Wühlmauszaun die Empfehlung gegeben, lieber etwas tiefer zu graben, da sonst Maulwürfe ins Beet einwandern können und deren Gänge dann auch von Wühlmäusen genutzt werden. Sie sollten außerdem nicht

Eine Feldmaus beim Breakdance? Nein, aber stinksauer! Thomas Cech, der diese Maus auf einem frisch umgeackerten Feld mit Handschuhen und Handtuch gefangen hat, ließ die stark irritierte Feldmaus natürlich nach dem Fotografieren wieder frei. Feldmäuse werden schnell rabiat und beißen um sich, also bitte nicht nachmachen.

Ein Wühlmauszaun im Arche Noah Vermehrungsgarten. Unterirdisch unbedingt ca. 80 cm tief eingraben und auch den Eingang sichern!

außer Acht lassen, dass der Arbeitsaufwand beim Jäten direkt an den Zäunen höher ist, da Sie hier nicht mit Maschinen arbeiten können. Trotzdem ist diese Methode eine gute und langfristige Alternative für Pflanzen, die unbehelligt von den kleinen Nagern wachsen wollen.

Vertreibung

Mittel zum Vertreiben der Wühler sind im Handel erhältlich. Meist sind das stinkende oder duftende Stoffe wie Knoblauch und Lavendelöl oder scharf schmeckende Substanzen wie Rizinus. Mutige Menschen stellen selbst Jauchen aus Brennnesseln her oder lassen Milch/Buttermilch tagelang im Warmen reifen, so dass diese Mittel erbärmlich stinken. Das wird dann in die Gänge gebracht und vertreibt die Tiere hoffentlich für länger. Hundertprozentig ist das nicht, aber manche Unerschrockene können von einem gewissen Erfolg berichten. Holunderbrühe, in die Gänge gegossen, hat auch uns schon gute Dienste erwiesen (Rezept siehe S. 79). Haare von Mensch, Hund oder Katze haben unserem Wissen nach nur eine kurzzeitige Wirkung. Mäuse stört das in der Regel gar nicht, ebenso sind Maulwürfe und Wühlmäuse nur kurz beeindruckt.

Maulwürfe haben übrigens ein starkes Revierverhalten und gewöhnen sich an vieles. Lärm, Geruch oder Erschütterungen irritieren sie sicher, aber Maulwürfe können sich auch daran anpassen. Dennoch vermeiden sie ungute Situationen, wenn es ihnen woanders besser scheint.

Wollen Sie die schönen Tiere durch Duftstoffe vertreiben, dann sollten Sie eine Strategie entwickeln und bis zum Nachbarn werden Sie es schaffen. Würden Sie wahllos in Ihrem Garten Duftstoffe, Stäbchen oder stinkende Milch verteilen, dann bleibt der Maulwurf und arrangiert sich mit der Geruchssituation. Wenn Sie jedoch im wöchentlichen Abstand streifenweise oder v-förmig Ihren Garten in eine Rich-

Eine Unzahl Vertreibungsmittel wird im Handel angeboten, hier eine kleine Auswahl. Nicht alle wirken gleichermaßen, da hilft nur Ausprobieren!

Eine sehr effektive Schlagfalle für Mäuse, aber nichts für Gärten, in denen kleine Kinder spielen!

Drahtfallen sind sehr effektiv, fangen aber leider auch Maulwürfe ab. Um sie wiederzufinden, ist eine Markierung empfehlenswert!

Eine Kastenfalle gegen Wühlmäuse, die auch im Obstbau gerne verwendet wird. Diese Falle ist nur von einer Seite her begehbar und sollte bei Nichterfolg nach 24 Stunden im Gang gedreht werden. Der Vorteil dieser Falle: Der Köder (z. B. Sellerie oder Löwenzahnwurzel) lockt nur Wühlmäuse an, aber keine Maulwürfe.

tung beduften, dann weicht der Mauli immer weiter ... bis zu Nachbars Garten!

Im Spätsommer oder im Herbst kann das aber wieder ganz anders sein. Dann müssen die jungen Maulwürfe sich ein eigenes Revier erobern und auch wenn Ihr Garten stinkt, oder dort Lärm herrscht, der kleine Mauler wird sich daran gewöhnen. Denn lieber im Gestank mit Lärm als ohne Zuhause. Und der nächste Haufen kommt bestimmt.

Fallen

Nein, Maulwürfe dürfen und sollen Sie nicht töten. Schlechtes Karma! Der Maulwurf ist kein Konkurrent Ihrer Nahrung, er nimmt Ihnen nichts weg, stinkt nicht und kommt auch nicht ins Haus! Sie schießen ja auch keine Amseln ab, nur weil mal eine auf Ihren Rasen gemacht hat. Maulwürfe sind nützlich, weil sie auch Bodenschädlinge fressen und *Sie* deshalb vermutlich keine Probleme mit Rasenschädlingen haben werden. Wo sich ein Maulwurf ansiedelt, werden bis zu 50 weitere Tiere die Gänge oder Haufen als Lebensraum nutzen. Mehr Maulwurf heißt also auch: Erhöhung der Biodiversität, der Artenvielfalt. Und genau das zeichnet einen Naturgarten aus! Freuen Sie sich über Erdhummeln oder andere höhlenbewohnende Insekten. Nutzen Sie die meist gute Erde, die er nach oben bringt für Ihre Ansaaten im Frühjahr, oder gleichen Sie unebene Stellen im Garten damit aus. Eine bessere Erde werden Sie nirgends im Handel bekommen.

Wenn überhaupt, dann vertreiben Sie den Maulwurf mit den oben genannten Methoden.

Wühlmäuse können durchaus bedenklich sein, wenn sie sich bei Ihnen wohlfühlen. Sie können wie gesagt Bäume umbringen, Gemüseernten unmöglich machen und auch den Garten und Gartenwege durch brüchige Gänge zur Belastung Ihrer Bänder im Fußbereich machen. Gegen Wühlmäuse gibt es Kastenfallen, Drahtfallen oder auch Schlagfallen, die beim Durchschlupf ausgelöst werden. Lebendfallen sind eine Quälerei, wenn sie nicht alle drei bis vier Stunden kontrolliert werden und die Maus befreit wird!

Bei allen Fallen sollten Sie mit Handschuhen arbeiten, um die Maus nicht durch Ihren Geruch zu irritieren. Kastenfallen werden mit Karotten, Sellerie oder Löwenzahnwurzeln beködert. Also öffnen Sie einen Gang und schauen, ob dieser nach wenigen Stunden wieder zugewühlt ist. Ist der Gang belebt, Falle aufstellen, Gang schön schließen und warten. Meist ist bereits nach kurzer Zeit die erste Wühlmaus gefangen. Bei Kastenfallen, die ja nur in eine Richtung zu betreten sind, kann es sein, dass die Maus an der geschlossenen Seite ankommt. Ist nach 24 Stunden keine Maus drin, dann die Falle umdrehen, so dass die geschlossene Seite auf der anderen Seite ist. Jetzt sollte es klappen. Nach erfolgreichem Fang waschen Sie die Fallen nicht aus, sondern stellen Sie sie sofort wieder auf. Arme Tiere!

Vorbeugend sollten z. B. bei der Baumpflanzung, aber auch bei Zwiebelpflanzungen Wühlmausgitter eingesetzt werden. Entweder unverzinkter Hasendraht oder wie hier ein Korbgitter.

Am „fängigsten" haben sich übrigens Draht- und Durchschlupf-Fallen erwiesen, also die Varianten ohne Köder. Aber leider können diese Fallen auch Maulwürfe töten, da, wie gesagt, beide Tierarten ihre Gänge gegenseitig nutzen.

Kastenfallen mit Köder werden jedoch von den Maulwürfen links liegen gelassen. Maulwürfe fressen keine Wurzelfrüchte.

Maulwürfe riechen in Stereo!

Maulwürfe können ihre Beute, meist Engerlinge, Regenwürmer oder Wiesenschnaken, räumlich riechen. Das heißt, sie sind in der Lage zu erschnuppern, ob sich eine Larve links oder rechts von ihnen befindet. Das wurde herausgefunden, indem Maulwürfen kleine Schläuche in die Nase gesteckt und diese miteinander verkreuzt wurden. Diese beschlauchten Tiere haben sich fortan immer in die falsche Richtung bewegt, wenn sie ein Opfer witterten.

Blütenfraß

Blüten sind wunderbares Futter! Weich duftende Blütenblätter, dornenfrei, ohne Stacheln und oft auch ohne Giftstoffe enthalten zudem meist noch nahrhaften Pollen und andere gut schmeckende Bestandteile. Kein Wunder also, dass sich manche Tiere auf Blüten spezialisiert haben. Sei es, dass sie die Blüten einfach fressen, oder um ihre Nachkommen dort aufzuziehen.

Blüten werden aber auch von manchen Blattfressern oder -saugern nicht verschmäht. Frostspanner, Thripse und Blattläuse lieben neben Blättern auch Blüten! Aber dieses Unterkapitel soll die Spezialisten herausheben, die sich klar auf Blüten festgelegt haben.

Gerade Käfer, meist **Rüsselkäfer**, findet man häufig als spezielle Schädiger der Blüten. Rüsselkäfer sehen aus wie Cyrano de Bergerac: Eine scheinbar riesige Nase macht sie irgendwie sehr hübsch, fast schon putzig. Diese wird wissenschaftlich *Rostrum* genannt, was auf Deutsch wiederum „Rüssel" heißt, und ist eigentlich eine Verlängerung des Munds. Manche Rüsselkäfer sind unter den Namen **Erdbeerblütenstecher** (*Anthonomus rubi*), an Rosen auch Rosenblütenstecher genannt oder **Apfelblütenstecher** (*Anthonomus pomorum*) bekannt. Diese Blütenstecher heißen wissenschaftlich *Anthonomus* und sie legen ihre Eier in die Blüten (-knospen) ab. Bei Erdbeeren, Himbeeren, Brombeeren und auch an Zierpflanzen wie *Potentilla* (Fingerstrauch) beißt die eierlegende Käferin zusätzlich noch den Stiel der Blüte an, so dass dieser welkt und vertrocknet. Gut geschützt fressen die sich entwickelnden Larven im Inneren der toten Blüte und verpuppen sich dort sogar. Manche Rüsselkäferinnen schaffen es, bis zu 100 Blüten zu belegen; und wenn 100 Blüten welken, ist das schon ein großer Verlust. Zupfen

Erdbeerblütenstecher lassen die Blütenköpfe welken und in der vertrockneten Blüte entwickelt sich die Larve.

Auf Rosen wird der Erdbeerblütenstecher auch Rosenblütenstecher genannt.

Eindeutig ein Rüsselkäfer, der Apfelblütenstecher.

Das Schadbild, welches der Apfelblütenstecher verursacht. In der Blüte entwickelt sich der kleine Rüsselkäfer.

Sie möglichst viele weg, das mindert den Befall im Folgejahr und funktioniert bei Erdbeeren und Brombeeren ganz gut.

Lustig wird das Zupfen im Apfelbaum! Das ist fast unmöglich und bei starkem Befall sollten Sie eine Methode nutzen, die eigentlich zur Befallsabschätzung verwendet und „Klopfprobe" genannt wird. Bei einigen wenigen Bäumen ist das durchaus praktikabel, ab fünf Bäumen wird es jedoch mühsam. Die kleine Rüsslerin ist nicht nur nett anzusehen, sie ist auch recht schüchtern und schreckhaft. Und wenn Sie die Äste oder den Stamm schütteln oder dagegen klopfen, dann erschrickt die Rüsslerin und zieht die Beine an. Jetzt tut sie sich natürlich schwer mit dem Festhalten und purzelt aus der Blüte zu Boden. Wenn Sie auf dem Boden ein Vlies oder etwas Ähnliches ausgelegt haben, dann können Sie die Rüsslerinnen, die vor Schreck gefallen sind, einpacken und woandershin verbringen.

Bei vielen Bäumen geht das jedoch nicht, Sie würden wahnsinnig vor Klopfen. Hier wird also nur eine Probe heruntergeklopft und meist werden die Käfer von 100 geklopften Ästen ausgezählt. Warm sollte es sein und am besten mittags. Da erschrecken sich die Tierchen am leichtesten! Wissenschaftlich exakter ist ein Klopftrichter, der 50 × 50 cm groß ist, sich nach unten verjüngt und am unteren Ende ein verschließbares Gefäß hat. Hier fallen die Rüsslerinnen mit angezogenen Beinchen hinein und können bestimmt und gezählt werden. Die Schwelle ab der mit Biomitteln gespritzt werden sollte liegt bei entweder 10–15 Fraßstellen pro 100 Blüten (also 10–15 %) oder bei 5–10 Käfern pro 100 geklopfte Äste.

Eine kleine Käferfamilie mit nur etwa 25 Arten hat sogar den Namen **„Blütenfresser"** (Byturidae) bekommen; und die machen ihrem Namen alle Ehre und nutzen Blüten als Futter und Kinderstube. Im Garten dürfte der **Himbeerkäfer** (*Byturus tomentosus*) der bekannteste Vertreter seiner Familie sein und vielleicht hat ja mancher auch schon die eine oder andere Larve mitverspeist. Wäre die „Himbeermade" eine Made, dann wäre der Himbeerkäfer eine Fliege! Käferlarven sind keine Maden! Die für Käferlarven typische braune Kopfkapsel ist auch bei der Larve des Himbeerkäfers eindeutig zu sehen und im Mund, beim versehentlichen Verspeisen, auch als knuspriger Anteil des Tiers eindeutig zu schmecken. Hier mal ein Entwicklungs-Quickie, um Sie nicht immer mit einem episch breiten Entwicklungszyklus zu langweilen:

Larve des Himbeerkäfers in ihrem Element.

Mai, warm: Käfer kriechen aus dem Boden. Sex. Knospen fressen, Knospen fressen, Knospen fressen bis in den Juni. Dann Eier legen, Eier legen, Eier legen auf Blüten oder unreife Früchte. Larve: frisst erst Blütenboden, dann Frucht. Kackt auch rein. Nach 5–6 Wochen lässt sie sich fallen. Eingraben, verpuppen, schlüpfen, überwintern. Bis Mai.

Als Gegenmaßnahme empfehlen wir Ihnen erstens Gelassenheit (weil nur selten großer Schaden), zweitens das Aufstellen einer Himbeerkäfer-Falle (riecht nach Himbeerblüten) oder drittens sommerblühende Himbeeren, denn wenn diese blühen ist der Käfer schon wieder weg.

Eine von der Pflaumensägewespe befallene Pflaume mit dem typischen kleinen Loch. Nicht mit abgebildet ist der ebenfalls charakteristische Geruch.

Und so sieht sie aus, die junge Sägerin.

Aus einer schwedischen Enzyklopädie von 1876, dem „Nordisk Familjebok": der Plommonstekel, also die Pflaumensägewespe.

Fruchtfresser

Von der „Made" im Apfel bis zur fiesen Kirschessigfliege, von veganen Vögeln bis zum Wildschwein. Früchte sind zum Fressen da. In der Regel soll eine Frucht ja zum Verzehr anregen, mit Haut und Stiel verspeist und verdaut werden, um dann beim letzten Akt der Verdauung die Samen wieder auszuscheiden. Bauen wir also Früchte an, dann werden wir sie nie alleine für uns haben. Eine Unzahl Mitesser wird sich ebenfalls über unser Bio-Obst freuen. Und Teilen kann bis zu einem gewissen Grad auch Freude machen!

Einige dieser mitessenden Tiere vergreifen sich bereits an der unreifen Frucht. **Sägewespen** (*Hoplocampa* spp.) können wirklich an Pflaume, Zwetschge und Apfel sägen! Die Weibchen haben am Hintern einen sägeartigen Legebohrer, was jetzt für Heimwerker vermutlich verwirrend klingt. Mit diesem Sägebohrer schneidet das Weibchen kleine Schlitze in den Kelch der Blüte oder die bereits junge Frucht, um anschließend ihre Eier dort abzulegen. Daraus schlüpfen raupenähnliche Tiere, Afterraupen genannt, denn es sind ja keine Schmetterlingskinder, sondern solche von Wespen. Sie sind gelblich mit braunem Kopf!

Bei der **Pflaumensägewespe** gibt es zwei Arten: die Schwarze *Hoplocampa minuta* und die Gelbe *Hoplocampa flava*. Beide Arten können auch Kirschen und Aprikosen befallen, was Sie erkennen, wenn die Früchte vorzeitig abfallen und ein kleines rundes Loch, gefüllt mit echt arg stinkendem Kot, auf der Frucht sichtbar ist. Die Nase hilft hier weiter! Die Larve frisst meist nicht nur an einer Frucht, sondern wandert von einer zur anderen und kann bis zu fünf Zwetschgen anbohren. Früh- und Spätblüher sind meist weniger stark befallen und weiße Klebetafeln, etwa eine Woche vor bis eine Woche nach der Blüte aufgehängt, reduzieren die Wespen durch

Fang. Auch Quassiapräparate helfen bei der Eindämmung.

Die Larve der **Apfelsägewespe** *Hoplocampa testudinea* verhält sich sehr ähnlich, wobei diese Art sogar die Kerne anfrisst. Nicht alle Früchte fallen vom Baum und die Äpfel, die sich wieder erholen, haben zur Ernte oft vom Kelch ausgehende spiralige Verkorkungen. Junge Früchte haben wie die Zwetschgen ein Loch, gefüllt mit seltsam riechendem jauchigem Kot, der auch Blätter und Früchte unterhalb der befallenen Frucht verschmutzen kann. Einmal gerochen, nie wieder vergessen! Diesen Befall kann man wirklich erschnuppern. Auch gegen die Apfelsägewespe könnten Quassiapräparate oder Weißtafeln zur Blütezeit eingesetzt werden. Der Schaden ist aber meist gering und die Fruchtausdünnung durch die Sägewespen sogar manchmal erwünscht, da die Bäume bei übermäßigem Fruchtbehang leiden würden. Lassen Sie Klebefallen bitte nur zeitlich begrenzt hängen. Eine Woche vor und eine Woche nach der Blüte. Sonst bleiben zu viele andere Tiere ebenfalls drauf kleben. Bei reichem Fruchtbehang sind die Sägewespen wie gesagt ohnehin kein Problem.

Die Larven der Sägewespen lassen sich nach ihrem Fraß entweder mit oder auch ohne Frucht auf den Boden fallen und wühlen sich nach unten in den Boden, um sich dort anschließend in einen Kokon einzuspinnen und zu überwintern. Im Frühjahr, rechtzeitig zur Blütezeit, kriecht die fertige Wespe hervor und ist bereit zu sägen.

Die Sägewespenlarven sind aber nicht der klassische „Wurm" im Apfel oder in anderen Früchten. Meist ist hier die Larve der Wickler gemeint, die jedoch ebenfalls kein Wurm und auch keine Made ist, sondern eine echte Raupe Nimmersatt! Apfel- und Pflaumenwickler sind vermutlich die bekanntesten, es gibt aber Wickler ohne Ende: Kastanien-, Eichen-, Kiefern-, Eschen-, Trauben- ... über 500 wickelnde Arten haben wir in Mitteleuropa. Meist sind es unscheinbar gefärbte, dämmerungs- oder nachtaktive Kleinschmetterlinge mit dachartig gefalteten Flügeln, die an ihren Wirtspflanzen schuppenartige Eier ablegen. Da sie oft Blätter zusammenrollen, heißen sie Wickler.

Schaden an einem Apfel durch die Apfelsägewespe. Der Schalenfraß sowie das Ein- bzw. Ausbohrloch sind zu sehen.

Äpfel und Pflaumen lassen sich zwar schlecht zusammenrollen, es sind aber trotzdem Wickler.

Der **Pflaumenwickler** (*Cydia funebrana*) soll der erste sein.

Ende April, wenn die Zwetschgenbäume schneegleich ihre Blütenblätter haben fallen lassen, schlüpft aus der Puppe der kleine graue Falter. Er sucht die sich frisch entwickelnden Früchte auf und legt je Frucht ein Ei ab. Die daraus schlüpfende Mini-Raupe bohrt sich sogleich in die Frucht ein, bleibt dort und frisst. Jetzt lässt der Baum manchmal einige befallene Früchte fallen und die haben ein kleines Loch und einen gummiartigen Tropfen daneben. Im Gegensatz zu den von Sägewespen befallenen Früchten, sind die Opfer der Pflaumenwickler geruchlos, farblich aber etwas verändert. Sie wirken frühreif, gehen also schon leicht ins lilafarbene, sehen aber blass aus. Sammeln Sie solche Früchte unbedingt auf und vernichten diese irgendwie, denn aus ihnen schlüpft die zweite Generation! Die fliegt ab Sommerbeginn bis Anfang Juli und wiederum werden Eier auf die Zwetschgen gelegt. Die erkennt man an einer frühen Reife. Öffnen Sie besser mal eine vermeintlich reife Frucht, denn nicht selten befindet sich darin eine rosafarbene Raupe inmitten ihrer Kotkrümel. Sie sind sicher nicht giftig, aber spätestens, wenn man sich auch den Kot aus dem Mund fischt, ist der Appetit auf weitere Pflaumen gemindert. Auch diese befallenen Früchte fallen vorzeitig vom Baum und Sie sollten sie ebenfalls wegbringen, um einen geringeren Befall im Folgejahr zu haben. Denn bleiben sie liegen, verlässt die kleine Raupe die Frucht und kriecht in den Boden oder in Stammritzen. In warmen Jahren schlüpft eine dritte Generation. Das ist aber eher selten und nur in Weingegenden der Fall. In der Regel also bleibt die Larve dort bis ins nächste Frühjahr, verpuppt sich und es geht wieder von vorne los. Prinzipiell liebt der Wickler Pflaumen und

Eine wicklerbefallene Pflaume mit ausgetretenem Gummitropfen.

Ein Apfel mit einem Einbohrloch des Apfelwicklers.

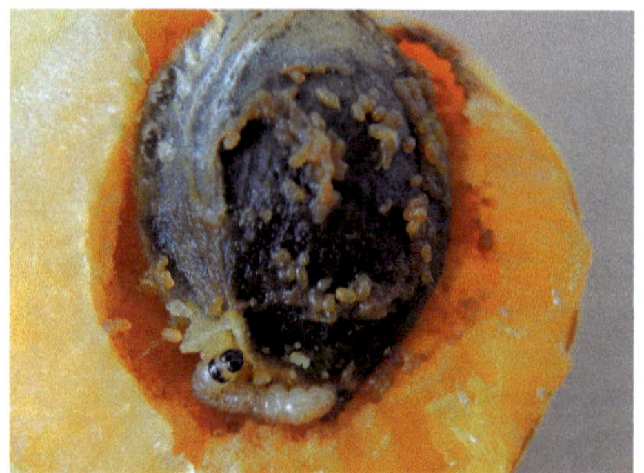

Aprikose mit einer Wicklerlarve, vermutlich vom Apfelwickler. Auch Pflaumen- und Pfirsichwickler können Aprikosen befallen. Die Pflaumenwicklerraupe ist aber mehr rosa gefärbt und die des Pfirsichwicklers hat keinen so schön schwarzen Kopf.

Apfelwickler-Larve in Apfel mit viel Kot!

Zwetschgen, kann aber auch an Pfirsichen und Marillen, also Aprikosen für unsere deutschen LeserInnen, vorkommen. Spätblühende Sorten sind übrigens von der zweiten Generation meist stärker betroffen als frühblühende.

Apfelwickler (*Cydia pomonella*) verhalten sich sehr ähnlich, wobei sich hier die verschiedenen Generationen Frühjahr/Sommer/Spätsommer vermischen können, denn die erste Generation schlüpft ab Mai und die Spätaufsteher dieser ersten Generation erst im August! Das überschneidet sich dann mit der zweiten Generation, die von Ende Juli bis Mitte September schlüpft und so kann immer irgendwo ein Falter auftauchen, was die Bekämpfung etwas erschwert. Wie bei den Zwetschgen fällt auch hier ein unreifer Apfel, der mit der ersten Generation bestückt ist, oft ab. Der „Wurm" im reifen Apfel ist also meist einer der zweiten Generation. Häufig ist das Kerngehäuse zerstört und voller Kot und auch die Apfelwicklerlarve ist dann eher rosa gefärbt mit braunem Kopf. Apfelwickler können neben Äpfeln auch an Walnüssen, Birnen, Aprikosen (also Marillen, für unsere österreichischen LeserInnen), Zwetschgen, Pfirsichen und Quitten vorkommen. Sehr variabel, der Kleine!

Eine Kontrolle des Flugs können Sie ganz gut mit Pheromonfallen (siehe Unterkapitel „Biotechnik", S. 73) durchführen. Es gibt auch Warndienste, die den Flug der Falter veröffentlichen und darauf hinweisen, ab wann Sie Nützlinge gegen den Apfelwickler, nämlich Viren (Granuloseviren), spritzen können. Die kleine Raupe beißt dann nach dem Schlüpfen in einen mit Viren behandelten Apfel und infiziert sich. Das tut ihr gar nicht gut. Im Moment laufen auch Versuche, die im Boden überwinternden Larven mit Nematoden oder insektenpathogenen (Sie wissen jetzt schon was das heißt, oder?) Pilzen zu dezimieren. Das klappt teilweise recht gut und die Stammbehandlung mit der Nematode *Steinernema feltiae* ist bereits gut erprobt. Auch das Abdecken der Flächen unter den Bäumen kann funktionieren. Ein Vlies oder Netz verhindert, dass die Tiere losfliegen können. Das ist aber aufwändig! Früher übten die Hühner auf den Bauernhöfen eine wun-

Pheromonfalle mit gefangenen Apfelwicklermännchen. Sie können die Tiere gut an dem braun-runden Fleck am Hintern erkennen.

Mit bewachsten Wellpappstreifen am Stamm können Sie die sich entwickelnden Apfelwicklerlarven anlocken und leicht entfernen.

Früher lebten Hühner und Enten unter den Obstbäumen und der „Wurm im Apfel" war eher eine Seltenheit.

derbare Biokontrollfunktion aus, indem sie die im Boden lebenden Tiere aufspürten und verspeisten. Mittlerweile leben zu viele Hühner eingesperrt! Und dann muss gespritzt werden. Befreien wir also die Hühner und scheuchen sie unter die Obstbäume! Ein Hühnergehege direkt unter einem Obstbaum verspricht absolut madenfreies Obst!

Das alles hilft auch gegen die **Kirschfruchtfliege**! Die Made dieser eigentlich hübschen Fliege in der Frucht kann bewirken, dass sich eine Süßkirschenernte nur noch zum Schnapsbrennen eignet. Rohverzehr oder Marmeladen sind dann eher etwas für unerschrockene Proteinliebhaber. Aber beginnen wir auch hier bei der Eiablage. Mama und Papa Kirschfruchtfliege heißen auch *Rhagoletis cerasi* und beide paaren sich ab Ende Mai bei schönem Wetter. Jetzt begibt sich das Weibchen auf die Suche nach gelben Kirschen; Kirschen werden ja ampelgleich grün geboren, dann werden sie gelb und später rot. Hat das Weibchen gelbe Kirschen gefunden, dann legt es genau ein Ei unter die Fruchthaut der Kirsche in der Nähe des Stiels ab und markiert diese Frucht mit einem „Stopp. Hier war *ich* schon. Bitte keine Eier mehr ablegen!"-Pheromon. Aus dem Ei schlüpft jetzt die kleine Made und frisst sich ins Innere der Kirsche hinein.

Vermutlich durch eingeschleppte Bakterien vermatscht die Kirsche immer mehr und zur Erntezeit sind die befallenen Kirschen aufgeweicht und die Maden reif. Sie fallen mit den Früchten nach unten oder sie lassen sich fallen, kriechen in den Boden und verpuppen sich.

Kirschfruchtfliege oder Kirschkernstecher, ein Rüsselkäfer (Anthonomus rectirostris)*? Am besten die Kirsche öffnen und …*

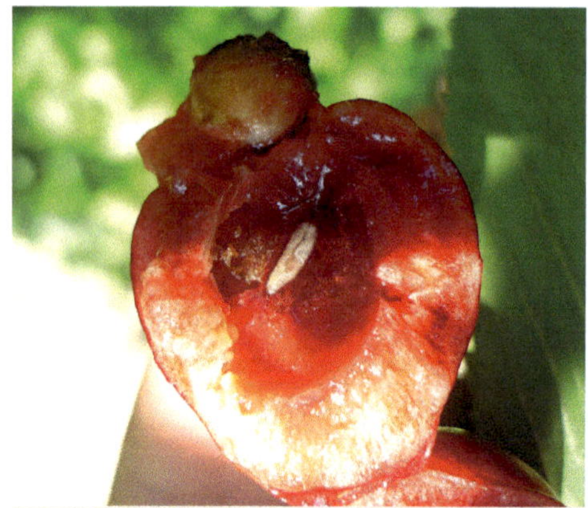

… aha. Eine beinlose kleine Larve mit spitz zulaufendem Maul. Also eine Made, somit ein Fliegenbaby und definitiv die Larve der Kirschfruchtfliege.

Diese Puppe überwintert und ab Mitte Mai beginnt dann der Schlupf.

Acht bis zehn Tage fliegt die frisch geschlüpfte Kirschfruchtfliege umher und diese Reifungszeit verbringt sie mit dem Schlürfen austretender Säfte des Kirschbaums. Dann will sie Eier auf gelben Kirschen ablegen. Das Aufhängen gelber Klebetafeln simuliert eine gigantisch große Riesenkirsche kurz vor der Reifwerdung! Das reizt Frau Kirschfruchtfliege, sie fliegt hin und bleibt kleben. In manchen Jahren helfen die gelben Tafeln ganz gut, manchmal aber sind zu viele Fliegen unterwegs und sie helfen fast gar nicht. Hängen Sie die Klebetafeln unbedingt erst auf, wenn die Kirschen gelb-grün sind. Und nehmen sie bei der Ernte ab, sonst können andere Tiere auch kleben bleiben ... vielleicht sogar Vögel, haben wir gehört. Kontrollieren Sie die Klebetafeln, wo auch immer sie hängen, also ständig! Hängen Sie unbedingt auch mehrere Gelbtafeln pro Baum auf, eine alleine reicht nicht. Etwa eine pro Meter Kronenhöhe.

Ein Grundstoff könnte interessant sein, um weitere Fliegen abzufangen. Diammonphosphat (sonst ein „böser" Kunstdünger, der aber auch bei der Weinherstellung als Hefe-Futter in Verwendung ist) kann als Lockstoff in Fallen die Kirschfruchtfliege abfangen. Wenn die

Kirschfruchtfliegen lieben die gelbe Phase der Kirschen, daher helfen gelbe Klebefallen beim Eindämmen. Etwa eine Falle pro Meter Kronenhöhe ist ausreichend; hier wurden definitiv zu wenige Fallen verwendet. Der Leim kann übrigens lästig an den Fingern kleben und löst sich nicht mit Seife. Speiseöl ist da wunderbar geeignet. Mit dem Öl können auch stark verschmutzte Klebetafeln abgewischt, mit Seife dann das Öl abgewaschen und die Tafeln anschließend neu beleimt werden. Leim gibt's in Tuben und sogar als Spray. Weniger Kosten und weniger Müll!

Ein wunderschönes Tier, die Kirschfruchtfliege. Grün, schwarz, gelb-orange und braun gefärbt und ein attraktives Muster auf den Flügeln.

Kirschfruchtfliegen lieben Ammoniakgeruch und bevorzugen gelbe Farben. Warum also nicht mit gelben Diammonphosphatfallen anlocken?

Fliege gerade ihre Reifungszeit hat und vor der Eiablage tagelang durch den Baum schwirrt, scheint die perfekte Zeit zum Abfangen zu sein. Geben Sie 40 g Diammonphosphat (Lebensmittelqualität, gibt's beim Winzerzubehör) in einen Liter Wasser, füllen damit die Lockfallen – verschlossene Plastikflaschen mit 3–5 mm Lochbohrung – und hängen diese im Baum auf. Gelbe Flaschen sollen übrigens viel besser wirken! Bitte zur Ernte spätestens abnehmen! Nützlinge und Unbeteiligte finden sich leider immer wieder in den Fangflaschen.

Ansonsten: abgefallene Früchte stets entfernen, Abdecken des Bodens zur Schlupfzeit der Fliegen, Hühner oder Enten unter den Baum scheuchen, Nematoden (*Steinernema feltiae*) gießen; auch der Pilz *Beauveria bassiana* zeigte sehr gute Wirkungen gegen die Puppen im Boden.

Schwarz-breiige Walnuss und im Inneren kleine Maden. Die Walnussfruchtfliege ist ein Schädling, der durch den Klimawandel begünstigt wird.

Die nordamerikanische Cousine der Kirschenfliege ist die **Walnussfruchtfliege** (*Rhagoletis completa*), deren Made gelber gefärbt ist, aber eine sehr ähnliche Lebensweise hat. Lediglich bei der Anzahl der abgelegten Eier und im Eiablagetermin unterscheiden sie sich deutlich. Die Nussfliege legt ab Juli mehrere Eier auf die noch grünen Nüsse ab und später findet sich ein wahrer Nuss-Matsch mit vielen kleinen Maden bis ins Innere der Nuss. Seit 2008 ist die kleine Amerikanerin in Mitteleuropa und verbreitet sich jedes Jahr weiter. Auch spätblühende Pfirsiche und Aprikosen können Opfer werden. Die Methoden gegen die Kirschfruchtfliege greifen auch hier und Gelbtafeln, aber erst ab Juli, helfen den Befall einzudämmen. Auf jeden Fall sollten Sie alle madigen Früchte vernichten, nicht kompostieren. Auch die gelben Fallen mit Diammonphosphat (siehe Kirschfruchtfliege) helfen laut Literatur gut.

Die Vorstellung eines recht neuen Obstschädlings beginnen wir mit einem Rätsel. Wo kommt die **Kirschessigfliege** her, wenn sie wissenschaftlich *Drosophila suzukii* heißt? Nicht zu schwer, oder? Sie wurde vermutlich durch Obstimporte aus Japan und Ostasien eingeschleppt und macht mittlerweile weltweit große Schäden. In Deutschland, der Schweiz und Südtirol war sie etwa 2011 und in Österreich hatten wir den Erstnachweis 2013 durch unser Gartentelefon im Waldviertel. Ganz aufgeregt haben wir ein tropfendes Paket aus Osttirol geöffnet und unser Zoologe im Büro, der Herrn Steinert wegen seiner deutschen Herkunft so gerne mobbt, hat die Fliegenmaden dann bestimmt.

Eigentlich sind Kirschessigfliegen so etwas Ähnliches wie Fruchtfliegen, die vor allem im Herbst die Küche heimsuchen und ganze Schwärme über dem Obstkorb bilden können.

Sie sind sich auch sehr ähnlich: schöne rote Augen, bernsteinfarben der Körper und die Kinder der Fliegen lieben faulendes Obst! Zwei kleine Unterschiede aber gibt es. Die Männchen der japanischen Fliege haben zwei dunkle Punkte auf den Flügeln und die Weibchen haben eine kleine Säge am Hintern. Und das ist der Punkt! Während unsere heimischen Frucht- oder Essigfliegen mit Ernährung und Eiablage warten müssen bis das Obst fault, sägt die Kirschessigfliegendame mit ihrer Säge gesunde Früchte an! Gesunde Früchte! Also Ihre Himbeeren, Erdbeeren, Kiwi, Kirschen, Weintrauben ... einfach alle! Und dann kann sie bereits Eier ablegen und plötzlich fressen zig Maden in Ihren Früchten, lassen sie matschig-faulig werden und vorbei ist es mit der Ernte! Lustig sehen die Atmungsrohre, die Aeropyle, aus, welche die Eier zur Belüftung ausbilden. Wie kleine weiße Ohren hängen sie aus der Frucht, was mit einer Lupe beobachtet werden kann.

In den letzten Jahren waren die Ausfälle durch die Kirschessigfliege so hoch, dass manche heimische Beeren- und Obstbauern aufgeben mussten. Hitze mögen die Fliegen anscheinend nicht, denn der heiße Sommer 2015 hat sie stark dezimiert. Kälte stört sie weniger: Sie vermehren sich noch bei 10 °C, anders als unsere heimischen Essigfliege, die dann schon friert. Es ist noch sehr wenig über ihren Lebenszyklus bekannt, wo sie überwintern, wann sie kommen und wann nicht ... alles Fragezeichen. Auch Nützlinge wirken kaum, wobei heimische Nützlinge sicher bald eine große Rolle spielen werden.

Lediglich Netze (kleiner als 0,8 mm Maschenweite) können einen Befall verhindern und Lockstofffallen können sie dezimieren. Vor allem Rotwein, Apfelessig und Hefe in Flaschen mit 2–3 mm großen Löchern lockt sie. Hefe deshalb, weil die Maden nicht die Frucht selbst, sondern die darauf wachsenden Pilze verzehren

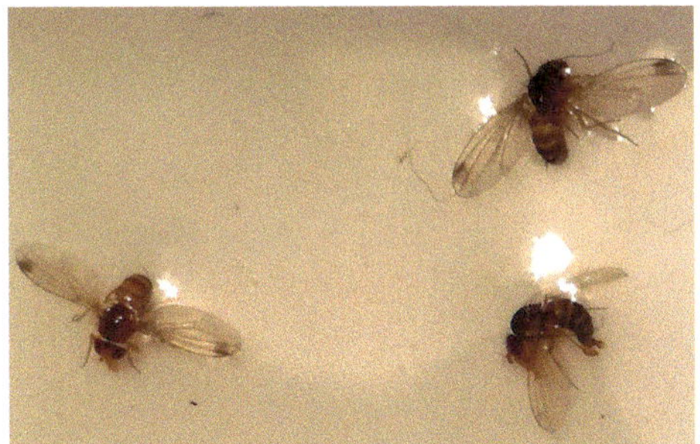

Kirschessigfliegen beim Bad in der Lockstoffflüssigkeit. Zwei Männchen mit den charakteristischen Punkten auf den Flügeln und ein Weibchen (rechts unten) mit der berüchtigten Säge am Popo.

Zwei Larven der Kirschessigfliege beim Brombeerschmaus mittig im Bild.

Eine Falle gegen die Kirschessigfliege muss nicht teuer sein. Eine alte PET-Flasche mit Löchern und Lockstoff fängt in der Regel nicht schlechter als gekaufte Fallen.

und diese auch wittern. Und 2–3 mm große Löcher sind nötig, um anderen Tieren das Ertrinken zu ersparen. Mit einer Lupe könnten Sie die Männchen mit dem Fleck auf dem Flügel in der Lockstoff-Brühe erkennen. Sind Männchen drin, dann sind auch Weibchen da!

Rechtzeitige Ernte hilft auch! Wir wissen das, weil ein sehr netter, aber obstgieriger Gärtner auf der GARTEN TULLN nahezu alle Früchte vertilgt und dadurch unser wissenschaftliches Monitoring der Kirschessigfliege, das österreichweit durchgeführt wird, verfälscht.

Eine weitere Fruchtfliege, die an Pfirsich und potentiell aber auch an Pflaume bzw. Zwetschge und Aprikose, Apfel, Birne und Kiwi vorkommen kann, ist die **Mittelmeerfruchtfliege** (*Ceratitis capitata*). Optisch ist sie eine klassische Frucht- oder Essigfliege, hat jedoch schöne schwarze Streifen auf den Flügeln. Sie macht ähnliche Schäden wie die anderen Fruchtfliegen, produziert also vermadete Früchte. Das Abfangen in Fallen ist jedoch etwas komplizierter. Als Lockstoff für die Weibchen soll der Grundstoff Diammoniumphosphat gut sein (siehe Kirschfruchtfliege).

Die Mittelmeerfruchtfliege ist nicht nur auf eine Obstsorte festgelegt, sondern mag viele süße Früchte. Und ist eine wahre Schönheit unter den Fliegen.

Tierische Schaderreger – Es saugt! Die wichtigsten saugenden Schädlinge

Alles was nicht beißen kann muss saugen. Meist sind das Tiere, die einen Saugrüssel ausgebildet haben und das können Insekten, Milben oder auch Fadenwürmer sein. All diesen Plagen ist gemeinsam, dass das einzelne Tier zwar fast keinen Schaden anrichtet. Aber meist kommen sie in solchen Massen vor, dass Pflanzen wirklich leiden und auch absterben können. Zudem übertragen gerade die Sauger viele Krankheiten wie Viren, Bakterien oder Phytoplasmosen.

Die wichtigsten Unterschiede unter den saugenden Schädlingen ist der Ort, an dem sie ihre Mahlzeiten zu sich nehmen. Manche saugen einzelne Pflanzenzellen aus, andere hängen an den Leitungsbahnen und lassen sich vom Druck im Inneren der Leitung volllaufen. Und die Art und Weise der unterschiedlichen Ernährung kann auch für die Diagnose nützlich sein.

Zellsauger: Milben, Zikaden, Thripse, Wanzen und Nematoden

Bilden sich z. B. kleine Pünktchen auf dem Blatt, dann kann es sein, dass ein Zellsauger einfach einzelne Zellen ausschlürft, die sich dann verfärben. Sind das Spinnentiere wie **Milben**, dann spritzen sie gerne einen Verdauungsstoff in die einzelne Zelle, die sich dann gelblich verfärbt. Spinnmilben machen also meist kleine gelbe Flecken. Milben haben jedoch ein eigenes Unterkapitel verdient: „Acht Beine und überall – Milben" ab S. 188. Andere Zellsafträuber stechen die Zellen einfach nur an und schlürfen sie aus. Die nun einfließende Luft verändert den Brechungswinkel des Lichts und es erscheinen silbrig glänzende Pünktchen, einem Sternenhimmel gleich, auf der Oberseite des Blatts der Pflanze. Manche dieser Tierchen können Sie gut mit bloßem Auge erkennen: Drehen Sie immer das Blatt um und sehen doch eventuell mit einer Lupe genauer hin, wenn Sie zunächst nichts entdecken. Spinnmilben sind seeeehr laaaangsaaaam. Die finden Sie.

Anders sieht es mit **Zikaden** aus. Die flitzen in ihrem unnachahmlichen Schräggang unglaublich schnell weg. Oder sie fliehen fliegend! Verräterisch hinterlassen sie aber häufig Häutungshüllen, die wie sie auffällig dreieckig sind. So können Sie einen Zikadenbefall sicher diagnostizieren. Frisch eingetroffen in Mitteleuropa: die Bläulingszikade (*Metcalfa pruinosa*), die durch Saugen, Wachsausscheidungen und Honigtau Pflanzen beeinträchtigen kann. Und seit ein paar Jahren nerven vor allem einige Zwergzikaden an Kräutern wie Salbei, Melisse (*Melissa* sp.), Minze und vielen anderen Pflanzen, z. B. die Bunte Kartoffelblattzikade (*Eupteryx atropunctata*), durch Besaugen der Blätter. Kleine silberne Punkte bleiben zurück.

Zikaden können silbrige Pünktchen auf dem Blatt verursachen. Mehrere verschiedene Arten saugen an Rosengewächsen wie der Brombeere. Die neu eingewanderte Brombeer-Blattzikade hat den lustigen wissenschaftlichen Namen Ribautiana debilis *(wobei der Zusatz lediglich besagt, dass sie zierlich ist).*

Typische Form der Zikaden von oben. Wie ein Kinderdrachen-Viereck (mathematisch Deltoid genannt). Die Vorderflügel sind dachförmig zusammengelegt.

Eine Zikade kurz nach der Häutung. Die Häutungsreste finden Sie gar nicht so selten und können so auf den Verursacher der Blattflecken schließen. Vorsicht: Nicht mit den Häuten der Blattläuse verwechseln.

Sonderform Schaumzikaden. Diese Art bereitet aktuell Sorgen, weil sie das Feuerbakterium Xylella fastidiosa *verbreiten kann. Glücklicherweise ist es in unseren Breiten noch zu kalt und die eventuell verseuchten Zikaden sterben im Winter ab. Über die Eier, die überwintern, wird das Bakterium offensichtlich nicht weitergegeben.*

Thripse sind sehr klein und werden leicht übersehen. Eher der durch sie verursachte Schaden fällt auf.

Kleine, punktförmige Aufhellungen blattoberseits, schwarze Kottröpfchen blattunterseits, stäbchenförmige Tiere: Thripse.

Auch Thripse können silbrig glänzende Pünktchen verursachen. Im Gegensatz zu Zikaden- oder Spinnmilbenschäden finden sich bei ihnen aber häufig die kleinen schwarzen Kottröpfchen auf der Blattunterseite.

Zwar sind Gelbtafeln zum Abfangen eine Möglichkeit, jedoch bleiben viele andere Tiere ebenfalls kleben. Greifen Sie darum eher zur Nützlingsförderung und machen es den Zikaden somit schwer. Neem können Sie in Ausnahmefällen einsetzen.

Und weiter geht's mit anderen Zellsaugern: **Thripse**, Blasenfüße und Fransenflügler sind ein und dieselben Tiere und haben diese drei lustigen Namen bekommen. Der Profi spricht eher von Thripsen und diese hinterlassen neben silbrigen Pünktchen auf der Blattoberseite blatt*unter*seits oft kleine, schwarz-glänzende Kottröpfchen. Auch Zimmerpflanzen leiden manchmal unter Thripsen, meist **Zebrathripse** (*Aeolothrips intermedius*). Deren Musterung können Sie sehr gut unter der Lupe erkennen. Blütenbefall durch **Blütenthripse** ist im Schnittblumen-Gartenbau ein großes Problem; im Hausgarten wird der Befall kaum bemerkt. Im Außenbereich können Thripse Früchte verformen lassen. Richtig krumme Gurken mit silbrigen Saugstellen lassen auf Thripse schließen.

Thripse können im Innenbereich durch Florfliegenlarven, Blütenthripse durch Raubmilben bekämpft werden. Mit Neem können Sie die Tiere gut im Außen- und mit Pyrethrumpräparaten im Innenbereich in Schach halten.

Kottröpfchen hinterlassen auch **Wanzen**, vor allem **Netzwanzen**. Diese Tiere sind abermals eher langsam, gut zu entdecken oder haben eben auch Häutungshüllen hinterlassen, was hilfreich für die Diagnose ist. Manche Blumenwanzen, wunderschöne Tiere, saugen im Frühjahr an Blattknospen und an der Saugstelle stirbt das Gewebe ab. Was nun passiert: Die Blätter treiben aus und wachsen. Mit ihnen wächst auch die abgestorbene Stelle und die Blätter sehen zerrupft und zerfressen aus. Da wundern Sie sich, dass die Löcher immer größer werden, Sie aber keinen Schädling entdecken können! Der ist längst weg und saugt woanders.

Netzwanzen verursachen ein silbrig glänzendes Schadbild auf der Blattoberseite. Hier am Apfelbaum.

Ein ähnliches Bild kennen Sie aus dem Beißer-Kapitel. Wanzenschaden am Sommerflieder.

Blattunterseits findet man die Tiere mit ihren typisch netzartig strukturierten Flügeln. Ihre Kottröpchen überziehen wie eine Kruste das Blatt, das im weiteren Verlauf stark geschädigt wird. Die Netzwanze selbst ist durch eine Lupe betrachtet überraschend hübsch.

Diese Beerenwanze hat ein Blatt gefunden, das ihrer Farbe nahezu entspricht. Gute Tarnung! Sie besaugt Beeren und verpasst ihnen dabei das einmalige Wanzenaroma. Einige Früchte werden dadurch ungenießbar, wobei das Tier allgemein keinen großen Schaden anrichtet. Als Nützling gegen Blattläuse, Spinnmilben und Co. ist sie für uns sehr wertvoll.

Wanzen gibt es unzählige verschiedene und das Dreieck am Rücken macht sie sicher als Wanze kenntlich. Die Beerenwanze (Dolycoris baccarum) *(siehe vorige Seite) besticht farblich ebenso wie die hier abgebildeten Kohlwanzen* (Eurydema oleraceum).

Stechapfel (*Datura* sp.), Hasel und Sommerflieder sind so typische Lochpflanzen. Netzwanzen kommen auf unterschiedlichen Pflanzen vor. Im Garten finden sie sich auf Obstbäumen oder Zieräpfeln. Oberseits glänzt das Blatt, wenn Sie es wenden und mit der Lupe betrachten werden Sie überrascht sein, wie wunderschön diese Tiere in der Nahaufnahme sind.

Neempräparate helfen zwar gegen Wanzen aller Art, jedoch ist die Anwendung bei den Arten sinnlos, die im Frühjahr die Knospen besaugen.

Luftplankton – ein fast unbekannter Lebensraum

Es gibt in unserer unmittelbaren Umgebung noch ein paar Lebensräume, die fast unerforscht sind und noch viele Überraschungen bergen. Ein Beispiel wäre das Leben im Grundwasser, wo immer wieder neue Krebstierarten gefunden werden. Das zeigt, dass Grundwasser das vermutlich großräumigste und am wenigsten erforschte (und auch bedrohteste) Biotop in Mitteleuropa ist. Ein anderer, weitgehend unbekannter Lebensraum ist die Luft und viele Sporen oder auch Pflanzensamen sind auf den Transport durch die Luft angewiesen. Aber auch bestimmte Tiere, welche eigentlich keine guten oder überhaupt keine Flieger sind, nutzen Thermik und Wind für ihre Verbreitung und verbringen einen Großteil ihres Lebens in großer Höhe. Thripse beispielsweise haben neben den im Text beschrieben drei Namen noch einen vierten: Gewitterfliegen. Die flugunlustigen oder sogar flugunfähigen Thripse finden sich in großer Höhe in Wolken zusammen, wo sie ... ja was sie da machen, ist noch unbekannt. Und wenn ein Gewitter droht, dann merken sie das vermutlich durch die Ionisierung der Luft, krümmen sich zusammen und fallen in Massen auf die Erde. Dort können sie sehr lästig werden.

Auch Spinnmilben gehören zum Luftplankton und reisen oft Tausende Kilometer. Sie wurden sogar in den weltumspannenden Winden, den Jet-Streams gefunden. Und jetzt müssen Sie sich nicht wundern, wo denn die Spinnmilben an ihren Pflanzen herkommen. Sie sind beim Lüften einfach mit hereingeweht worden!

Die Studentenblume (Tagetes) *hilft im Kampf gegen pflanzenschädliche Nematoden und hübsch ist sie ebenfalls.*

Ebenfalls richtig fiese Sauger sind die **Fadenwürmer** oder auch **Nematoden**. Sie wandern in die Pflanze ein und saugen im Inneren die Zellen aus. Das macht sich dann bemerkbar, wenn die Wurzeln verdickt sind oder im Blattbereich eckige, feucht wirkende, von den Blattadern begrenzte Flecken entstehen. Bekämpfen kann man sie in diesem Stadium nicht mehr. Ohnehin sind keine Mittel zugelassen und wer mit Nematodenbefall in seinem Garten kämpft, sollte mindestens ein Jahr lang eine Gründüngung mit einer speziellen Gründüngungsmischung machen. *Tagetes*, die Studentenblume, soll ebenfalls gut gegen pflanzenschädliche Nematoden helfen.

Hab ich Würmer?

Nematoden können Sie manchmal durch einen einfachen Test feststellen. Das verdächtige Material (Wurzel oder Blatt) wird feingehackt, in ein Reagenzglas (notfalls auch ein anderes Glasgefäß) gegeben und mit Wasser bedeckt. Da Nematoden unter Wasser nicht atmen und auch nicht schwimmen können, treten sie aus dem Pflanzengewebe aus und sammeln sich am Glasboden. Das können Sie mit dem bloßen Auge erkennen, noch besser natürlich mit einer Lupe. Es wuselt ein Haufen winziger weißer Würmchen.

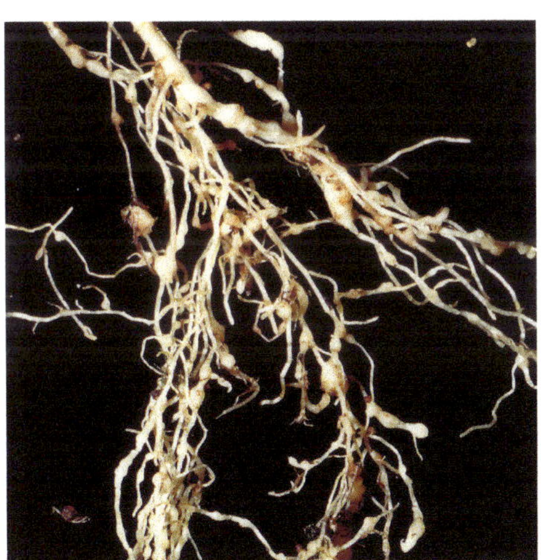

Die schwarzen Schafe unter den Fadenwürmern: pflanzenschädliche Nematoden. Hier versucht die Art Meloidogyne incognita *in eine Tomatenwurzel einzudringen. Dort verursachen diese Nematoden Gallen und Verdickungen an der Wurzel sowie schlechten Wuchs.*

Spezial: Acht Beine und überall – Milben

Milben faszinieren uns. Ihre Lebensweise, ihre teilweise winzige Größe, die verschiedenen Lebensräume, die sie besiedeln können und die Schönheit der Symptome, wenn wir mal von den Niesattacken der Allergiker bei Hausstaubmilben absehen.

Milben gehören zu den Spinnentieren, sind also mit den Spinnen verwandt, aber eher nur verschwägert, denn es sind keine echten Spinnen. Acht Beine haben und „gruselig unter dem Mikroskop ausschauen" sind zwei der vielen Gemeinsamkeiten mit den Spinnen. Jedoch finden sich auch Milben mit weniger Beinen. Da Milben teilweise sehr klein sind, kleiner als 0,1 mm, wird vermutet, dass viele Arten noch gar nicht entdeckt wurden. Und sie besiedeln und besaugen oder befressen nahezu alles und sind überall, auch in Gewässern. Allein an unserem Körper finden sich ganz spezielle Milben auf den Augenbrauen, an den Wimpern und überhaupt überall. Haarbalgmilben beispielsweise sind wurmartige Tierchen, die am Haaransatz in die Follikel kriechen und dort von unserem Talg leben. Oder einmal über die Lippen schlecken und Sie haben einige andere Milben im Mund. Vegan ist das nicht.

Faszination und Grusel liegen manchmal eng beieinander – eine Spinnmilbe aus der Nähe betrachtet.

Andere, eher unangenehme Milben sind Hausstaubmilben (oder besser deren allergener Kot, denn sie haben bis zu *vierzigmal* am Tag Stuhlgang), Krätzemilben, Milben in Nahrungsmitteln oder auch die Zecken. Wobei die Art und Weise, wie diffizil Zecken ihre Wirte finden, schon wieder faszinierend ist. Aber wir schreiben ja ein Pflanzenschutzbuch. Also weg von den furchteinflößenden Parasiten und Allergenen hin zu denen, die unsere Pflanzen lieben, von ihnen leben und sie schädigen können. Und das sind nicht wenige.

Spinnmilben

Tetranychidae ist der zoologische Sammelbegriff für die Spinnmilben und das zeigt, dass es nicht eine, sondern viele Arten der Spinnmilben gibt. Weit über 1000 Arten sind beschrieben und die meisten leben auf der Blattunterseite, wo sie einzelne Zellen aussaugen und blattoberseits oft gelbe Pünktchen verursachen. Meist ist das die **Gemeine Spinnmilbe** (*Tetranychus urticae*). Sind viele dieser Gemeinen Spinnmilben unterwegs, dann erkennt man auch die Spinnfäden, die sie produzieren und ihnen auch den Namen gaben. Und wenn viele Spinnmilben auf der Pflanze sind, dann vertrocknen ganze Blätter, die Triebspitze stirbt ab und irgendwann ist die Pflanze tot.

Interessanterweise lassen sich die Tierchen oft mit dem Luftstrom treiben und kommen so durch das geöffnete Fenster zu unseren Zimmerpflanzen. Sie gehören wie Gewitterfliegen zum Luftplankton und manche Spinnmilben wurden schon in großer Höhe gefunden, wo sie sich durchaus auch zu anderen Kontinenten treiben lassen. Man wird sie also nie richtig los, deshalb ist die Kontrolle der Pflanzen auf Befall ebenso wichtig wie das Ergreifen von Maßnahmen, mit denen wir es den Milben schwer machen.

Spannend ist die Art der Vermehrung der Gemeinen Spinnmilben, denn wenn es mal zu wenig Männchen gibt, dann legen die Weibchen unbefruchtete Eier ab und aus denen schlüpfen nur Männchen! Aus befruchteten Eiern hingegen schlüpfen nur Weibchen und so regelt sich die Population der Milben hinsichtlich der Geschlechter wunderbar selbst. Und da ein Weibchen in seinem oft mehr als zweiwöchigen Leben bis zu 100 Eier ablegen kann und die daraus schlüpfenden Tiere nach einer Woche geschlechtsreif sind, explodieren Spinnmilbenpopulationen bei geeigneten trockenwarmen Bedingungen. Auch interessant: Wenn sich die Umgebung ändert, manchmal auch nur, wenn die Pflanze anders schmeckt, dann legen die Weibchen noch eins drauf bei der Eiablage! Werden also beispielsweise systemische Pflanzenschutzmittel gegossen oder als Zäpfchen gesteckt, dann purzeln zwar die Insekten runter, die an den Leitungsbahnen viel Gift schlucken, aber die Zellsauger wie die Gemeinen Spinnmilben reagieren lediglich mit erhöhter Eiablage, weil das Essen nicht mehr schmeckt wie früher. Somit verschärfen diese Pflanzenschutzmittel die Spinnmilbenproblematik. Dieses Reagieren auf veränderte Umgebung sollten Sie bei jeder Bekämpfung der Milben beachten, denn wenn ein Mittel wie beispielsweise Schmierseife etwas verzögert wirkt, dann schaffen es die Weibchen manchmal noch Eier zu legen und nach wenigen Tagen haben Sie unter Umständen mehr Milben auf der Pflanze als vor der Bekämpfung. Empfehlen würden wir deshalb drei Behandlungen innerhalb von 7 bis 10 Tagen, also etwa alle drei Tage. Zur Bekämpfung aber später mehr.

Durch Spinnmilbenbefall vertrocknete Sonnenblume. Wenn Sie das Gespinst sehen, ist es meist zu spät für die Pflanze. Rückschnitt und starkes Abbrausen mit Wasser sind die Notfallmaßnahmen.

Bei Verdacht auf Spinnmilbenbefall drehen Sie bei Ihrer Suche das Blatt auch mal um, denn die Milben sitzen gerne blattunterseits. Hier erkennen Sie bereits mit bloßem Auge die kleinen Sauger, ihren Kot und die ersten Gespinste.

Starke Aufhellungen an Ilex crenata *(Löffel-Ilex) durch Spinnmilbenbefall. Diese Pflanze wird gerne als Alternative zum anfälligen Buchs gepflanzt.*

Die Bambusmilbe (Schizotetranychus celarius) *ist nicht mit der bei uns vorkommenden Gemeinen Spinnmilbe zu verwechseln. Sie kam mit Pflanzenimporten zu uns, hat keine natürlichen Feinde hier und kann die Winter außerordentlich gut überstehen. Innerhalb eines blattunterseitigen Gespinsts ist sie optimal vor Fressfeinden geschützt.*

Werden die Tage kürzer und der Winter naht, dann verfärben sich die eigentlich grünen Weibchen der Gemeinen Spinnmilbe rötlich und suchen im Freien Verstecke zum Überwintern auf. Die Männchen erfrieren, was den männlichen Teil des Autorenteams etwas traurig stimmt. Im Frühjahr jedenfalls beginnen die Weibchen wieder das große Saugen, werden erneut zartgrün und legen unbefruchtete Eier, aus denen, Sie wissen es nun, dann die Männchen schlüpfen. Das rote Herbststadium brachte den Gemeinen Spinnmilben auch den Beinamen **„Rote Spinne"** ein, wobei auch eine andere Spinnmilbenart, nämlich die **Obstbaumspinnmilbe** *Panonychus ulmi* als Rote Spinne bezeichnet wird. Und die ist wirklich immer rot.

Im Innenbereich, wo die Tageslänge durch das Kunstlicht nicht abnimmt, bemerken die Spinnmilben den nahenden Winter nicht und zudem wird dort auch geheizt, was abnehmende Luftfeuchtigkeit bedeutet. Jetzt haben die Gemeinen Spinnmilben leichtes Spiel. Geschwächte und gestresste Pflanzen, Licht und warme, trockene Luft. Ein Paradies zum Saugen und nicht selten zaubern die Milben innerhalb weniger Wochen einigen Zimmerpflanzen knusprig-braune Blätter und überziehen sie mit seidig-zartem Gespinst.

Bekämpfung der Spinnmilben

Wie oben erwähnt fliegen sie mit dem Luftstrom immer wieder zu oder man schleppt sie sich mit neuen Pflanzen oder am Körper tragend ein. Aber unterschätzen Sie nicht die Möglichkeiten der Pflanze, sich durch erworbene Resistenz oder auf anderem Wege selbst zu schützen. Im Buch „Ökologie der Biozönosen" schreibt der Autor Konrad Bach von der Möglichkeit der Pflanzen, die im Keimlingsstadium Milben kennen gelernt hatten, sich länger gegen Milben zu behaupten. Ebenso können sogar bestimmte Pilzinfektionen der Pflanze die Milbenanzahl stark reduzieren! Andererseits reduzieren milbenbefallene Pflanzen auch Pilzinfektionen! Ist die Natur nicht faszinierend?

Wenn es die Pflanze aber nicht schafft, sich gegen die Milben zu wehren, dann sollten wir ihr in jedem Fall helfen. Wir schlagen folgende Möglichkeiten vor.

1. **Bedingungen für die Milben verschlechtern:** Das geht natürlich nur in Innenräumen und nicht am Obstbaum. Je kühler die

Pflanze steht und je höher die Luftfeuchtigkeit ist, desto weniger Milben werden Sie haben. Ein Übersprühen der Pflanzen mit Wasser ist zwar kurz hilfreich, sollte jedoch alle 2–3 Stunden geschehen. Und das wird anstrengend, vor allem nachts. Deshalb hängen Sie lieber Wäsche auf und schalten die Heizung ab.

2. **Nützlinge einsetzen:** Hier sind Raubmilben sinnvoll. Verschiedene Arten werden angeboten (siehe Abb. S. 57) und als praktischste hat sich die Raubmilbe *Phytoseiulus persimilis* herausgestellt, weil sie so unproblematisch ist. Sie vermehrt sich brav durch das Aussaugen von Spinnmilben und deren Eier und kann, wenn mal keine Milben mehr da sind, auch in der Bodenstreu durch Mull- und Modermilben überleben. Und doch hat sie einen Nachteil. Sie benötigt eine recht hohe Luftfeuchtigkeit, die Spinnmilben mögen es aber gerne trocken. Das kann sich beißen und beim Einsatz von Raubmilben sollten Sie versuchen die Luftfeuchtigkeit zu erhöhen. Im Winter können im Außenbereich Filzstreifen angebracht werden, die mit der heimischen Raubmilbe *Typhlodromus pyri* bestückt sind. Sobald es warm wird schlüpfen sie und gehen auf die Jagd.
3. **Biomittel:** Wie bereits beschrieben, wirkt Schmierseife recht gut, hat aber keine *Ei*-wirkung! Um diese ebenfalls zu erwischen, sollten Sie *drei Behandlungen* im Abstand von etwa drei Tagen durchführen. Rapsöl hat bessere Wirkungen, ist aber nicht immer pflanzenfreundlich, besonders wenn die Sonne auf frisch gespritzte Pflanzen scheint. Blattschäden sind die Folge. Im Außenbereich ist jedoch kurz vor dem Austrieb eine Spritzung mit Ölpräparaten sinnvoll, wenn z. B. die Obstbaumspinnmilbe dort im Vorjahr gehaust hat. Das Öl erstickt die gerade schlüpfen wollenden Milben.

Raubmilben saugen liebend gerne schädliche Milben und deren Eier aus. Sie gehören wie alle Milben zu den Spinnentieren und haben vier Beinpaare.

Diese Filzstreifen enthalten Nymphen, Larven und befruchtete Raubmilbenweibchen in Winterruhe.

Austriebsspritzung: Um zu ersticken, muss man atmen. Deshalb sollte man im Frühjahr warten, bis es sich in den Eiern der Schädlinge regt. Das ist kurz vor dem Austrieb der Bäume der Fall! Länger sollte man aber nicht warten, denn die Austriebsspritzmittel sind ölhaltig und können Schäden verursachen, wenn die Blätter bereits zu weit ausgetrieben sind.

Gall-, Pocken- und Kräuselmilben

Herrliche Formen können gallbildende Milben hervorzaubern. Hier die Gallen der Lindengallmilbe Eriophyes tiliae.

Dass in der Überschrift gleich drei vermeintlich verschiedene Milbenarten stehen, ist den Symptomen geschuldet, welche die Gallmilben (und Gallmilbe ist vermutlich der beste Oberbegriff) verursachen. Wunderliche Hörnchen, die aus den Blättern wachsen, kleinere oder größere Beulen, aber auch Blattverkrüppelungen und Fruchtschädigungen sind einige der vielfältigen Anzeichen für Gallmilbenbefall.

Diese kleinen Lumpen sind sehr klein, zu klein, als dass Sie diese ohne Mikroskop beobachten könnte. Die größten der Gallmilben, also die Giganten der „Eriophyidae" (so ihr wissenschaftlicher Familienname), erreichen gerade mal ein Drittel eines Millimeters. Und die Winzlinge dieser Gruppe sind nicht mal einen Zehntelmillimeter groß. Zu Tode erschrecken können Sie die Tiere übrigens nicht, denn sie sind so klein, dass sie kein Herz-Kreislaufsystem benötigen.

Auch Gallmilben sind saugende Schädlinge, die Pflanzensäfte zum Überleben benötigen. Im Gegensatz zu den Spinnmilben leben sie *in* der Pflanze, umgeben von Pflanzengewebe und somit sehr gut geschützt. In der Regel sind Gall-, Pocken- und Kräuselmilben beim Austrieb der Pflanze noch frei umherlaufend und nur zu diesem Zeitpunkt durch Kontaktmittel oder Nützlinge zu erwischen. Sobald sie das Saugen beginnen produzieren sie ein Pflanzenhormon, was die Zellen der Pflanze dazu veranlasst sich zu teilen und um die Milben herum zu wachsen. Sobald das geschehen ist sind die Milben in Sicherheit. Und auf der Pflanze bilden sich erstaunliche, teilweise wunderschöne Formen:

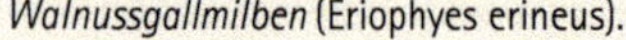

Walnussgallmilben (Eriophyes erineus).

- Hörner oder Kugeln auf Blättern in Weiß, manchmal rot oder mehrfarbig
- Gallen, die teilweise struppig und wild gefärbt sind
- Beulen, die an der Blattunterseite nicht selten einen weißen Bart haben
- braun-rostige Beläge auf der Unterseite von Birnenblättern
- Blattverkrüppelungen, meist an der Triebspitze
- Fruchtbeschädigungen oder Nicht-Ausreifen der Einzelsteinfrüchte bei Brombeeren

Bei all diesen verschiedenen Arten und Symptomen bleibt eines gleich: Die Milben leben meist im Frühjahr frei auf der Pflanze und könnten hier erwischt werden. Analog zur Obstbaumspinnmilbe werden Raubmilben der Art *Typhlodromus pyri* auf gefrorenen Filzstreifen im Winter auf die Pflanzen gehängt. Wird es wärmer, dann werden die Raubmilben aktiv und freuen sich über Gall- und Spinnmilben jeder Art! Das funktioniert sehr gut und im Winter hat man eh Zeit! Falls Sie das Anbringen der Filzstreifen vergessen haben sollten, helfen noch Rapsöl oder Schwefel während des Austriebs der Pflanzen.

Im Innenbereich und zunehmend auch draußen kommen noch die **Weichhautmilben** vor, die nicht zu den Gallmilben gehören, aber mit diesen nah verwandt sind und ebenfalls Blattverkrüp-

Eine Filzgallmilbe (Eriophyes leiosoma) *an der Linde.*

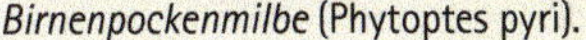

Birnenpockenmilbe (Phytoptes pyri).

Brombeergallmilben (Eriophyes essigi, *Synonym:* Acalitus essigi) *verursachen das ungleichmäßige Ausreifen der Einzelfrüchtchen.*

pelungen verursachen können. Grünpflanzen wie *Schefflera* im Wartezimmer beim Arzt oder in Amtsstuben zeigen bei Befall oft löffelförmig verbogene Blätter. Weichhautmilben dieser Art (*Steneotarsonemus pallidus*) sind im Freiland

Das Schadbild der Weichhautmilbe an Paprika.

gefährlich für Erdbeeren und nennen sich dann **Erdbeermilbe** (*Steneotarsonemus pallidus* subsp. *fragariae*). Falls also Ihre Erdbeeren komplett verkrüppelte Blätter aufweisen und im Herzbereich sogar absterben, dann isolieren sie diese befallenen Pflanzen am besten. Weichhautmilben sind sehr zäh. Im Innenbereich reicht meist ein Rückschnitt, im Außenbereich sollten Sie unbedingt die Pflanzenvielfalt erhöhen, um mehr Raubmilben anzusiedeln.

Wurzelmilben

Zu guter Letzt noch eine Milbengruppe, die eher im Profianbau ihr Unwesen treibt und nur selten HobbygärtnerInnen stört, denn diese erkennen sie in der Regel nicht und die Schädigungen sind fast nicht bemerkbar. ProfigärtnerInnen aber sehen sofort, dass in Teilbereichen ihres Lilienfelds, an den Freesien oder auch an Kartoffeln Befallsherde existieren, in denen die Pflanzen weniger gut wachsen oder gar richtig leiden. Der Vergleich mit gesunden Pflanzen ist hier also eine Diagnosehilfe.

Wurzelmilben können sehr lästig werden, haben sie doch eine enorme Reproduktionsrate. Bereits 48 Stunden nach der Geburt wird sich vermehrt und das mehrmals am Tag! Innerhalb kürzester Zeit kann alles vermilbt sein. Zu Gute kommt ihnen außerdem, dass sich Wurzelmilben meist auch an anderen Delikatessen wie abgestorbenen Asseln, Kot oder auch Blättern und Stängeln lebender Pflanzen gütlich tun. Sie fressen also praktisch alles, lieben aber Zwiebeln und Knollen und nur hier gelingt ihnen auch die rasante Vermehrung. Nicht selten kommen sie auch an Zimmerpflanzen vor. Orchideen, Farne und andere Zierpflanzen können kleine Milbenherde aufweisen. Lassen Sie Ihre Schädlinge durch bodenbewohnende Raubmilben, wie *Hypoaspis miles* fressen.

Was tun bei Milbenbefall?

Milbe	Vorbeugung	Nützlinge	Biomittel
Spinnmilbe	Luftfeuchtigkeit erhöhen, Heizungsluft vermeiden	Raubmilbe *Phytoseiulus persimilis*	Schmierseife, Rapsöl, Paraffinöl (an hartlaubigen Pflanzen)
Obstbaum-spinnmilbe	Strukturen für Raubmilben erhalten (Flechten belassen!)	heimischer Nützling *Typhlodromus pyri* auf Filzstreifen (Winter)	Schmierseife bei Befall, Rapsöl, Paraffinöl (Austriebsspritzung)
Gallmilben (Kräuselmilben, Pockenmilben)	Strukturen für Raubmilben erhalten (borkige Rinde)	heimischer Nützling *Typhlodromus pyri* auf Filzstreifen (Winter)	Rapsöl, Schwefel beim Austrieb
Wurzelmilben	feuchte, stauende Nässe vermeiden	Raubmilbe *Hypoaspis miles*	–

Leitungsbahnsauger: Schildläuse, Woll- und Schmierläuse, Weiße Fliege, Blattläuse und Wurzelläuse

Leitungsbahnsauger sind wunderbar einfach zu erkennen. Alles klebt! Und die Tiere sitzen meist in der Nähe der Blattadern oder am Stamm, wo süßer Saft fließt.

Häufig saugen Blattläuse, aber auch Schild- und Wollläuse und manche Pflanzenflöhe (wie der Buchsbaumblattfloh) an den Leitungsbahnen, dem Phloem, und lassen es sich gut gehen. Das wenige Eiweiß nehmen sie auf, verdauen es und den Zuckersaft spritzen sie weg. Im Spezial „Blattläuse" ab S. 201 steht noch mehr zu den Ernährungsgewohnheiten.

Wenn Pflanzen also kleben, wenn auch die Fensterbank klebt, wenn die Terrasse, die Stühle, Tische, Bänke und das Auto kleben oder man bei wolkenlosem Himmel kleine kühle Tröpfchen spürt ... dann sind das wahrscheinlich viele kleine Tiere bei der Mahlzeit bzw. bei der Verdauung.

Schildläuse im Innenbereich können sich oft gut tarnen, wenn sie am Stamm des Gummibaums saugen. Meist sind sie braun gefärbt, was auf den verholzten Teilen der Pflanze nur schwer zu erkennen ist. Aber das Kleben wird sie verraten! Und jetzt muss es auch schon wieder kompliziert werden. Es gibt nämlich *Phloem-saugende* Schildläuse, die **Napfschildläuse**, die mit ihrem Deckel fest verwachsen sind und eben klebrige Pflanzen produzieren. Und es gibt die *Zellsaft-saugenden* Schildläuse, die **Deckelschildläuse**, denen man („Grüß Gott")

Napfschildläuse auf einer Goldfruchtpalme (Chrysalidocarpus *sp.*). *Die großen braunen Halbkugeln sind die Weibchen.*

Auf diesem Palmenblatt sind Deckelschildläuse zu sehen. Stabförmig die Männchen und rund die Weibchen.

den Deckel wie einen Hut abnehmen kann. Dann sitzen sie einfach so da und fühlen sich sicher nackt. Hier klebt nix! Sie trinken ja vornehm und vorsichtig den Zellsaft aus dem Parenchym und wo sie ihre Notdurft verrichten, wissen wir nicht genau. Es klebt jedenfalls nichts bei den „Parenchymsaugern". Die Unterscheidung der Deckel- und Napfschildläuse ist wichtig, wenn Sie Nützlinge einsetzen möchten. Denn die nutzen nur, wenn die Schildlausart Ihres Vertrauens auch wirklich da ist.

Schildläuse im Außenbereich: Im Außenbereich sind ebenfalls viele Schildläuse unterwegs und man kennt etwa 90 verschiedene Arten. Meist produzieren sie keinen Honigtau und können großen Schaden anrichten, denn die Pflanzen verfallen in Wuchsdepressionen und sind geschwächt. Ihr Vorteil auch hier: Sie sind naturfarben, braun, gräulich und werden oft erst spät entdeckt. Die **Spindelstrauch-Deckelschildlaus** *Unaspis euonymi* tritt zurzeit gehäuft auf und liebt nicht nur den Japanischen Spindelstrauch (*Euonymus japonicus*). An vielen anderen Sträuchern vermehrt sie sich stark und lässt die Pflanzen, durch die weißlichen Männchen, wie bestreut aussehen.

Rapsöle helfen etwas, besser wirkt Paraffinöl, da es stabiler gegenüber Sauerstoff und Licht ist. Einpinseln oder spritzen und nach 10–14 Tagen wiederholen. Kontrollieren Sie befallene Sträucher häufiger; Schildläuse sind hartnäckig!

Schildlausart	Unterscheidung	Käuflicher Nützling
Napfschildlaus	starke Honigtaubildung, auf Blättern meist an der Leitungsbahn fest mit dem Schild verwachsen	gegen alle Napfschildläuse: Schlupfwespe *Metaphycus helvolus*
		spezielle Schlupfwespen:
	Halbkugelige Napfschildlaus (*Saissetia coffeae*) gelblich-bräunlich, halbkugelig	*Coccophagus lycimnia*
	Gemeine Napfschildlaus (*Coccus hesperidum*), braun-beige, eher flach	*Microterys flavus*
	Schwarze Ölbaumschildlaus (*Saisettia oleae*), dunkelbraun, „H" am Rücken	*Coccophagus lycimnia*
Deckelschild-laus (versch. Arten)	Kein Honigtau, auf dem Blatt verteilt, nur manchmal an den Blattadern, Deckel abnehmbar	gegen alle Deckelschildläuse: Marienkäfer der Arten *Rhyzobius lophantae* und *Chilocorus nigritus*

Blutläuse saugen gut geschützt in ihren wolligen Wachsausscheidungen und verursachen Triebverkrüppelungen und Obstbaumkrebs.

Männliche Spindelstrauch-Deckelschildläuse, die beim Zerdrücken eine orange Farbe absondern. Früher wurde ein Farbstoff bestimmter Schildlausarten für die Herstellung seltener roter Farbe verwendet.

Ein starker Schildlausbefall auf Rosen.

Spindelstrauch-Deckelschildlaus. Deutlich sichtbar: rundliche Frauen und stäbchenförmige Männer.

Auch die **Woll- oder Schmierläuse** lassen es vor allem im Innenbereich kleben und auch diese sollten Sie unterscheiden bevor Sie Nützlinge einsetzen.

Kurzer Schwanz: Zitrus-Wolllaus (*Planococcus citri*). Schwanz nicht ganz so lang wie der ganze Körper: *Pseudococcus affinis*, die im englischsprachigen Raum als Kalifornische Wolllaus bezeichnet wird. Ultralanger Schwanz, länger als der Körper oder noch länger: *Pseudococcus longispinus*, die, hören Sie auf zu kichern, Langschwänzige Wolllaus.

Gegen alle können Florfliegenlarven oder der Australische Marienkäfer *Cryptolaemus montrouzieri* eingesetzt werden. Dessen Larve sieht aus wie eine schnelle Riesen-Wolllaus. Nicht erschrecken oder abtöten. Es gibt wie erwähnt auch verschiedene Schlupfwespen gegen die Wollläuse, deren Temperaturansprüche jedoch recht hoch sind und nicht immer eingehalten werden können. Im Außenbereich kommen auch einige Arten vor, die eine Mischung aus Schild- und Wolllaus sind. Wollige Wolle und oft ein brauner Schild darüber; entsprechend werden sie dann auch **Wollschildlaus** genannt, z. B. die **Hortensienwollschildlaus** (*Eupulvinaria hydrangeae*) oder die **Wollige Napfschildlaus.** Ersticken mit Raps- oder Paraffinölpräparaten dezimiert Innen- und Außenwollläuse stark. Nach 10–14 Tagen wiederholen.

Weiße Fliegen, die zu den Schildläusen gezählt werden, kommen im Freiland und im Gewächshaus vor. Es sind hauptsächlich drei Arten, die wirklich lästig werden und sich durch den aktiven Flug auch gut verbreiten können. Gegen Weiße Fliegen wurden Nützlinge auch erstmals großflächig eingesetzt, denn die chemischen Wirkstoffe versagten aufgrund von

Schildläuse treten als Schwächeparasiten an Gehölzen auf, die bereits durch die falsche Standortwahl beeinträchtigt sind.

Die Australische Wollschildlaus (Icerya purchasi) *auf Zitrus im Innenbereich und die Wollige Napfschildlaus* (Pulvinaria regalis) *im Außenbereich.*

Genussvolles Fressen auf einer Kiwi. Die Marienkäferlarve des Vierfleckigen Kugelmarienkäfers beim Festmahl an Wollschildläusen. Diese heimische Marienkäferart frisst Wollschildläuse und kann sogar als Nützling erworben werden.

Der Vierfleckige Kugelmarienkäfer mit dem lustigen Namen Exochomus quadripustulatus, *verrichtet seine Arbeit oft unbemerkt, da wir ihn nicht erkennen.*

Die Larve des Australischen Marienkäfers kann leicht mit einer Riesenwolllaus verwechselt werden. Sie bewegt sich aber wesentlich schneller.

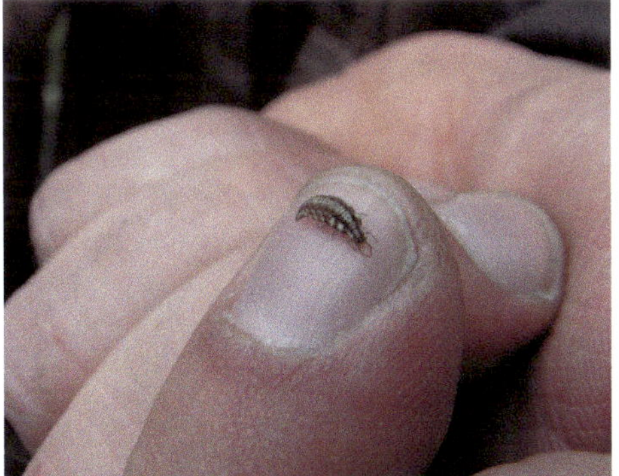

Florfliegenlarven können ebenfalls gegen Weiße Fliegen eingesetzt werden (siehe Kapitel „Nützlinge").

Schlupfwespen sind winzig kleine, aber umso effektivere Schädlingsvertilger.

Weiße Fliegen, die v. a. unter Glas, also im Gewächshaus, vorkommen und hier auch meist überwintern.

Der richtige Name der „Weißen Fliege auf Kohl" ist Kohlmottenschildlaus. Hier sehen Sie Adulte und Eier.

Die nützliche Schwebfliege vor der Eiablage inmitten von Kohlpflanzen.

Schwebfliegenlarven fressen die flugunfähigen, unbeweglichen Stadien der Kohlmottenschildlaus.

Resistenzen fast alle. *Encarsia formosa*, eine sehr kleine Erzwespe aus Südamerika, schädigt die Weiße Fliege doppelt. Erstens legt sie ihre Eier in die Jungstadien des Schädlings und zweitens knabbert sie diese auch als erwachsenes Tier an und ernährt sich von der austretenden Flüssigkeit. Viele konventionell arbeitende GärtnerInnen nutzen diesen Doppeleffekt und setzen eher auf die Erzwespe als auf chemische Pflanzenschutzmittel. Gelbe Klebetafeln werden zum Monitoring genutzt, denn die Weißen Fliegen lieben gelb. Sobald die ersten kleben bleiben wissen die GärtnerInnen: Jetzt spätestens müssen die Nützlinge eingesetzt werden.

Im Innenbereich und Gewächshäusern finden sich zwei ursprünglich tropische Arten, die Gewächshaus-Weiße-Fliege *Trialeurodes vaporariorum* und die Baumwoll-Weiße-Fliege *Bemisisa tabaci*. Beide haben bewegliche und unbewegliche Larvenstadien und im Stadium der Unbeweglichkeit können sie mit Schildläusen verwechselt werden. Im Sommer kommen sie auch im Freiland vor. Hauptwirtspflanzen sind Nachtschattengewächse wie Tomaten, aber auch Fuchsien, Bohnen und viele weitere Pflanzen. Die Weiße Fliege an Kohlpflanzen ist jedoch meist eine andere Art. Es wird vermutlich die Kohlmottenschildlaus *Aleyrodes proletella* sein. Sie kann ebenfalls sehr lästig werden.

Schmierseifenpräparate sind wirkungsvoll, Sie müssen diese aber häufiger anwenden. Auch kurz vor einem Nützlingseinsatz geht das noch, falls zu viele Schädlinge vorhanden sind. Außer der erwähnten Erzwespe können Sie bestimmte Marienkäfer, andere Schlupfwespenarten und die Raubwanze *Macrolophus pygmaeus* einsetzen. Alle Nützlinge sind aber nur für den Innenbereich geeignet. Im Außenbereich wird aktuell die Erzwespe *Encarsia tricolor* getestet. Praxisreif ist das leider noch nicht.

Spezial: Blattläuse

Das Leben der Läuse

Blattläuse scheinen für viele Menschen eklig oder langweilig zu sein, haben aber einen unglaublich spannenden Lebenslauf. Sie sind irgendwie die coolsten Parasiten und haben es als Sympathieträger sogar schon in Filme („Das große Krabbeln") und Kinderbücher („Luis' Raumfahrt: Das große Abenteuer einer kleinen Blattlaus" von Christine Goppel) geschafft. Sie haben wunderschöne, große Augen, lustige Körper und kitzeln, wenn sie über unseren Arm laufen.

Die meisten Blattläuse auf unseren Pflanzen sind Klone einer einzigen Mutter und fast immer Weibchen! Wenige Tage nach ihrer Geburt können sie schon selbst wieder Kinder bekommen, und wie bereits gesagt: ohne Männer! Manche sprechen von Lebendgeburten der Läuse, was aber nicht ganz richtig ist, denn die Eihülle des Embryos platzt bei der Geburt. So sieht es aus, als ob eine kleine Laus in Steißlage auf die Welt kommt. Kurz torkelt sie umher, um sodann ihren Rüssel ins Blatt zu rammen und das Trinken zu beginnen.

Durch sogenannte Aggregationspheromone (Pheromone sind Stoffe, die gebildet und wahrgenommen werden und im Anschluss eine Reaktion hervorrufen können) bilden die Blattläuse eine Kolonie, in der Hoffnung, dass andere gefressen werden und nicht sie selbst. Läuse bleiben also gerne in ihrem eigenen Dunstkreis!

Ein kleiner Ausschnitt aus der wunderbaren bunten Welt der Blattläuse. Hier auf Wermut und Rose.

Schwarze Blattläuse bei der Geburt von roten Jungtieren.

Sind irgendwann zu viele Tiere auf einer Pflanze, löst dies Stress unter den Läusen aus und kleine Wellen gehen durch die Kolonie. Das sieht wirklich schön aus, wenn eine La-Ola-Welle mit dem Hintern (denn vorne sind sie ja zum Trinken mit ihrem Rüssel verankert) durch Hunderte von Läusen geht. Dieser Stress lässt die Kleinen jetzt ein anderes Pheromon bilden. Das zur Flügelbildung. Sie dampfen also etwas aus, was ihnen die Möglichkeit gibt zu fliegen! Manchmal ist auch die Tageslänge der Auslöser, aber eben auch Stress durch zu viele Individuen.

Jetzt fliegen manche Läuse weg und suchen andere Pflanzen der gleichen Art oder, und das ist wichtig für die Bekämpfungsstrategie, sie suchen eine *ganz andere* Pflanzenart! Diese Eigenschaft wird wirtswechselnd genannt und dieser Begriff ist sehr treffend, wenn man sein Leben trinkend verbringt.

Irgendwann im Jahr, meistens im Herbst kommen dann plötzlich Männchen. Auch so eine Pheromon/Tageslichtlänge-Geschichte. Und endlich können die Läuse eine geschlechtliche Vermehrung absolvieren. Ungeschlechtliche Nachkommen sind durch fehlenden Gen-Austausch nämlich krankheitsgefährdet. Die Wirtwechsler fliegen jetzt zu ihren Ursprungspflanzenarten zurück und legen dort Eier ab,

Eine veränderte Tageslänge oder Stress verhelfen Blattläusen zu Flügeln.

Johannisbeerblasenlaus (Cryptomyzus ribes): *Interessant ist, dass nur wenige Läuse ausreichen, um diesen auffälligen Schaden zu verursachen. Sollte eine Behandlung nötig sein, spritzen Sie zweimal innerhalb von 10 Tagen bei Auftreten der Blattlaus mit Kaliseife (Schmierseife). Vergessen Sie nicht blattunterseits zu spritzen, wo die Johannisbeerblasenlaus sitzt und saugt, sonst wird nur das Blatt gewaschen und die Blattlaus schädigt fleißig weiter.*

Die Mehlige Kohlblattlaus (Brevicoryne brassicae).

Ein typisches Sommerbild bei Kohl: Mehlige Kohlblattlaus mit geflügelten Müttern und Kohlmottenschildlaus mit Eiern.

die den Winter überdauern. Zielgenau an den Knospen kann man dann winzig kleine, kaffeebohnenartige Eier finden und wenn es warm wird und die Knospen aufbrechen, dann sind sie genau da, wo sie sein sollen. An der Quelle.

Warum aber ist das wichtig für den Pflanzenschutz? Wenn Sie wissen, dass z. B. die **Johannisbeerblasenlaus** oder die **Mehlige Pflaumenblattlaus** (*Hyalopterus pruni*) im Juni abwandern, ist es sinnlos, sie noch zu bekämpfen. Und da sie im Herbst wiederkommen, könnten Sie, wenn die Läuse denn wirklich immer wieder ein Problem sind, erst dann eine Gegenmaßnahme starten.

Viele Läuse werden übrigens nach ihren Wirtspflanzen benannt und wenn es eine wirtswechselnde Art ist, dann wird meist der Name der Haupt-Wirtspflanze genommen. Manche Arten sind mehlig gepudert und tragen dann den zusätzlichen Vornamen „Mehlige". Die Unterscheidung der verschiedenen Läuse ist manchmal wichtig, denn einige Mittel wirken nicht bei allen Blattläusen gleich gut; ebenso mögen nicht alle Nützlinge alle Läuse gleichermaßen.

Nahe Verwandte der Blattläuse sind neben Schildläusen und Mottenschildläusen auch die Blattflöhe. Durch ihre hinteren Sprungbeine können sich Blattflöhe wirklich wie Flöhe hüpfend bewegen. Blattflöhe sind unter anderem der abgebildete Birnblattsauger (Cacopsylla pyri, *hier mit Eiern) sowie der bekannte Buchsbaumblattfloh, der im Spezial „Buchs" (ab S. 268) erwähnt wird. Der Saugschaden und die Übertragung von Krankheiten machen den Birnblattsauger unbeliebt. Nützlingsförderung (Blumenwanzen) und Austriebsspritzungen sind die geeigneten Gegenmaßnahmen.*

Ob Blattläuse spielen? Nehmen Sie sich Zeit für Beobachtungen. Es lohnt sich: einige Blattläuse auf einem Rosenblatt mit Tautropfen. Drei der Läuse kletterten immer wieder auf den Tropfen und rutschten wieder ab. Ob Läuse spielen, sich in der Früh waschen oder einfach nur den Tautropfen vom Blatt werfen wollten, weil er im Weg war – wir können nur raten und uns über das Gesehene freuen.

Ernährung und Pflege

Nahezu alle der mehrere Tausend Arten umfassenden Blattläuse lieben Eiweiß und mögen keinen Zucker. Und das seit fast 300 Millionen Jahren! Ihr Problem ist aber, dass Pflanzensaft einen sehr geringen Anteil an Eiweiß hat und was ihnen jetzt übrig bleibt, ist das übermäßige Saufen von Pflanzensaft, um eben satt zu werden. Der in hoher Konzentration im Pflanzensaft vorkommende Zucker wird ausgeschieden und mit dem Bein oder einem Ansatz am Hintern in hohem Bogen weggeschleudert, man will ja nicht im eigenen Saft liegen. Und daran können Sie Blattlausbefall schon aus der Ferne gut sehen. Die Pflanzen und auch die Umgebung glitzern im Sonnenschein, denn der klebrige, zuckerhaltige Saft, der Honigtau, ist überall verteilt. Auf der Pflanze, auf der Fensterscheibe, auf dem Auto und auf dem Fußboden. Durch die hohe Vermehrungsrate und das ständige Häuten liegen und kleben die Häutungsreste der Läuse, die Exuvien, ebenfalls überall. Sie sehen aus wie kleine weiße Tiere mit sechs Beinchen, sind aber nur Hüllen.

Auf dem Honigtau der Läuse können sich vor allem bei feuchter Umgebung schwarze Rußtaupilze bilden. Diese Pilze leben vom Zucker im Honigtau und schädigen die Pflanze nur dadurch, dass sie ihr das Licht nehmen. Mit warmem Wasser lässt sich der Pilz leicht entfernen.

Der beste Platz zum Saugen ist die Blattader, worin die in den Blättern gebildeten Nährstoffe Richtung Wurzel transportiert werden. Hier herrscht Druck und die Läuse müssen sich daher gar nicht anstrengen beim Trinken. Denn eigentlich saugen sie gar nicht, sondern lassen sich ganz einfach vollpumpen.

Nicht alle Blattläuse leben aber auf einem Pflanzenblatt. Einige bilden Gallen und leben so geschützt vor Feinden, denn die Pflanze wächst sozusagen um die Lauskolonie herum.

Durch den zuckerhaltigen Honigtau kleben die weißen Häutungshüllen der Blattläuse auf und unter den Blättern fest. Dies sind keine weißen Fliegen, wie oft irrtümlich vermutet. Einfach anstupsen: Wenn nichts auffliegt, sind es die Häutungsreste der Läuse. Diese auffällig weißen Hüllen verraten Ihnen den Blattlausbefall von weitem!

Wurzelläuse – Leben im Untergrund

Gleich vorne weg: Wenn Sie an Ihrem Salat oder Kakteen Wurzelläuse haben, dann behalten sie diese Sauger vermutlich etwas länger. Denn es gibt keine Mittel, auch keine chemischen, die wirklich ausreichend wirken. Wenn Sie Wurzelläuse aber kennen, dann können Sie vorbeugend etwas tun.

Die ersten Anzeichen von Wurzelläusen bemerken Sie, wenn Salat, Möhre oder Petersilie einfach nicht vom Fleck kommen, nicht wachsen oder sogar rückwärts wachsen, also eingehen. Legen Sie die Pflanzen frei, dann entdecken Sie an den Wurzeln weißliche oder graue Läuse, manchmal Wachsausscheidungen und klebrigen Honigtau. Im Innenbereich können Kakteen, aber auch andere Zimmerpflanzen damit befallen sein. Auch hier machen die Pflanzen einen geschwächten Eindruck oder sterben gar ab. Ein weiteres Indiz im Gemüsegarten kann das verstärkte Auftreten von gelben Ameisen sein, die den Honigtau der Läuse lieben.

Als Wurzelläuse bezeichnet man eigentlich eine Vielzahl verschiedener Arten und viele von diesen sind wirtswechselnd. Die **Salatwurzellaus** beispielsweise ist nur im Sommer am Salat und hält sich sonst an Bäumen auf. Dort heißt die gleiche Laus dann **Schwarzpappelblattstielblasenlaus** (*Pemphigus bursarius*).

Eine von Wurzelläusen befallene Wurzel.

Wurzelläuse am Blatt? Die Reblaus (Viteus vitifoliae) *hat ein kompliziertes Vermehrungssystem, denn sie beginnt als Wurzellaus am Weinstock und bildet dort hin und wieder Nymphen aus, also Vorstufen geflügelter Läuse. Die kriechen aus dem Boden, legen Eier und die dann schlüpfenden Männchen und Weibchen paaren sich und Wintereier werden abgelegt. Nein, wir sind noch nicht fertig. Jetzt geht's erst los! Aus den Wintereiern schlüpfen die Stamm-Mütter der neuen Generation und diese bilden jetzt Gallen an den Blättern, in die Frühjahrseier abgelegt werden. Aus diesen schlüpfen dann sowohl Larven, die dort neue Gallen bilden, als auch Larven, die es in den Untergrund zieht ... die neue Wurzellausgeneration. Die Natur ist ein Irrsinn!*

Nicht nur für Kinder interessant: Schnappen Sie sich ein Mikroskop oder eine Lupe und beobachten Sie das geheime Leben der Läuse und Nützlinge. Sie werden so viel mehr verstehen, wenn Sie es nicht nur lesen, sondern auch sehen!

Feinde der Läuse – die Nützlinge

Blattläuse stehen am Anfang der Nahrungskette. Es ist unangenehm, in erster Linie als Futter geboren zu werden, aber einer muss eben den Anfang machen. Und da Läuse eher träge sind und in solchen Massen vorkommen, sind sie eben auch ein willkommener Leckerbissen oder eine Brutstation für die, die wir Nützlinge nennen. Im Kapitel „Nützlinge – Helfende Mäuler im Garten" (ab S. 34) haben Sie schon viele kennengelernt; für die lieben Blattläuse folgt hier ein eigenes kleines Nützlings-Spezial.

Fangen wir mit den größten Prädatoren an. Roland, ein Lehrer an der hiesigen Gartenbauschule, zeigt seinen Schülern immer wieder, dass man ein lausbefallenes Blatt einfach abschlecken kann. Eine süße und eiweißreiche Nahrung also. Roland und seine Schüler sind im weiteren Sinne demnach Nützlinge. Probieren Sie es auch einmal!

Etwas kleiner, aber immer noch groß sind die heimischen Vögel. Und wir haben in Nachbars Garten Meisen beobachtet, die aufgeregt flatternd die Blätter der Bäume regelrecht abschaben. Meisen verfüttern mehrere Kilogramm Insekten an ihre Jungen und sind die besten Nützlinge überhaupt. Also: Nistkästen aufhängen!

Die für uns nützlichen Insekten verwenden die Läuse auf unterschiedliche Art und Weise. Manche, wie der erwachsene Marienkäfer, fressen die Läuse mit Stumpf und Siphon einfach auf. Da Marienkäferlarven *und* erwachsene Tiere die Läuse fressen, ist er ein sehr effektiver Nützling. Bei den meisten Nützlingen aber fressen

Ein auf einem langen Stiel abgelegtes Florfliegenei, gleich neben der Nahrung.

Räuberische Gallmücken inmitten einer Blattlauskolonie. Auf der Knospe sind Blattlaushäute zu sehen.

nur die Larven. So schabt die Larve der Schwebfliege in ihren späteren Larvenstadien die Läuse aus und klebt ihre Opfer mit zähem Schleim fest, so dass sie nicht fliehen können. Unsere Florfliege hat die wohl gierigsten Nachkommen. Diese mit giftigen Beißzangen bewehrten Tierchen gehen auf alles los, was nicht bei drei von den Bäumen ist. Vor allem Blattläuse, Wollläuse und Thripse, aber auch Milben sind ihre Lieblingsnahrung. Oder auch Bruder und Schwester. Florfliegenlarvenmütter legen deshalb ihre Eier nicht einfach ab, sondern befestigen sie oben an einem seidenartigen Stiel, so dass die frisch schlüpfende Larve ihre Geschwister nicht aussaugen kann.

Oder sie saugen, wie die Räuberische Gallmücke oder die Larve der Florfliege, die Blattläuse aus. Die Gallmücke ist winzig klein und hakt sich am Blattlausbein fest. Dann saugt sie die Laus über das Bein aus.

Schlupf- und Erzwespen legen ihre Eier in die Läuse *hinein* und ihr Angriff ist wirklich spannend. Wenn Sie mal eine winzig kleine und schwarze „Fliege" um Blattläuse herumschwirren sehen, dann nehmen Sie sich die Zeit für eine Beobachtung. Wie sie sich anschleicht, ihren Stechapparat nach vorne schiebt und – zack – in Sekundenbruchteilen ihr Ei ablegt. Unbeschreiblich! Im Inneren der Laus schlüpft die Larve der Wespe und frisst erst die Teile, welche die Laus nicht unbedingt braucht (aus

Es ist schon unglaublich, dass sich eine Schlupfwespe in einer Blattlaus entwickelt, verpuppt und schlüpft. Dessen aber nicht genug gibt es Schlupfwespen, die sich in Schlupfwespen in einer Blattlaus entwickeln. Diese Schlupfwespen nennt man Hyperparasitoide. Auf dem Bild wird gerade ein Ei in eine Schlupfwespe in einer Blattlausmumie gelegt.

der Sicht der Wespe, nicht aus der Sicht der Laus). Sie lebt also noch recht lange, bis die Wespenlarve sie schließlich abtötet und mit dem Blatt verklebt. Jetzt wächst die Wespenlarve, die Laus bläht sich auf und verfärbt sich oft kupferfarben. Als „Goldtröpfchen" bezeichnen wir sie für Kinder, aber auch Erwachsene merken sich es so besser. Ist sie verpuppt, dann sägt sie ein kreisrundes Loch in die Oberseite der Lausmumie und schlüpft wie aus einem U-Boot-Deckel heraus. Fertig ist die Wespe!

Der kleinste Nützling ist ein Pilz (*Lecanicillium lecanii*), der unter günstigen Bedingungen ganze Blattlauskolonien befallen kann. Dann sieht man wollige kleine Sauger, die sich aber nicht mehr bewegen. Sie sporen!

Freunde und Verteidigung

Auch wenn es nicht so aussieht, aber auch Läuse haben Verteidigungsstrategien gegen ihre Fressfeinde und Parasitoide. Erst einmal ist natürlich die Masse der Läuse schon ein guter Schutz für die einzelne Laus – sie nutzt so etwas wie den Schwarmeffekt der Fische. Da fällt es so manchem Lausfresser schwer eine einzelne Laus zu fokussieren und zu fressen. Zugegeben, Läuse sind nicht ganz so flink wie ein Hering, stecken ja meistens sogar mit ihrem Rüssel fest, aber ein gewisser Schutz ist das schon.

Werden sie angegriffen, dann treten sie mit allen Haxen nach allen Seiten, was vor allem ungeschickte Schlupfwespen davon abhält, sie anzugreifen. Nur die ruhige, die lauernde Wespe hat Erfolg. Manche Laus versucht auch fortzulaufen, wenn sie nicht schon den Rüssel eingesenkt hat. Es gelingt ihnen auch manchmal, sich verhaken wollende Gallmückenlarven abzuschütteln. Aber eben nur manchmal.

Wichtiger in der Verteidigung sind die beiden Shrek-artigen Rohre, die auf dem Hinterleib der Läuse zu finden sind. Diese Siphone genannten Röhren können eine klebrige Flüssigkeit (nein, kein Honigtau!) absondern, die schon so mancher Florfliegenlarve die Beißzangen verklebt hat. Nützlinge müssen achtsam sein, denn verklebte Körperteile bedeuten nicht selten den Tod. Zudem sind in dem klebrigen Sekret Warnstoffe für die anderen Läuse enthalten, die über die Luft übertragen werden. Diese Alarmpheromone lassen eine kleine Stampede bei den benachbarten Läusen ausbrechen und der Fressfeind hat es jetzt sehr schwer.

Viel los in der Blattlauskolonie: Oben greift eine Gallmückenlarve an, von unten nähern sich zwei gefräßige Marienkäferlarven, während links eine Laus vor Schreck vom Blatt fällt. In der Vergrößerung sind die Siphone einer Laus zu erkennen, die klebrige Abwehrstoffe freisetzt.

Ameisen, die eine Blattlausherde bewachen und „melken". Hier haben Nützlinge schwierige Bedingungen, an eine Mahlzeit zu gelangen.

Die beste Strategie gegen Feinde, die diese kleinen Sauger haben, ist das Wachpersonal Ameise. Wohl jeder hat schon beobachtet, dass Läuse und Ameisen meist zusammen vorkommen. Und sicherlich wird eine Ameise auch manchmal eine kleine Laus schnappen und an die Larven im Ameisenbau verfüttern; in der Regel aber lieben sich Ameisen und Läuse, da sie gegenseitig voneinander profitieren.

Die Läuse scheiden Zuckersaft aus und wie alle Hautflügler (Ameisen, Wespen, Bienen) brauchen die erwachsenen Tiere Zucker als Treibstoff für sich selbst. Und wo es Zucker gibt, wird auch kein anderer Gast geduldet. Die Ameisen sind also eifrig dabei, unsere Nützlinge, wie Marienkäfer, zu attackieren, ihnen die Beine abzubeißen oder sie als Nahrung für die Brut zu nutzen. HALT! Es gibt keinen Grund jetzt die Ameisen zu töten, nur weil sie die Läuse schützen! Denn Ameisen sind auch Nützlinge. In einer Beobachtungsstudie wurde erkannt, dass die Nützlingsleistung der Ameisen viel höher ist als der „Schaden", den sie anrichten. Jeder eiweißreiche Schädling, jede Blattwespe, jede Raupe und jeder Blattkäfer ist potenzielle Nahrung für die Ameisenbrut und wird auch als solche genutzt. Im Kapitel „Es nervt! Lästige Tiere von Ameisen bis Zecken" (ab S. 277) finden Sie mehr Informationen.

Ein Leimring um einen Baum ist in diesem Fall eine zuverlässige Maßnahme, um die Ameisen davon abzuhalten die Läuse zu schützen. Der Leimring hat einen doppelten Nutzen, da er (im September angebracht) das flügellose Weibchen des Frostspanners davon abhält, ihre Eier in die Obstbäume abzulegen. Also zwei Fliegen mit einer Klappe: Keine Frostspannerraupen, die im Frühjahr die Bäume kahl fressen und keine Ameisen, die den Nützlingen die Arbeit erschweren!

Aufzucht und Vermehrung

Eine Laus. *Die* Mutter. Kann etwa fünf Junge am Tag gebären! Wie gesagt ohne Männer.

Tag 1: Eine Laus
Tag 2: 6 Läuse. Die Mutter und 5 Kleine!
Tag 3: 11 Läuse. Die Mutter und mittlerweile 10 Geschwister!
Tag 4: 16 Läuse
Tag 5: 21 Läuse
Tag 6: 26 Läuse
Tag 7: Jetzt wird es spannend, denn die ersten Enkel kommen! Eine Mutter, 30 Kinder und die fünf Erstgeborenen haben jetzt auch je fünf, also 25 weitere Kinder! Das sind zusammen 56.
Tag 8: Hui. Die fünf Erstgeborenen haben schon wieder 25 Kinder und auch die fünf Zweitgeborenen kriegen jetzt ebenfalls Nachwuchs. Am achten Tag kommen wir auf eine Mutter, 37 Kinder und 75 Enkel.
Tag 9: Und so weiter und so weiter

Geneigte LeserInnen merken: Hier nimmt die Zahl der Läuse enorm zu und zwar, wie MathematikerInnen das nennen, exponentiell! Und für das Exponentielle gibt es ein wunderbares

Blattläuse können auch während der Nahrungsaufnahme gebären.

Rosenknospe mit einer Schwebfliegenlarve. Daneben sind schon ein weiteres Schwebfliegen-Ei sowie eine Blattlaushülle zu sehen.

Beispiel, wie oft man ein Papier falten müsse, bis man das Ende des Universums erreicht hat. Wenn man ein Papier faltet, dann hat man die doppelte Dicke. Beim nächsten Falten die vierfache und beim wiederum nächsten Falten die achtfache Dicke des ursprünglichen Papiers; dann die 16-, 32-, 64- ...-fache. Die Dicke steigt sprunghaft an! Nehmen wir jetzt an, Sie können das Papier immer weiter falten, dann müssten Sie – je nach Papierstärke – nur etwa einhundertmal falten, um das Ende des beobachtbaren Universums zu erreichen. Und das ist immerhin ganz schön weit weg. Das schaffen Sie in zwei Minuten!

Die Läuse schaffen das auch! Rein theoretisch hat es unsere Läusemutter am Ende der Saison auf mehrere Quadrilliarden Nachkommen geschafft. Das ist eine 1 mit 27 Nullen. Natürlich immer vorausgesetzt, dass alle gesund sind, alle die Saison auch überleben, genug zu fressen haben und mit den widrigen Bedingungen und ihren Fressfeinden zurechtkommen.

Vielleicht ist es jetzt verständlicher geworden, warum Läuse scheinbar von einem Tag auf den anderen massenhaft erscheinen und die Pflanzen komplett überziehen. Und die Nützlinge sind noch nicht da. Vermeintlich. Die erwachsenen Nützlinge sind bereits unterwegs, um gute Bedingungen (Lauskolonie) für ihre Eiablage zu finden. Dann wird das Ei abgelegt und jetzt brauchen Sie noch etwas Geduld, bis die Larve schlüpft und ihre Fresstätigkeit aufnimmt. Bis dahin können Sie sich z. B. helfen, indem Sie die obersten Blätter, wo die meisten Läuse sitzen, abzwicken und entsorgen.

Meist haben die Nützlinge zwei Wochen nach dem Auftreten der ersten Blattläuse alles unter Kontrolle. Üben Sie sich hier in Geduld! Es wird belohnt!

Mmmmh. Waldhonig!

Waldhonig wird verschämt als Naturprodukt aus dem Wald angepriesen. Ehrlicherweise ist die Basis aber der von Bienen gesammelte, zuckerhaltige Kot der Läuse auf Nadelbäumen. Dieser Blattlauskot wird von den Bienen dann mehrfach erbrochen, bis er dann als Waldhonig aus den Waben gewirbelt und auf Brot verstrichen wird. Stellen Sie sich das bitte nicht vor, wenn Sie demnächst ein Brötchen mit Waldhonig essen.

Bekämpfung der Blattsauger

Wir haben die Maßnahmen bei Saugerbefall in Innen- und Außenbereich getrennt, denn es herrschen dort doch jeweils unterschiedliche Bedingungen. Im Haus ist Nützlingsförderung nahezu sinnlos, weil der Marienkäfer nicht klingeln kann, um herein zu kommen. Und im Außenbereich haben wir oft ganz andere Saugschädlinge als drinnen; deshalb die Trennung.

An Zimmerpflanzen kommen oft Arten vor, die draußen nicht überleben würden. Und das wäre auch schon die erste Bekämpfungsstrategie. Die Pflanzen einfach mal ein paar Wochen, vor direkter Sonne geschützt und vor dem Absaufen im Übertopf bewahrt, in die wilde Natur stellen. Vielen einheimischen Nützlingen ist es egal, ob sie heimische Kost oder exotische Läuse vernaschen. Und das raue Klima in Ihrem Garten gefällt den verwöhnten Innenraumschädlingen oft gar nicht.

Finden Sie nun Blattläuse, Wollläuse, Thripse oder andere saugende Plagen, würden wir Ihnen empfehlen folgendermaßen vorzugehen:

1. **mechanische Bekämpfung (drinnen und draußen):** Abstreifen, abduschen, scharfer Wasserstrahl, stark befallene Teile zurückschneiden.
2. **Nützlinge einsetzen! (drinnen und draußen):** Das ist besonders im Innenbereich bei Großpflanzen zu empfehlen, denn Spritzen ist hier oft schwierig und hinterlässt manchmal Flecken. Im Gewächshaus sollten Gelbtafeln hängen, um einen Zuflug schnell erkennen zu können. Hängen die ersten armen Tiere auf der Klebetafel, dann können noch Nützlinge eingesetzt werden. Flattert schon alles wild umher, schaffen es die Nutztiere nicht mehr. Dann muss vor dem Einsatz gespritzt werden (Mittel und Wartefristen beachten, sonst sind Nützlinge vielleicht auch tot).

Welche Nützlinge gegen saugende Schädlinge eingesetzt werden können, finden Sie

Erste Wahl bei Spinnmilben, Blattläusen, Thripsen und anderen frei laufenden Ärgernissen: der scharfe Wasserstrahl. Die wenigsten Tiere finden auf die Pflanze zurück.

Bei manchen saugenden Schädlingen ist eine frühzeitige Bekämpfung sinnvoll. Die Apfelfaltenlaus (Dysaphis *spp.) z. B. sitzt sicher, auch vor Schmierseife geschützt, in einer selbst gebildeten Blattfalte. Maßnahmen vor der Faltenbildung sind hier nötig.*

im Kapitel „Nützlinge im Handel", Tabelle S. 55.

3. **Biomittel (drinnen und draußen):** *Weichhäutige Schädlinge* wie Blattläuse, Weiße Fliegen und Spinnmilben: Kaliseife oder Rapsöl mit mindestens zwei, besser drei Anwendungen innerhalb von 10–14 Tagen, denn Spinnmilben legen während der Anwendung aufgrund der Umgebungsänderung durch das Sprühen mehr Eier ab als sonst! Und gegen die Eier helfen die ausgebrachten Mittel dann nicht mehr. *Saugende Tierchen mit eher harter Haut*, wie Thripse: Neem- oder Pyrethrumpräparate. Schild- und Wollläuse kann man mit Raps- oder Paraffinöl ersticken.

Manche Schädlinge sind wirklich hartnäckig, sitzen in den Pflanzenachseln und sind so schwer bekämpfbar. Wenn auch Nützlinge nichts helfen, dann wie gesagt ab ins Freie, mit Sonnenschutz in den ersten Tagen. Oft sind die Pflanzen durch einheimische Räuber relativ schnell schädlingsfrei.

Pflanzenschutzstäbchen und -zäpfchen

Im Handel werden Zäpfchen und Stäbchen angeboten, die neben Dünger auch systemische Pflanzenschutzmittel enthalten. In der Regel sind das Neonicotinoide (siehe S. 94), die von der Wurzel aufgenommen werden und sich in der Pflanze verteilen. Ungeliebte Tiere auf der Pflanze sollen so ins Jenseits befördert werden. Aber so einfach ist das nicht.

Die hartnäckigen Schädlinge Schild- und Wolllaus treten häufig in der lichtarmen Zeit des Winters auf, wenn die Pflanzen geschwächt sind. Die Pflanzen ausgerechnet in dieser Zeit mit stressendem Dünger zu versorgen, ist der erste Wahnsinn beim Einsatz dieser Stäbchen. Es werden dadurch noch mehr Nährstoffe in der Pflanze erzeugt, was die Schädlinge freut! Außerdem transpirieren die Pflanzen im Winter kaum, weil sie weniger gegossen werden. Oder sollten es wenigstens. Jetzt wird zwar der Wirkstoff aufgenommen, kann sich aber in ausreichender Konzentration gar nicht in den oberirdischen Pflanzenteilen anreichern. Somit wirkt das Ganze kaum, erzeugt Resistenzen (die Schädlinge gewöhnen sich also an den Wirkstoff) und was fast noch schlimmer ist: Gegen Parenchymsauger wie Spinnmilben wirkt es ohnehin nicht, sondern fördert sie sogar! Denn Spinnmilbenweibchen reagieren seeehr empfindlich auf Umgebungsänderungen und kontern mit panischer Eiablage. Also gibt es mehr Spinnmilben!

Zäpfchen? Überdüngte Pflanzen, resistente Schädlinge und mehr Spinnmilben.

Zäpfchen sind für den Pflanzenschutz nicht geeignet!

Krankheiten

Viren

Viren haben eine spaßige und eine böse Seite. Die auffälligsten Symptome in der Welt der Pflanzenkrankheiten werden definitiv durch Viren verursacht; zeitgleich sind sie eine große Bedrohung für die Landwirtschaft und zudem nicht ausreichend bekämpfbar. Licht und Schatten, wie so oft auf dieser Welt.

Aber zunächst zur schönen Seite der Viren. Die kleinen Bösewichte werden von den meisten Biologen gar nicht als Lebewesen angesehen, denn sie verfügen über keinen eigenen Stoffwechsel und keine eigene Vermehrung. Aber genau über das Vorhandensein eines Stoffwechsels und vor allem eigener Vermehrung werden Lebewesen generell definiert. Viren nutzen ihren Wirt gnadenlos aus, wobei dieser dann genau die Aufgaben erfüllt, die das Virus nicht selbst erledigen kann. Eigentlich bestehen Viren nur aus Erbinformation in einer Art Schale und sind somit wandelnde Gene! Eine geniale Reduktion des „Lebens" auf die reine Fortpflanzung. Das können Sie so gelassen sehen, wenn Sie nicht gerade selbst von Schnupfen, Grippe oder Lippenherpes (kurz vor einem wichtigen Termin) geplagt werden.

Da Viren für Biologen keine Lebewesen sind, ist die Namensgebung – die Nomenklatur – auch keine im herkömmlichen Sinne mit Art- oder Gattungsnamen. Meist sind die Hauptwirtspflanze und das auffälligste Symptom Grundlage des Virennamens, der dann auf Englisch niedergeschrieben wird. **Tobacco mosaic virus** wäre ein Beispiel für das Mosaikvirus an Tabak. Manche kürzen diese Namen auch noch ab und sprechen dann eben vom TMV. Dieses Virus kann zwar auch viele andere Pflanzen befallen, bleibt aber trotzdem das **tobacco mosaic virus**.

Viren sind schön!

Viele Pflanzenkrankheiten, die durch Viren verursacht werden, sind auffällig, wunderschön bunt oder wirklich lustig. Da wächst ein grünes Blatt aus einer Blüte, Stängel wachsen

Wie aus kleinen gelben und grünen Steinchen zusammengesetzt, ein Mosaik eben. Kürbisgewächse sind leider oft von Mosaikviren befallen.

Auffällige Muster deuten auf Virusbefall hin. Hier das Zick-Zack-Muster des hosta virus x *an Funkie.*

Auch Wildpflanzen haben Viren. Diese Nachtkerze (Oenothera sp.) würde schon fast als panaschierte Zuchtform durchgehen. Ein eindrucksvolles Viren-Muster.

als siamesische Drillinge aus einem Trieb, gelbe Kringel sowie mosaikartige Strukturen auf den Blättern oder Zwergenwuchs sind bekannte Virensymptome. Weil das Virus die Zellen dazu zwingt, andere Dinge zu tun als sie eigentlich sollen, kommen diese seltsamen Dinge hervor.

Manchmal ist das sogar erwünscht, was eben die schöne Seite der Viren betrifft! Das als *Variegation* bezeichnete Fehlen von Blattgrün, also Chlorophylldefekt, ist beliebt. Bunt panaschierte, gefleckte Blätter vieler Zierpflanzen sind oft auf Virenbefall zurückzuführen und variegate Pflanzen werden gezielt gezüchtet. Aber: Da diese Pflanzen eigentlich krank sind, ist die Konkurrenzstärke nicht stark ausgeprägt. Das heißt, dass diese Pflanzen oft schwachwüchsiger und anfälliger für andere Krankheiten sind.

Viren sind böse!

Doch Viren können auch anders, nämlich böse und unberechenbar sein. Was in der Humanmedizin gilt, hat auch leider im Pflanzenreich Bestand. Viren können leichte Symptome hervorrufen, die auch wieder verschwinden können, aber sie können ebenso lebensbedrohlich sein. Eigentlich hat kein richtig guter Parasit wirklich ein Interesse daran, seinen Wirt um die Ecke zu bringen. Beispiel Schnupfenviren. Nur ein schnäuzendes, umherirrendes Menschlein schmiert mit großer Sicherheit viel Virenrotz an U-Bahn-Haltestangen und Türgriffe, wo ein ahnungsloser Zeitgenosse dann die Schleimreste ins eigene Gesicht laviert. Wäre der Schnupfen nach drei Tagen tödlich (unser Nachbar spricht zwar von Nahtoderfahrungen bei Schnupfen, aber das ist ja auch Männerschnupfen), dann hätte das Virus nicht so viele Ausbreitungsmöglichkeiten.

Manche Virologen sagen deshalb, dass lebensbedrohende Virenerkrankungen bei Mensch, Tier und Pflanze vermutlich „fehlgeleitete" Viren sind, die aus Versehen in den jeweiligen Körper kamen und es geschafft haben, sich dort auszubreiten. Da das Immun-

Auch Zikaden können Viruserkrankungen übertragen. Die Bekämpfung ist meist schwierig.

system des neuen Wirts das Virus nicht kennt und im Laufe der Evolution auch keine Abwehrmechanismen aufbauen konnte, kann so eine Infektion böse enden. Viren, die beispielsweise in einheimischen Nachtschattengewächsen lebten, aber von der Pflanze in Schach gehalten werden konnten, haben die Ankömmlinge der Nachtschatten aus der Neuen Welt (Tabak, Tomate und Kartoffel) vielleicht ebenso schmackhaft gefunden. Für die drei Amerikaner war das aber gar nicht so fein und lebensbedrohlich obendrein!

Sicher ist aber auch, dass Pflanzenzüchtung die pflanzliche Fähigkeit der Virusbekämpfung gesenkt oder ausgeschaltet hat. Jedenfalls gibt es wirklich bedrohliche Virenerkrankungen, die in der Landwirtschaft von großer Bedeutung sind.

Viren haben keine Haxen, Flossen, Füße, Geißeln und auch keine Sporen, die der Wind verbreiten könnte. Viren sind auch bei der Ausbreitung immer auf andere angewiesen oder besser gesagt: Ein Serviceteam übernimmt alles, so dass es die Viren sehr bequem und einfach haben. „Ernährung" und Vermehrung werden vom Wirt organisiert (hier erfährt die Bezeichnung „Wirt" seine wahre Bedeutung!) und die Ausbreitung wird von geflügeltem Personal durchgeführt. Insekten sind die häufigsten Virusüberträger, werden selbst nicht krank und können das Virus sogar über ihre Eier an die Nachkommen weitergeben, die dann wiederum infektiös sind (dieses Phänomen ist allgemein bekannt als *transovariell*).

Der Mensch überträgt durch nicht desinfizierte Werkzeuge häufiger Krankheiten als er denkt und ist für die Viren somit das perfekte Taxi zur nächsten Pflanze.

Blattläuse haben hier eine herausragende Stellung, da sie eine enorm hohe Vermehrungsrate haben. Und wenn die virenverseuchte Laus ihre Stechborste in das Gewebe senkt, wird virushaltiger Speichel mit eingespritzt. Andere bekannte Virusverbreiter sind Vögel, parasitische Blütenpflanzen (z. B. die Seide *Cuscuta* sp., treffend auch Teufelszwirn genannt), der Boden, Pilzsporen und Pollen der eigenen Art! Ist der Überträger, der in Fachkreisen auch Vektor genannt wird, ein Mensch, dann wird dieser die Viren z. B. durch den Schnitt mit verseuchtem Werkzeug weitertragen. Infektion perfekt, Kreislauf geschlossen!

Viren können Pflanzen innerhalb kurzer Zeit dahinraffen. Beginnend mit gelbwerdenden Blättern und Nekrosen (also Absterbe-Erscheinungen) zieht sich die Krankheit durch das gesamte Gewebe der Pflanze, bis diese schließlich komplett abstirbt. Für die Diagnose Virus spricht oft auch ein nesterartiges Ausbreiten in einer Kultur. Das Entfernen der Pflanzen ist die letzte Maßnahme, die Sie dann noch ergreifen können, um eine Ausbreitung zu verhindern, denn wirksame und heilende Mittel sind weder zugelassen noch bekannt.

Viren sind gut!

Viren als Nützlinge? Das klingt zunächst absurd, aber Viren haben wirklich auch nützliche Seiten. Wenn sie denn nicht uns oder die Pflanzen, sondern schädliche Bakterien überfallen! Und diese Art Viren sind schon lange bekannt

Mosaikvirus am Apfelbaum.

Nicht hinter jeder auffälligen Musterung steckt ein Virus. Auch andere Schaderreger wie hier die Zikaden können symmetrische Verfärbungen entstehen lassen.

und tragen den Titel „Bakteriophagen", was Bakterienfresser bedeutet. Sie haben sich auf bestimmte Bakterienarten spezialisiert und nutzen die Bakterien zur Vermehrung; was die Bakterien gar nicht mögen, denn sie sterben dabei ab.

In Westeuropa hat man sich traditionell auf die Entwicklung von Antibiotika gegen Bakterien verlassen, was aber auch Resistenzen und andere negative Konsequenzen nach sich zog. In Osteuropa lag der Forschungsschwerpunkt eher auf Bakteriophagen und so mancher westliche Patient, der sich mit multiresistenten Keimen herumschlagen muss, schielt nach Osten und hofft auf Heilung durch die Bakterienfresser.

Auch im Pflanzenbau wird in diesem Bereich geforscht. Vor allem die Bakterienart *Pseudomonas* treibt in vielen Bereichen ihr Unwesen. Pflaumensterben, Kastaniensterben, Kiwisterben, Rübensterben – ein Spektrum unzähliger Wirtspflanzen für dieses Bakterium. ForscherInnen versuchen gerade mit Bakteriophagen Pflanzenschutzmittel zu entwickeln und die Ergebnisse sind teilweise vielversprechend.

So können wir diesen Absatz abschließen: Viren sind manchmal lustig und manchmal nicht. Sie sind in jedem Fall sehr interessant. Und deshalb werden sie hier, entgegen aller wissenschaftlichen Meinungen ehrenhalber zu *Lebewesen* ernannt!

Maßnahmen gegen Viren

Vorbeugung ist das Stichwort in der Verteidigungsstrategie gegen Viren. Das beginnt bei der Aussaat und/oder Vermehrung der Pflanzen generell. Es ist prinzipiell möglich, ein Fieber zu erzeugen, um die Viren abzutöten, denn viele Viren mögen Temperaturen über 40 °C nicht. Wenn Sie den Verdacht haben, dass Vermehrungsmaterial (Samen, Stecklinge, Zwiebeln, Knollen ...) vielleicht virenbehaftet sein könnte, dann können Sie es in 42 °C warmes Wasser legen und mindestens fünf Minuten auch darin liegen lassen. Dicke Zwiebeln und Knollen auf jeden Fall länger; fünfzehn Minuten sollten es schon sein. Das große Problem ist aber, 42 °C warmes Wasser zu erzeugen und die Temperatur auch zu halten. Wird es zu warm, dann wird auch das zu Schützende umgebracht (also der Samen, Steckling ...). Sinkt die Temperatur ab, dann nützt die Prozedur gar nichts gegen Viren.

Ein gutes Thermometer und eine beherrschbare Herdplatte sowie Geduld sind unbedingt erforderlich.

Sind die Viren im Boden oder vielleicht an Töpfen, Stangen oder Werkzeug, ist eine Desinfektion wichtig. Den Boden sollten Sie austauschen oder, noch besser, eine Fruchtfolge beachten. Kartoffeln, Tomaten, Zucchini, Kürbisse und andere Virenlieblinge sollten nur maximal *einmal* pro Jahr an dem gleichen Standort angebaut werden. Mindestens zwei Jahre, besser noch länger, sollte eine *Anbaupause* dieser Kulturen auf der gleichen Fläche betragen. Töpfe, Stellflächen und Stangen können Sie mit kochendem Wasser oder verdünntem Alkohol (ein Teil Wasser und drei Teile Spiritus) desinfizieren. Im Profigartenbau ist der naturidentische Stoff Benzoesäure zur Desinfektion zugelassen, im Bioanbau jedoch nicht.

Gelbe Kreise auf den Zwetschgenblättern, ausgelöst durch das Sharka-Virus. Auch Früchte und die Kerne können kreisförmige Muster aufweisen.

Ist das Virus bereits in der Pflanze und zeigt sich in seiner ganzen Pracht, müssen Sie abwägen, ob Sie Maßnahmen ergreifen. Grundsätzlich gibt es Wirkstoffe, die sogenannte virostatische Eigenschaften haben; Viren werden nicht direkt bekämpft, aber ihre Ausbreitung im Organismus behindert – sie werden statisch. Für Lippenherpes beispielsweise gibt es zugelassene virostatische Cremes, für die Anwendung an Pflanzen gibt es aber derzeit nichts Erlaubtes! Jedoch wird manchen Pflanzenextrakten eine virenhemmende Wirkung nachgesagt: Neem, Melissenextrakte, Zimt oder Birken- und Weidenrinde sollen die Virenvermehrung hemmen, wobei die Wirkung nur gegen bestimmte Virenarten einsetzt, nicht gegen alle. Wissenschaftlich erprobt ist hier nichts und eine offizielle Empfehlung darf laut Gesetz ohnehin nicht gegeben werden. Ein Entfernen der Pflanze, um andere Pflanzen zu schützen, scheint die einzig pragmatische Lösung.

In der gärtnerischen Vermehrung der Pflanzen stellen virenfreie Mutterpflanzen eine große Herausforderung dar. Es ist aber bekannt, dass Knospen und Wachstumsgewebe (das Meristem) meist virenfrei sind. Aus diesen Zellen versuchen GärtnerInnen, virenfreie Pflanzen heranzuziehen.

Viren, kurzgefasst

Wirtspflanzen

Alle Pflanzenarten betroffen, Gemüse, Zierpflanzen, Ackerkulturen, Obstbau, Weinbau.

Symptome

Auffällige Veränderungen des Wuchses und der Blattfarbe. Mosaikartige Strukturen in grün und gelb, Kreise und Blattsegmente mit gelblicher Färbung über alle Blattadern hinweg.

Verwechslungen

- Herbizidschaden: Glyphosat kann Wuchsveränderungen hervorrufen.
- Spinnmilben machen ebenfalls gelbe Sprenkelungen auf dem Blatt, hier finden Sie auf der Blattunterseite aber Gespinste und Tiere.
- Falscher Mehltau: eckige Flecken, aber von Blattadern begrenzt

Wichtige Viruserkrankungen

- Mosaikviren (an Tabak, Apfel, Gurken, Kartoffel ...) mit auffälligen band- oder fleckenförmigen Mosaikscheckungen und auch Kräuselungen der Blätter
- Flachästigkeit beim Apfel mit Rillen und Furchen sowie Astverdrehungen
- Pfeffinger Krankheit (an Süßkirsche (*Prunus avium*), Him-, Brom-, Erd- und Johannisbeere) fällt durch olivgrüne, ölige Flecken auf. Blattränder verändern sich (Doppelzähnung), Deformationen der Blätter und blattunterseits Auswüchse aus der Mittelrippe
- Scharka-Krankheit (Zwetschge, Pflaume, Pfirsich und Aprikose) ist meldepflichtig! Scharka macht olivgrüne Blattflecken, auffällige Ringe und Bänder auf Blättern und Früchten, Früchte sind gummiartig und ungenießbar.
- Zwergenwuchs an der Himbeere. Hier noch mal extra erwähnt, weil die Symptome aussehen wie Magnesiummangel. Untere Blätter vergilben, Blattadern und Saum bleiben jedoch grün. Auffälliger Zwergenwuchs kann aber auch durch das Virus verursacht sein.

Pilze

Ein Kapitel über Pilze. Nur ein Kapitel? Ganze Enzyklopädien können mit ihnen gefüllt werden! Pilze sind so vielfältig, systematisch so schwer zu fassen und manchmal ist sich nicht einmal die Wissenschaft sicher, ob das gefundene Etwas überhaupt ein Pilz ist.

Mit Systematik, Aufbau und Struktur der Pilze wollen wir niemanden belästigen. Außer es ist notwendig für das Verständnis oder einfach interessant. Dann schrecken auch wir nicht vor fiesen Fachausdrücken, episch breiten Ausführungen zu einer bestimmten Art oder auch systematischen Klassifizierungsmerkmalen der Pilze zurück. Denn fangen Sie einmal damit an, sich für Pilze zu interessieren und überschreiten den ich-geh-Pilze-suchen-Horizont, dann ist es schwer wieder damit aufzuhören. Es ist unglaublich spannend und interessant. Versprochen!

Was Pilze so machen ...

Wir steuern mit Ihnen durch die unglaubliche Welt der Pilze, Pilzähnlichen, betrachten Pilze, die erst Tier dann Pilz sind und Pilze, die nie Pilze sind.

Pilze sind keine Pflanzen, das erkennen Sie eigentlich schon an der Farbe. Nur die wenigsten sind grünlich, ansonsten können sie jede nur erdenkliche Farbe haben, auch in Lichtspektren, die wir nicht sehen können. Pilze, jedenfalls die Hutpilze im Wald, wachsen wirklich pflanzenähnlich, jedoch (und das wissen Sie sicher bereits) sind die Pilzhüte eigentlich ihre Fruchtkörper. Aber nicht alle Pilze machen das so. Das schöne Blau auf Ihrem Toastbrot beispielsweise ist ebenfalls die Blüte eines Schimmelpilzes. Der fast unsichtbare Pilz hat mit seinen Pilzfäden den Toast schon in Beschlag genommen, da haben Sie ihn noch gegessen!

Und das ist der zweite Unterschied zu den Pflanzen. Pilze haben keine Wurzeln und das wurzelähnliche Geflecht, das Mycel, ist ja der eigentliche Pilz. Dieses Mycel durchzieht den Waldboden, Ihren Toast, Ihre Füße, die Pflanzen, Insekten ... Pilze sind fast überall und befallen fast alles.

Und Pilze sind unglaublich nützlich, wenn sie abgestorbene Substanzen abbauen oder sich mit den Pflanzen verbünden, um riesige Netzwerke zu bilden. Pilze als Bestandteil der Darmbewohner helfen Ihnen beim Verdauen und im Darm wie auch auf der Haut halten sie schädliche Bakterien im Zaum.

Pilzerkrankungen zeigen meist eine Schwächung des Wirts oder eine Schwächung der nützlichen Mikroorganismen des Wirts an. Eine Pilzinfektion beim Menschen tritt sehr häufig nach dem Einsatz von Antibiotika auf, wenn die guten Bakterien ebenso in Mitleidenschaft

Pilze, Pilze, Pilze. Hier nur ein winziger Ausschnitt aus der mannigfaltigen Formen- und Farbenvielfalt der Fungi. *Der wunderschöne, gelbe Klebrige Hörnling* (Calocera viscosa), *ebenfalls auffällig in Form und Farbe ist der Scharlachrote Kelchbecherling* (Sarcoscypha coccinea), *ein geschützter, weil seltener Holzabbauer. Die unten links abgebildete hirnartige Frühjahrs-Lorchel* (Gyromitra esculenta) *sieht lecker aus, ist aber ziemlich giftig! Besser nicht mit der Speise-Morchel* (Morchella esculenta) *verwechseln. Unten rechts ein beimpfter Holzstamm, auf dem die essbaren Austernseitlinge* (Pleurotus ostreatus) *wachsen.*

gezogen wurden wie die Bösen, die man mit dem Antibiotikum bekämpfen will. Das Gleichgewicht stimmt nicht mehr und der Pilz hat leichtes Spiel.

Bei den Pflanzen ist es sehr ähnlich. Eine Zerstörung der Mikroflora im Boden oder auf der Pflanze durch Kunstdünger, chemische Fungizide sowie falsche Bodenbearbeitung fördert immer auch Schadpilze. Zudem sind geschwächte Pflanzen auch häufig Opfer von Pilzkrankheiten. Im Kapitel „Warum werden Pflanzen krank" (ab S. 14) nennen wir Ihnen viele Gründe für Krankheiten; Quintessenz ist in jedem Fall, dass Pilzkrankheiten nahezu immer gestresste, geschwächte, überzüchtete oder im Bodenleben geschädigte Pflanzen bevorzugen. Deshalb ist Vorbeugung die beste Medizin. Guter Standort, bester Boden, Belebung durch Kompost oder Komposttee (auch auf der Pflanze) und ausgewogene, natürliche Ernährung.

Die Ernährung der Pilze findet dadurch statt, dass sie enzymatisch oder durch andere abbauende Substanzen Stoffe abbauen und anschließend aufnehmen. Die meisten Pilze sind Destruenten, sie bauen also bereits tote organische Substanz ab. Wie beispielsweise Ihren Toast, der ja vor dem Verschimmeln wenig Leben in sich hat. Diese Pilze nennen wir gut. Sie sind im Kompost, im Waldboden oder auch auf uns, wenn der Herr uns rief.

Wenige andere Pilze, unsere Pflanzenkrankheiten, töten Gewebe erst ab, um es dann zu verspeisen. Mit raffinierten Methoden dringen sie ein, täuschen die Pflanze oder sind brutal und aggressiv. Und dann wird verdaut. Es gibt aber auch vornehmere Pilze, welche die Pflanze lediglich zwischen den Zellen anzapfen und nur ein wenig naschen.

Zur Unterscheidung sind oft die Fruchtkörper des Pilzes wichtig. Manche erscheinen **auf abgetötetem Gewebe**, das ist dann z. B. die große Gruppe der *Fungi imperfecti*, der unperfekten Pilze (weil sie den Sex noch nicht entdeckt oder wir ihn noch nicht gefunden haben). Hier gehören *Fusarium*, *Verticillium*, *Alternaria* u. v. m. dazu.

Andere Pilze fruchten **auf lebendem Gewebe** wie der Echte und Falsche Mehltau, Rost- und Brandpilze. Und wie immer gibt es auch Mischformen beider Symptome.

Aber noch mal weg von den Pilzkrankheiten hin zum unglaublichen Leben der Pilze.

Aufwachsen unter Freunden. Mischkultur kann bei geeigneter Pflanzenauswahl für alle Seiten förderlich sein. Das hält Ihre Pflanzen gesund.

Ein gut belebter Boden ist für die Pflanze wie eine gesunde Darmflora für den Menschen. Krankheiten werden so besser abgewehrt.

Fusarium-Art auf Totholz. Erst wird der Wirt abgetötet, dann erscheint auf dem toten Gewebe der Pilzfruchtkörper. Dieses Verhalten kann in der Diagnose nützlich sein.

Rost an Rose als Beispiel eines Schadpilzes, der auf lebendem Pflanzengewebe Fruchtkörper bildet.

Der dritte Punkt, warum Pilze eher keine Pflanzen sind ist der, dass ihr Stoffwechsel den Tieren näher ist als den Pflanzen: Zellwände aus Chitin wie die Gliederfüßer sowie Glykogen als Speicherstoff der Energie wie bei Tieren und Menschen. Weiterhin ist die heterotrophe Ernährung der Gegensatz zur Autotrophie der Pflanzen. Schöne Fremdwörter, die nichts anderes bedeuten, als dass die Pilze fertige, organische Dinge (also Andere) auffressen und Pflanzen durch Photosynthese fertige, organische Dinge selbst aus Mineralien, Luft und Wasser (also Unbelebtem) bilden können. Pilze haben kein Blattgrün, können also keine Photosynthese betreiben!

Die Inhaltsstoffe von Pilzen können lustig, nett oder gefährlich sein, je nachdem, ob sie Drogen, Aromen oder Toxine enthalten. *Magic mushrooms* enthalten Halluzinogene, in Ihrem Erdbeerjoghurt könnte ein (frecherweise als „natürliches Aroma" deklarierter) von Pilzen erzeugter Erdbeerduft stecken und die falsche Wahl beim Schwammerl suchen oder die zu alte Erdnussbutter könnten Ihre Leber auflösen. Gut und Böse liegen so nahe beieinander!

Bekannt und gut sind auch pilzliche Inhaltsstoffe, die in der Medizin genutzt werden wie Penicillin. Viele andere Inhaltsstoffe aus Pilzen können ebenfalls gesund halten. Der Schmetterlingstramete (*Trametes versicolor*, einem Baumparasiten) oder dem Reishi-Pilz beispielsweise werden viele positive Wirkungen nachgesagt. Leider ist in unseren Breiten viel Wissen über Pilze und ihre Medizinalanwendung verloren

Ein Pilz mit dem passenden Namen Stachelbart (Hericium *sp.*)*, der auch als gesundheitsfördernder Vitalpilz beschrieben ist. Er ist jedoch recht selten und sollte geschützt werden; gezüchtete Exemplare kann man aber kaufen.*

Kraut- und Knollenfäule bzw. Braunfäule an Kartoffeln (und Tomaten) wird durch den „Pilz“ Phytophthora infestans *verursacht.*

gegangen, weil Pilze als „des Teufels Gemüse“ und eher als verdammt galten. Ganz im Gegensatz zu fernöstlichen Ländern, wo Medizinalpilze noch immer ihre Anwendung finden.

Pilze sind in jedem Fall verdammt spannend, allein schon deshalb, weil sie es den SystematikerInnen unglaublich schwer machen. Was ist ein klassischer Pilz und was nicht? **Eipilze** beispielsweise, die wir im Garten als Krautfäule an Tomaten oder als Falschen Mehltau kennen, scheren aus, da sie eher mit Algen verwandt sind und aus Zellulose bestehen, die richtige Pilze sonst nie enthalten. Auch können sie sich aktiv bewegen, was dem Steinpilz eher schwerfällt (ehrlich gesagt sind es nur die „Sporen“ der Eipilze, die sich bewegen können)!

Andere pilzartige Wesen beginnen ihr Leben als Spore, sind dann Tier und danach wieder eher Pilz. **Schleimpilze** (Myxomyceten) kommen auch in unseren Gärten vor und lösen dann eher Verwunderung bis Abscheu aus, wenn sie gelb oder andersfarbig über den Salat herschleimen. Als Spore beginnend ist der Schleimpilz dann erstmal eine Amöbe, also ein Tier, und jagt Bakterien oder andere Einzeller. Später verändert sich das einzellige Tier und wird zu dieser farbigen, auffälligen Masse, die (zwar immer noch aus einer Zelle, aber mehreren Zellkernen bestehend) Flächen von bis zu einem und in Ausnahmefällen sogar mehreren Quadratmetern ein-

„Pilz-Thiere“ wurden die Schleimpilze vor über einhundert Jahren genannt, bevor die orthographische Konferenz von 1901 Pilz-Tiere daraus machte. Tiere sind sie tatsächlich in einem Teil ihrer Entwicklung und dann irgendwie Pilz. Und mittendrin ein schleimiges Irgendwas. Im Bild sehen Sie die atemberaubende Weiße Lohblüte (Fuligo candida) *beim Verzehr eines Grases.*

Heißt Strahlenpilz, ist aber eine Bakterie: Der Kartoffelschorf ist eine Krankheit, die vor allem auf leichten Böden und bei Trockenheit auftreten kann. Sie ist aber gesundheitlich unbedenklich und somit nicht immer bekämpfungswürdig. Fruchtfolge und Bacillus subtilis, *der in Kompost und Pferdemist vorkommt, können die Krankheit eindämmen.*

nehmen kann. Dieser Glibber bewegt sich aktiv, kann organartige Adern hervorzaubern (ist aber immer noch nur eine Zelle) und vermag sogar den kürzesten Weg durch ein Labyrinth zu finden. Irgendwann ist er oder sie oder es (?) reif. Bei der Schleimpilzart *Physarum polycephalum* wurden 13 verschiedene Geschlechter bestimmt, wobei anscheinend jede/r mit allen Sex haben kann, nur nicht mit dem eigenen Geschlecht. Es existieren Nur-Frauen und Nur-Männer mit 11 Zwischentypen. Das mit dem Kennenlernen wird schwierig in der Schleimpilz-Bar. Egal, die Schleimpilze können das und nach der Vereinigung beginnt eine eigenartige Verwandlung. Denn das Wesen, das als Tier begann und dann zur Glibbermasse wurde nimmt jetzt eine pilzähnliche Struktur an. Diese sport dann aus und alles beginnt von vorne.

Eine von noch so vielen Seltsamkeiten der Schleimpilze können wir Ihnen nicht vorenthalten. Die gleichen Schleimpilze verhalten sich auf verschiedenen Kontinenten unterschiedlich. In Australien herrscht eher der liebevolle, anhängliche Typ vor, der sich zu Kollegen hingezogen fühlt und potenzielle Nahrung eher links liegen lässt. Der Japaner dieser Art ist hingegen eher ein Soziopath und vermeidet den Kontakt zu anderen Schleimern; ihn zieht's eher zur Nahrung hin. Der Amerikaner schließlich vereinigt beides in sich. Er fühlt sich zu anderen hingezogen und frisst aber auch gerne. Und so wird er zum Kannibalen und verspeist seine Artgenossen ganz einfach. Wir veranstalten jedes Jahr für *Natur im Garten* eine Fachtagung zur ökologischen Pflege und Marion Geib, eine begeisterte Schleimpilzexpertin, hielt einen unglaublich spannenden und witzigen Vortrag mit wunderschönen Bildern über die Myxomyceten. Sie veröffentlichte auch ein Fachbuch zur Bestimmung und erstellt jedes Jahr einen Schleimpilz-Kalender. Ein ideales Geschenk zum Erreichen verblüffter Gesichter!

Die Gelbe Lohblüte (Fuligo septica) *ist als „Hexenbutter" bekannt und tatsächlich essbar. Im Englischen trägt sie auch den wunderbaren Namen „dog vomit slime mold", also Hundekotzeschleimpilz. Lecker.*

Intelligente Pilze

Basteln Sie ein kleines Labyrinth und legen an den Ausgang eine Haferflocke und an den Eingang einen Schleimpilz im Schleimstadium. Der Schleimpilz liebt Haferflocken und wird nun in das Labyrinth kriechen, Gänge erforschen, sich aber aus Sackgassen wieder zurückziehen und irgendwann die Flocke finden. Der kürzeste Weg zur Haferflocke wird jetzt mit adernartigen Strukturen verstärkt und die Haferflocke verdaut. So hat der Schleimpilz die optimale Route gefunden.

Eine Gruppe der Pilze, die wir in der Einleitung dieses Kapitels versprochen haben, fehlt noch: Pilze, die keine Pilze sind. Klingt verwirrend, ist aber der Tatsache geschuldet, dass die Forschung zur Klassifizierung von Lebewesen einfach weiter ist als vor wenigen Jahrzehnten. Und was einst rein optisch als Pilz galt, ist eben manchmal keiner. Beispielsweise die Strahlenpilze, zu denen auch der Erreger des Kartoffelschorfs gehört. *Streptomyces scabiei* heißt er und aufmerksamen LeserInnen wird das „myces" im Namen auffallen. Und tatsächlich bilden diese Bakterien Mycelien ähnlich denen der Pilze aus, haben aber keinen Zellkern, was Bakterien von anderen Lebewesen, wie Pilzen, Pflanzen oder Tieren klar abgrenzt.

Gut. Sie wissen jetzt, *den* Pilz gibt es nicht. Und so haben die SystematikerInnen das Wort „Amorphea" erfunden, was uns Menschen, Tiere, Schleimpilze und Echte Pilze zusammenfasst. Die Eipilze jedoch gehören mit den Pflanzen zu den „Diaphoretickes". Jetzt könnten wir ein großes Werk über die Systematik beginnen, tun wir aber nicht, denn wir verstehen es gar nicht. Es ist wirklich sehr kompliziert. Darum hier eine vereinfachte Übersicht:

Echte Pilze (enthalten Chitin)	Pilze, die keine Pilze sind, aber so genannt werden
Pilze im Wald Fußpilz Pilze in Pils (Hefepilze) Schimmelpilze (im Badezimmer/Kühlschrank) Mykorrhizapilze **Pflanzenkrankheiten** • Echter Mehltau • Rost • Schorf • *Monilia*-Erkrankungen • Pfirsichkräuselkrankheit • Schneeschimmel • *Verticillium*-Welke • Schrotschusskrankheit • Birnengitterrost • Sternrußtau • Obstbaumkrebs • Rutensterben • u. v. m.	**Strahlenpilze** (sind Bakterien), z. B. Kartoffelschorf **Schleimpilze** (sind mal Tier, mal nicht) **„Pilzähnliche"** (eher Tiere als Pilze), z. B. Kohlhernie an Kohl (*Plasmodiophora brassicae*) **Eipilze** oder **Scheinpilze** (früher als Oomyceten, jetzt als Peronosporomyceten bezeichnet, sind näher mit Braunalgen verwandt als mit Echten Pilzen; sie enthalten kein Chitin, sondern Zellulose) **Pflanzenkrankheiten** • Falscher Mehltau • *Phytophthora* spp. (z. B. Kraut- und Knollen-/Braunfäule) • *Pythium*-Wurzelfäule • Weißer Rost

Und alleine das reicht uns aus, um zu sagen: die Welt ist wunderbar, anarchisch und genau deshalb faszinierend!

Pilzkrankheiten

Wir bleiben also trotz Systematik beim Begriff Pilz, lassen die schwierigen Unterscheidungen weg und kommen zu anderen schwierigen Unterscheidungen. Den Symptomen, die Pilze an unseren Pflanzen hinterlassen.

Manche sind sehr eindeutig und auch ein ungeübter Hobby-Pflanzenarzt wird einen Echten Mehltau vermutlich erkennen. Auch Klassiker wie Rostkrankheiten oder die schönen weißen Pustelkringel der Fruchtmonilia kennen noch viele. Schwieriger wird es bei Blattflecken und richtig kompliziert bei den sogenannten Tracheomykosen. Ein schönes Fachwort für den

Einseitige Absterbeerscheinungen. Um die Ursache herauszufinden, wird ein Ast abgeschnitten und die Schnittstelle betrachtet.

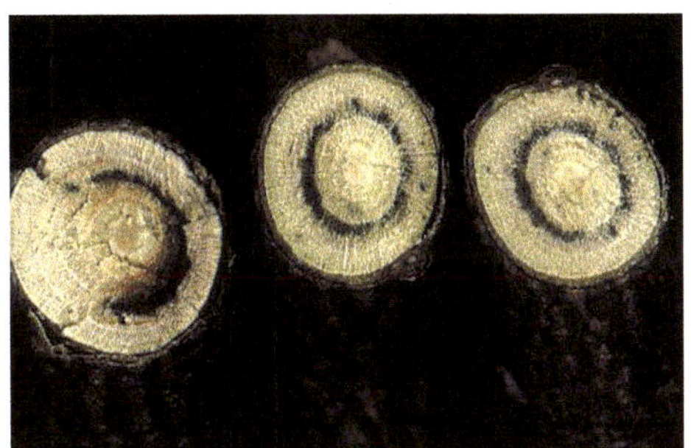

Typisch für Verticillium *sind die halbmond- bis kreisförmigen Verfärbungen. An diesen Stellen sind die Leitungsbahnen durch den Pilz verstopft worden.*

gepflegten Gartenplausch am Nachbarzaun: Tracheen sind die Leitungsbahnen der Pflanzen und Mykosen sind Pilzkrankheiten. Somit sind Tracheomykosen pilzverseuchte, also vom Pilz verstopfte Leitungsbahnen, die eine Welke bei der Pflanze verursachen.

Wir sind mal ehrlich. Um ganz viele Pilzkrankheiten sicher diagnostizieren zu können, brauchen Sie Laborerfahrung! Das geht mit Lupe und Buch nicht mehr. Wie oft in unserer Praxis hatten wir schon Blätter mit Flecken vor uns und die Diagnose lautet: wahrscheinlich vielleicht zu 75 % möglicherweise Pilz! Nicht mehr! Man kann oberirdische abiotische Schädigungen meist gut von Pilzkrankheiten unterscheiden (siehe S. 120). Fault die Wurzel, dann

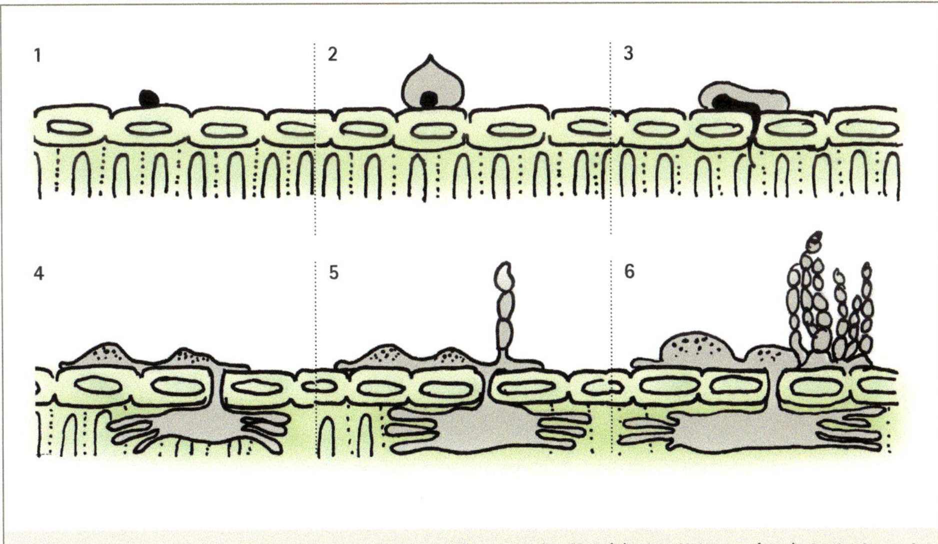

Entwicklung einer Pilzkrankheit auf einem Blatt vom Sporenauftreffen (1) über Keimung (2, 3), Ausbreitung im Blatt (4, 5) bis zur Sporenbildung (6). Nach W. Neudorff GmbH.

wird das schon schwieriger: Haben zu viel Wasser und opportunistische Pilze den muffeligen Geruch verursacht oder hat ein böser Pilz direkt angegriffen? Manchmal haben wir es nicht mit Pilzen, sondern mit bakteriellen Krankheiten zu tun, die ähnliche Symptome zeigen können. Das wird dann noch schwieriger. Und auf die Spitze treiben es dann Doppel- oder Mehrfachinfektionen, also mehrere Krankheitserreger auf einem Blatt plus der eintreffenden Pilze, die nur das tote Blatt abbauen wollen, aber eigentlich ungefährlich sind. Hier sicher zu diagnostizieren ist fast nicht mehr möglich. Trotzdem, oder gerade deshalb, geben wir Ihnen nachfolgend eine Übersicht über die wichtigsten Pilzkrankheiten. In bewährter Manier von der Sprossspitze bis zur Wurzel.

Pilze an Blättern

Wir beginnen mit den Krankheiten, die man recht sicher erkennen kann und gehen dann langsam zu den schwierigeren Fällen über. Vorab noch eine wichtige Information. Die meisten Pilzkrankheiten, ob Mehltau oder Rost, sind sehr auf eine bestimmte Pflanzenart abgestimmt, das heißt andere Pflanzenarten sind meistens nicht gefährdet! Das erlaubt uns wiederum mehr Gelassenheit!

Der Klassiker ist der **Echte Mehltau**, den es so als Pilzart gar nicht gibt, denn die Sammelbezeichnung Echter Mehltau umfasst mehrere Hundert verschiedene Arten, die eben das gleiche Symptom zeigen: Vor allem Blätter und Stängel, aber auch Früchte werden von einem weißen, fast watteartigen, abwischbaren Belag überzogen. Später können die Blätter auch vertrocknen oder es bildet sich ein bräunlicher, schorfartiger Belag. Echte Mehltaue sind Schönwetterpilze, sie hassen Regenwetter. Wenn die Spore auf ein Blatt trifft, saugt sie sich erst mal fest und testet, ob sie die richtige Pflanze erwischt hat und bildet dann einen Keimschlauch ins Blatt. Bei schönem Wetter wächst der Pilz auf dem Blatt und immer mehr kleine Schläuche werden ins Gewebe der Pflanze versenkt. Der Pilz nimmt Zellsaft auf und bildet im Sommer dann durch Abschnürung der Pilzfäden ungeschlechtliche Sporen, die aber keine rich-

Pilzkrankheiten sind meist sehr stark an einen sehr bestimmten Wirt gebunden (wirtsspezifisch). Selbst der weit verbreitete Echte Mehltau hat verschiedenste Gattungen und Arten, die jeweils nur auf einer Wirtspflanzenart wachsen können. Auf andere Pflanzenarten wechselt er niemals. Diese Himbeere ist sicher!

Echter Mehltau befällt fast alle oberirdischen Teile der Pflanzen, lediglich die dickere Borke nicht. Hier sind Rosenknospen von Echtem Mehltau überzogen.

Sowohl die Larve als auch der erwachsene Käfer (Abbildung Seite 50 unten rechts) des Zweiundzwanzigpunkt-Marienkäfers fressen Echte Mehltaupilze. Wie kleine Kühe weiden sie die Blätter ab.

tigen Sporen sind, weil eben noch kein Pilzsex stattgefunden hat. Man spricht hier von Konidien und die sind für die Massenvermehrung des Pilzes wichtig. Später im Jahr klappt's dann doch mit dem Partner und richtige Sporen werden gebildet.

Wie erwähnt ist der Echte Mehltau ein Schönwetterpilz und prinzipiell könnten Sie ihn durch ständiges Beregnen der Pflanzen bekämpfen. Leider fördern Sie so andere Pilzkrankheiten, daher greifen Sie besser zu einem Trick: Der Echte Mehltau mag keine Änderung des Säuregehalts, also besprühen Sie ihn mit leicht sauren oder leicht alkalischen Substanzen. Backpulver, Fettsäuren, Molke oder reiner Schwefel, der mit dem Luftsauerstoff und Wasser schweflige Säure bildet, sind klassische Mehltaumittel. Und auch zwei Nützlinge fressen gerne Mehltaupilze: Der gelbe Marienkäfer mit den schwarzen Punkten (Zweiundzwanzigpunkt-Marienkäfer *Psyllobora vigintiduopunctata*) und seine Larve weiden die Pilze auf den Blättern ab. Und der Nutzpilz *Ampelomyces quisqualis*, den Sie kaufen können, parasitiert den Echten Mehltau. Einfach zu erkennen und eigentlich einfach in Schach zu halten, wenn man denn frühzeitig beginnt.

Das ist bei seinem Namensvetter, dem **Falschen Mehltau**, ganz anders. Der Falsche Mehltau lebt hauptsächlich im Blattgewebe, nicht obenauf und nur in seiner Zeit der Sporenbildung schiebt er mehltauähnliche weiße Watte durch die Spaltöffnungen der Pflanze heraus. Da die Spaltöffnungen blattunterseits liegen, tritt der Falsche Mehltau im Endstadium eben auch nur auf der Blattunterseite auf. Das ist ein wichtiges Unterscheidungsmerkmal zum Echten Mehltau. Zudem ist der weiße Belag des Falschen nicht abwischbar und unter einem Kindermikroskop könnte man auch erkennen, dass die weißen Fäden des Falschen Mehltaus wie ein Busch verzweigt sind. Der Echte Mehltau ist unverzweigt, wie kleine parallele Streichhölzer steht er auf dem Blatt.

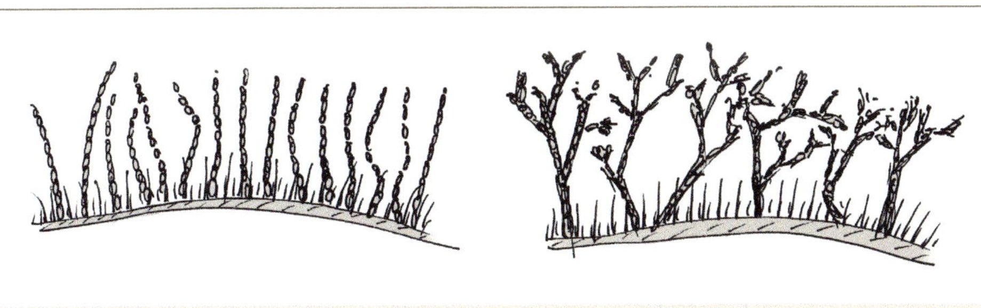

Echter und Falscher Mehltau unter der Lupe. Der Echte ist unverzweigt, der Falsche verzweigt.

Falscher Mehltau ist ebenfalls eine Sammelbezeichnung verschiedener Arten und auch er kann neben Blättern auch Früchte befallen. Die „Lederbeeren" am Wein wären so ein Befall. Und die Pflanze tut sich schwer bei der Abwehr, da Falscher Mehltau kein echter Pilz ist, und ihre Strategie gegen Pilze gegen ihn versagt. Nah verwandt mit der Kraut- und Knollen-/Braunfäule der Kartoffel und Tomate braucht auch der Falsche Mehltau ausreichend Blattnässe, um eindringen zu können. Einige Stunden nasse Blätter reichen aus! Hat er es geschafft, bildet er ein Mycel im Blatt aus und nach einiger Zeit können Sie die sich bildenden Flecken erkennen, die meist nicht über die Blattadern hinweg gehen und deshalb eckig aussehen. In der Draufsicht wirken die erkrankten Stellen heller als das gesunde Gewebe, im Gegenlicht jedoch dunkler! Ein wichtiges Merkmal zur Erkennung.

Nach Befall können bzw. kann innerhalb kurzer Zeit Teile oder im Extremfall die ganze Pflanze verdorren. Letzteres geschieht allerding eher bei einjährigen Kulturen wie Gurken. Hier können Sie durch rasches Entfernen der befallenen Blätter die Pflanze länger am Leben halten. Vorbeugung ist wichtig und auch hier ist die Pflanzenstärkung die wichtigste Prophylaxe. Möglichst nicht abends gießen, überdachen, ir-

Falscher Mehltau blattober- und unterseits. Der Pilz wächst im Inneren des Blatts und schiebt seine Sporenlager später durch die Spaltöffnungen der Blätter nach außen. Da die Spaltöffnungen gehäuft blattunterseits vorkommen, findet man den watteartigen Belag eben auch auf der Blattunterseite.

Klassischerweise eckige, von den Blattadern begrenzte Flecken sind meist Falscher Mehltau.

Der Falsche Mehltau des Weins kann auch die Beeren befallen, die dann einschrumpeln und als „Lederbeeren" bezeichnet werden.

Endstadium oft schon nach wenigen Tagen. Wo der Falsche Mehltau wütet, ist vom Sichtbarwerden der ersten Symptome bis zum Absterben nur kurze Zeit vergangen.

gendwie versuchen, die Blätter trocken zu halten, was natürlich nicht im gesamten Garten möglich ist. Oft werden hier Kupferpräparate eingesetzt, die ja generell fungizid und antibakteriell wirken. Das funktioniert so lange, wie auch ein Belag von Kupfer auf den Blättern ist. Starker Regen wäscht ihn ab und auch nachwachsende Triebe sind ungeschützt. Das bedeutet, Sie müssten viel spritzen und das mag das Bodenleben nicht (siehe „Der Boden als Grundlage", S. 31, und bei den Pflanzenschutzmitteln, S. 106). Deshalb empfehlen wir im Hausgarten Pflanzenstärkungsmittel und Grundstoffe wie Weidenrindentee, Ackerschachtelhalm oder das wundersame Chitosan, die ebenfalls sehr gut wirken.

Ein sehr naher Verwandter des Falschen Mehltaus ist die **Kraut- und Knollen-/Braunfäule – Phytophthora infestans**. Sie befällt gerne Nachtschattengewächse und bevorzugt Tomaten (*Solanum lycopersicum*), Kartoffeln (*Solanum tuberosum*) und Petunien (*Petunia* spp.). Die Krautfäulekonidien, also die ungeschlechtlichen Sporen, brauchen vier Stunden Blattnässe, um in das Blatt eindringen zu können. Vier Stunden! Wenn Sie Ihre Tomaten also trocken halten, nicht über die Blätter gießen, die Pflanzen überdachen und alle Blätter entfernen, die auf dem feuchten Boden hängen sowie Blätter, die sich überlappen und so nicht schnell abtrocknen können, wegzupfen ... wenn Sie all das beachten, dann kommt der Pilz nicht rein! Und die Pflanze bleibt gesund. Im Kartoffelfeld ist das jedoch nicht genauso machbar, deshalb halten Sie sich hier an die gleiche Vorbeugung und Bekämpfung wie beim Falschen Mehltau.

Die Krankheit schafft es innerhalb kurzer Zeit, die Blätter verbräunen zu lassen. Beginnend meist an den älteren Blättern bilden sich

Um die Kraut- und Knollen-/Braunfäule der Tomate zu vermeiden, ist das Trockenhalten der Blätter am besten. Ein Dach gegen Regen hilft, Blattnässe und somit das Eindringen der Pilzkonidien zu verhindern.

Rostpilze müssen nicht immer sehr auffällig sein. Im oberen Bild die Oberseite eines Blattes, wobei erst bei der Betrachtung der Unterseite völlig klar ist, dass es sich um einen Rostpilz handelt.

braune unregelmäßige Flecken, die sich rasch ausbreiten, auch den Stängel befallen und später einen grau-weißen Schimmelrasen blattunterseits formieren. Wegzupfen der ersten befallenen Blätter kann noch helfen, jedoch sind meist die anderen Blätter ohnehin schon infiziert. Der Grundstoff Lezithin ist bei Kraut- und Knollen-/Braunfäule der Tomate zugelassen und soll gut helfen.

Phytophthora kommt übrigens aus dem Altgriechischen. „Phyto" ist die Pflanze und „phthora" bedeutet Töten oder Vernichten. Also Pflanzentöter. Ein besserer Name wäre uns auch nicht eingefallen. Weiter unten besprechen wir weitere *Phytophthora*-Arten. Fiese Gesellen, die ganze Bäume umbringen. Aber auch tolle Lebewesen, die super schwimmen können!

Ebenfalls gut erkennbar ist die Gruppe der **Rostpilze**, deren wissenschaftlicher Name **Pucciniales** an den Komponisten Giacomo Puccini erinnert. Eine gute Eselsbrücke zum Lernen, denn ausgerechnet manche Rostpilze haben einen sehr komplexen Lebenswandel. Sie können ihre Wirte wechseln, verschiedenfarbige Sommer- und Wintersporen ausbilden (siehe Spezial „Rosen", S. 262) und zudem noch zwei weitere Sporentypen bilden. Das gilt aber nicht für alle Rostpilze, sondern nur für manche. Alles also mordskompliziert. Von Interesse für uns sind hier die schöne bunte Färbung der Rostpilze zur Erkennung und ihr Wirtswechsel.

Auffällig rot bis rostfarben sind oft die Sommersporen, die gebildet werden. Befallen werden gerne Gräser, Zierpflanzen, Birnen, Gemüse, aber auch Nadelgehölze. Auch hier handelt es sich wieder um völlig verschiedene Pilzarten, die nur ihren Wirt befallen können und nicht andere Pflanzen. Rosenrost (*Phragmidium mucronatum*) wird keinen Malvenrost (*Puccinia malvacearum*) oder Getreiderost (*Puccinia graminis*) auslösen. Im Herbst kommen bei Rosenrost oder Getreiderost schwarze Wintersporen zum Vorschein, die zum Überwintern dienen.

Viele Rostpilze überwintern oder beginnen ihren Lebenszyklus auf Pflanzen, die Neben- oder Hauptwirt sind und wechseln im Laufe des Jahres auf völlig andere Pflanzen. So beginnt der Getreiderost sein Unwesen auf der Berberitze und hüpft dann erst auf Getreide. Der **Birnengitterrost** *Gymnosporangium fuscum* überwintert an bestimmten Wacholdern (Kriech-Wacholder – *Juniperus horizontalis* und Sadebaum – *Juniperus sabina*) um dann im April auf die Birnenblätter zu fliegen. Interessanterweise überwintert er nicht am *einheimischen* Heide-Wacholder (*Juniperus communis*), der ist also unschuldig. Alle anfälligen Wacholderarten zu entfernen, ist in der Praxis nicht möglich. Wenn Sie allerdings einen rostfreien Birnbaum haben möchten, ist der erste Schritt, keinen dieser Hauptwirte zu pflanzen oder in der Nähe zu haben. Aus der Forschung ist bekannt, dass der Befall mit Birnengitterrost mit der Entfernung des Wacholders abnimmt. Wenn Sie jetzt nachts in die Waschbetonwüste Ihres Nachbarn eindringen, um der Koniferen-Monokultur einen Wurzelhalsschnitt zu verpassen, dann ist das klassischer vorbeugender Pflanzenschutz für Ihre Birne, aber definitiv nicht erlaubt!

Viele weitere wirtswechselnde Rostarten sind bekannt, von Garten-Bedeutung sind eventuell noch **Stachelbeerrost** (*Puccinia ribesii-caricis*) und Seggen (*Carex*-Arten), **Pflaumenrost** (*Tranzschelia pruni-spinosae*) und Anemonen plus Weidenröschen (*Epilobium* sp.), sowie **Johannisbeersäulenrost** (*Cronartium ribicola*) und Weymouthkiefer (*Pinus strobus*). Bei dieser Kiefer wird er dann jedoch **Blasenrost** genannt. Es ist aber jeweils immer der gleiche Pilz in unterschiedlichen Stadien seiner Entwicklung.

Im 18. Jahrhundert entbrannte in Frankreich ein Streit zwischen Berberitzen-MarmeladekocherInnen und LandwirtInnen, wer denn seine Pflanzen entfernen solle. Der Wirtswechsel von **Berberitzenrost** und **Getreiderost** war frisch bekannt geworden. Thomas Miedaner schreibt in seinem Buch „Pflanzenkrankheiten, die die Welt beweg(t)en", dass anscheinend die Marmeladekocher das Nachsehen hatten. Was sich der Franzose dann aber aufs Brot strich, wissen wir nicht. Jedenfalls wohl keine Berberitzenmarmelade.

In Schach halten können Sie Rostpilze ganz gut, denn ihre Sporen fliegen meist zu ganz bestimmten Zeiten. Der Birnengitterrost beispielsweise rauscht Mitte bis Ende April durch die Luft und wenn Sie im Zeitraum von Anfang bis Ende April wöchentlich Stärkungsmittel spritzen, dann können Sie den Pilz sehr gut kontrollieren. Schachtelhalm und Rainfarn helfen. Bei Stachel- und Johannisbeeren hat der Grundstoff Chitosan sehr gute Wirkung.

Birnengitterrost an der Birne. Blattoberseits orange Flecken, blattunterseits dicke Pusteln. Nur bei sehr starkem Befall wird der Baum in Mitleidenschaft gezogen.

Sporenlager des Birnengitterrosts am Wacholder. Als erstes werden Verdickungen an der Rinde sichtbar, dann die orangen bis braunen Sporenlager, die mit der Zeit schleimig werden und aussehen wie Trockenaprikosen. Der Zeitpunkt des Aussporens am Wacholder beginnt Anfang April und für den Pilz beginnt nun die Zeit an der Birne.

Wenn der Pilz mal drin ist, können Sie nichts mehr tun. Aber bleiben Sie trotzdem cool. In der Regel bringt Rost seine Wirte nicht um. Er raubt sich zwar den Saft, den er braucht aus den Zellen, tötet aber keine Zellen ab, sondern wächst interzellulär, also zwischen den Zellen. Nett vom Pilz! Obendrein gibt es auch tolerantere Sorten zu kaufen.

Apfelschorf

Fast jeder, der einen Apfelbaum im Garten hat kennt diesen Pilz. Schorf (*Venturia inaequalis*) ist im Obstanbau der wirtschaftlich bedeutendste Schadfaktor und kann in feuchten Jahren schweren Schaden anrichten. Nicht zu reden von den Unmengen an Fungiziden, die gegen eben diesen einen Pilz ausgebracht werden. Dabei befällt er neben Apfel auch Birne, Kirsche, Pfirsich und viele weitere Obst- und Wildobstarten. Aber erzählen wir erst einmal vom Leben des Apfelschorfs, bevor wir in die Symptomatik und die Gegenmaßnahmen einsteigen.

Bereits Mitte März macht sich der Pilz, der im Falllaub sowie am Baum überwintert, dazu bereit, frisch austreibenden Blätter und Blüten zu befallen. Dass gewisse Feuchtigkeit und eine gewisse Temperatur dazu nötig sind, wurde bereits Mitte des 20. Jahrhunderts erkannt und eine Art Warntabelle erstellt. Ist es also ausreichend feucht und frühlingshaft warm über 16 °C, dann macht es sich der Pilz im Blatt gut geschützt bequem und breitet sich dort aus. Dieser Erstbefall des Baums wird als „Primärinfektion" bezeichnet und aufmerksame LeserInnen werden jetzt auf eine weitere Infektion warten; und haben recht!

Die „Sekundärinfektion" ist die eigentlich heftige, denn die ins Blatt eingedrungenen Sporen beginnen bereits nach wenigen Tagen Konidien, also ungeschlechtliche Sporen, zu bilden. Und das in rauen Mengen bis in den Juni hinein. Jeder Regenguss verteilt die gebildeten Konidien quer über den Baum und diese infizieren alles, was nicht bei drei auf den Bäumen ist: weitere Blätter, Blüten und bereits gebildete Früchte. Auch junge Triebe sind nicht gefeit. Lediglich richtig verkorktes oder verborktes Gewebe ist sicher und bleibt verschont.

Nach dem Laubfall, der durch die Infektion schon sehr viel früher als gewöhnlich sein kann, beginnt der Pilz mit der friedlichen, fast schon nützlichen Phase seines Lebens. Er bildet Mycel aus und lebt jetzt vom toten Gewebe des Blatts, wie ein unschuldiger Kompostpilz. Bis zum nächsten März ...

Schorf an Blättern beginnt meist blattoberseits mit aufgewölbten Flecken, die sich später von oliv nach schwarz färben, bis das Blatt letztendlich knusprig braun wird. Einzelne kleine Flecken können zusammenfließen und einen Riesenfleck ergeben.

Anfangssymptome von Schorfbefall auf einem Blatt.

Auf den Früchten gibt es Früh- und Spätschorf-Schäden. Die frühe Form macht rissige, stark verkorkte Früchte und die späte Schorfinfektion macht zwar nur kleine Punkte, diese aber sehr zahlreich. Auch während der Lagerung können diese kleinen Punkte noch auftreten.

An den Trieben treten Verkorkungen auf, die wiederum hochinfektiöse weitere Konidien produzieren. Und letztendlich noch die Kelchblätter der Blüten, die ja ebenfalls befallen werden können. Schorf an Kelchblättern kann den Abwurf der Blüte auslösen oder als Infektionsherd für die sich bildende junge Frucht dienen.

Was können Sie gegen den Apfelschorf tun? Hier einige Möglichkeiten:

- **Sortenwahl:** Es gibt schorfanfällige und schorftolerante Apfelsorten. Im Glossar des Buchs ab Seite 350 finden Sie Links und Adressen für weitere Tipps.
- **Hygiene und Schnitt:** Entfernen Sie schorfige Blätter im Herbst und führen Sie einen fachgerechten Obstbaumschnitt durch, der für eine schnellere Abtrocknung des Baums sorgt. Denn jede Feuchtigkeit fördert den Schorf.
- **Standortwahl:** Vermeiden Sie feuchte und windgeschützte Standorte.
- **Pflanzenstärkung:** Das fettsäurehaltige Neudo-Vital® hat gute vorbeugende Wirkungen.
- **Pflanzenschutz:** Schwefel, Kupfer und Kaliumhydrogencarbonat sind gegen Schorf zugelassen. Bei den Grundstoffen werden Backpulver, Weidenrinde und Löschkalk empfohlen.

Neben Apfelschorf gibt es auch noch Birnenschorf, der aber nur die Birne befallen kann. *Venturia pirina* verursacht den sogenannten Zweiggrind auf Birnbäumen, was zum Aufreißen der Rinde führen kann. Ansonsten sind Symptome und Bekämpfung dem Apfelschorf gleichzusetzen, bis auf Schwefel. Manche Birnen reagieren empfindlich auf das stinkende Mineral.

Apfelschorf an der Frucht in verschiedenen Ausprägungen. Schorf ist übrigens vollkommen ungiftig und die Äpfel können problemlos verzehrt werden. Lediglich die Lagerfähigkeit leidet erheblich.

Und jetzt: Hefepilze. Nicht nur Ihr Fuß kann von ihnen befallen werden, sondern auch Ihr Pfirsich und Ihre Zwetschge. Die **Kräuselkrankheit** am Pfirsich (*Taphrina deformans*) und die **Narren(taschen)krankheit** der Pflaume (*Taphrina pruni*, siehe weiter unten) sind beide von Hefepilzen, oder besser Schlauchpilzen, verursachte Erkrankungen. **Schlauchpilze** sind eine große Gruppe im Pilzreich und wichtig bei der Herstellung von Bier, Brot und auch Käse. Die hier genannten Arten machen für uns wenig Nützliches, haben aber die erstaunliche Fähigkeit, Pflanzenwachstum durch Hormone zu steuern. So kommt es im Blatt oder bei der Zwetschge auch an der Frucht, zu einem seltsamen Wachstumsschub (allgemein als Hypertrophie bekannt) sowie zu rötlichen Farbveränderungen der Blätter. Es kräuselt sieht also verrückt oder sieht eben „narrisch" aus. Andere *Taphrina*-Arten verursachen Hexenbesen (Kronenverwachsungen, Besenwuchs), Beulen oder Blasen. Meist lassen die befallenen Pflanzen die verformten Blätter fallen und treiben gesund durch. Das zeigt uns, dass der Pilz nicht ständig infizieren kann, sondern nur zu bestimmten Zeiten.

Der Hefepilz der Pfirsichkräuselkrankheit produziert Pflanzenwachstums-Hormone und das Blatt reagiert darauf mit Wucherungen, die sich dann rötlich verfärben. Der Baum wird diese Blätter bald abwerfen und gesund weiterwachsen.

Und wie beim Birnengitterrost können wir, wenn wir die Zeiten kennen, Stärkungsmittel gezielt einsetzen. Der Pfirsich wird im Spätwinter befallen, wenn wir im Garten noch überhaupt nicht unterwegs sind. Im Januar oder Februar, ab 10 °C an drei aufeinanderfolgenden Tagen, kann der Pilz eindringen, weil die Knospen des Baums das Schwellen beginnen. Also packen Sie sich warm ein und raus geht's sowohl mit Grundstoffen wie Weidenrindentee oder Ackerschachtelhalm als auch mit Pflanzenstärkungsmitteln. Mit dem Mittel Neudo-Vital®, das Fettsäure und Pflanzenextrakte enthält, haben wir persönlich sehr gute Erfahrungen gemacht. Nach einer Woche spritzen Sie nochmal. Das hält Sie jung und den Baum gesund!

Die nächste Gruppe der blattbefallenden Pilze ist keine biologisch-systematische, son-

Blattfleckenpilz an Wildem Wein. Die Pflanze wächst weiterhin wie verrückt und die Pilze stören sie überhaupt nicht.

dern eine pragmatische Einteilung. Es soll über **Blattfleckenpilze** berichtet werden, die ganz unterschiedliche Pilzgattungen und -arten enthalten. Aber weil der Gartendetektiv nur mit einer Lupe ausgerüstet ist und kein Klein-Labor bei sich hat, sagt er bei bestimmten Krankheitssymptomen, dies sei der „Komplex der Blattfleckenkrankheiten". Einerseits ist das recht faul, weil auch die unterschiedlichen Erreger der Blattflecken durchaus makroskopische, also ohne Mikroskop erkennbare Merkmale aufweisen können. Andrerseits ist das ganz schlau, denn die Ursachen der Krankheiten und auch die Bekämpfung sind meist sehr ähnlich.

Blattflecken treten auf nahezu allen Kulturen auf: Obst, Gemüse, Zierpflanzen. Das Seltsame ist, dass ja auch andere Pilze, die nicht zu den Blattfleckenkrankheiten gehören, ebenfalls Blattflecken auslösen können. Der Unterschied besteht darin, dass diese Nicht-Blattflecken-Pilze neben Flecken meist noch andere, gut sichtbare Symptome hervorrufen, wie Mehltau-Flaum oder bunten Rost.

Einige Gattungen der Blattfleckenerreger heißen *Ramularia, Septoria, Alternaria* oder *Cladosporium*, weitere werden unter dem Sammelbegriff „Anthraknosen" zusammengefasst. Manche Flecken sind wunderbar rund oder weisen konzentrische Kreise auf wie bei einem Stein, der ins Wasser geworfen wird. Hier können Sie schön erkennen, wo die Spore aufgetroffen ist und wie sich das Mycel im Blatt weiter verbreitet. Andere Blattflecken wiederum sind von den Blattadern begrenzt, erscheinen aber im Gegensatz zum Falschen Mehltau im Gegenlicht heller als das gesunde Gewebe. Wieder andere machen unregelmäßige Flecken, die aber im Vergleich zum Sonnenbrand auch im inneren, beschatteten Teil der Pflanze auftreten.

Alle Blattfleckenerreger sind Opportunisten, das heißt sie nutzen geschwächte Pflanzen. Also ist auch hier die Vorbeugung die beste Wahl! Nicht überdüngen, Schnittmaßnahmen gegen zu dichten Wuchs, guter und belebter Boden, fantastischer pH-Wert und, bei Gemüse beispielsweise, Fruchtfolge und Mischkultur. Einsetzen können Sie die Grundstoffe Lezithin, Chitosan oder Weidenrinde. Pflanzenstärkungsmittel und kupferhaltige Pflanzenschutzmittel sind ebenfalls gut wirksam.

Blattflecken mit konzentrischen Kreisen. Meist sind Pilze hier am Werk, jedoch können auch Bakterien ähnliche Symptome hervorrufen. Dieser Pilz wird Anthraknose oder Ringfleckenkrankheit genannt (Sphaceloma rosarum). *Ein wirklich passender Name.*

Ein letzter blattbefallender Pilz, der hier beschrieben werden sollte, ist der Erreger der **Schrotschusskrankheit**. Die Blätter sehen wirklich aus, als hätte jemand mit einer Schrotflinte in den Obstbaum oder den Kirschlorbeer geschossen. Beim Auftreten der Schrotschuss-Symptome ist der Pilz von der Pflanze oft schon bekämpft! Denn wenn der Erreger auftrifft, z. B. *Stigmina carpophila*, dann reagiert die Pflanze mit gezieltem Absterben rund um die Infektionsstelle und das befallene Stück Blatt fällt heraus. Bei Kirschlorbeer kann das ausreichend sein, bei Steinobst meist nicht, denn hier werden neben den Blättern auch Triebe (längliche, dunkle Stellen) oder Früchte (schwärzliche, eingesunkene Flecken auf Kirschen) befallen.

Kirschlorbeer leidet dann, wenn die pilzliche Schrotschusskrankheit überhand nimmt. Interessanterweise war der Pilz nahezu nur auf einer Seite des Strauchs am Werk, der Rest der Pflanze war fast gesund.

Bei allen Steinobstarten beginnt der Befall schon kurz nach dem Austrieb. Rötliche Flecken breiten sich aus und das abgestorbene, befallene Gewebe fällt heraus. Das kann bis zum Blattfall führen, was den Baum natürlich schwächt. Der Pilz überwintert auf Fruchtmumien (unbedingt immer entfernen!) und Trieben und infiziert die darunterliegenden frischen Blätter. Deshalb ist der obere Kronenbereich meist gesund. Gesunde Pflanzen werden weniger befallen als geschwächte, aber das wissen Sie ohnehin schon. Einsetzen können Sie die Grundstoffe Chitosan oder, vor dem Austrieb, Kalkmilch. Auch Pflanzenstärkungsmittel und kupferhaltige Pflanzenschutzmittel können wir empfehlen.

Verwechseln könnten Sie den Schrotschuss mit der **Sprühfleckenkrankheit** *Blumeriella jaapii*, die auch rötliche Flecken bei Steinobst erzeugen kann, wobei der abgestorbene Teil hier nicht herausfällt (Bekämpfen Sie diese aber genauso wie Schrotschusskrankheit). Und um alles möglichst kompliziert zu machen, hat die Natur auch ein Bakterium erschaffen, das ebenfalls Schrotschuss auslösen kann. Der Bakterienbrand (*Pseudomonas syringae*) an Kirschlorbeer ist jedoch hellgrün gerandet und nicht rötlich. Die Bekämpfung mit Chitosan oder Kupfer funktioniert aber glücklicherweise auch gegen das Bakterium!

Die Sprühfleckenkrankheit an der Kirsche findet sich meist an den unteren Blättern, weil die Sporen durch Regen von oben nach unten transportiert werden.

Schon wieder Schrotschusskrankheit an Kirschlorbeer. Die hellgrünen Umrandungen weisen aber diesmal auf bakteriellen Befall hin. Nur eine labortechnische Untersuchung könnte hier Sicherheit bringen.

Pilze an Blüten

Pilze fressen alles und so werden auch Blüten und Blütenknospen nicht verschont. Einige Pilze lassen sich sogar von Tieren transportieren und beim **Knospensterben** am **Rhododendron** ist das der Fall. Vielleicht haben Sie schon diese wirklich schönen, grün mit einem roten Streifen verzierten, wild hüpfenden Zikaden an Ihrem Rhododendron gesehen? Die nordamerikanische Rhododendronzikade (*Graphocephala coccina*) saugt zwar die Blätter etwas an, aber ihr Schaden ist meist gering. Ärgerlicher wird es, wenn sie sich vermehren will, denn sie legt ihre Eier in die Knospen ab und bringt gleichzeitig den Pilz *Pycnostysanus azaleae* mit. Der sorgt für ein Absterben der Knospe und diese verhärtet sich sodann. Ein wunderbares Häuschen für die kleinen gelben Zikadenlarven! Der Pilz bildet auch Sporen auf den Knospen, die man gut erkennen kann.

Eine Pilzbekämpfung ist leider nicht machbar und so müssen Sie der Zikade nachstellen. Und das wird lustig, denn sehen Sie diese Zikade, ist sie auch schon wieder weg. Sie kann auch auf anderen Gehölzen überleben, muss also nicht am Rhododendron saugen und das erschwert die Bekämpfung abermals. So sollten Sie sich auf die Larven konzentrieren, denn die sind weniger beweglich, sitzen blattunterseits und können mit Neempräparaten recht gut in Schach gehalten werden. Hängen Sie ab Juli bis September gelbe Klebetafeln auf, dann können Sie die wilden Erwachsenen zwar fangen, aber auch viele andere Insekten, schlimmstenfalls Vögel, bleiben kleben. Sind Sie deshalb lieber vorsichtig mit gelben Leimtafeln. Das Ausbrechen befallener Knospen (in den Restmüll!) hilft auch ganz gut.

Einer der vielen Opportunisten, ein Nutznießer geschwächter Pflanzen, wartet, bis seine Zeit reif ist. Viel Feuchtigkeit, kühle Temperaturen und dann noch eine überfettete, zu gut ernährte Pflanze. Das liebt er! Der **Grauschim-**

Eine unglaublich schöne Zikadenart ist das „Trojanische Pferd" beim Knospensterben am Rhododendron. Sie bringt den Pilz überhaupt erst zur Pflanze.

Grauer Pelz durch Botryotinia fuckeliana. *„Huch", sagen Sie nicht nur wegen des F-Worts, sondern gerade noch hieß der Pilz doch* Botrytis cinerea*? Und Sie haben Recht.* Botrytis *heißt die Nebenfruchtform des Pilzes* Botryotinia, *welcher die Hauptfruchtform darstellt. Bei mehr Interesse an Teleomorphien der Pilze empfehlen wir die einschlägige, durchaus schwerfällig zu lesende Fachliteratur.*

mel (*Botrytis cinerea*) ist ein echter Kosmopolit. Überall auf der Welt, wo pflanzliches Material am gammeln ist, ob noch halb am Leben oder nicht, da ist der graue Schimmel schon bereit. Er kann neben Blüten auch Früchte, Blätter und Stängel befallen. Das Gewebe wird matschig und ein mausgrauer Schimmelrasen zeigt, dem Pilz geht's gut! Blüten sind gerne betroffen, denn die Abwehrmaßnahmen der Pflanzen sind nicht immer auch in der Blüte präsent. Zudem ist eine Blüte meist oben oder außen an der Pflanze, um eben auch gut gesehen zu werden. Und da ist sie ungeschützt der Witterung ausgesetzt.

Nicht immer sind vom Grauschimmel befallene Blüten matschig mit grauem Fell. Der Pilz kann auch Flecken verursachen, die im Garten vernachlässigbar sind, in der Produktion von Schnittblumen aber die Qualität stark mindern. So wird versucht, in Gewächshäusern die Luftfeuchtigkeit zu senken und Tropfstellen zu vermeiden. Überkopf-Beregnungen sind ebenfalls zu vermeiden. Und im Garten? Na, wie immer! Pflanzen stärken, nicht überdüngen, versuchen sie trockener zu halten und nicht am Abend überbrausen. Mehr geht nicht und mehr braucht's auch nicht. Tritt trotzdem Grauschimmel auf, dann wissen Sie immerhin, dass Ihre Pflanzen irgendwie geschwächt sind. Im Herbst ist das übrigens völlig normal und manchmal sogar erwünscht. Der Grauschimmelerreger befällt dann die Weintrauben und wird dort euphemistisch „Edelfäule" genannt. Das gibt dem Eiswein das seltsame Aroma.

Feuchte Luft und kühle Temperaturen haben dieser Aubergine Botrytis *eingebracht. Mausgrauer Pilzrasen ist ein untrügliches Zeichen.*

Edelfäule am Wein. Die kleinen Botrytis*-Befallsherde sind schon gut zu sehen.*

Pilze an Früchten

Früchte sind ein idealer Nährboden für Pilze. Zucker, Stärke und viele andere organische Substanzen, die in der Frucht enthalten sind, werden nur zu gerne von Pilzen verspeist. Aber auch die junge Frucht ist manchmal bereits gefährdet.

Wenn Äpfel, Birnen, Kirschen und viele andere Früchte von Stein- oder Kernobst Kreise aus weißen Punkten aufweisen, dann hat die **Fruchtmonilia** (*Monilia fructigena*) zugeschlagen. Dieser Erreger kann jedoch nur über Verletzungen in die Frucht eindringen, was beispielsweise durch Hagel, Reibung der Früchte untereinander oder auch Insektenfraß passieren kann. Guter Baumschnitt, das Entfernen befallener Früchte und Fruchtmumien sowie nicht zu viel Stickstoff sind die besten Maßnahmen gegen Fruchtmonilia.

Die Pflaume und ihre Unterarten von der Zwetschge bis zur Reineclaude und von der

*Wenn die Frucht-*Monilia *ihre Kreise zieht, dann kann in feuchten Sommern die Ernte vermindert sein. Fruchtmumien sollten nach der Ernte, spätestens im Winter entfernt werden.*

Hafer-Pflaume bis zur Mirabelle sowie die vermuteten Großmütter der Kulturpflaumen, Kirschpflaume und Schlehe, können einen Hefepilz bekommen, der als **Narren(taschen)-krankheit** (*Taphrina pruni*) den Früchten ziemlich zusetzen kann. Diese sind durch den das Wachstumshormon Auxin produzierenden Pilz eigenartig verformt und oft auch ohne Kern. Später bildet sich ein weißer Überzug und das, was mal eine schöne Pflaume werden wollte, fault oder fällt ab.

Taphrina infiziert bereits die Blüte und nur zu diesem Zeitpunkt können Sie auch etwas unternehmen. Spritzen Sie den Grundstoff Chitosan oder Stärkungsmittel mit Schachtelhalm etwa zwei bis dreimal zur Blütezeit und werfen bei Befall alle Früchte weg. Lassen Sie auch keine Fruchtmumien über den Winter hängen, denn der Fluch der Mumie ist erst im Folgejahr zu sehen!

Viele, viele Pilzkrankheiten befallen nicht nur Blätter sondern auch Früchte. Der Echte und der Falsche Mehltau, Schorf und Schrotschusskrankheit, *Phytophthora* und andere greifen an, wenn die Frucht noch an der Pflanze verweilt. Die Maßnahmen, die gegen Pilzkrankheiten am Blatt getroffen werden können, sind auch bei Früchten wirksam.

Verbeult, verbogen und oft mit weißem, nicht abwischbarem Belag: die Narren(taschen)krankheit der Pflaume.

Hinzu kommen jetzt aber noch die **Lagerkrankheiten**, die vor allem Obst (insbesondere Äpfel) und Wurzelfrüchte wie Kartoffeln oder Karotten betreffen können. Ein wenig Unachtsamkeit, mal wenig im Keller gewesen und die Ernte des Jahres saftet und gammelt und stinkt. Prinzipiell unangenehm, aber bei manchen Kernfäulen des Apfels ist das auch gesundheitsschädlich. Bei Schimmelbildung im Inneren des Apfels bitte besser gar nicht mehr essen.

Weitere pilzliche Lagerfäulen: *Gloeosporium* hinterlässt braune Flecken auf Äpfeln. Der *Mucor*-Pilz heißt auch Köpfchenschimmel, lässt Äpfel sogar manchmal explodieren und schimmelt fast so schön wie *Penicillium expansum*, der ebenfalls Lageräpfel befällt.

„Panta rhei", sagte Heraklit. Alles fließt. Faulende Früchte sollten im Lager sofort entfernt werden, denn sonst verflüssigt sich wirklich viel.

Der Brandbeulenpilz (Ustilago maydis) *an Mais befällt in Europa nur Mais (Frucht sowie Pflanze) und kann den Futterwert der Pflanze herabsetzen. In Mittelamerika wird er als Delikatesse gehandelt und verzehrt.*

Bei allen Lagerkrankheiten hilft es nur gesunde, unverletzte Früchte nicht übereinander gestapelt zu lagern und im Winter die befallenen immer wieder auszusortieren. Die Infektionsgefahr nimmt so rapide ab.

Vorbeugend können Äpfel und Kirschen laut Literatur auch in eine Backpulverlösung getaucht werden. Näheres zu Backpulver finden Sie im Kapitel „Bio-Pflanzenschutzmittel" auf S. 109).

Auch Kartoffeln faulen manchmal im Lager und so eine Fäule an der Kartoffel kann schnell auf die benachbart liegenden Knollen übergreifen. Bakterien erzeugen meist Nassfäulen und Pilze eher Trockenfäulen. Neben *Phytophthora* gibt es auch eine *Phoma*-Fäule, eine Lagerkrankheit mit *Fusarium* und diverse Pilze, die auf den Schalen wachsen wie z. B. der Silberschorf *Helminthosporium solani*. Chitosan ist hier ein zugelassener Grundstoff und das Tauchen in Chitosan soll gegen alle Lagerfäulen, auch die bakteriellen helfen!

Welken der Triebspitzen, Astpartien oder der ganzen Pflanze

Haben Sie sich das schöne Wort „Tracheomykose" gemerkt? Wir hätten dieses Wort als Überschrift nehmen können, denn wenn irgendwelche Teile der Pflanze das Welken beginnen und ein Pilz damit zu tun hat, dann verstopft dieser durch sein Wachstum oder durch Ausscheidungen, die die Leitungsbahnen auflösen, den Wasserfluss. Und dann welkt es. Und man nennt es Tracheomykose.

Für ein Welken und Absterben der Triebspitzen kommt eine Unzahl Erreger in Frage.

An verschiedenen Obstbäumen findet sich der Pilz ***Monilia laxa*** ein, die **Monilia-Spitzendürre**. Kurz nach der Blüte (über die infiziert der Pilz) beginnt eine Welke der äußeren Astpartien, was bis zum Absterben eines Ast-Teils führen kann. Der Pilz überwintert an Ästen und an Fruchtmumien. Befällt er Obstbäume mehrere Jahre, kann das zum Absterben des ganzen Baumes führen. Das Entfernen aller Fruchtmumien und Rückschnitt des befallenen Holzes bis ins gesunde Gewebe, sowie Blütenspritzungen mit Pflanzenstärkungsmitteln können den Befall eindämmen.

Welkende Birnbaumspitzen?

Birnen sind was ganz besonderes, wenn die Triebspitzen sich krümmen und beginnen braun oder schwarz zu werden. Nicht immer ist der teuflische **Feuerbrand** (siehe S. 254) der Auslöser.
Bei diesem sind die Blätter schwarz-matschig und kleine Tröpfchen treten aus. Die **Monilia** kann auch mal zuschlagen, hier runzelt aber das Rindengewebe. Auch gut erkennbar. Eine kleine Wespe kann ebenfalls die Spitzen zum Welken bringen. Die **Birnentriebwespe** sticht

Beginnende Monilia laxa, *die Spitzendürre an der Aprikose. Sie können die befallenen Blüten erkennen, durch welche die Infektion stattfindet. Auch die ersten Blattbüschel welken und in der Mitte sehen Sie das quer-gerillte Runzligwerden des Zweigs.*

Ein durch die Monilia-*Spitzendürre recht mitgenommener Aprikosenbaum. Witterungsbedingte Unterschiede im Befall sind normal.*

Welkende Triebspitzen an der Birne sind hier verursacht durch die Birnentriebwespe (Janus compressus). *Im unteren Bild erkennen Sie die punktförmigen, wendeltreppenartigen Einstichstellen. Hier lebt bereits die kleine Wespenlarve und bohrt sich durch den Trieb. Der „Schaden" ist aber gering.*

den Trieb wendeltreppenartig an und diese kleine Wendeltreppe können Sie erkennen, wenn Sie gut hinschauen. Manchmal geht diese Wespe auch an Äpfel oder Vogelbeeren. Wegschneiden ist hier das Mittel der Wahl. Schnell und effizient. Oder gar nichts tun und entspannt bleiben, denn der „Befall" ist nicht schlimm für den Baum.
Vorsicht: Pflanzenschutzmittel auf Neembasis können Birnen schädigen. Bitte kein Neem auf Birnen! Sonst ist schnell der Herbst da und die Blätter fallen!

Verticillium ist eine Pilzgattung, die unglaublich breit aufgestellt ist. Manche *Verticillium*-Arten befallen Insekten und wir nutzen diese Arten als Nützlinge, andere Arten befallen aber unsere Gehölze und krautige Pflanzen und können sie schwer schädigen. Gerade auf ehemaligen landwirtschaftlichen Flächen, wo Kartoffeln oder Erdbeeren kultiviert wurden, sollte man nur mit Vorsicht Gehölze anpflanzen – die *Verticillium*-Welke droht. Jahrelang kann der Pilz warten! Er dringt über die Wurzeln in viele Laubbäume und Sträucher ein und zerstört nach und nach durch Giftstoffe die Leitungsbahnen. Eine teilweise Welke, Stammrisse, sandpapierartige Veränderung der Rinde und typisch halbkreisförmige Verfärbungen im Stammquerschnitt deuten auf *Verticillium albo-atrum* oder *Verticillium dahliae* hin. Empfohlen werden vorbeugend Gründüngungen mit Senf- und Ölretticharten (*Raphanus sativus* var. *oleiformis*), die die Dauersporen im Boden abtöten können (für die Freaks unter den LeserInnen: Sie werden Mikrosklerotien genannt). Auch Kompostgaben und Komposttee bringen Gegenspieler in den Boden. Manche Pflanzen können sich durchaus wieder erholen. Entfernen Sie am besten die befallenen Triebe bei Gehölzen und stärken schön und hoffen. Das klappt aber leider nicht immer.

Querschnitt durch einen von Verticillium *geschädigten Ast. Im oberen Bereich sind dunkle, halbmondförmige sektorale Verbräunungen zu sehen, die keine geschlossenen Kreise bilden.*

Typische Absterbe-Erscheinung an Baum und Strauch durch Verticillium. *Das geht relativ rasch, weil der Pilz die Leitungsbahnen verstopft.*

Phytophthora – der Pflanzentöter

Mit *Phytophthora* sollte man wirklich nicht spaßen. Dieser Pilz, der keiner ist, hat Millionen Menschenleben auf dem Gewissen (Kartoffelseuche in Irland), ist eine große Sorge von Parkpflegern und auch in Waldbereichen, vor allem an Gewässern, eine echte Bedrohung für die Natur.

Phytophthora ist kein echter Pilz. Sein Aufbau und Stoffwechsel unterscheiden sich komplett von echten Pilzen. Er bewegt sich aktiv, weil seine „Sporen" begeißelt sind und er sozusagen Schwimmbewegungen macht. Somit eher den Algen ähnlich, ist seine Ausbreitung auch eher einer Seuche vergleichbar und nur bei wenigen Arten auf einen engen Raum begrenzt.

Das Fatale an dieser Gattung ist weiterhin, dass sich die Arten mittlerweile weltweit ausbreiten und durch den globalisierten Handel kaum zu stoppen sind. In Mitteleuropa sind einige neue Arten hinzugekommen. Was sie bei uns anrichten werden, ist noch nicht absehbar.

Im 19. Jahrhundert jedenfalls kam eine Art, nämlich *Phytophthora infestans*, die Kraut- und Knollen-/Braunfäule der Kartoffel, nach Europa. Bauern des von Briten besetzten Irlands mussten hohe Pachtzahlungen für ihr eigenes Land entrichten. Nahezu alles Vieh und Getreide wurden als Ersatzwährung für diese hohen Prämien deshalb auf die britische Nachbarinsel geschafft. Die arme Bevölkerung setzte nun fast ausschließlich auf die Kartoffel zur Selbstversorgung. Mitte des 19. Jahrhunderts fiel *Phytophthora* ein und vernichtete einen großen Teil der Ernte. Was dann begann, ging als *An Gorta Mór* (gälisch für „Der Große Hunger") in die Geschichtsbücher ein. Eine Million Menschen verhungerten und ein regelrechter Exodus trieb weitere Millionen zur Emigration nach Amerika. Das Land blutete fast völlig aus, mit politischen Folgen bis heute.

Viele Pflanzenkrankheiten, die mit dem Wort „-sterben" assoziiert sind, haben *Phytophthora* als Ursache. Eichensterben, Erikasterben, Buchensterben ...

Für Bäume in der Stadt, in Parkanlagen oder Alleen kann die Diagnose *Phytophthora* bedeuten, dass Nachpflanzungen schwierig werden, mit derselben Baumart am besten gar nicht. Das Erdreich ist hier meist verseucht und die Sporen können durch das Bodenwasser verbreitet werden. Wir empfehlen mittlerweile das Pflanzen unterschiedlicher Arten, um die Wahrscheinlichkeit zu erhöhen, dass ein Baum doch unempfindlich reagiert. Gesunde Pflanzen sind Voraussetzung und die werden am besten in einer Baumschule aus der Umgebung gezogen.

Der Erreger dringt gerne über verletzte Wurzeln ein, und das passiert bei jeder Pflanzung.

Probenentnahme zur genaueren Bestimmung des Schadpilzes an Ahorn. Die Bäume wurden mit Erde angeschüttet und haben sich Phytophthora *eingefangen. Die feuchten Stellen sind gut zu sehen, aber eben unspezifisch und für eine genaue Diagnose ist ein Labor notwendig.*

Zudem werden die Bäume mit viel Wasser angegossen, um den Wurzeln Bodenschluss zu geben. Das liebt der Pflanzentöter! Hat er doch kleine Ruder, mit denen er gezielt zu den Wurzeln hinschwimmen kann. Reinschlupfen in den Baum und los geht's mit der Zerstörung!

Oftmals erkennt man anschließend absterbende Astpartien und eventuell saftende Stellen an der Rinde, Wurzelhalsfäulen oder Totalausfall. Bäume mit *Phytophthora* können noch jahrelang überleben, sollten aber ständig kontrolliert werden, denn herabfallende Äste können wirklich unangenehm sein.

Das Umschneiden der Bäume bringt nur bedingt etwas, denn die Konidien der *Phytophthora* können jahrelang im Boden bleiben, schwimmen unruhig hin und her und warten auf die Nachpflanzung! Die wichtigsten Arten der *Phytophthora* sind *P. ramorum* (an Eichen, Rhododendron und Schneeball), *P. cactorum* an Rosengewächsen (Kragenfäule an Apfel, Wurzelfäule an Erdbeere) und Rhododendren, *P. cinnamomi* bringt Pflanzen in sauren Böden um (schon wieder Rhododendren, aber auch Erikas und Nadelgehölze), *P. cambivora* und *P. citricola* nagen an Buchen und anderen Laubgehölzen und natürlich die schon erwähnte *Phytophthora infestans* an Nachtschattengewächsen wie Kartoffeln und Tomaten.

Was tun? Das fragen sich viele und es ist bekannt, dass natürlich jeder Erreger auch Gegenspieler hat. Lustigerweise sind es oft andere Pflanzenkrankheiten wie der Pilz *Fusarium oxysporum*, der *Phytophthora* in Schach halten kann. Aber auch gute, für die Pflanze unschädliche Bodenpilze, die es sogar als Präparate zu kaufen gibt, sind Gegenspieler. *Trichoderma* wird hier oft genannt. Natürlicherweise in der Pflanze vorkommende Mikroorganismen, auch als Endophyten bekannt, leisten ebenfalls Widerstand. Und der feine Komposttee, der ja Tausende verschiedener Arten beherbergt, hat bestimmt auch einige Hundert *Phytophthora*-fressende Pilze oder Bakterien dabei. Wenn Sie wissen wollen, ob Ihr Baum betroffen ist und Sie die typischen Anzeichen auf der Rinde entdeckt haben, gibt es die Möglichkeit einer Bestimmung durch spezielle Institute. Erfragen Sie die Adresse am besten bei Ihrem Pflanzenschutzamt. Sie können die Probe vom Stamm allerdings nicht selber ziehen, sondern ein Fachmann muss kommen und ein Stück Rinde entnehmen, das anschließend im Labor untersucht wird.

Heftiger Phytophthora-*Befall an Kastanie. Eine Laborbestimmung ist hier nötig, um andere Schadererreger wie* Pseudomonas *auszuschließen.*

Hilfe, meine Thuja stirbt!

Na und, werden einige sagen. Thujen, dieser billige Zaunersatz! Sollen sie doch ins Nadelnirvana!
Nicht wir. Thujen sind zugegebenermaßen nicht gerade ein ökologisches Highlight im Garten, jedoch sind in der Hecke brütende Vögel gut geschützt vor Katzen. Zaunkönige lieben Thujen und besser eine Thujenhecke als eine Betonmauer. Wenn dann der von Thujen umsäumte Garten ökologisch gepflegt wird, umso besser! Tipps für den englischen Rasen haben wir ja auch im Buch (siehe Spezial „ökologische Rasenpflege" ab S. 291)!

Also: *Was* bringt Ihre Thuja um?
Das Märchen des **Magnesiummangels** haben Sie vielleicht schon gehört. Wenn das Nadelgehölz wie auch immer braun wird, gib ihm Bittersalz! Bittersalz ist in der Tat Magnesiumsulfat und könnte die Thuja mit Magnesium versorgen. Meist ist jedoch der pH-Wert durch fallende Nadeln so stark abgesunken, dass die Pflanze das Magnesium nicht aufnehmen kann. Unter 5,5 wird's schwierig! Hier könnte eine Kalkung helfen, das hebt den pH-Wert wieder auf über 5,5. Zudem sind in natürlichem Gartenkalk immer auch 8–12 % Magnesium drin. Bittersalz dagegen säuert den Boden noch mehr an. Magnesiummangel lässt übrigens zuerst die älteren, inneren Nadeln verbräunen und ist eher selten die Ursache für braune Nadeln oder Nadelschuppen.
Über einige Bohrer im Holz haben wir einen eigenen Teil im Kapitel „Es beißt! Die wichtigsten beißenden Schädlinge" geschrieben (siehe S. 145). Dort finden Sie mehr darüber. Bohrer in den Nadeln gibt es auch, die **Thuja-Miniermotte** zum Beispiel. Hier verbräunen die Spitzen und auf der Unterseite findet sich ein kleines Loch und kleine schwarze Kotkrümel. Wegschneiden beim Heckenschnitt reicht meist aus.
Was die Thujen ebenfalls verbräunen lässt sind Pilzkrankheiten. Ein Referent hat auf einer Fachtagung erzählt, man könne immer ganz schlau sagen: „Diese Thuja ist durch den Pilz *Pestalotia* geschädigt.", denn den findet man immer auf jeder Thuja! **Pestalotia** ist ein Opportunist und schädigt nur wirklich schwache Thujen und andere Nadelgehölze. Aber auch andere Pilze, die die Leitungsbahn verstopfen, kommen an Thuja vor: die böse *Phytophthora*, *Verticillium*, *Phomopsis* ... Unterscheidung gefällig? *Pestalotia* lässt die Pflanze von außen nach innen verbräunen (kann auch Wassermangel sein!), **Phytophthora** lässt die Rinde im Wurzelhalsbereich verbräunen, **Verticillium** kann nach dem Durchsägen eines Astes an unvollständig konzentrischen Verbräunungen erkannt werden, also nicht ganz geschlossene, dicke, braun-blaue Jahresringe. Und **Phomopsis** hinterlässt viele winzige, schwarze Linsen, die sogenannten Pyknidien auf den Zweigen.

Miniermotte an Nadelschuppen mit deutlich erkennbarem Einbohrloch, meist unterseits. Ehrlichrweise ist das hier keine Thuja, sondern ein Wacholder und somit die Wacholderminiermotte. Sieht aber zum Verwechseln ähnlich aus.

Jetzt wissen Sie, wie der Pilz heißt, und jetzt? Wie so oft bei Pilzerkrankungen, gerade bei inneren Infektionen, hilft gar nichts mehr. Sie können nur darauf achten, dass die anderen Pflanzen nicht auch befallen werden. Rechtzeitiges Roden, Bodenaustausch, Kompost streuen oder Komposttee gießen und natürlich die anderen Pflanzen stärken! Guter Boden zum Beispiel. Wann haben Sie Ihrer Thuja, Ihrer Scheinzypresse oder Ihrem Wacholder das letzte Mal Kompost zum Genießen gegeben? Seien Sie ehrlich! Über ein Festessen pro Jahr würde sich die Pflanze sehr freuen. Feiern Sie den Geburtstag der Hecke mit einer Kompostparty und laden Sie Freunde ein. Werden Sie skurril und exzentrisch! Mit einer Thujahecke im Garten dürfen Sie alles.

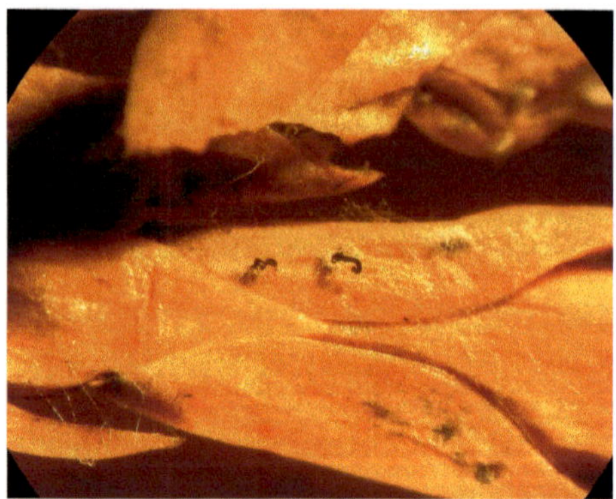

Wenn die Thuja hier und da braun wird, dann könnte das Pestalotia *sein. Unter dem Mikroskop oder mit einer guten Lupe sieht man die „Würstchen" des Pilzes aus den Nadelschuppen wachsen.*

Verbräunter Zweig und Nahaufnahme des Kabatina*-Zweigsterbens, einer weiteren Erkrankung der Thuja, Scheinzypresse und des Wacholders.* Kabatina thujae *weist charakteristische kleine schwarze Sporen* (Acervuli) *auf, die aus den Zweigen hervorbrechen.*

Am Baum: holzzerstörende Pilze

Wenn Ihr Baum immer weniger Blätter hat, Teile absterben und irgendwann auch Pilzfruchtkörper am Stamm oder am Stammfuß erscheinen, dann sollten Sie vorsichtig sein. Denn die Standsicherheit ist nicht mehr gegeben, obwohl viele Bäume auch noch Jahrzehnte weiterleben können und sogar Teile des Baums wieder gesunden können. Wir missbilligen jede Art panischer Rodung von Bäumen! Wenn niemand gefährdet ist, dann lassen Sie den Baum stehen! Eine Vielzahl anderer Tiere und Pilze wird sich den absterbenden Baum als neuen Lebensraum nehmen. Käfer beispielsweise bohren Löcher, die dann Wildbienen und Solitärwespen nutzen. Im Wald finden wir viel zu selten solche Exemplare von Bäumen, die ein wahres Biotop darstellen. Stehendes Totholz ist Natur pur und sollte eher Leben-Holz heißen!

Direkt am Stamm abgegraben, die Wurzeln abgerissen und nicht fachgerecht gekappt sowie kein Wurzelvorhang, um diese vor der Sonne zu schützen. Drei grobe Fehler an dieser Lindenallee, die sich in ein paar Jahren vermutlich rächen werden. Neben Absterbe-Erscheinungen ist die Umfall-Gefahr enorm erhöht, denn die Hälfte der Verankerung der Bäume ist ja weggebaggert worden.

Nein, das ist kein Totholz! Denn in stehenden, abgestorbenen Bäumen tobt das Leben. Käfer, Milben, Wildbienen, Pilze u. v. m. finden sich rasch im Hochhauskomplex ein. Wir nennen es deshalb lieber Biotop-Holz.

Der Schwefelporling (Laetiporus sulphureus) *dringt über Wunden in den Baum ein und verursacht dort eine Braunfäule, was zum Absterben der befallenen Bäume führen kann. Braunfäule bedeutet Zelluloseabbau und der braune Rest des Holzes bleibt übrig. Im Gegensatz dazu ist die Weißfäule meist der Abbau des Lignins und wirkt eher hell-weißlich.*

Hallimasch als schöner Pilz und als Geflecht unter einer Rinde.

Vorsicht aber, wenn Bruchgefahr besteht. Und das können oft nur Spezialisten erkennen. Am besten einen Profi holen, der den noch lebenden oder toten Baum begutachtet. Der schaut und klopft und bohrt und nutzt eventuell auch Hightech-Geräte, um zerstörungsfrei in den Stamm schauen zu können.

Der **Hallimasch** *Armillaria* spp. ist so ein Baumtöter, ihn aber darauf zu reduzieren, würde der Pilz uns übel nehmen. Er ist das größte Lebewesen der Welt und mit sowas legt man sich nicht an! In Oregon hat man nämlich einen Hallimasch gefunden, der fast 1000 ha groß und weit über 500 t schwer ist und etwa 500 Jahre vor Jesus sein Leben begann. Ehrfurcht macht sich bei uns breit! Seinen lustigen Namen hat er von einer entzündungshemmenden Eigenschaft im Schließmuskelbereich des Menschen. Er hilft gegen Hämorrhoiden und wurde „Heil im Arsch" genannt. Entschuldigen Sie bitte, dass wir Ihnen dieses unwichtige Detail nicht vorenthalten.

Hallimasche, wenn das der korrekte Plural ist, suchen mit wurzelähnlichen Strukturen, den Rhizomorphen nach neuen Opfern. Praktisch alle Laub und Nadelgehölze sind gefährdet! Dort dringen sie in Schwächephasen des Baums (Trockenheit, Überdüngung) in die Wurzel ein und beginnen ihre zerstörerische Arbeit. Sie lösen Holz (Lignin) und Zellulose auf und sorgen so für eine untypische „Weißfäule" die, wie der Name kundtut, in der Regel sehr hell ist, beim Hallimasch aber ausgerechnet eher rotbraun. Der Pilz lebt jetzt von dem, was er auflöst und wenn der Baum abgestorben ist, dann frisst er noch weiter. Und blüht irgendwann mit wunderschönen Pilzen, die man bei sechs von sieben europäischen Arten auch essen kann. Er sieht recht schuppig-struppig aus, ist aber im Gegensatz zu ähnlichen Arten mit weißem Sporenpulver ausgestattet. Bitte holen Sie sich aber einen guten Pilzführer, bevor Sie sich irgendetwas Pilzartiges einverleiben. Auch bei der Anwendung gegen Hämorrhoiden bitte nichts Unbekanntes einführen!

Eine große Zahl anderer Holzzerstörer bildet nach der Arbeit halbkreisförmige Fruchtkörper aus, die an UFOs erinnern. Der **Zunderschwamm** ist so ein Pilz und er kann mächtige Buchen in wenigen Jahren zur baufälligen Ruine machen. Aber kein Grund zur Sorge, denn auch hier sind ausschließlich geschwächte oder bereits sterbende Bäume in Gefahr. Wenn Sie jedoch UFO-artige Fruchtkörper entdecken, dann ist es meist zu spät und sie sollten die Standfestigkeit beurteilen lassen.

Fast unsichtbar schleicht sich unser nächster Kandidat an. Der **Obstbaumkrebs** (*Neonectria galligena*) nutzt meist kleine Wunden am Obstbaum, um eindringen zu können. Sein Mycel durchwächst dann Rinde und Holz. Ein kleiner, rötlich-brauner Fleck meist in der Nähe eines schlafenden Triebs, ist sein erstes Lebenszeichen. Später platzt die Rinde auf, zeigt Wucherungen und kleinere Zweige oder auch dickere Äste verdorren oberhalb dieser Infek-

Zwei Zunderschwämme zutzeln zwecks Zucker zwischen zwanzig Zweigen. Zunderschwämme (Fomes fomentarius) *sind leider meist ein Zeichen für raschen Verfall eines Baums, sind aber zum Feuermachen und sogar als Ledererersatz verwendbar.*

Obstbaumkrebs verursacht auffällige Wucherungen.

Nectria cinnabarina, *der Rotpustelpilz, ist zwar ein klassischer Schwächeparasit, aber auch ein guter Totholzzersetzer. Wenn er durch die schönen roten Kugeln auf sich aufmerksam macht, dann ist nicht er das Problem, sondern nur ein Anzeiger anderer Schädigungen oder Stress.*

tionsstelle. Jetzt kann auch der Hauptstamm betroffen sein und zeigt ebenfalls krebsartige Wucherungen, weil der Baum versucht, alle aufgerissenen Stellen zu überwallen. Die Rinde zeigt zunächst ohne Lupe erkennbare weißliche Sporen (Konidien) und etwas später dann kleine rote Kugeln. Was Sie jetzt tun können klingt etwas brutal, ist aber für angehende grobmotorische Hobbychirurgen eine feine Übung. Sie schneiden die Geschwulst großzügig bis ins gesunde Holz aus und verstreichen die Wunde mit dem Grundstoff Kalkmilch oder Kupferpräparaten. Tun Sie das erst, wenn das Wetter schön trocken ist und säubern Sie Ihre Schnittwerkzeuge anschließend mit Spiritus oder Essig. Generell senken Schnittmaßnahmen bei trockenem Wetter immer die Infektionsgefahr, besonders bei Obstbaumkrebs.

Bei Blattfall können Sie zusätzlich vorbeugend Kalkmilch spritzen. Das mag der Erreger, der übrigens auch die Früchte befallen kann, gar nicht. Bei Obstbaumkrebs tauchen Sie die Früchte vor dem Lagern besser in eine Backpulverlösung (mehr zu Backpulver bei den Grundstoffen, S. 109).

Die Vielzahl der holzzerstörenden Pilze macht es unmöglich, sie im Rahmen dieses Buches alle genau zu besprechen. Verzeihen Sie uns deshalb den nur kurzen Ausritt in die Welt der Braun- und Weißfäulen. Im Literaturanhang finden sich aber gute Tipps für Mykopathen, die Pilzverrückten. Und gerade im Baumpilzbereich gibt es feine Vitalpilze, deren Wirkung fantastisch sein soll. Falls wir Ihr Interesse hier geweckt haben, dann freut uns das sehr. Es ist eine unglaublich wunderbare Welt!

*Das Ende einer Kiefer. Zwischen Wurzel (links) und Spross sind braune Einschnürungen durch den Py*thium-*„Pilz" zu sehen.*

Wurzelpilze und Keimlingskrankheiten

Jetzt sind wir wieder ganz unten angekommen. Der Wurzelbereich, immer dunkel, immer feucht und nicht so recht einsehbar. Ein idealer Lebensraum für Pilze und das ist ja auch gut so. Wir brauchen sie ja alle! Selbst manche Bösewichte sind jahrelang gute Freunde der Pflanzen, was man erst vor kurzem herausfand. Sie leben in wunderbarer Partnerschaft, geben und nehmen, Fairness und Glück. Dann passiert irgendetwas und der Pilz geht auf die Pflanze oder die Pflanze auf den Pilz los. Gnadenlos und mit aller Wucht. Warum wissen wir nicht, aber kennen wir das nicht auch?

Wurzeln sind in der Regel gut geschützt. Ein komplexes Abwehrsystem der Pflanze wird durch einen schützenden Biofilm aus Pilzen und Bakterien unterstützt. Ein Krankheitserreger hat es wirklich schwer überhaupt bis zur Wurzel vorzudringen, solange die Wurzel unverletzt und belebt ist! Ist aber das Bodenleben nicht in Ordnung, oder die Wurzel ganz frisch aus dem Samen geschlüpft, dann fehlt ihr der Bio-Schutz. Ebenso sind Verletzungen beim Pflanzen, durch Umgraben oder durch beißende Tiere eine Eintrittspforte für pathogene Pilze. Die Wurzel wird jetzt erobert, aufgelöst und wir sehen das als Welke der oberirdischen Teile der Pflanze. Finden wir keine Verbräunungen in den Leitungsbahnen, dann müsste der Pilz im Wurzelbereich sein. Andere Ursachen für Welken finden Sie im Kapitel „Abiotische Ursachen" (S. 122) und bei den Rüsselkäfern (S. 172).

Viele Namen gibt es für böse Wurzelpilzerkrankungen: **Umfallkrankheit** (nicht, weil die Gärtnerin oder der Gärtner erschrickt, sondern weil die Keimlinge alle darniederliegen), **Wurzelbrand**, **Wurzelfäule**, **Wurzelhalsfäule** oder (sehr schön) **Schwarzbeinigkeit**. *Phytophthora* wäre wieder ein Kandidat, aber auch Pilze wie *Fusarium*, *Pythium*, *Rhizoctonia* oder *Phoma* sind klassische Übeltäter bei Wurzel- oder Keimlingskrankheiten. Die genaue Diagnose ist meist sehr schwierig und nur mit Mikroskopen und/oder Labortechnik praktikabel. Wenn Sie jetzt wissen wollen ob ein Pilz oder Ihr zu viel gießender Partner die Pflanzen umgebracht hat, dann nehmen Sie Ihre Lupe und beobachten noch nicht ganz abgestorbenes Wurzelmaterial. Finden Sie dort scharf abgegrenzte Flecken, punktförmig dunkel eingesunkenes Gewebe mit hellem Fleck in der Mitte („Augenflecken" bei *Rhizoctonia*), Striche oder Streifen, dann könnte es ein pilzlicher Erreger sein. *Fusarium* hingegen bildet irgendwann meist ein watteartiges, auffälliges Mycel. Und eine braune Einschnürung im Bereich zwischen Wurzel und Stängel, dem Hypocotyl, oder eine schwarze Basis der Stecklinge deuten auf *Pythium* hin. Genauer *Pythium ultimum*. Das klingt schon final!

Egal wie er genannt wird, im Gartenbau war jahrzehntelang Hygiene gegen „den Komplex der Auflaufkrankheiten" das oberste Gebot! Alle Gefäße, Töpfe, Stellagen und Erden wurden komplett keimfrei gehalten. Mit heißem Dampf war das noch erträglich, aber auch chemische Entseuchungsmittel waren Standard. Und? Wurzel- und Keimlingskrankheiten fanden sich ein, breiteten sich aus und harte Fungizide mussten zusätzlich gegossen werden; mit begrenztem Erfolg.

Forschungen enthüllten später, dass bestimmte Bakterien und Pilze einen guten Ein-

Keimlingsfäule: oben unbestimmter Art, unten Colletotrichum *sp. an Liguster.*

Typische „Augenflecken" von Rhizoctonia solani *an Bohnenkeimlingen.*

fluss gegen solche bodenbürtigen Krankheiten haben. *Bacillus subtilis* war einer der ersten. Bekannt, weil er schon im 2. Weltkrieg gegen Durchfallerkrankungen half, wurde der Bazillus als „FZB" vermarktet und über Aussaaten und Stecklinge gegossen. *Bacillus amyloliquefaciens* (ein schrecklicher Name) und Pilzpräparate wie *Trichoderma harzianum* kamen hinzu. Sie halfen ganz gut die Wurzelkrankheiten zu unterdrücken, denn sie schmiegen sich erstens an die Wurzel und zweitens produzieren sie pilztötende Stoffe.

Und jetzt: Überraschung! All diese guten Mikroorganismen, und noch etwa 40.000 mehr, finden sich im Wurmkompost! Selbst in normalem Kompost sind sie in großer Zahl mit vielen weiteren Freunden vorhanden. Wie wäre es jetzt also, wenn wir nicht hygienisch steril arbeiten, sondern möglichst dreckig? Viele Mikroorganismen besetzen viele Nischen. Und der Krankheitserreger hat es schwer, seinen Platz zu finden.

Bodentherapie durch Gründüngung? Der schreckliche Fachterminus ist Biofumigation und bedeutet die Reduktion von pflanzenschädlichen Nematoden und Pilzen durch Pflanzenwirkstoffe. Vor allem Senfölglycoside und Senföle sollen den Befall eindämmen. In Gewächshäusern funktioniert das besonders gut, wenn Senf, Ölrettich oder andere Kreuzblütler angebaut werden.

Bakterien

Die kennen Sie sicher! Bakterien, Bazillen! Sie sind einerseits der Inbegriff von Schmutz und Krankheit, andererseits aber, und das wissen Sie, wenn Sie unser Kapitel „Von Vorbeugen bis Heilen: der Pflanzenschutzkuchen" (ab S. 24) gelesen haben, sind Bakterien für Bodenleben und Pflanzengesundheit essenziell.

Bakterien gehören zu den Lebewesen ohne echten Zellkern, was sie von Pilzen und Menschen klar unterscheidet. Auch von den Pflanzen, zu denen sie lange gerechnet wurden. Aus dieser Zeit stammt auch noch der Begriff Darm- oder Haut*flora*. Bakterien haben recht lustige Formen entwickelt. Stäbchen, Kugeln, Wendeltreppen mit eigenartigen Ausstülpungen. Da Bakterien nicht gerne allein sind, bilden sie Kolonien, die auch arttypische Formen annehmen, die zur Bestimmung unter dem Mikroskop helfen können.

Weil Bakterien wirklich nicht gerne alleine sind, teilen sie sich und vermehren sich dadurch. Aus einer werden zwei, aus zwei vier, aus vier dann acht und so weiter. Innerhalb kurzer Zeit ist eine Unzahl Bakterien erreicht. Dieses, auch exponentiell genannte Wachstum ist bei den saugenden Insekten etwas näher dargestellt (S. 209). Diese oder die Pflanze werden krank, wenn sich die Bakterien wohlfühlen und eine gewisse Individuenanzahl gebildet haben.

Pflanzenkrankheiten, die durch Bakterien ausgelöst werden, brauchen wie die Viren einen Vektor, also einen Transporteur. Irgendjemand muss die Bakterie auf ihren Wirt bringen. Und dieser Wirt muss irgendwelche Verletzungen oder Öffnungen haben, durch die das Bakterium in die Pflanze eindringen kann. Das ist gar nicht so leicht bei einer gesunden und unverletzten Pflanze. Zudem ist eine gesunde Pflanze von einer Bakterien- und Pilzschicht umgeben, welche sie zusätzlich schützt.

Aber manche Bakterien schaffen es. Blüten oder andere natürliche Öffnungen sind eine Eintrittspforte, aber auch Bohrlöcher von Käfern, abgesägte Äste, Frostrisse an Bäumen oder beim Pflanzen verletzte Wurzeln.

Kommt die Bakterie in einer gesunden Pflanze an, dann geht es dem Bazillus bald schlecht. Denn ein ganzes Arsenal an Abwehrmöglichkeiten hat die Pflanze parat und setzt sie auch ein. Antibiotika, Senföle und andere Giftstoffe werden gegen Bakterien genutzt und gezielt in der Pflanze produziert. Wie gesagt, gesund sollte die Pflanze sein. Ein geschwächtes Gewächs oder auch eine gezüchtete Sorte kann ihr Immunsystem oft nur eingeschränkt oder gar nicht aktivieren und die Bakterie hat hier leichteres Spiel. Sie vermehrt sich schnell und stark und oft produzieren Bakterien Giftstoffe. Diese sind dann meist der Grund für ein Absterben.

Überhaupt stehen unter den giftigsten Substanzen, die wir kennen, Bakteriengifte an oberster Stelle. Das giftigste Gift ist ein Stoff, den Bakterien der Art *Clostridium* herstellen. Zwar ist es als Botox gegen runzelnde Gesichter geläufig, weniger bekannt ist aber, dass winzigste Mengen dieses Gifts einen Menschen töten können. Botulinumtoxin heißt es wissenschaftlich und leitet sich von *botulus*, der Wurst ab. Und in der Tat kann das Bakterium auf Wurst wunderbar gedeihen. Mit nur einem Gramm könnten Sie eine Millionenstadt auslöschen!

Die von Bakterien in Pflanzen gebildeten Gifte sind in erster Linie für Zerstörung verantwortlich. Leitungsbahnen werden verstopft oder lösen sich auf, Gewebe wird schwarz oder die Pflanze wird manipuliert, was zu tumorartigen Wucherungen führt. **Meist, und das ist für die Diagnose wichtig, sind Bakterienkrankheiten Nassfäulen.** Es tropft und das Gewebe

Frostrisse sind Eintrittspforten für Bakterien und Pilze und entstehen im Winter bzw. Frühjahr, wenn die Temperaturunterschiede zwischen Tag und Nacht sehr hoch sind. Im Baum entstehen dadurch Spannungen. Mit einem weißen Kalkanstrich kann das Aufheizen am Tag und somit die Ausdehnung der Rinde verhindert werden. Dieser Baum wurde leider erst nach den ersten Rissen gekalkt.

wird nassfaul-stinkender Matsch. Was da so tropft ist der Bakterienschleim, im Fachjargon Ooze genannt. Englisch spricht sich das elegant „Uuuuus" aus, im Deutschen wird es eigenartig „O-Otse" gestottert. Diese Ooze ist hochinfektiös und braucht nun einen Transporteur, einen Vektor, um zu einer anderen Pflanze gelangen zu können. Oft ist das die Gärtnerin oder der Gärtner selbst.

Oberstes Gebot also auch bei Bakterienkrankheiten: Desinfizieren Sie Schnittwerkzeuge und alles, was mit der kranken Pflanze in Berührung kam, mit Essig oder Alkohol (siehe auch „Maßnahmen gegen Viren", S. 216).

Wie bei den Pilzen ist es auch bei Bakterien so, dass sie nur einen engen Wirtskreis haben, also nicht alles befallen können. Manche Bakterien fallen nur über Kernobst her, andere nur über Nachtschattengewächse, aber Bakterien sind auch in der Lage, sogenannte Varietäten zu bilden. Das heißt zwar immer noch nicht, dass eine Kastanien-Pseudomonade auf die Zwetschge hüpft und diese infizieren kann, sondern dass die Zwetschge eine eigene Pseudomonade hat. Pseudomonaden (*Pseudomonas*) sind übrigens stäbchenförmige Bakterien! Und es gibt auch gute Pseudomonaden, die mit den Mykorrhizapilzen zusammenleben und das Pflanzenwachstum hervorragend fördern können. Licht und Schatten liegen wieder einmal dicht beieinander.

Bakterienkrankheiten kommen im Vergleich zu Pilzinfektionen glücklicherweise recht selten vor. Da Bakterien ja einen Vektor brauchen, also jemanden, der sie von Pflanze zu Pflanze trägt, verbreiten sie sich in der Natur und im Garten nicht sehr schnell. Meist tragen Sie sich diese Krankheiten beim Kauf einer neuen Pflanze ein und meist bleibt die Bakterie auch da. Im Gartenbau und in der Landwirtschaft, wo Monokulturen den Bakterien das Leben leicht machen, ist das anders. Hier können diese Mikrolumpen großen Schaden anrichten, denn in Monokulturen ihrer Wirtspflanzen geht die Infektion relativ schnell vor sich!

Bakteriosen können (wie Pilze) Welken und Blattflecken sowie Wurzelfäulen hervorrufen. Meist sind diese wie erwähnt eher nassfaul, aber nicht immer. Was ebenfalls den Pilzen sehr ähnlich ist: Auch Bakterien können eine Art Spore ausbilden, die jahrelang im Boden auf das nächste Opfer wartet.

Eine direkte Bekämpfung von Bakterienkrankheiten ist nicht möglich. Pflanzen können durchaus gesunden, das ist gar nicht so selten, aber direkt können Sie nur vorbeugend etwas tun. Mehr dazu am Ende des Kapitels.

Die bekannteste Bakterienkrankheit ist der **Feuerbrand** (*Erwinia amylovora*), der an Kernobst und anderen Rosengewächsen ein Triebsterben verursacht. Die Triebe, Blüten, Blätter und Früchte verfärben sich verbrannt-schwarz und die Triebspitzen biegen sich nach unten. Zusätzlich treten Schleimtropfen aus den Zwei-

Feuerbrand an der Birne. Nicht immer, aber häufig bildet er zusätzlich zum Schwarzwerden der Blätter Schleimtröpfchen aus.

gen aus. Die Infektion erfolgt über die Blüte und bestäubende Insekten können den Erreger relativ weit verbreiten.

Der Feuerbrand ist deshalb so gefährlich und mit Meldepflicht bei den Behörden versehen, weil er ausnahmsweise ein recht großes Wirtsspektrum hat. Zwar befällt er nur kernobstartige Rosengewächse, aber genau diese sind recht häufig in Gärten oder Wildhecken anzutreffen. Äpfel (*Malus* sp.), Birnen (*Pyrus* sp.), Quitten (*Cydonia* spp.), Felsenbirnen (*Amelanchier* spp.), Mispeln (*Mespilus* spp.), Vogelbeeren (*Sorbus* spp.)oder Weißdorn (*Crataegus* spp.) gehören dazu. Aber auch Zierpflanzen wie der weitverbreitete *Cotoneaster* (Zwergmispel) sowie alle Zierformen der Quitte, Birne oder Apfel.

Da die Infektion über die Blüte geht, wurden viele Methoden ausprobiert, um die Erreger bereits im Vorfeld unschädlich zu machen. Dazu gehören auch Antibiotika, wie das Streptomycin, was immer wieder genutzt wird. Aber dieses Antibiotikum ist auch für Menschen wichtig und wenn es zu oft verwendet wird, können für uns schädliche Bakterien prinzipiell resistent werden. Also keine gute Idee und auch umstritten.

Eine andere Methode ist, einen Pilz mit dem goldigen Namen *Aureobasidium pullulans* einzusetzen. Dieser besetzt hartnäckig die meisten Nischen in der Blüte und erschwert dem Feuerbrandbakterium das Eindringen. Eigentlich ist er ein Schimmelpilz, in Häusern nicht gerne gesehen, aber hilfreich im Pflanzenschutz und sogar bei der Herstellung von Bioplastik in Verwendung.

Ist Ihre Pflanze von Feuerbrand befallen, dann müssen Sie das offiziell den Behörden melden. Meist gibt es in den Landkreisen und Städten Feuerbrandberater. Und obwohl sich unserer Ansicht nach viele Pflanzen wieder vollständig erholen können, müssten Sie im schlimmsten Fall mit einer Rodung Ihrer Pflanzen rechnen.

Der Feuerbrand ist *die* Bakterienkrankheit schlechthin, aber auch andere, eher unbekannte Seuchen können auftreten. Meist als Nassfäule wie bereits erwähnt, seltener auch als Trockenfäule, wie unser nächster Kandidat.

Verwechseln Sie den Feuerbrand nicht mit der Birnentriebwespe (siehe S. 241), bei der ebenfalls die Triebspitzen zu hängen beginnen und eine Schwarzfärbung der Blätter einsetzt. Hier sind jedoch bei genauem Hinsehen Einstichstellen unterhalb des Schadens zu finden. Bakterienschleim ist ebenfalls nicht vorhanden!

Das *Agrobacterium tumefaciens* beispielsweise ist ein Mikroorganismus, der im Boden lebt und dem Duft von verletzten Pflanzen (vor allem im Übergangsbereich von Wurzel zu Spross) nicht widerstehen kann. Ist es eingedrungen, beginnt es die Pflanzenzellen umzuprogrammieren und ein ungebremstes Wachstum, ein Tumor entsteht (**Wurzelkropf**). Immer wieder

Der Wurzelkropf an der Wurzel eines Aprikosenbäumchens.

Auch weiter oben kann der Wurzelkropf infizieren und auffällige Wucherungen verursachen.

Pseudomonas *hat wieder zugeschlagen – die Öl- oder Fettfleckenkrankheit an einer Bohne.*

gibt es Infektionen, die an Stamm, Stängel oder am Wurzelhals aussehen wie eine Mischung aus Brownie und Gehirn. Interessant bei dieser Bakterie ist, dass sie eben Zellen manipuliert und so hat das Bakterium beim Einschleusen fremder Gene eine Bedeutung gewonnen. Die Gentechnik nutzt es gerne. Eine Bekämpfung ist auch hier nicht möglich, jedoch sollten Sie den Kropf entfernen.

Versuchen Sie immer, Verletzungen der Pflanze zu vermeiden. Ein eigentlich sinnloser Satz. Wieso sollte man Verletzungen nicht vermeiden wollen? Aber Sie lesen diesen Satz immer wieder in der Literatur und ohne diesen Satz wäre dieses Buch kein richtiges Fachbuch.

Weitere Nassfäulen, die Ihnen vielleicht mal begegnen können, sind die **Öl- oder Fettfleckenkrankheit**, die an Bohnen ihr Unwesen treibt. Eine Pseudomonade (*Pseudomonas syringae* pv. *phaseolicola*), die ähnlich dem Falschen Mehltau eckige Flecken verursacht, diese jedoch, besonders bei feuchter Witterung, mit dem typischen Bakterienschleim ausstattet. Der kann angetrocknet wie ein kleines Häutchen auf oder unter den Blättern kleben. Blätter wegzupfen und einen Gesundungstanz durchführen. Sonst können Sie leider nichts tun.

Weitere Ölflecken können z. B. Pelargonien (**Schleimkrankheit** *Ralstonia solanacearum*) oder Efeu (**Efeukrebs** *Xanthomonas campestris* pv. *hederae*) bekommen. Sie sehen: Ölflecken sind nur ein ähnliches optisches Symptom für verschiedene Erreger. Und die Blätter sehen wirklich aus, als wären sie ölgetränkt.

Bakterielle Blattflecken bekommen auch Kürbis, Mangold (*Beta vulgaris* subsp. *vulgaris*), Magnolie (*Magnolia* sp.), Walnuss ... Sie merken an dieser seltsamen Auswahl vielleicht schon, dass sehr viele Pflanzen betroffen sein können. Ebenso, dass Blattflecken auch Bakteriosen sein können und nicht immer die lieben Pilze schuld sind. Der Unterschied hier noch einmal: Meist sind die Flecken eher schwärzlich und nicht selten eben auch mit Bakterienschleim versehen.

Nassfaule Stellen an den Pflanzen, ihren Blättern, Stängeln und Früchten sind ebenfalls oft durch Bakterien verursacht. Vom Alpenveilchen (*Cyclamen* sp.) bis zur Zinnie (*Zinnia* sp.) können viele Pflanzen betroffen sein. Achten

Sie bei Nassfäulen oder Welken einfach auf den Schleim! **Wurzelnassfäulen** können z. B. Karotten oder Kartoffeln befallen, auch im Kühlschrank, und dieses glitschig-orange-schwarze Geschmier ist kein schöner Anblick. Riechen Sie mal dran, oder besser nicht. Sie können diese Krankheit mit dem schönen Namen *Erwinia carotovora* sehr gut erschnuppern! Unangenehm.

Apropos *carotovora*! In vielen wissenschaftlichen Namen finden sie die Endung *-vora*. Die heißt übersetzt „Fresser", *carotovora* also Karottenfresser. Vielleicht haben Sie schon von der abschätzigen Bezeichnung für Vegetarier als *Herbivoren*, also Pflanzenfresser, gehört. Diese Endung eines Organismus heißt im Pflanzenschutz jedoch selten etwas Gutes. Außer ein Nützling heißt so. Dann frisst er brav!

Die **bakterielle Schrotschusskrankheit** beim Kirschlorbeer sieht auf den ersten Blick aus wie die vom Pilz verursachte (siehe S. 235). Auch hier bilden sich kreisrunde Flecken, meist rötlich-braun bis schwarz (aber ohne Pilzfruchtkörper!), die später rausfallen und schöne, manchmal kreisrunde Löcher hinterlassen. Die bakterielle Form hat einen hellgrünen Saum um den befallenen Fleck. ***Pseudomonas syringae*** heißt der Verursacher und Pseudomonaden kennen Sie jetzt schon ein wenig. Die Besonderheit bei dieser: Es steckt „syringae", also Flieder im Namen, jedoch ist diese Bakterienart an unzähligen verschiedenen Pflanzengattungen zu Hause und nicht nur am Flieder. Teilweise bildet das Bakterium „Unterarten" aus, die nur bestimmte Pflanzen befallen können. Man spricht dann von „Pathovaren", die im wissenschaftlichen Namen dann „pv." abgekürzt werden.

Bei der Öl- oder Fettfleckenkrankheit der Bohne haben Sie den ersten kennen gelernt. *Pseudomonas syringae* pv. *aesculi* beispielsweise findet man an der Rosskastanie. Andere

Bakterielle Blattflecken verursacht durch Xanthomonas hortorum *pv.* hederae *auf Efeu.*

Wir haben Karotten einfach einmal reifen lassen. Und gleich zwei Erreger gezüchtet. Links im unteren Teil der Möhre hat sich Erwinia carotovora *eingeschleimt, rechts die Möhrenschwärze* Alternaria.

Pathovaren: *aceris* am Ahorn, *pisi* an der Erbse und *mors-prunorum* (übersetzt heißt das in etwa „Pflaumentod") an der Zwetschge und anderen Steinfrüchten. Letztendlich noch die wirklich den Flieder befallende Seuche: *Pseudomonas syringae* pv. *syringae*.

Bei all diesen Pseudomonaden ist die Symptomatik sehr ähnlich: schwärzliche Flecken auf Blättern oder Stängeln oder Stamm oder Früchten. Bakterienschleim! Und Absterben. Deshalb bekommen die vielen *Pseudomonas*-Erkrankungen auch immer so depressive Namen, wie Sterben oder Seuche. Doch wie auch beim Feuerbrand können sich Pflanzen von *Pseudomonas* wieder erholen. Eine gut ernährte, von Mikroorganismen im Boden und auf den Blättern umgebene Pflanze hat erstaunliche Abwehrkräfte. Wenn Sie die Möglichkeit haben und auch keine anderen Pflanzen gefährdet sind, dann probieren Sie die Pflanze durchzubringen. Diesen Ratschlag werden Sie selten in einem anderen Buch finden, denn oft herrscht hier leider Panik. Erst kürzlich wurde bei uns in der Nähe eine 150 Jahre alte Kastanienallee gerodet, weil sich *Pseudomonas* durch Nachpflanzungen junger Bäume eingeschlichen hatte. Ob das sinnvoll ist? Viele Experten, gerade in Skandinavien meinen „Lassen Sie die Bäume in Ruhe". Denn alte Bäume, auch mit *Pseudomonas*, überleben uns alle sicherlich. Andererseits kann man den Verantwortlichen, welche die Rodung befürworteten, auch keine böse Absicht unterstellen. Der Erreger ist an der Rosskastanie recht neu, kommt aus Indien und jeder infizierte Baum ist natürlich auch Träger weiterer Bakterien. Wir fragen uns bloß, ob sol-

Plötzliches Absterben eines Fliederasts durch Pseudomonas syringae.

Eine wirklich gefährliche Kombination ist ein gleichzeitiger Befall mit Pseudomonas *und* Phytophthora. *Hier hat der Baum sehr schlechte Chancen zu überleben.*

che Maßnahmen wirklich das Kastaniensterben an der Ausbreitung hindern. Bessere Kontrollen der Baumschulen auf kranke Pflanzen wären vermutlich sinnvoller.

Hier die vorletzte Gattung, die wir noch gerne beschreiben wollen. *Xanthomonas*-Arten kommen auch immer wieder an Pflanzen vor und umfassen Krankheiten wie Welke der Futtergräser, Adernschwärze an Kohlpfanzen mit den typischen v-förmigen Vergilbungen vom Blattrand her oder die Maiswelke. Auch bei *Xanthomonas* gibt es verschiedene Pathovaren, also solche Xanthomonaden, die sich auf einen bevorzugten Wirt spezialisiert haben. An der Walnuss beispielsweise findet sich der **Bakterienbrand der Walnuss** *Xanthomonas campestris* pv. *juglandis*, ein Bakterium, das immer wieder in unserer Praxis vorkommt und gerne mit einem Pilz verwechselt wird, der ähnliche Symptome (Verbräunungen und Absterben von Blättern und Früchten) hervorruft. Der Bakterienbrand ist im Unterschied zur pilzlichen Blattbräune der Walnuss (*Gnomonia leptostyla*, früher auch *Marssonina juglandis* genannt) zu Beginn meist durch eckige, von den Blattadern begrenzte Flecken *ohne* spätere Fruchtkörper auf der Blattunterseite, zu erkennen. Bei beiden Krankheiten hilft das Laubwegräumen schon sehr gut.

Was können Sie vorbeugend gegen Bakteriosen unternehmen? Außer der in diesem Buch schon fast mantrisch geschriebenen Formel „ausgewogen ernähren", „Bodenleben fördern" usw.

Es gibt ein paar Grundstoffe, die gegen Bakterien wirken und eingesetzt werden können. Im Lager kann Chitosan an Kartoffeln, Rüben und Getreide eingesetzt werden, offiziell jedoch nur bei Saat- bzw. Pflanzgut. Also nicht für den Verzehr. Essig ist ebenfalls zugelassen, wenn Sie Saatgut diverser Gemüsepflanzen vor Bakterien schützen wollen.

Andrerseits darf das gleiche Chitosan an lebendem Getreide, Heil- und Gewürzkräutern, Gemüse, Beeren und kleinen anderen Früchten (wie Zwetschgen oder Kirschen) gegen Bakterienkrankheiten eingesetzt werden. Auch Backpulver hilft gegen Bakterien an Gemüse.

Verschiedene Pflanzenstärkungsmittel sowie Pflanzenschutzmittel mit Kupfer können bei vielen Bakteriosen gespritzt werden. Und nicht vergessen: Hygiene ist wichtig! Schnittwerkzeuge immer gut desinfizieren! Sonst sind Sie ein Vektor!

Ganz zum Schluss noch ein Bakterium, das den Pflanzenschützern Sorge bereitet. Und das liegt daran, dass es recht neu ist und neue Krankheiten und Schädlinge, von denen noch wenig bekannt ist, immer genau betrach-

I can get no disinfection? Dann besser nicht weiterarbeiten, denn Bakterien werden oft durch Schnittwerkzeug von einer Pflanze zur nächsten übertragen.

tet werden müssen. Doch wenn Sie sich die „alert list", die Alarmliste der EU ansehen, dann könnte Sie wirklich Panik befallen. Hunderte potenzielle Bedrohungen sind da gelistet; aber keine Sorge! Die wenigsten sind wirklich eine echte Bedrohung und die Behörden und Pflanzenschützer arbeiten wirklich gut. Aber zurück zum Bakterium. ***Xylella fastidiosa***, das **Feuerbakterium** heißt es und es ist ähnlich dem Feuerbrand sehr ausbreitungsfreudig. Vor allem an Olivenbäumen im Süden hat es schon viele Schäden angerichtet, leider bleibt es nicht dabei. Potenziell können auch Wein, Obstbäume (Steinobst), Zierpflanzen (Oleander *Nerium oleander*) und andere Strauch- und Baumarten befallen werden.

Die Symptome des amerikanischen Erregers: Blätter treiben später aus, bleiben auch länger vertrocknet hängen im Herbst und zeigen in der Vegetationszeit braune Spitzennekrosen (Absterbe-Erscheinugen). Das Bakterium verstopft die Leitungsbahnen (Tracheobakteriose) und eine Welke setzt ein. Nicht alle Pflanzen, die infiziert sind werden krank. Das macht zwar einerseits Hoffnung, andererseits sind das Seuchenherde. Zikaden, auch die heimische Wiesenschaumzikade (*Philaenus spumarius*), können es übertragen. Es ist meldepflichtig! Im Moment sollten keine Oleander im Süden ausgegraben und als Andenken nach Hause genommen werden. Das könnte das Bakterium in Ihre Heimat bringen.

Phytoplasmen – von süchtigen Trieben und verfallenden Birnen

Eine besondere Form der Bakterien, die Phytoplasmen, hat leider keinen deutschen Namen. Wobei die Krankheiten, die die Phytoplasmen auslösen, eindrucksvolle, fast bedrohlich wirkende deutsche Namen besitzen. Apfeltriebsucht klingt noch putzig, aber Birnenverfall oder Steinobstvergilbung hat etwas Letales. Und leider ist das auch so.

Phytoplasmen sind stark reduzierte Bakterien ohne Zellwand und auch sonst fehlt ihnen einiges, was andere Bakterien haben. Deshalb sind sie auch obligat auf lebende Pflanzen angewiesen und lassen sich nicht auf Nährmedien kultivieren. Man nennt sie daher auch „obligate Parasiten", im Gegensatz zu sogenannten „fakultativen Parasiten", die durchaus auch außerhalb ihres Wirts leben oder sich sogar vermehren können.

Phytoplasmose am Apfelbaum, auch Apfeltriebsucht genannt. Die Knospen, die für das nächste Jahr bestimmt wären, treiben im Sommer des Jahres, wo sie entstehen, gleich wieder aus. Es kommt also zur übermäßigen Seitentriebbildung. Die Triebe treiben zwei Mal pro Jahr aus, sind daher sehr schwach ausgebildet und können nur kleine Blätter und Früchte tragen.

Die Phytoplasmen brauchen also dringend ihren Wirt. Übertragen werden sie durch saugende Insekten, die den Erreger in ihrem Speichel tragen, und einmal im Wirt angekommen, vermehren sie sich schlagartig. Sie verursachen beim Apfel dann ein auffälliges Triebwachstum, bei den Birnen ein langsames Absterben und an Brom- oder Himbeeren ein gestauchtes Wachstum. Auch Blütenvergrünungen, Besenwuchs oder Blattvergilbungen können Phytoplasmen auslösen.

„Phytoplasmose" wird dann so eine Krankheit genannt und sie ist nach der Infektion nicht mehr beeinflussbar. Vorbeugend kann man durch Vektorenbekämpfung, also das Töten der Überträger wie Blattläuse, Zikaden oder Blattflöhe einen *gewissen* Schutz erreichen. Eingeschränkt deshalb, da die Vektoren auch von Bäumen in der Umgebung kommen können und es auf keinen Fall sinnvoll ist, panikartig alle Blattläuse zu vernichten, da sie ja, wie wir wissen, Nahrung für Nützlinge bedeuten.

Auffällige Symptome an einem Sonnenhut (Echinacea sp.). *Aus den Blüten wachsen neue Blüten und manchmal sieht dies wie eine besondere Zierform aus, nur irgendwie seltsam! Hier hilft nur Ausgraben und Entsorgen. Rückschnitt bringt leider keinen Erfolg.*

Ob der Grundstoff Chitosan, der ja gegen Bakterien an Beeren und kleinen Früchten genehmigt ist, etwas hilft, müsste erst getestet werden. Leider findet sich hier in der Literatur noch nichts. Sollte es in Ihrem Garten Stauden wie die im Bild gezeigte Rudbeckie, betreffen, dann trennen Sie sich von der befallenen Pflanze und ersetzen diese besser, bevor sich die Phytoplasmen ausbreiten. Rückschnitt, den wir getestet haben, bringt definitiv keine Heilung, sondern nur weitere Ausbreitung.

Der Birnblattsauger gehört zu den Blattflöhen und kann auch Krankheiten übertragen. Hier im Größenvergleich und in seiner Kolonie bei massivem Befall eines Birnentriebs (siehe auch S. 203).

Spezial: Rose

Eine Rose ist eine Rose ist eine Rose …

Die Königin der Pflanzen hat zu Recht einen Anspruch, in jedem Garten in irgendeiner Form präsent zu sein, da nicht allein ihr Duft betört, sondern auch ihr Blütenreichtum bei richtiger Pflege schier unglaublich ist. Die Auswahl an Rosen ist unendlich, lassen Sie sich hier viel Zeit, um die Richtige für Ihren Garten zu finden. Für uns bzw. aus der Warte des Pflanzenschutzes ist wichtig, bei Neupflanzungen auf die richtige Sortenwahl und den Standort zu achten.

Diese herrlich duftende Rose steht auch ohne chemische Mittel hervorragend da. Ein guter Standort und bei Bedarf stärkende Mittel lassen sie so gut aussehen (vgl. Abbildungen Seite 27).

Wenn Sie eine Rose wollen, die gesund und stark ist sowie auf Widerstandsfähigkeit gegen Blattkrankheiten getestet wurde, dann achten Sie beim Kauf auf das Prädikat **„ÖRP-Rose"** (Österreichische Rosenprüfung) oder **„ADR-Rose"** (Anerkannte Deutsche Rose). Dies weist auf eine unabhängige dreijährige Prüfung der Rose hin.

Der richtige Standort ist das A und O. Fühlt sich Ihre Rose in einem Bereich des Gartens nicht wohl, versuchen Sie es an einem anderen Standort. Es ist immer wieder verblüffend, dass auch Pflanzen ihre Lieblingsplätze haben und dort besser gedeihen als in den vorgesehenen Bereichen! Sollte in Ihrem Garten eine Rose mit herrlichem Duft stehen, die jedoch im Juli/August schon alle Blätter fallen lässt, da sie an Pilzerkrankungen leidet, versuchen Sie es ab dem Knospenschwellen mit Stärkungsmitteln.

Bei häufiger blühenden Sorten, wenn diese bereits krankes Laub haben, hat es sich sehr gut bewährt, die Rose nach der ersten Blüte stark zurückzuschneiden, da sie anschließend mit völlig gesunden Blättern noch einmal durchtreibt und herrlich blüht (Ein Tipp des Obergärtners im Rosarium Baden).

Robuste und tolerante Edelrosensorten können bis in den Oktober hinein fantastisch aussehen.

Zum leidigen Thema Bodenmüdigkeit: Die Gründe hierfür sind noch immer nicht klar. Es ist lediglich bekannt, dass der Boden „rosenmüde" werden kann und dann hilft nichts, außer 60 cm Erdaustausch und Kompostgaben für die Neupflanzung. Tagetes als Wunderpflanze soll hier Abhilfe verschaffen, dies wurde uns aber leider nicht von allen Seiten bestätigt.

Übersicht über die häufigsten Schädlinge bei der Rose mit Gegenmaßnahmen

Schädling	Vorbeugung	Maßnahme
Rosenblattlaus (*Macrosiphum rosae*)	stickstoffbetonte Düngung vermeiden, Zwischenpflanzungen mit Stauden und Tagetes, Nützlinge fördern: Marienkäfer, Schwebfliege, Florfliege, Schlupfwespe ...	Abspritzen mit scharfem, kalten Wasserstrahl, Brennnesselbrühe, Florfliegenlarven ausbringen, Spritzmittel mit dem Wirkstoff Schmierseife oder Neem (in Ausnahmefällen)
Schildläuse (Coccoidea)	auf guten Standort achten, stickstoffbetonte Düngung vermeiden, Nützlinge fördern	ölhaltiges Präparat (Rapsöl) abends oder bei bedecktem Himmel spritzen, Vorsicht wegen Blattschäden!
Rosenzikade (*Typhlocyba rosae*)	Nützlinge fördern	Brennnesselbrühe
Rosenblattwespenlarven (*Caliroa aethiops*; Synonyme: *Endelomyia aethiops*, *Eriocampoides aethiops*)	Nützlinge fördern	Absammeln, mit Wasserstrahl abspritzen oder einfach warten, da sie meist schnell wieder verschwinden
Gemeine Spinnmilbe (*Tetranychus urticae*)	Standortverbesserung (mehr Luftbewegung), Austriebsspritzung mit Raps- oder Paraffinöl, Nützlinge fördern: Raubmilbe, Wanze ...	Brennnesselbrühe, Spritzmittel mit dem Wirkstoff Schmierseife oder Neem (in Ausnahmefällen)
Rosenblattrollwespe (*Blennocampa pusilla*)	**wichtig:** Entfernen und Entsorgen der eingerollten Blätter	ebenfalls: Entfernen und Entsorgen der eingerollten Blätter
Rosentriebbohrer (*Blennocampa elongatula* syn. *Monophadnus elongatulus* und *Ardis brunniventris*; aufwärts- und abwärtssteigend)	befallene Triebe entfernen	Einbohrstellen beachten, wegschneiden und entsorgen
Gefurchter Dickmaulrüssler u. a. (*Otiorhynchus sulcatus*)	Wurzelballen vor Neupflanzung auf Larven untersuchen	Nematoden, Nematoden-Bretter

Spuren einer Schwebfliegenlarve auf einem Rosenblatt. Kurz vor der Verpuppung wird der Darm entleert. Diese schwarzen Hinterlassenschaften zeugen von ihrer Anwesenheit.

Typisches Bild vom Leben auf der Unterseite eines Rosenblattes mit Schwebfliegenlarve und parasitierten Blattläusen.

Nicht in jedem eingerolltem Blatt sitzt eine Rosenblattrollwespe. Das Blatt rollt sich durch den Einstich zusammen, aber nicht aus jedem Ei entwickelt sich dann eine Larve. Pflanzenschutzmittel zeigen meist keine Wirkung, da die Larve im Blatt zu gut geschützt ist. Daher ist das Absammeln und Vernichten der eingerollten Blätter die beste Methode, um den Befall zu verringern.

Die zauberhaften Gallen der Rosengallwespe (Diplolepis rosae) *werden auch als Schlafäpfel bezeichnet.*

Die Rinden- oder Brandfleckenkrankheit an Rosentrieben erschafft ein buntes Farbbild, kann aber auch stark schädigen. Meist beginnt der Befall in der Nähe der Schlafenden Augen mit rötlichen Flecken. Diese breiten sich aus und verbräunen großflächig, umrahmt von einem lilafarbenen Rand.

Übersicht über die häufigsten Pilzerkrankungen bei der Rose, Symptome und Gegenmaßnahmen

Pilzerkrankungen (*auslösende Pilzart*)	Symptome	Vorbeugung/Maßnahme
Echter Mehltau (*Sphaerotheca pannosa*)	mehliger Belag auf der Blattoberseite, aber auch auf Stängel und Blüte, abwischbar, „Schönwetterpilz"	Pilze überwintern gerne auf abgefallenen Blättern, daher befallenes Laub entfernen
Falscher Mehltau (*Peronospora sparsa*; Synonym: *Pseudoperonospora sparsa*)	Blatt: braune bis schwarze unregelmäßige Flecken, später blattunterseits gräulicher Pilzrasen, bei feucht-warmer Wetterlage	stickstoffbetonte Düngung vermeiden für tiefgründigen, humosen Boden sorgen sowie für einen luftigen, sonnigen Standort, damit die Pflanze schnell abtrocknen kann Schnitt: für Durchlüftung sorgen, starker Rückschnitt bei anfälligen remontierenden Sorten bis ins gesunde Holz (Neuaustrieb gesund!) ab dem Knospenschwellen Stärkungsmittel verwenden
Rosenrost (*Phragmidium mucronatum*)	Blatt: gelblich-braune Flecken, orange Sporenpusteln	
Sternrußtau (*Diplocarpon rosae*)	Blatt: kleine, braune, sternförmige Flecken, Gelbfärbung rundherum	
Blattflecken (Anthraknose u. a.) (*Sphaceloma rosarum*; Synonyme: *Gloesporium rosarum*, *Phyllosticta rosarum*)	kleine punktförmige Nekrosen mit weißen Fleck in der Mitte, bei Blattflecken aber auch eckig bzw. vielgestaltig möglich	
Rinden- oder Brandfleckenkrankheit (*Coniothyrium wernsdorffiae*)	rötlich gefärbte Flecken auf Trieben, werden später braun mit rotem Rand, schwarze Verfärbungen meist nach dem Winter	Rückschnitt bis ins gesunde Holz, keine Stickstoffgaben im Herbst, Holzausreifung fördern Kupferspritzung für hartnäckige Fälle vor dem Austrieb

Echter Mehltau, der Schönwetterpilz, der sich gerne bei trockenem und heißem Wetter einstellt.

Falscher Mehltau, der sich bei feucht-warmem Wetter schnell entwickeln kann.

Bei Blattflecken, wie der Anthraknose oder Ringfleckenkrankheit, sollte das abgefallene Laub der Rosen entfernt werden, damit eine Neuinfektion vermieden wird.

Der allseits bekannte Sternrußtau.

Beim Rosenrost wirken stärkende Mittel sehr gut. Die Sommersporen blattunterseits strahlen in einem satten orange, während die Wintersporen sich schwarz verfärben.

Oft kommt es zu einer Kombination von Erkrankungen und das Erkennen der Erreger ist nicht immer einfach. Manche können nur mikroskopisch identifiziert werden.

Was kann ich meiner Rose Gutes tun?

Wir empfehlen nach unseren Praxiserfahrungen folgende Stärkungsmittel für Rosen:

- **Ackerschachtelhalm bzw. Schachtelhalmextrakt** (zum Selbermachen oder fertig zu kaufen): Natürliche Kieselsäure wird in die Zellwände eingelagert (Verkieselung) und festigt Zellwände und Epidermis. Stärkung gegenüber abiotischem Stress und schwächebedingtem Pilzbefall. Neuaustriebe besprühen, um sie zu „beimpfen"; wenn das Wachstum abgeschlossen ist, auf ein anderes Mittel wechseln.
- **Neudo-Vital®:** organisch-mineralischer Kaliumdünger, Fettsäure mit Kräuterextrakten (u. a. Ackerschachtelhalm), stärkt hervorragend Pflanzen, die gegenüber Rost, Sternrußtau und Echtem Mehltau anfällig sind.
- **Myco-Sin®:** Schwefelsaure Tonerde, Hefe, Schachtelhalm und Haftmittel, das die Widerstandskraft gegen Pilz- und Bakterienkrankheiten erhöht. Der pH-Wert der Spritzbrühe liegt im stark sauren Bereich (ca. pH-Wert 3,4–3,8). Verwenden Sie unbedingt Regenwasser, kein kalkhaltiges Wasser. Bei drohender Infektion spritzen, am besten vor Regen (Blätter müssen aber noch abtrocknen können).
- **Komposttee:** Alle paar Wochen den Wurzelbereich gießen oder übers Blatt sprühen, belebt den Boden und stärkt die Abwehrkraft.
- **Algenpräparate** (Braunalgenextrakte aus dem Knotentang *Ascophyllum nodosum*) liefern Spurenelemente, Pflanzenhormone, Vitamine und Kohlenhydrate und ermöglichen Ertragssteigerungen, Wurzelbildung wird stimuliert, Frostresistenz erhöht.
- **Hömöopathische Präparate** (Biplantol® u. a.) enthalten anorganische oder organische Wirkstoffe in sehr stark verdünnter (potenzierter) Form. Das Trägermedium ist meist Wasser, seltener werden Gesteinsmehle oder ähnliches verwendet.

Einige dieser Mittel können auch miteinander gemischt werden. Wir empfehlen prinzipiell Kombinationsspritzungen, da wir aus Versuchen auf der GARTEN TULLN sowie im Rosarium Baden wissen, dass Spritzungen das ganze Jahr über mit nur einem Präparat schlechtere Ergebnisse als der Wechsel zwischen den Mitteln brachte. Das Spritzintervall sollte zweiwöchentlich sein, ab Knospenschwellen bis Ende des Sommers, um die Rose bestmöglich vor Pilzinfektionen zu schützen.

Ab Seite 77 finden Sie noch weitere Informationen zu Stärkungsmitteln sowie zur Selbstherstellung von Brühen, Jauchen und Tees.

Tipp für Stärkungsmittel-Neulinge: Wählen Sie zwei Präparate aus und wechseln diese im Abstand von zwei Wochen, z. B. Ackerschachtelhalm – Myco-Sin® oder Ackerschachtelhalm – „Neudo-Vital®" o. ä.

Stärkende Mittel wie Ackerschachtelhalm werden ab dem Knospenschwellen verwendet, um anfällige Sorten in ihrer Abwehr zu unterstützen.

Die Bereifte Rose (Rosa glauca) *mit ihrem auffälligen bläulichem Laub.*

Die ungefüllten bzw. einfachen Blüten der Wildrosen sind wichtige Nahrungsgrundlage für verschiedene Insekten.

Eine Hunds-Rose (Rosa canina) *in voller Blüte.*

Das Mark der Hagebutte schmeckt köstlich und ist ein feiner Vitaminlieferant im Winter. Nach den ersten Frösten werden die Früchte weich.

Tipp – Wildrosen: Pflanzen Sie eine der mehr als 40 wertvollen heimischen Wildrosen in Ihren Garten. Sie werden überrascht sein von der Vielfalt an Blütenfarben und -formen sowie im Herbst von den unzähligen Früchten (Hagebutten) für sich selbst und die Tierwelt. Unsere heimische Hunds-Rose (*Rosa canina*), deren Hagebutten Sie wunderbar mit den Vögeln im Winter teilen können, liefert Ihnen wertvolles Vitamin C. Nehmen Sie die Hagebutte einfach zwischen die Finger und drücken das weiche Fruchtmark hinaus! Testen Sie bei einem Winterspaziergang die unterschiedlichen Aromen der Hunds-Rose und merken sich ihre Fundstellen für das nächste Jahr.

Spezial: Buchs

Der Buchsbaum war jahrhundertelang ein unkomplizierter Strauch, der für Einfassungen in historischen Gärten und auch auf dem Friedhof gerne gepflanzt wurde. Seine wenigen Schädlinge und Krankheiten waren relativ unproblematisch, er verträgt Schnitt sehr gut und in

Der Buchs – bevor es los geht mit den Wehwehchen, hier gesunde Exemplare.

vielen Gärten standen Kugeln, Schwäne und anderen Formen des zurechtgestutzten Buchs. Das ist vorbei. Der Buchs gibt sich im Moment eher mimosenhaft anfällig, weil neue Schädlinge und Krankheiten eingeschleppt wurden. Pilze und Schädlinge machen aus den Kugeln Halbkugeln und lassen einst grüne Hecken verbräunen. Aus dem robusten Naturburschen ist eine empfindliche Kultur geworden, was uns dazu bewogen hat, dieses Spezial zu schreiben.

Tierische Schaderreger

Schädlinge und Symptome	Vorbeugung	Bekämpfung
Buchsbaumblattfloh *Psylla buxi* (löffelförmig verbogene Triebspitzen, Wachs und Honigtau)	Pflanzenvielfalt für Nützlinge, Meisenkästen	Schnittmaßnahmen im Spätsommer und Herbst reduzieren ihn stark, Schmierseife, Rapsöl (abends wegen Verbrennungsgefahr) oder Neempräparate
Buchsbaumgallmücke *Monarthropalpus buxi* (beulige Blätter, unterseits aufgerissen mit orangen Larven)	Pflanzenvielfalt für Nützlinge, Vögel hacken Blätter auf (kann neg. aussehen)	Kommt nur alle paar Jahre vor, i. d. R. keine Bekämpfung notwendig, Neempräparate
Buchsbaumspinnmilbe *Eurytetranychus buxi* (gelbe Pünktchen blattoberseits, kleine Tiere auf Blattunterseite nicht immer vorhanden)	Raubmilben fördern (Pflanzenvielfalt)	Ölpräparate, Schmierseife
Triebspitzengallmilbe *Aceria unguiculatus* (gekräuselte, verbeulte Triebspitzen, Absterben der Spitzen)	Raubmilben fördern	Rückschnitt meist ausreichend, Ölpräparate im Frühjahr
Kommaschildlaus *Lepidosaphes ulmi* (leicht gekrümmte, austernartige Schilder, kein Honigtau)	Staunässe und Stress vermeiden, optimale Standortbedingungen schaffen	Schneiden befallener Triebe, Ölpräparate
Buchsbaumzünsler *Cydalima perspectalis*, Synonyme: *Glyphodes perspectalis*, *Diaphania perspectalis* (grün-schwarze Raupen bis 5 cm groß, Kahlfraß)	Nistkästen für Vögel, Vielfalt für andere Raupenräuber	Bei starkem Befall mit dem Hochdruckreiniger abspritzen, *Bacillus thuringiensis*-Präparate, Neem, im Herbst Pyrethrum für Notfall unter 10 °C
Pinkelnde Hunde	scharfkantige Steine um den Buchs, Opferpflanzen davorsetzen	staubförmiger Pfeffer, Wacholderextrakt (Undecan-2-on)

Larven des Buchbaumblattflohs mit den typischen weißen Wachsausscheidungen und löffelförmigen Verkrümmungen der Blätter.

Freigelegte Gallmückenlarven.

Schadbild auf der Blattunterseite. In den beulenförmigen Gallen befindet sich die Buchsbaumgallmückenlarve. Vögel hacken manchmal die Gallen auf und fressen die gelb-orangen Larven. Das ist meist der größere „Schaden".

Raupe, Puppenstadium und Falter des Buchsbaumzünslers. Der Falter wird von Lichtquellen angezogen und kann sich so auch ins Haus verirren. Wenn der Falter fliegt, dauert es nicht mehr lange, bis auch seine Raupen wieder am Buchs fressen. Mit drei bis vier Generationen müssen Sie pro Jahr rechnen. Drei Wochen nachdem der Falter gesichtet wurde, sollten Sie Ihren Buchs nach den ersten Raupen untersuchen, die auch blattunterseits versteckt schaben können. Ein Einsatz von Pflanzenschutzmittel ist erst sinnvoll, wenn die Raupen wirklich da sind; vorbeugend sollte kein Mittel verwendet werden (auch wenn dieser Irrtum immer noch rumgeistert).

Schaden an einer Buchskugel durch die Raupen des Buchsbaumzünslers. Die Pflanzen treiben, soweit der Befall nicht zu stark ist, wieder sehr gut aus.

Die Kommaschildlaus kommt auch an anderen Pflanzen wie Rose, Zwergmispeln (Cotoneaster *spp.*) *und Obstarten wie Apfel und Birne vor. Sie ist eine Deckelschildlaus und bildet daher keinen Honigtau aus, was das Fehlen von Schwärzepilzen wie dem Rußtaupilz erklärt.*

Pilzliche Schaderreger

Pilzkrankheit und -erreger	Beschreibung	Vorbeugung/Maßnahmen
Buchsbaumsterben (*Cylindrocladium buxicola*)	orange-braune Blattflecken an Triebspitzen, braune Flecken an älteren Blättern, schwarze Striche auf Trieben, Blattfall, weißer Sporenrasen blattunterseits. Der Pilz kann jahrelang im Boden bleiben und infiziert über feuchte Blätter.	Boden aufkalken, Komposttee gießen (über die Pflanze), befallene Blätter (Falllaub) vernichten, starkwüchsige Sorten bevorzugen, kleinblättrige sind anfälliger. Rückschnitt, mulchen, hoffen.
Volutella-Zweigsterben (*Volutella buxi*)	fahl werdende Blätter, aufreißende Rinde, Absterben von Astpartien, rosa Sporenrasen blattunterseits	Infektion über Verletzungen (Schnitt). Rückschnitt befallener Stellen, Falllaub entfernen
Buchsbaumrost (*Puccinia buxi*)	braune, schwarze punktförmige Sporenlager blattunterseits, gehäuft an den Blattadern	Rückschnitt und Laubentfernung, Pflanzenstärkungsmittel, Grundstoff Lezithin
Blattfleckenpilze (*Guignardia buxi*, *Macrophoma* u. a.)	sich ausbreitende braune bis graue Blattflecken, tw. von der Blattpitze ausgehend	Falllaub entfernen, Pflanzenstärkungsmittel, Kompost, Komposttee, Grundstoff Lezithin, Kupfer

Die vielen, vielen Plagen des Bux sollten uns nicht davon abhalten, ihn weiter zu verwenden. Es gibt mittlerweile Empfehlungen für unempfindlichere Arten und Sorten. Gerade die Art *Buxus sempervirens*, der Europäische Buchsbaum, macht sich selbst lustig über ihren Artnamen „sempervirens" (= immergrün), denn er verbräunt schneller und wird auch lieber kahl

Schwarze Striche als typische Zeichnung an den Trieben zeigen die Erkrankung des Buchsbaumsterbens an.

Volutella-*Zweigsterben. Oben das makroskopische Schadbild, unten die Sporen blattunterseits. Oft wird von einer leichten Rosafärbung der Sporen berichtet, aber wie man sieht, ist das nicht immer so.*

Buchbaumsterben an einer geschnittenen Hecke, die sich nach starkem Rückschnitt und Stärkung durch Komposttee-Überbrausungen wieder erholte. In heißen, trockenen Jahren hat der Pilz weniger Chancen als bei feuchter Witterung. Temperaturen über 25 °C mag der Pilz gar nicht.

Viele Pilze sind unbedenklich wie der hier in einem Rosenbeet entdeckte. Im Beet waren große Holzstücke eingefräst, die der Pilz einfach abbaute.

gefressen. *Buxus microphylla*-Sorten, etwa die Sorte ‚Herrenhausen', scheinen die Unempfindlichsten zu sein.

Häufig wird auch auf Ersatzpflanzen gesetzt, die ähnlich dem Buchs immergrün, schnittfest und kleinblättrig sind. Stechpalmen (*Ilex* spp.), Berberitzen und Zwergliguster (*Ligustrum vulgare*) werden gepflanzt und sogar die ungeliebte Thuja erfährt hier eine kleine Renaissance. Beachten Sie aber bitte: Alle Ersatzpflanzen haben ihre eigenen Schädlinge und Krankheiten.

Wenn die Erde schimmelt oder der Rasen zur Pilzzucht wird ...

Schimmel in Töpfen und Balkonkästen, manchmal auch in Beeten oder gekauften Erden, ist ungefährlich für die Pflanzen. Das zunächst als gute Nachricht! Zudem ist Ihre Erde anscheinend aus natürlichen Zutaten. Auch das ist sehr gut.

Wenn sich Schimmel bildet, dann vermehrt sich irgendein Pilz besonders gut, der organische Substanz abbaut. Entweder ist der Holzanteil im Substrat (also der Erde) erhöht, das ist bei torffreier Erde meist der Fall, und holzabbauende Pilze beginnen ihre Arbeit. Oder andere Substanzen (manchmal auch ein aufgestreuter organischer Dünger oder Schneckenkörner) wurden von Pilzen entdeckt und nun sieht man die Pilze bei ihrer Mahlzeit.

In jedem Fall wird der Pilz die Pflanze, solange sie lebt, nicht angreifen. Lediglich das Gießen kann erschwert sein, weil das Mycel des Pilzes oft wasserabweisend ist. Hier helfen meist das kleine Umpflügen der oberen Erdschicht mit einer Gabel o. ä. und ein anschließendes Wässern. Wasser lässt das Mycel absterben, was jeder bestätigen kann, der einmal versucht hat, Champignons im Keller zu züchten und zu viel gegossen hat. Etwas Kalk aufstreuen (wie Zucker auf einen Kuchen, nicht mehr!) mag der Pilz auch nicht.

Parallel zum Problem des Gießens können jedoch gesundheitliche Probleme nicht ausgeschlossen werden. Empfindliche Personen, Allergiker oder immunsupprimierte Menschen sollten nicht mit schimmelnder Erde in einem Zimmer schlafen. Gesunden Personen macht der Schimmel in der Regel nichts aus.

Hutpilze im Rasen sind ebenfalls meist ein Zeichen für holzabbauende Pilze. Forschen Sie nach, ob in Ihrem Garten Wurzeln oder Stammreste (Holzreste) im Boden belassen wurden. Die Pilze machen nichts anderes als das Holz zu verspeisen. Nach dem Abbau, oder wenn es trocken wird, verschwinden auch die Pilze wieder.

Tipp bei Erdsäcken: Öffnen Sie diese nach dem Kauf und stellen Sie bis zum Verbrauch regensicher unter. Torffreie Erden sollten Sie so bald wie möglich verwenden.

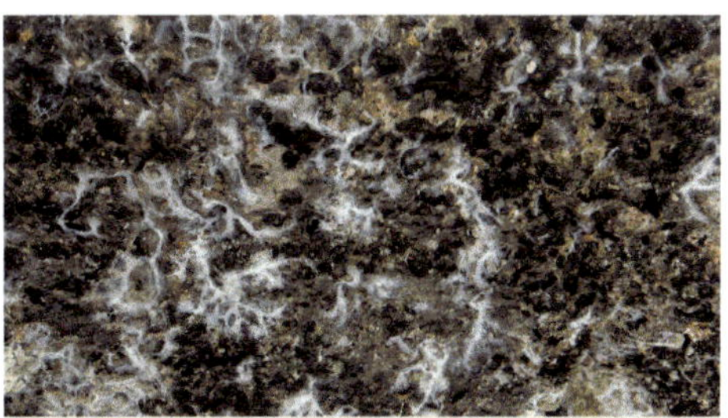

Schimmelnde Erde ist meist kein Problem für die Pflanzen.

Interview mit Thomas Lohrer

Thomas ist ein unglaublich umtriebiger und ideenreicher Vermittler der komplexen Materie der Phytomedizin. Die Diagnosedatenbank Arbofux.de, Podcasts und Twitter sind nur ein Bruchteil der Ideen, mit denen Thomas auch unsere tägliche Arbeit erleichtert.[1]

Thomas Lohrer, Institut für Gartenbau (Fachgruppe Pflanzenschutz) und Leitung Pflanzenschutzlabor an der Hochschule Weihenstephan-Triesdorf in Deutschland.

Lieber Thomas, warum bist du beim Pflanzenschutz gelandet?

Für Biologie und Tiere habe ich mich schon immer interessiert. Und in meinem Gartenbaustudium in Osnabrück an der Fachhochschule hat sich die damalige Begeisterungsfähigkeit für das Fach von den beiden dortigen Professoren, Herrn Mayr und Herrn Menzinger, auf mich übertragen. Anschließend konnte ich mein Wissen zum Pflanzenschutz an der Universität in Hannover durch ein zweites Studium noch vertiefen.

Was wolltest du als Kind werden?

Nichts was mir konkret in Erinnerung geblieben ist, zumindest war jetzt der Weg zum Baumschulgärtner und später „Pflanzenschützer" nicht schon früh vorbestimmt und meine Eltern kommen beruflich jetzt auch nicht aus dem grünen Bereich.

Wie betreibst du in deinem Garten Pflanzenschutz und wie gehst du persönlich mit Schädlingen in deinem Garten um?

Eigentlich bin ich immer begeistert, wenn ich mal wieder (zum Leidwesen meiner Partnerin) einen Schädling im kleinen Vorgarten entdecke und bin hier recht tolerant. Am liebsten wäre mir ein großer Garten mit vielen Schädlingen und Nützlingen, dann gibt es immer was zu sehen und auch zu fotografieren. Es ist doch schön, die Natur um einen herum zu spüren und wahrzunehmen.

Wie viele Schädlinge hast du schon auf deinem Gewissen?

Beruflich lässt es sich nicht immer verhindern Insekten abzutöten, wenn man sie näher untersuchen will, beispielsweise für eine Bestimmung. Aber das hält sich sicherlich in Grenzen bei mir. Und wenn ich privat unterwegs bin, braucht sich keine Blattlaus vor mir zu fürchten.

---

1 Informationen zu den laufenden und abgeschlossenen Projekten von Thomas Lohrer (u. a. FiPs-Net, PsIGa, PhytoTab) finden Sie auf der Website der Hochschule Weihenstephan-Triesdorf unter Forschung – Forschungsprojekte – Gartenbau (www.hswt.de).

Ist das nicht extrem deprimierend: dauernd Krankheiten und Schädlinge?

Für mich immer wieder ein spannendes Thema – so ist ja auch die Natur – auch wenn andere manchmal den Kopf schütteln. Und wer einmal eine Netzwanze von nah gesehen hat, wird sich eher über die filigrane Schönheit freuen und das alles gar nicht als so deprimierend empfinden.

Welche Themen im Pflanzenschutz oder Gartenbau lassen dich richtig brennen?

Beruflich habe ich schon früh versucht Dinge auf den Weg zu bringen, die den Pflanzenschutz mit den neuen Medien verknüpfen, da ich hier ein großes Potenzial sehe, sei es nun wie früher auf CD oder heute mehr im Internet. Und wenn ich eine gute Idee habe bleibe ich auch am Ball, da klebe ich sicherlich auch nicht an meinem 8-Stunden-Tag als Angestellter einer Hochschule.

Wann und wie kommst du auf all die genialen Ideen, die uns in unserer Arbeit so sehr unterstützt haben (Arbofux.de, Podcast, Twitter [@Arbofux], FiPs-Net, PhytoTab, PsIGa)?

Rückblickend betrachtet gibt es da sicher keinen übergreifenden Auslöser. Aber wie bei der Entstehung von einem guten Roman ist auch hier das Erfolgsgeheimnis einer erfolgreichen Umsetzung ähnlich im Sinne von „1 % Inspiration und 99 % Transpiration", die hierzu benötigt werden.

Du fotografierst ja auch. Wo kann man deine Fotos sehen?

Viele der privat entstandenen Fotos über Krankheiten und Schädlinge sind natürlich in berufliche Projekte wie beispielsweise Arbofux mit eingebunden worden. Ansonsten greifen aber auch manchmal Verlage auf die Bilder zurück, teils natürlich auch zur Illustration von Artikeln oder Büchern, die ich selbst verfasst habe.

Was sind die schwierigsten Probleme im Hausgarten, deiner Meinung nach, und mit welchen Themen kommen die Leute zu euch?

Problematisch sind sicherlich alle die „Kandidaten" im Pflanzenschutz, die zu größeren Ausfällen führen können und hier den Hobbygärtnern mangels effektiver Bekämpfungsmaßnahmen auch weitgehend die Hände gebunden sind. Zu nennen sind u. a. Buchsbaumsterben, Verticillium-Welke oder auch Phytophthora-Erkrankungen bei Nadelgehölzen. Da wir an der Hochschule, im Gegensatz zu früher, heute keine Beratung für Hobbygärtner mehr durchführen, kommen nur noch wenige bei uns vorbei.

Mit welchen Schwierigkeiten im Hausgarten kommen die Leute am wenigsten zurecht und was sind für dich die wirklichen Probleme?

Über die großen Plagen Blattläuse, Schnecken, Wühlmaus und Co. klagen sicherlich viele Hobbygärtner, aber das haben die meisten mittlerweile gut im Griff. Probleme bereitet sicherlich vielfach die richtige Diagnose in einem Schadensfall, der nicht so leicht erkennbar ist und die Entscheidung, was jetzt den Umständen entsprechend zu tun ist.

Wird ökologischer Pflanzenschutz nachgefragt bzw. hast du das Gefühl, dass GartenbesitzerInnen mittlerweile bewusster mit der Umwelt umgehen?

Das Thema Ökologie und Umweltschutz steht mit Blick auf den Garten sicherlich noch mehr als früher im Fokus, auch sind die Ansprüche als auch Angebote in diesem Bereich gestiegen. Ob Gartenbesitzer per se bewusster mit der Umwelt umgehen hat aber sicherlich ganz stark damit zu tun wie das eigene Selbstverständnis zum Thema Garten ist. Spätestens wenn im eigenen Garten der Maulwurf auftritt hört bei manchem die Ökologie nämlich ganz schnell auf.

Welche Tipps würdest du NeueinsteigerInnen und HobbygärtnerInnen bei Pflanzenschutzfragen geben?

Zumindest die grundsätzliche Erkenntnis, dass nicht jeder Pilz oder Schädling die Pflanze zum Absterben bringt und der Nachbar nicht immer recht hat mit seiner Diagnose zu einem ihm gezeigten Schadbild. Ansonsten versuchen, nach der Diagnose, etwas hinter die Biologie des Schaderregers zu blicken, um dann durch Maßnahmen im Sinne von Vorbeugung, Hygiene, Standort, Bewässerung oder Schnitt schon handeln zu können, ohne jetzt gleich die Spritze auspacken zu müssen. Verbunden mit einer gewissen Toleranzgrenze gegenüber Pflanzenschäden lässt sich so schon viel erreichen.

Welcher Schädling und welche Krankheit im Gartenbau faszinieren dich?

Unter den Pilzen empfinde ich Rostpilze als eine faszinierende Pilzgruppe, sowohl in den Symptomen als auch im Zyklus und ihrer Artenvielfalt. Ansonsten fesseln mich immer Gallen an Gehölzen, da ist die Vielfalt an Symptomen schon enorm. Und die Verknüpfung Giftstoff/Pilz im Sinne von Mykotoxinen, Ergotismus und Co. finde ich auch immer sehr spannend, auch die Geschichten dahinter.

Welcher Nützling begeistert dich?

Da habe ich jetzt kein Top 10, aber interessant finde ich Glühwürmchen, also die Larven von Leuchtkäfern, Schwebfliegen oder auch Fledermäuse unter den Säugetieren.

Gibt es neue Projekte oder Bücher zum Thema, die du vorbereitest?

Seit einem Jahr schreibe ich an einem kleinen „Taschenwörterbuch der Phytomedizin", also ein A–Z Nachschlagewerk mit über 2000 Begriffen aus dem Pflanzenschutz, die man im Bereich Ausbildung, Lehre, Forschung und Beratung so braucht oder über den Weg laufen. Im Herbst 2017 soll es erscheinen, ich bin schon gespannt wie es dann aufgenommen wird.

Wohin, meinst du, geht die Reise im ökologischen Pflanzenschutz?

Sofern verfügbar sind resistente Sorten sicherlich ein wünschenswerter Trend, aber das ist im Regelfall sehr aufwendig und lohnt sich in der Züchtung (leider) meist nur für „große" Kulturen. Der Bereich biotechnischer Pflanzenschutz wird sich mehr als bisher etablieren, da gerade im Hobbybereich mit Netzen, Fallen, Leimtafeln und ähnlichen Dingen meist ausreichende Maßnahmen erzielt werden können, insbesondere bei Schädlingen. Und in der Wissenschaft tummeln sich bestimmt noch manche Überraschungen beim Faktor Pflanze und der Stärkung ihrer Widerstandsfähigkeit.

Welche Frage wolltest du schon immer mal gefragt werden?

Warum gibt es eigentlich Blattläuse – die braucht doch keiner, oder?

Es nervt! Lästige Tiere von Ameisen bis Zecken

In jedem Garten gibt es Tiere, von denen man nicht unbedingt weiß, was sie tun. Sie sind auf den Pflanzen, im Komposthaufen, im Gewächshaus und eigentlich überall. Von anderen Tieren ist bekannt, dass sie stechen, beißen, Säure versprühen, sich festsaugen oder sich sogar in den Gärtner oder die Gärtnerin einbohren. Unangenehm, allein schon die Vorstellung. Es geht also um Gartenbewohner, die den Pflanzen in der Regel nicht schaden, aber trotzdem irgendwie lästig sind. Lästlinge. Über deren Leben und Wirken wollen wir jetzt einiges berichten.

Ameisen – Lausfreunde oder Nützlinge?

Ameisen gehören zu den Hautflüglern, sind also mit Wespen und Hornissen verwandt. Wenn man sie genauer betrachtet, dann erkennt man auch die Ähnlichkeit der Ameisen mit Wespen. Der Kopf oft leicht dreieckig, die klassische Wespentaille und (bei den **Knotenameisen**) ein schmerzhafter Giftstachel. Und nicht nur äußerlich, auch in ihrer Lebensplanung unterscheiden sie sich nicht viel von ihren schwarzgelben Verwandten. Sie sind staatenbildend, haben eine Königin und werden sehr ärgerlich, wenn sie gestört werden.

Auch ein Lästling. Die häufig anzutreffenden Feuerwanzen können in großen Scharen auftreten und verunsichern. Schaden sie? Nein, denn diese bunten Wanzen mit hübschem afrikanischen Muster ernähren sich von Linden- oder Malvensamen, die sie besaugen.

Freunde für's Leben sind Ameisen und Blattläuse. Das auch Mutualismus genannte Verhalten bringt beiden einen Vorteil. Ameisen erhalten Zuckersaft und verteidigen dafür die Läuse vor Fressfeinden.

Selbst die Ernährungsweise ist ähnlich. Für sich selbst, als Treibstoff quasi, benötigen sie Zucker. Und für ihre vielen hungrigen Jungen im Nest brauchen sie Eiweiß. Den Zucker holen sie sich gerne von Blattläusen, die sie hegen, pflegen, beschützen und sogar überwintern. Die Laus wird mit den Fühlern betrillert, was bei ihr schlagartigen Durchfall auslöst: Sie lässt einen Honigtautropfen hinter sich und die Ameise nimmt ihn begierig auf. Die eher **gelben Ameisen** (*Lasius flavus*, denn *flavus* heißt gelb oder blond!), die auch im Garten beobachtet werden können, sind oft mit Wurzelläusen verbandelt. Auch andere Zuckerquellen verschmähen sie nicht, was man spätestens im Schwimmbad bemerkt, wenn die Kekspackung von Ameisen erobert wurde. Zucker, wie bereits vermerkt, den sie für sich selbst benötigen.

Ihre Larven jedoch sind gierig auf Eiweiß! Und hier beginnt die Nützlingsleistung der Ameisen, die sicher höher geschätzt werden muss als die Verteidigung von Blattläusen, die ihnen immer angelastet wird. Keine Raupe, keine Blattwespe, kein Insekt schlechthin ist vor ihnen sicher. Die Ameisen packen die meist wehrlosen Opfer, beißen ihnen die Beine ab, wenn sie welche haben und zerteilen sie vor Ort, wenn sie die Tiere nicht gleich als Ganzes in ihren Bau schleppen. Gibt es zu wenig krabbelndes Eiweiß in ihrer Nähe, dann vergreifen sie sich auch an toten Mäusen und sogar an ihren geliebten Blattläusen!

Was also tun mit den vielen Krabblern? Am besten natürlich, man lässt sie in Ruhe. Ein Naturgarten verträgt Ameisen ohne Ende, sind sie doch eher Nützlinge. Doch kann es durchaus sinnvoll sein, einen Baum mit einem Leimring vor Ameisen zu schützen, wenn denn der Baum oft verlaust ist. Ameisen sind wirklich arg zu den Tieren, die wir als Blattlausfresser kennen. Marienkäfer, Schwebfliegenlarven und Florfliegenlarven werden bestenfalls heruntergeschmissen, im ungünstigen Fall zerlegt und verfüttert. Im Gemüsebeet sind Leimringe sinnlos und wenn wirklich eine Ameiseninvasion herrscht, dann kann man andere Methoden ausprobieren.

Das Zerstören der Nester kann kurzfristig helfen, doch einige Arten haben mehr als

Ameisenstreu- und Gießmittel sollten nicht eingesetzt werden. Die zuckerhaltige Lösung schädigt auch Bienen und Wespen.

zwanzig miteinander verbundene Haufen. Die müssten Sie schon alle finden, um endgültig Ruhe zu haben. Streuen von stark duftenden Mitteln wie Lavendel (*Lavandula* sp.), Eukalyptusöl oder Pfefferminze verwirrt die Ameisen eine Zeit lang und das sollten Sie ausprobieren. Was Sie aber unbedingt vermeiden sollten ist der Einsatz von Gießmitteln, die einen insektiziden Wirkstoff haben. Alle Streu- und Gießmittel sind auf Zuckerbasis und wenn ein zuckerhaltiger Saft großflächig ausgegossen wird, dann freut das auch andere Tiere wie die Bienen. Und auch diese werden sterben.

Wenn es wirklich sein muss, dann verwenden Sie Köderdosen. Da fliegt keine Biene hin und die Ameisen können wirksam dezimiert werden. Auch hier ist ein Zuckerlockstoff enthalten und der Wirkstoff sollte ein Biomittel wie Spinosad sein (siehe S. 101).

Und hier noch ein Tipp: Ein bis zwei Wochen vor dem Hochzeitsflug nehmen Ameisen fast keinen Zucker mehr auf und die Köderdosen bleiben unbesucht. Aber Sie wissen dann ja auch: In spätestens zwei Wochen fliegen viele eh weg. Und der Rest-Staat begibt sich zur Winterruhe. Also müssen Sie nichts mehr tun!

Wespen

Die schwarz-gelben Vettern der Ameisen, die Faltenwespen, haben viele Merkmale mit ihnen gemein. Zucker als Treibstoff, Eiweiß für die Brut, Verteidigung des Nests koste es was es wolle und eine klare Aufteilung was zu tun ist. Die Königin sorgt für Nachwuchs, die Arbeiterin besorgt Futter, die Wächterin bewacht das Nest und das Männchen tut nichts. Im Frühjahr beginnt die überwinternde Königin mit dem Nestbau und schon kurze Zeit später schlüpfen aus befruchteten Eiern die ersten Arbeiterinnen. Die bauen weiter am Nest und besorgen

Faltenwespen wurden so benannt, weil sie ihre Flügel nach der Landung einfalten. So erscheinen die Flügel recht schmal.

Nahrung. Und das nicht wenig! Ein großes Nest der Gemeinen Wespe braucht in etwa 2,5–3 kg Eiweiß pro Tag. Da müssen tausende Insekten und Spinnen dran glauben und dies macht die Wespe zu einem der besten Nützlinge im Garten.

Später im Jahr kommen die zukünftigen Königinnen und die Männchen (wie so oft aus unbefruchteten Eiern) zur Welt. Die dann befruchtete Königin wird versuchen den Winter zu überstehen, indem sie in geschützten Ritzen in die Wand beißt, die Haxen anlegt und in eine Starre verfällt. Nur am Kiefer hängend kann sie manchmal dort entdeckt werden.

Was die Wespen so lästig macht, ist ihre Gier nach Süßem und dieser unangenehme Giftstachel. In dieser Kombination kann das einen gemütlichen Kaffee und Kuchen im Garten sprengen. Vornehmlich die **Deutsche** (*Vespula germanica*) und die **Gemeine Wespe** (*Vespula vulgaris*) sind die Nerver; sehr viel weniger sind **Sächsische** (*Dolichovespula saxonica*) oder **Französische Feldwespe** (*Polistes dominula*) ungebetene Gäste am Tisch. Sie können sie an der Kopfzeichnung gut unterscheiden, was aber bei tieffliegenden Monstern schwer

Porträts dreier heimischer Faltenwespen. Oben die Gemeine Wespe (Vespula vulgaris) *mit einem breiten Strich auf der „Nase". In der Mitte die Deutsche Wespe* (Vespula germanica), *die nur drei Pünktchen im Gesicht hat. Beides sind Kurzkopfwespen. Unten eine Langkopf-Faltenwespe: die Sächsische Wespe* (Dolichovespula saxonica) *mit einer Art Anker als Gesichtszeichnung.*

umzusetzen ist. Andere grobe Unterscheidung: Wenn die Wespe die Beine im Flug an den Körper zieht, heißt es Vorsicht, Mitesser. Wenn die Wespe die Haxen entspannt hängen lässt, dann können auch Sie entspannt bleiben. Und halten Sie die Luft an. Ihr ausgeatmetes CO_2 macht die Wespen sauer!

Was kann man tun? Falls Sie eine Barbecue-Party planen, dann lassen Sie die Wespen mitfeiern. Aber nicht am Tisch und am besten zwei bis drei Tage vorher. Bauen Sie in möglichst weiter Entfernung, so 20–30 m, ein Wespen-Buffet auf und bieten Sie süße Drinks (Zuckerwasser, Fruchtsäfte) und Eiweiß in Form von Käse, Wurst oder toten Fliegen an. Die Wespen werden sich am Tag Ihrer Party hauptsächlich am Wespenbuffet tummeln und nur ein paar verirrte Kundschafterinnen kommen zu Ihnen.

Das Entfernen von Wespen- oder Hornissennestern ist in zweifacher Hinsicht heikel. Erstens darf man wildlebende Tiere nicht einfach töten, Hornissen stehen sogar unter Naturschutz. Zweitens ist die Entfernung keine leichte Sache, warten doch im schlimmsten Fall mehrere Tausend kleine giftgefüllte Stachel auf Sie. Fragen Sie einen Imker. Diese sind meistens Freunde der Hautflügler, zu denen sowohl Bienen als auch Wespen gehören. Zudem haben sie eine gute, stichfeste Ausrüstung. Die Umsiedlung von Nestern klappt leider selten, aber besser als das Vernichten des Volkes ist es allemal. Noch besser ist es, wenn die Nester in der frühen Bauphase entfernt werden, sodass die Wespen sich ein neues Domizil suchen können.

Nach dem Ausfliegen der Königinnen und Männchen löst sich das Nest im Herbst auf und die Arbeiterinnen haben nichts mehr zu tun. Das ist die lästigste Zeit, denn gärendes Fallobst und Verpilzungen in Verbindung mit Arbeitslosigkeit machen nicht selten aus Wespen und ihren großen Verwandten, den eher friedlichen Hornissen, vagabundierende Lästlinge.

Asseln

In dunklen, feuchten und modrigen Teilen unseres Gartens leben sie. Sie vermeiden die Wärme, das Licht, die Sonne. Und wahrscheinlich sind sie uns alleine deshalb suspekt. Asseln, genauer die **Keller-** (*Porcellio scaber*) und die **Mauerasseln** (*Oniscus asellus*), sind Tiere der Nacht. Und das hat seinen Grund. Sind sie doch Krebstiere und eigentlich Wasserbewohner, die zwar das Land erobert haben, jedoch immer noch mit Kiemen atmen. Und Kiemen müssen immer feucht sein. Das geht in der Sonne nicht.

Die Art und Weise, wie diese ursprünglichen Wasserbewohner eigentlich immer noch unter Wasser atmen, obwohl sie durch den Garten streifen, wäre eine Abhandlung wert, würde aber den Rahmen des Buches sprengen. Es lohnt sich aber, das Leben der Asseln genauer zu betrachten. Wieder einmal enorm spannend, diese 14-Beiner!

Wir finden die Asseln im Kompost, unter Töpfen und Steinen, in Ritzen und immer wieder auch im Haus, vor allem im Keller. Diese Krebstierchen leben von abgestorbenen Pflanzen- und Pilzresten und sind somit gute Nützlinge im Garten und der Natur. Nur selten kommt es vor, dass Asseln Pflanzenschädlinge werden. Meist ist das der Fall, wenn die Nahrung knapp wird, oder sie sich in ein Gewächshaus verirrt haben. In botanischen Gärten sind sie manchmal ein Problem, hin und wieder auch im Kartoffellager. Wobei es umstritten ist, ob sie wirklich gesunde Pflanzen oder Früchte benagen, oder ob nicht eine Vorschädigung vorhanden sein muss.

Eine Bekämpfung im Garten halten wir für sinnlos, da sie einfach dazugehören und einen wertvollen Beitrag leisten. So scheiden sie ähnlich den Regenwürmen wunderbaren Kot aus, der zur Bodenbildung benötigt wird. Zudem ist ein vorher krankes Blatt nach der Verdauung durch Asseln voller guter Bakterien und ohne Krankheitskeime. Deshalb sind die 14-Beiner zum vorbeugenden Pflanzenschutz enorm wichtig.

Asseln zersetzen abgestorbene Pflanzenreste und verwandeln sie in wertvollen Humus. Im Gemüsebeet findet man sie nach dem Ausstreuen des Komposts. Eines unserer Kinder nannte die eingerollten Asseln früher „Weltkugeln", was wir seither beibehalten haben.

Im Gewächshaus können Sie versuchen, wenn die Plage wirklich pflanzenschädigend wird, die Asseln unter ausgelegten Brettern zu sammeln, um sie dann zum Komposthaufen zu bringen. Auf Insektizide sollten Sie verzichten!

Zecken und Herbstmilben

Wir haben diese beiden Tierarten zusammengefasst, weil beide Spinnentiere sind und beide nur eins wollen: Sie! **Zecken** (Ixodida) saugen sich an Ihnen fest und schlürfen Ihr Blut, **Herbstmilben** (*Neotrombicula autumnalis*) boh-

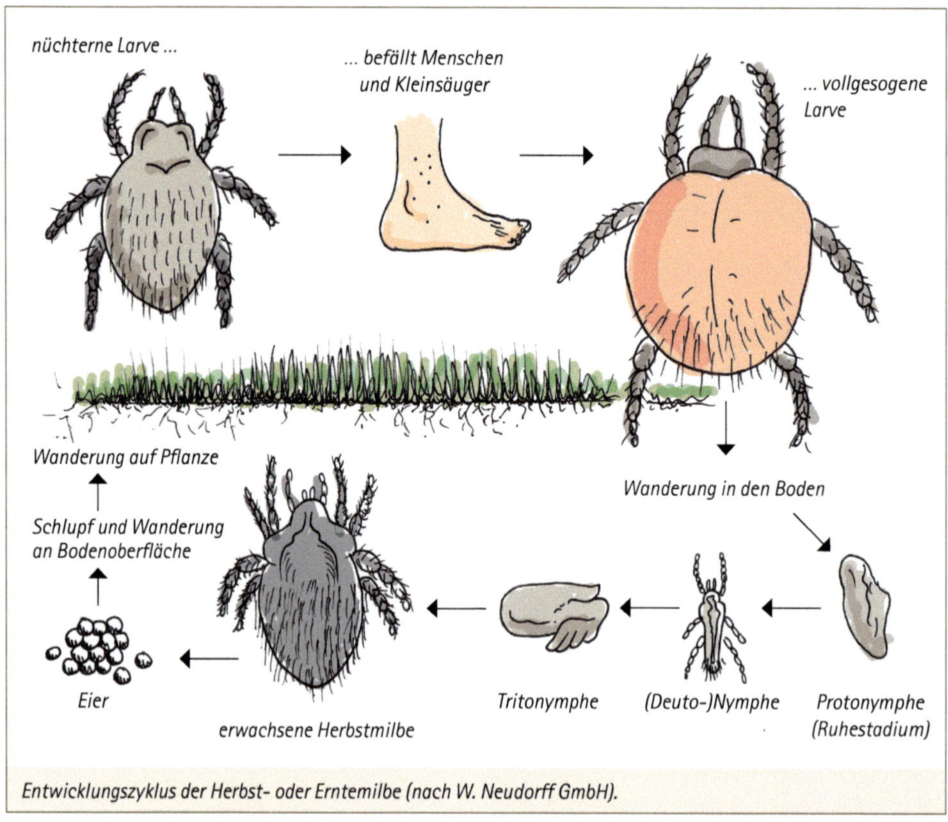

Entwicklungszyklus der Herbst- oder Erntemilbe (nach W. Neudorff GmbH).

ren sich in Ihre Haut. Beides nicht unbedingt fein.

Noch eine Gemeinsamkeit macht beide Tiere zu echten Lästlingen: sie können überall im Garten vorkommen, plötzlich eingeschleppt durch Katzen oder Kleinsäuger, und einem das Leben im Freien vermiesen.

Jetzt könnten wir über die unglaublichen Fähigkeiten der Zecken bei Erkennung des Wirts nach jahrelangem Hungern schreiben. Oder der Lebenszyklus der Herbstmilbe, der ebenfalls spannend ist. Jedoch wollen wir lieber Hilfestellungen geben, wie sie diese Viecher eindämmen oder loswerden können.

Zecken lassen sich nicht von Bäumen fallen. Sie lauern in höheren Grasbeständen oder Büschen meist an den äußeren Zipfeln und warten, oft monatelang, auf jemanden wie Sie, der vorbeistreift. Just in diesem Moment sind die unbeweglichen Zecken hellwach und klammern sich fest. Jetzt suchen sie eine nette Stelle an Ihnen und zapfen Sie an. Die mögliche Übertragung fieser Krankheiten wie Hirnhautentzündung oder Borrelien kommt noch hinzu.

Um Zecken zu dezimieren sollten Sie auch Randbereiche mähen. Eventuell zwei Jahre mal ohne Blumenwiese sind ertragbar, ein kurz geschnittener Rasen könnte für Sport genutzt werden. In Bereichen gehäufter Zeckenpopulationen können Sie mit einem weißen Laken über die Vegetation streichen. Die Zecken halten sich dran fest und können abgeklaubt oder mit dem

Schon schön, eigentlich. Zecken sind faszinierende Tiere, solange sie an anderen als an uns saugen. Falls Sie einmal eine vollgesogene Zecke finden, auf der eine andere, kleinere Zecke herumkrabbelt, dann ist das kleine Tier das Männchen.

Rote Samtmilben sind ein häufiger, wuseliger Anblick auf Mauern und am Boden. Sie ernähren sich von Insekteneiern und anderen kleinen Bodentieren. Nicht zu verwechseln mit der Herbst- oder Erntemilbe!

Tuch in heißes Seifenwasser geschmissen werden. Je öfter Sie das tun, umso weniger Zecken haben Sie. In der Schweiz wird gerade getestet, ob Thymianpflanzungen gegen Zecken helfen. Ganz sicher ist das aber noch nicht. Vermeiden Sie auf jeden Fall den großflächigen Einsatz von Giften jeder Art! Auch Zecken haben Feinde, Ameisen oder parasitische Schlupfwespen, und die bringen Sie mit um.

Die Herbst- oder Erntemilben werden zwar häufig Grasmilben genannt, gehören aber einer anderen Gattung an als die Echte Grasmilbe (*Bryobia gramineum*), die eine Spinnmilbe ist (siehe S. 188) und nur an Pflanzen saugt. Die Herbstmilben warten ebenfalls an den Spitzen etwas höherer Gräser. Sie halten sich an Ihnen fest und suchen meist Stellen an Ihrem Körper, an denen die Kleidung eng anliegt. Socken, Sockenbündchen und Hosenbund sind beliebte Stellen. Kleine rote Flecken, die stark jucken sind die Zeichen, dass die Milben in Ihnen wohnen. Sehen können Sie diese nur 0,2–0,3 mm großen Spinnentiere kaum. Bitte nicht mit den viel größeren Roten Samtmilben (*Trombidium holosericeum*) verwechseln, die auf Mauern oft herumwuseln; diese sind sehr nützlich, weil sie Insekten parasitieren.

Herbstmilben lieben es trocken. Wenn Sie Ihren Rasen öfter feucht halten und oft Mähen, denn an der Spitze der Gräser sitzen ja die Milben, dann können sie den „Befall" dezimieren. Mähgut aber besser nicht kompostieren, sondern in die Biotonne oder zur Grünschnittsammlung geben. Auch der Trick mit den Tüchern analog zur Zeckenbekämpfung hilft. Nur Abklauben können Sie die Winzlinge nicht.

Unkräuter

Allein diese Überschrift „Unkräuter" mag manche schon abschrecken. Weil es keine „Unkräuter" gäbe, denn alles seien Geschöpfe Jehovas, Gottes, Allahs oder Buddhas. Und man solle doch lieber „Beikräuter" oder „Wildkräuter" sagen, um diese Pflanzen, die invasiv unser Gemüse durchwandern, nicht zu beleidigen. „Beikräuter" als Begriff finden wir okay, aber „Wildkräuter" trifft es nicht immer. Denn auch Kulturpflanzen können plötzlich überall aufgehen. Wer einen Bambus ohne Wurzelsperre pflanzt, der kann sich über Bambus im ganzen Garten freuen. Einen weiteren euphemistischen Ausdruck für Unkräuter gibt es noch, und der ist besonders schön: „Spontanvegetation"! Das klingt so wunderbar anarchisch und das sind sie ja auch, die „Unkräuter": plötzlich da, um lange zu bleiben.

Alles was dort wächst, wo wir es nicht haben wollen, wo es stört oder unsere gewollten Pflanzen überwuchert, wird als Unkraut bezeichnet. Und da gibt es verschiedene Strategien, warum bestimmte Pflanzen zum kleinen Problem werden können.

Entweder sie samen sich so stark aus, dass man ihrer nicht Herr/Frau wird, dann werden sie als Samenunkräuter bezeichnet. Oder sie bilden hartnäckige Wurzeln aus, die auch nach dem Zerhacken wieder austreiben können. Das wäre dann die Gruppe der Wurzelunkräuter. Andere Pflanzen wie die Brennnessel oder die Distel stören durch ständiges, schmerzhaftes Auf-sich-aufmerksam-machen und eine vierte Gruppe wären Pflanzen, die auf Wegen oder

Plätzen das Gehen erschweren und das Stolpern fördern können.

Eines haben alle vier gemeinsam: Man wird sie nie richtig los! Kein Gift der Welt kann spontane Vegetation dauerhaft verhindern. Deshalb reden wir in unseren Beratungen auch weniger von „Bekämpfung" als von „Regulierung". Unkrautregulierung heißt gerade im Naturgarten, dass bestimmte Wildpflanzen auch ihre Ecken haben, wo sie wachsen dürfen, in anderen Bereichen aber eben nicht. Oder nicht so stark.

Bambus und Buchs ergibt Bambuchs. Hier ist der Bambus ausgebüxt und hat quasi den Garten übernommen. Somit ist der Bambus ein unerwünschtes Unkraut geworden.

Spontane Vegetation auf Wegen und Plätzen

Wenn es zwischen den Pflastersteinen wächst und blüht, ist das optisch vielleicht sogar ganz reizvoll, nicht für jeden, jedoch können Unkräuter auf Wegen und Plätzen auch Schäden verursachen. So können manche Pflanzen den Belag oder einzelne Steine anheben und die Sicherheit beim Gehen ist beeinträchtigt. Auch die Pflanzen selbst können Stolperfallen sein. Im gesamten deutschsprachigen Raum ist der Einsatz von Unkrautvernichtern, gleich welcher Art auf versiegelten, gepflasterten oder Plattenwegen verboten. Auch selbst hergestellte Hausmittel wie Essig, Salz oder Kloreiniger sind nicht erlaubt. So bleiben Ihnen nur mechanische Methoden oder der Einsatz von Hitze.

Die einfachste Methode ist natürlich wegkratzen. Hier gibt es spezielle Fugenkratzer oder Fugenbürsten, die ganz gut funktionieren, aber auf einem kleinsteinigen Pflaster zur Verzweiflung führen. Mehr Fugen als Weg! Es gibt rasenmähergroße Geräte mit rotierender Drahtbürste, aber die sind recht teuer. Sinnvoller bei Pflasterflächen ist entweder eine Aussaat von flachwachsenden Fugenpflanzen wie bestimmte Thymianarten. Oder Sie machen sich die Arbeit und verfugen die Pflastersteine

Auch ein häufiges Kraut in unseren Gärten. Das Franzosenkraut (Galinsoga *sp.*) *wurde aus Südamerika eingeschleppt, ist aber kein Wurzelunkraut und deshalb, wie die meisten Unkräuter, im Naturgarten kein Problem. Essen kann man es übrigens auch.*

Ziemlich allein steht diese Sonnenblume im Gleisbett. Kann diese Pflanze Unkraut sein?

Manche Unkrautkratzer bleiben ständig hängen und das nervt. Hier ein Stahlbesen, mit dem Sie elegant die Fugen von unerwünschtem Bewuchs befreien können.

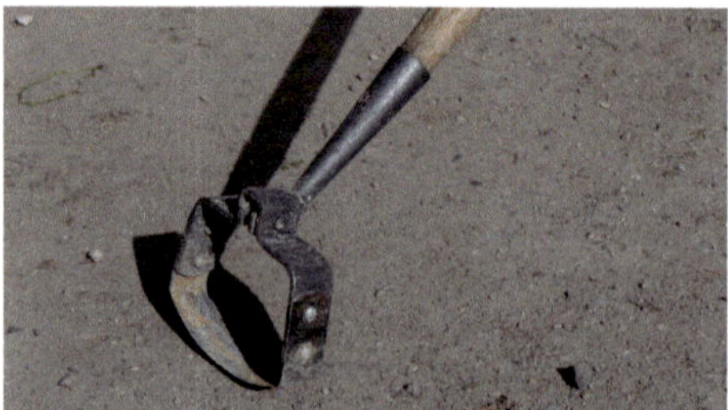

Ein Gerät, das wir gerne zur Pflege von Kiesflächen empfehlen. Die Pendelhacke kann in beide Richtungen bewegt werden und unterschneidet alles Kraut an der Wurzel. Sie eignet sich auch hervorragend für Beete.

Falls Sie größere Areale an Wegen oder Plätzen haben, empfiehlt es sich, ein größeres Flämmgerät zu besorgen. Die sind gar nicht so teuer. Wurzelunkräuter werden wieder durchtreiben, aber durch das Abtöten der Samen im Boden nimmt der Unkrautdruck ständig ab.

neu mit unkrauthemmendem Fugensand. Diesem Spezialsand sind alkalische Bestandteile beigemischt, die das Keimen und Wachsen von Pflanzen auf Jahre nahezu unmöglich machen. Vorsicht ist jedoch direkt an Hausmauern geboten: Es kann sein, dass die Bestandteile hochwandern und ausblühen.

Hitze kann ebenfalls gegen Grün auf Wegen und Plätzen genutzt werden. Kleine Flämmgeräte mit Gaskartusche gibt es schon für recht wenig Geld. Und Sie müssen die Pflanzen nicht bis zur Schwärze verkohlen. Ein leichtes Darüberstreichen mit der Flamme reicht meist aus, denn das Eiweiß in der Pflanze wird bereits ab 60 °C unwiederbringlich geschädigt und sie welkt nach kurzer Zeit. **Ein Tipp:** Kaufen Sie sich gleich eine zweite Gaskartusche dazu, denn nach 5–10 Minuten Flämmen wird die angeschlossene Kartusche sehr kalt und der Gasaustritt ist stark vermindert. Dann einfach Kartusche wechseln und weiter geht's!

Ebenfalls mit Hitze arbeiten Infrarotgeräte, die mit Gas oder Strom betrieben werden. Vorteil hier: Die Brandgefahr ist geringer. Flämmen an der Hecke kann schnell ein Entflammen der Hecke werden. Leider ist die Wirkung der Infrarotgeräte bei löwenzahnähnlichen Pflanzen etwas geringer, denn die infrarote Hitzestrahlung wird von den oberen Blättern abgeschirmt und erreicht die darunter liegenden Blätter fast nicht.

Kochwasser von Kartoffeln oder Nudeln ist übrigens ebenso eine feine Möglichkeit der thermischen, also heißen Unkrautregulierung auf Wegen. Das stärkehaltige Wasser hält die Hitze länger und kann so auch die Wurzeln zum Teil miterfassen.

Für wasserdurchlässige Beläge wie Schotterflächen und Kieswege, können auch **Carbonsäuren** („Fettsäuren") verwendet werden. Sie bringen nur Grünes um und verholzte Teile bleiben gesund. Essig-, Capryl- oder Pelargonsäure werden angeboten.

Eine Möglichkeit bei schwer zu pflegenden Fugen ist die Einsaat schwach wachsender Rasen- oder Kräuterarten.

Eine konkurrenzlose Giersch-Monokultur.

Leider sind alle Methoden nicht ausreichend, um Wurzelunkräuter dauerhaft zu eliminieren, was heißt, dass Gräser und Löwenzahn nach wenigen Tagen wieder frech und grün herausspitzen können. Beginnt man die Behandlungen aber bereits ab Anfang April, dann sind die meisten Pflanzen noch geschwächt vom Winter und geben frühzeitiger auf. Bei regelmäßigen Anwendungen wird man im ersten Jahr öfter behandeln müssen, in den Folgejahren wird das aber immer weniger.

Die großen Unkrautplagen im Garten

Hier soll es jetzt um die Pflanzen gehen, die oft als „Problemunkräuter" bezeichnet werden. Vielleicht kennen Sie den Spruch „Wenn das die Lösung ist, dann möchte ich mein Problem wieder haben". Und fürwahr, manche wilden Kräuter können wirklich hartnäckig sein und viel Arbeit und Zeit muss investiert werden. Aber sehen Sie diese nicht als Problem, sondern eher als Herausforderung. Denn Pflanzen dürfen alles!

Zum Beispiel **Giersch** (*Aegopodium podagraria*). Die auch als Erdholler bezeichnete Pflanze vermag es durch drahtartige Wurzeln jedem Hacken, Umarbeiten, Heißwasser oder sogar chemischen Gruselmitteln zu widerstehen. Aus jedem kleinen Wurzelstückchen kann bald ein neuer Giersch entstehen. Giersch breitet sich gerne in feuchten und humosen Erden aus, kann aber auch blasser und kleiner in eher armen Böden stehen. Er ist schmackhaft und gesund bei Gichterkrankungen; besonders die frischen grünen Triebe sind ein Zauber im Salat. Zeigt man Kindern den Giersch als Naschpflanze, dann ist das schon eine wirkungsvolle Maßnahme gegen seine starke Ausbreitung. Wenn Sie ein Beet von Giersch befreien wollen, dann hilft nur ein penibles Ausgraben der Wurzeln sowie regelmäßiges Zupfen (und Naschen), Hacken oder auch Flämmen. Bedecken gejäteter Flächen mit Grasschnitt oder (unbedruckter) Pappe hilft etwas, aber nicht dauerhaft. Verschaffen Sie Wurzelunkräutern Konkurrenz! Großblättrige Pflanzen wie Funkien sind starke Gegenspieler des Gierschs. Ein **eher ungewöhnlicher Tipp**, der schon manchmal funktioniert hat: Nehmen Sie den Giersch in Kultur und behandeln Sie ihn als Schatz, den Sie un-be-dingt behalten wollen. Regelmäßig Gießen, öfter düngen und auch mal Kalk und Urgesteinsmehl geben. Der Giersch wundert sich dann über die Pflege und wird mimosengleich krank und schwach. Klappt nicht immer, aber immer wieder.

Richtig ärgerlich können verschiedene Windengewächse wie **Echte Zaunwinde** (*Calystegia sepium*) oder die **Ackerwinde** (*Convolvulus arvensis*) werden. Die eigentlich schön blühende Ackerwinde trägt viele weitere Namen, u. a. Feldwinde und Windling. Sie hat sehr robuste, kabelartige Wurzeln und treibt immer wieder aus um sich dann sogleich an allen Pflanzen hochzuwinden, sie herunterzudrücken um viel Licht und Luft zu bekommen.

Die Zaunwinde finden Sie weniger häufig, meist ist die Ackerwinde der ungebetene Gast im Beet. Beide Pflanzen sind Heilpflanzen und kommen nahezu überall vor. Recht seltene Schmetterlinge und andere Insekten brauchen die Winden als Nahrungspflanzen, einer zu starken Ausbreitung im „Wilden Eck" sollten Sie jedoch skeptisch gegenüberstehen, denn sie produzieren viele Samen, die dann auch im Rest des Gartens gut keimen.

Da die Winden eher einzelgängerisch vorkommen und nicht in Massen den Garten bevölkern wie der Giersch, kann ein regelmäßiges Zupfen nach wenigen Monaten dem Windling den Garaus machen. Interessant ist eine Bemerkung, die eine unserer Referentinnen auf den Ökologischen Fachtagen machte. Sie riet, generell zu beobachten, wo denn bestimmte Pflanzen (also auch Unkräuter) wachsen und vor allem *wo nicht*! Ihre Ergebnis: Ackerwinden mögen keine Studentenblumen (*Tagetes*). Und das deckt sich mit unseren bisherigen Beobachtungen. Also versuchen Sie es einmal, *Tagetes* gegen Windlinge auszusäen. Und berichten Sie uns bitte darüber. Falls es nicht ausreichend helfen sollte, dann blüht es wenigstens schön.

Zur Abwechslung jetzt mal ein Gras, das in Ihrem Beet oder in den Stauden unwillkommen ist. Die **Quecke** ist auch für LandwirtInnen eine Plage. Auch sie hat unglaublich widerstandsfähige Wurzeln, mit deren Hilfe sie (ebenso wie die zwei oben beschriebenen) auch aus Nachbars Garten unter der Mauer durchtreiben kann. Diese Wurzeln können Sie frisch oder gekocht essen und von einer Heilwirkung gegen Gicht

Ackerwinde als Zaunwinde getarnt an einem Zaun.

Quecke ist ein Gras, das sich gerne zwischen Pflanzen setzt und dann überall durchtreibt. Hier sogar zwischen Brennnesseln. Nützlich ist die Quecke für Hunde, die das raue Gras begeistert als Verdauungshilfe kauen.

und andere Krankheiten wird ebenso berichtet. Quecken werden deshalb sogar angebaut! Für manche eine irrwitzige Vorstellung.

Die **Kriech-Quecke** (*Elymus repens*), wie sie genau bezeichnet wird, ist so hartnäckig, weil sie sich ebenfalls durch winzigste Wurzelstücke wieder regenerieren kann. Nach mühseligem Ausgraben und Absieben der Erde kann das wahnsinnig machen, wenn die Quecke doch wieder erscheint. Graben Sie, zupfen Sie und setzen Sie Konkurrenzpflanzen wie beim Giersch. Mulchen mit Grasschnitt oder farbfreier Pappe hilft auch hier nur kurzfristig. Vor allem, ärgern Sie sich nicht darüber. Hundebesitzer sollten ein bisschen von diesem Gras im Garten stehen lassen, da Hunde es gerne zwecks Verdauungsförderung verzehren.

Die **Große** (*Urtica dioica*) und die **Kleine Brennnessel** (*Urtica* urens) hingegen sollte man auf keinen Fall als Unkraut bezeichnen. Sie sind Pflanzen, die in keinem Naturgarten fehlen sollten. Erstens ernähren sie unzählige Schmetterlingsarten, dann kann man sie zweitens essen oder als Medizin nutzen und sie sind ja (drittens) auch der Inbegriff des Biogärtnerns! Ein stinkendes Brennnesseljauchefass zeigt eindeutig: Hier gärtnern wahre BiogärtnerInnen, die vor nichts Angst haben. Stört die Nessel im Gemüsebeet, dann sollte sie vor dem Aussamen einfach mit dem Großteil der Wurzel ausgerissen werden. Immer wieder. So stark wie Quecke oder Giersch ist sie eh nicht und wird verschwinden.

Brennnesseln sind kein Unkraut, sondern eine der wichtigsten Nutzpflanzen im Naturgarten. Tee, Salate, Schmetterlingsfutterpflanze, Dünger, sowie Pflanzen stärkendes Kraut und ideal als Mulchmaterial. Ein Tausendsassa. Schaffen Sie ein optisch ansprechendes Eck mit dieser ebenso nützlichen wie hübschen Pflanze!

Tipps gegen wilde Kräuter

Richtig schwierig wird es mit Spontanvegetation in Staudenbeeten, unter dicht bewachsenen Hecken, zwischen Bodendeckern oder dichten Beerensträuchern. Bewachsener Boden ist grundsätzlich der bessere Boden und so sollten Sie genau überlegen, ob denn das unkräutige Grün wirklich weg muss. Und gleich vorneweg: In manchen Fällen hilft nur das Ausgraben der Kulturpflanzen, das Absieben der Erde und ein erneutes Pflanzen. Das muss aber nicht immer sein.

Das **Mulchen** ist eine der besten Methoden. Offener Boden sollte immer vermieden werden, allein schon für Mikroorganismen und Wasserhaushalt. Gegen unerwünschten Bewuchs, vor allem einjähriger Unkräuter, helfen Grasschnitt, Flachs- oder Holzhäcksel sowie andere pflanzliche Materialien. Am günstigsten ist der Häcksel von Sträuchern aus Ihrem eigenen Garten! Die schon öfter erwähnte Pappe ist zwar hässlich, aber gut wirksam. Um Mineralöle und andere Schadstoffe zu vermeiden, sollten Sie in jedem Fall unbedruckte, besser noch speziell zum Mulchen angebotene Pappe verwenden. Auch schwarze Folien eignen sich, sehen aber noch komischer aus und sind eben aus Plastik, was vermieden werden sollte. Kleinste Plastikpartikel bleiben in der Umwelt und das

Gartenfaser als Mulchmaterial können Sie im Fachhandel beziehen. Stroh ist gerade bei Beerensträuchern sehr zu empfehlen.

ist weltweit ein Problem. Kautschukfolie wäre hier eine bessere, aber teure Alternative. Folien töten längerfristig auch das Bodenleben ab; das sollten Sie beachten.

Wenn Sie die Möglichkeit haben, dann hilft auch **Flämmen** oder **Heißwasser** ganz gut. Das sollten Sie aber nur sehr kurz und in gewissem Abstand zu den Kulturpflanzen machen, denn Hitze ist für alles Leben tödlich. Bei Einsatz heißen Wassers leidet auch das Bodenleben stark.

Unkräuter als Hilfe gegen Unkräuter

Nach stundenlangem Jäten, brennnesselverbrannter Haut und distelperforierten Händen klingt diese Überschrift verheißungsvoll. Jede Pflanze, also auch die wild eingewanderte Spontanvegetation hat ihren bevorzugten Standort. Licht, Wind, Beschattung, pH-Wert, Bodenart ... Und da das so ist, können Sie anhand der vorkommenden Vegetation oft abschätzen, ob der Boden lehmig oder sandig, sauer oder alkalisch, humos oder arm ist. Das ist schon mal wunderbar, wenn Sie Pflanzen anbauen wollen. Im Rasen zeigt Klee oft hohe pH-Werte an, Gänseblümchen Nährstoffmangel und Schafgarbe Humusarmut. Mehr dazu aber im Spezial „ökologische Rasenpflege" ab S. 291.
Wenn jetzt eine bestimmte Art invasiv Ihren Garten erobert, dann nutzen Sie das Internet oder die einschlägige Literatur, um festzustellen, welches Optimum diese Pflanze hat. Und verändern Sie es! Humus aufbringen, Kalken oder Abmagern durch ständiges Mähen, Aufdüngen, Bewässern... verändern Sie den Lebensraum und das Unkraut wird es schwerer haben!
Die einschlägige Literatur? Für jedes Land, teilweise sogar für Regionen gibt es Bücher, die die jeweils einheimische Flora mit Standort beschreiben. Die „Exkursionsflora für Österreich, Liechtenstein und Südtirol" (Fischer), den „Oberdorfer", also die „Pflanzensoziologische Exkursionsflora für Deutschland und angrenzende Gebiete", der das gesamte deutschsprachige Territorium abdeckt oder die „Flora Helvetica" (Lauber u. a.) für eidgenössisches Unkraut.

Zeigerpflanzen

Bitte beachten Sie, dass sich Wildpflanzen nicht immer streng an die Angaben in der Literatur halten und alles auch anders sein kann.

viel Stickstoff	Gräser-Dominanz – Brennnessel, Kletten-Labkraut, Echter Kerbel, Melde, Vogel(-Stern)miere, Greiskraut, Scharfer Hahnenfuß
wenig Stickstoff	Kräuter-Dominanz – Gänseblümchen, Schafgarbe, Färberkamille, Ackerschachtelhalm, Vogelknöterich
kalkreich (relativ hoher pH-Wert)	Weißklee, Scharfer Hahnenfuß, Gewöhnlicher Feldrittersporn, Ackersenf, Acker-Stiefmütterchen, Ackerwinde, Geruchlose Strandkamille
sauer (relativ niedriger pH-Wert)	Färberkamille, Kleiner Sauerampfer, Acker-Minze
vernässte Böden, Staunässe	Scharfer Hahnenfuß, Ampfer, Kohl-Kratzdistel, Wiesen-Schaumkraut, Europäische Trollblume, Wilde Möhre, Wucherblume, Wiesen-Kümmel, Ackerschachtelhalm, Acker-Minze, Huflattich
lehmige Böden	Knöterich, Ehrenpreis, Kornblume, Stiefmütterchen, Hirtentäschel, Echte Kamille, Klatsch-Mohn, Scharfer Hahnenfuß
sandige Böden	Vogel(-Sternmiere), Königskerze, Gewöhnliches Silbergras, Grasnelke, Erika, Gewöhnliche Pechnelke, Knäuel, Feld-Beifuß, Vogelknöterich
verdichtete Böden	Wegericharten (Breitwegerich), Kriechender Hahnenfuß, Kriech-Quecke, Gänse-Fingerkraut, Ackerschachtelhalm

Spezial: ökologische Rasenpflege

Wir geben es zu. Wir sind Freunde des gepflegten Rasens, des weichen Grüns, der schier endlosen Weite von geschorenen Halmen. Wir lieben es, durch das taunasse Gras zu gehen, sich dann hineinzulegen, wenn es wieder trocken ist und ein schöner Rasen hat für uns auch einen ästhetischen Reiz. Sicherlich sind Blumenwiesen optisch schöner und auch ökologischer, aber in einer Blumenwiese kann man sich eben nicht so schön räkeln. Auch ein Kräuterrasen ist viel einfacher zu pflegen und hat auch ökologisch mehr zu bieten als das endlose Grün eines Rasens. Aber er ist auch härter! Und wir sind eben empfindlicher und lieben das Weiche.

Was wir aber nicht sind: Freaks, die alles Erdenkliche tun, um im Rasen Unkräuter fernzuhalten. Vor allem wollen wir mit natürlichen Methoden arbeiten, um einen, sagen wir semi-englischen Rasen zu erhalten. Mit Chemie geht kein englischer Rasen, fragen Sie Ihre Nachbarn. Mit Natur kommt man schon nahe ran. Versprochen! Und es ist viel einfacher und vor allem dauerhafter, mit natürlichen Behandlungsmitteln zu arbeiten.

Schöner Rasen ohne viel Arbeit geht nur ohne Chemie.

Ein wunderbarer englischer Rasen, zugegebenermaßen nur in Kreisform. Ein Hund hat hier gedüngt und auf diesem vielleicht unappetitlichen Bild erkennen Sie die Möglichkeiten ökologischer Rasenpflege, eingeteilt in Zonen. Im Inneren kaum Wachstum durch Überdüngung, in der mittleren Zone perfekte Ernährung und dichter Wuchs, sichtbar am grünen Kreis. Die äußere Zone zeigt Nährstoffmangel und Rasenunkräuter.

Was wollen Rasengräser?

Mit der Methode „Der Pflanze etwas Gutes tun und nicht dem Schädling etwas Böses" gehen wir auch hier an das Thema heran. Rasengräser lieben locker-humosen Boden, sie haben ständig Hunger auf Stickstoff und sie verabscheuen Rasen-Unkrautvernichter, denn der schädigt sie ebenso. Weiterhin achten Rasengräser auf ihre Freunde, die Mykorrhizapilze, das ganze Bodenleben mit anderen Pilzen und Bakterien schlechthin und ab und zu schätzen sie so etwas Ähnliches wie Doping, in Form von Meeresalgen.

Somit ist schon alles gesagt: Humus, Stickstoffdüngung, Bodenleben fördern. Und das soll reichen? Gegen Unkräuter, Moos, schlechten Wuchs, Krankheiten? Das reicht!

Die größten Fehler der Rasen-Neuanlage

Auch wenn sie bereits einen Rasen haben und nicht neu anlegen wollen. Lesen Sie bitte trotzdem diesen Abschnitt, denn jetzt erfahren Sie viel über das Leben des Grases. Ein falsch oder schlecht angelegter Rasen ist ein ständiger Pflegefall. Aber auch wenn Ihr Rasen nicht richtig angelegt wurde, müssen Sie nicht alles umpflügen und neu anlegen. Wir zeigen Ihnen hier Möglichkeiten der Abhilfe.

1. Schlechter Boden

Auch wenn's eilt, die Barbecue-Party-Einladung schon ausgesprochen ist oder man endlich nach der Baustellenphase einen schönen Garten haben will: Lassen Sie sich Zeit bei der Vorbereitung des Bodens vor einer Rasenaussaat. Ohne gute Vorbereitung werden Sie möglicherweise lange mit Staunässe, mangelndem Rasenwuchs, Unkräutern und Moos zu kämpfen haben.

Bagger und andere Baumaschinen haben den Untergrund verdichtet. Wenn es möglich ist, unbedingt auflockern lassen! Dann erst den Oberboden darauf geben!

Nach dem Aufbringen des Oberbodens ist dieser meist unbelebt. Wenn es regnet, sehen Sie das sehr gut: Es bilden sich kleine Canyons und der Boden wird weggeschwemmt und was bleibt wird betonhart. Geben Sie zumindest ein bis zwei Liter guten Kompost auf jeden

Optimal vor der Rasenanlage ist eine Gründüngung für mindestens ein halbes Jahr, wenn es z. B. Verdichtungen durch eine Baustellenphase gibt. Eine Begrünung mit einer Mischung aus verschiedenen Pflanzen wie Buchweizen, Phacelien, Ackerbohnen, Wicken (Vicia sp.) *und Ölrettich ist das Beste, da jede Pflanze ein unterschiedliches Wurzelsystem hat. So werden Schichten aufgebrochen, Nährstoffe geliefert und das Bodenleben aktiviert. Nebenbei unterdrückt die Gründüngung unerwünschte Unkräuter, was die anschließende Rasenanlage erleichtert. Bonus: Es sieht schön aus!*

Quadratmeter, um das Bodenleben anzuregen, denn dieses klebt die Bodenteilchen zusammen. Auch Komposttee ist gut geeignet, um das Bodenleben wieder zu aktivieren.

Der Königsweg aber ist es, mit einer Gründüngung zu arbeiten. Sie säen Gründüngungspflanzen aus, in der Regel Leguminosen, Kreuzblütler wie Senf, Phazelie (*Phacelia*) und/oder Buchweizen, und lassen diese den Winter über abfrieren. Vorteil: Manche Bodenverdichtung wird gelockert und der Boden belebt. Die Wurzelkanäle der Gründüngungspflanzen werden später frech von den Rasengräsern genutzt, sie können also viel tiefer wurzeln. Zusätzlich haben Rasenunkräuter, die ja in der Regel flach wachsen, im hohen Dickicht der Gründüngung kaum Chancen zu überleben. Und keine Sorge. Unkräuter, die in der Gründüngungsphase hoch aufwachsen wie Melden, Brennnesseln oder Ampfer haben später im gemähten Grün keine Aussichten mehr auf Erfolg.

Gründüngung also abmähen, Boden lockern und die Reste wegrechen, leicht planieren und Rasensamen aussäen. *Nicht walzen*! Nur der Wegerich mag das ... und der ist ein Rasenunkraut!

2. Falsches Rasensaatgut

Spendieren Sie sich beim Einkauf von Rasensamen was Gutes! Ein Rasen ist für Jahrzehnte geplant und fünfzig Jahre ärgern ist schade. Billige Rasengräser sind untauglich, auch wenn „Sportrasen" oder „Berliner Tiergarten" drauf steht! Meist enthalten sie günstigere, landwirtschaftliche Futtergräser, die jedoch eher in die Höhe wachsen sollen, denn sie sind ja als Viehfutter gezüchtet. Gute Rasengräser sollen aber in die Breite wachsen, Ausläufer bilden und Lücken schließen. Deshalb auf das Kürzel RSM achten, was meist auf der Packungsseite im Kleingedruckten vermerkt ist. RSM steht für Regelsaatgutmischung und ist ein Qualitätsmerkmal. Es gibt auch schon ökologisch produzierten Rasensamen. Der ist meist noch robuster! Einfach mal „Bio Rasensaatgut" googeln.

3. Aussaatfehler
Wurde Ihnen im Baumarkt eine Walze mitgegeben, um nach dem Planieren des Bodens und der Aussaat alles schön platt zu walzen? Tun Sie es nicht! Rasengräser brauchen lockere Erde und nur einige Unkräuter wollen es gewalzt. Zugegeben, Sie können einen gewalzten Rasen etwa zwei bis drei Wochen früher betreten, aber die Schädigung durch das Walzen ist eventuell erst nach Jahren egalisiert.

Säen Sie den Samen gleichmäßig in vorgeschriebener Stärke aus und vermeiden Sie es, zu viel auszusäen. Zu dichter Rasen wird nämlich schnell krank! Und jetzt **das Wichtigste:** Bewässern Sie mindestens vier Wochen lang regelmäßig, denn obwohl das Grün schon nach wenigen Tagen herausspitzt, sind manche Grasarten echt langsam im Keimen! Sie grünen erst nach drei bis vier Wochen und solange muss feuchtgehalten werden! Wir brauchen Vielfalt im Rasen, möglichst alle Gräser, die auch in der Packung sind, denn nur dann wird der Rasen dicht und stresstolerant. Würden Sie zu früh mit dem Bewässern aufhören, dann fehlten wichtige Grassorten und -arten.

Etwa nach sechs Wochen kann das erste Mal gemäht werden, aber mit scharfem Messer und nicht zu tief! Eine mittlere Höheneinstellung ist meist optimal. Lassen Sie so oft es geht das Mähgut liegen, denn Ihr belebter Boden braucht Nahrung. Fällt zu viel Mähgut an, dann rechen Sie das Zuviel weg und nutzen den Schnitt zum Mulchen im Gemüsebeet oder unter Sträuchern.

Die größten Plagen im gepflegten Rasen

Moos

Schön weich, schön grün und trotzdem im Rasen unbeliebt. Moose sind relativ konkurrenzschwache Pflanzen und brauchen freie Stellen, um wachsen zu können. Wenn also viel Moos im Rasen wächst, dann zeigt das, dass die Rasengräser noch schwächer sind und der Rasen lückig ist. Ein starker Rasen ist der beste und dauerhafteste Moosvernichter. Und auf die Gefahr hin, dass wir Sie langweilen: Rasengräser brauchen einen humosen, belebten Boden und Futter in Form von Stickstoff.

Was also tun? In der Zeit von Mai bis September sollten Sie

1. Moos wegrechen/entfernen, bei sehr viel Moos und wenig Rasen vertikutieren,
2. anschließend sofort mit Qualitätsrasensaatgut nachsäen.
3. Zwei- bis dreimal pro Jahr organisch düngen und
4. einmal pro Jahr etwa ein bis eineinhalb Liter gesiebten Kompost pro Quadratmeter aufbringen.

Moose sind Magerzeiger und signalisieren Humusmangel. Im Schatten und an staunassen Stellen wächst Moos besonders gerne.

Bereits im Folgejahr wird kaum mehr Moos wachsen, der Rasen aber umso besser. Aber nicht im Schattenbereich. Gräser mögen starken Schatten nicht, auch nicht der sogenannte Schattenrasen. Auf Nordseiten, unter Bäumen oder im Schatten großer Gebäude sollte man nicht versuchen, einen schönen Rasen zu erreichen. Das klappt nur bedingt und besser wäre es hier mit schattenverträglichen Bodendeckern oder gleich mit Moosen zu arbeiten. Japanische Gärten implementieren immer Moose und wenn Sie sie dann tatsächlich haben wollen, merken Sie erst wie empfindlich sie sind.

Moosvernichter

Im Handel finden Sie eine Vielzahl Rasendünger mit Moosvernichter oder auch Präparate, die gegen Moos gegossen oder gestreut werden können. Teilweise sind diese Mittel wirklich gruselig, weil wirklich giftig! Quinoclamin beispielsweise ist ein chemischer Moosvernichter, der zwar gut wirkt, aber auch gesundheitlich bedenklich ist. So findet man den Warnhinweis, dass dieses Mittel das „Kind im Mutterleib" schädigen kann. Weiterhin soll der Rasen ohne Schutzanzug 48 Stunden nicht betreten werden. Dieses Mittel war vor kurzem noch im Hobbybereich erhältlich, jetzt aktuell nicht mehr, aber sie könnten es noch auf dem Fußballplatz, der Parkwiese oder im Freibad kennenlernen.

Andere Moosbekämpfer sind auf Eisenbasis hergestellt, meist Eisen(II)-sulfat, was gestreut wird. Das Moos wird schnell schwarz, Steine und Terrassenbeläge werden wunderbar rostrot. Für immer. Prinzipiell eher ungefährlich, aber bei häufigerem Einsatz nicht gut für den Boden.

Die dritte Gruppe sind gut umweltverträgliche Essig- oder Pelargonsäuren, die ja auch als Unkrautvernichter genutzt werden können. Gegen Moose aber werden sie zehnmal verdünnt gegossen und das Moos wird schnell braun, der Rasen bleibt grün. Prinzipiell auch sehr wirksam und eher unschädlich, auch für den Boden.

Aber (und das gilt für alle Moosvernichter): dauerhaft ist der Einsatz nicht, das nächste Moos freut sich über die offenen Stellen und den weiterhin geschwächten Rasen.

Rasenfilz

Filz ist eine dichte Schicht abgestorbener Rasengräser auf dem Boden und behindert die Bewässerung und das Wachstum der Gräser. Meist bildet sich Filz bei der Benutzung von Mulchmähern, dem Einsatz von synthetischen Düngern und einer schwachen Belebung des Bodens. Ein belebter Boden freut sich nämlich

Kompost streuen bewirkt Wunder, Sand übrigens gar nichts. Denn Sand bringt im Rasen weder Luft noch Lockerheit und dient lediglich im Sportplatzbereich dazu, starke Verdichtungen in der Rasentragschicht zu vermeiden.

auf gehackte Grasstückchen und verarbeitet sie sofort. Ohne Leben im Boden jedoch bleibt der Halm lange liegen. Und viele Halme machen den Filz, sagt der Volksmund.

Was also tun? Sie wissen es eh schon. Belebung des Bodens mit ein bis eineinhalb Litern gesiebten Komposts pro Quadratmeter und/oder Gießen von Komposttee. Auf Profisportrasen wird der Kompost mit Sand im Verhältnis 50 : 50 Volumenprozent gemischt und aufgebracht. Topdressing nennt sich das.

Der Rasenfilz wird dann abgebaut und dient den Gräsern als Nahrung. Verzichtet man in Zukunft auf Kunstdünger und pflegt sein Bodenleben durch organische Düngung, Kompostgaben oder Komposttee, dann hat Filz auch keine Chance mehr.

Vertikutieren, also das Anritzen des Bodens durch rotierende Messer oder Federzinken schädigt bei häufigem Gebrauch mehr als es nutzt. Und sieht danach echt nicht gut aus. Vertikutieren Sie am besten nur, wenn der Filz oder das Moos so dicht sind, und Sie nachsäen wollen. Das kann der Fall sein, wenn nur noch wenige Fransen an Rasengräsern übrig sind und der Rest der Fläche durch Moose überwuchert ist. Mit Hilfe der kleinen Arbeiter im Boden, den Mikroorganismen, können Sie sich diese Mühen jedoch meist sparen!

Rasenunkräuter

Wunderbar! Unkräuter sind eine Gnade, wir sind dankbar für sie und freuen uns! Warum? Unkräuter zeigen uns oft mehr als eine aufwändige Bodenuntersuchung.

In unserer Beratungspraxis auf Sportplätzen oder Zierrasen können wir durch das Bestimmen der Unkräuter meist sagen, was dem Rasen fehlt, wie der Boden beieinander ist oder auch, was vielleicht zu viel vorhanden ist. Werden die Bedingungen zu Gunsten der Gräser verändert, dann sind die Unkräuter auf dem Rückzug und verschwinden manchmal auch ganz.

Weißklee und Kinder vertragen sich nicht immer. Er ist zwar wichtig für Bienen, aber bestenfalls nur schmerzhaft, falls man in eine solche tritt. Klee zeigt Stickstoff- und Humusmangel an und kann ohne Gift dauerhaft zurückgedrängt werden.

Manche Rasenmitbewohner lieben aber auch genau die gleichen Bedingungen, die unsere Gräser wollen. Nährstoffe und Humus liebt beispielsweise der Löwenzahn genauso wie das Rasengras. Aber Löwenzahn braucht Platz zum Keimen. Somit ist ein dichter Rasen auch der beste Unkrautvernichter!

Zählen wir also die wichtigsten Rasenunkräuter auf und was man gegen sie unternehmen kann. Auf dass sie sich dauerhaft eine neue Heimat suchen!

Weißklee, also der Klee, der weiß blüht und oft mit Bienen bestückt ist. Das kann beim Drauftreten im besten Fall nur schmerzhaft sein. Deshalb ist Reduktion von Weißklee im Rasen in unserer Beratung für Kindergärten oder Schwimmbäder die Nummer eins!

Was tun?

1. Kompost und Dünger! Wie immer! Mehr Humus im Boden und mehr Nährstoffe mag der Klee nicht so gern.

2. Tief mähen, wo der Klee stark wächst. So tief, wie es Ihr Mäher zulässt, auch wenn er schon den Boden wegschrappt! Gräser haben ihren Vegetationspunkt (dort beginnt das Wachstum) nahe der Erde und sind so vor Ihrem Mäher sicher. Klee aber hat diese Punkte weiter oben und wird stark geschwächt.
3. Nach dem tiefen Mähen Rasen aussäen mit RSM-Saatgut!
4. Nicht kalken! Kalk = hoher pH-Wert und das mag der Klee sehr gern!

Blühender Klee ist übrigens sehr wichtig für Bienen im Herbst! Wenn Sie den Klee losgeworden sind, könnten Sie doch einen kleinen Teil natürliche Blumenwiese ansäen? So als Ausgleich ...

Wegerich (Breitwegerich, Spitzwegerich *Plantago* spp.) mag gerne verdichteten Boden. Er hat sich in der Evolution auf Trampelpfade spezialisiert, wo er zwar Licht und Luft hat, der Boden jedoch durch ständiges Herumlatschen von Mensch und Tier fest und dicht ist. Das mögen die wenigsten Pflanzen. Wegerich zeigt uns also Verdichtungen an und diese entstehen im Rasenbereich meist durch Humusmangel im Boden. Wenn also bei Ihnen kein Panzer oder anderes Kettenfahrzeug durch den Garten gerattert ist, dann könnte der Mangel an organischer Substanz die Ursache für das Gedeihen des Wegerichs sein. Probieren Sie Folgendes:

1. Zählen Sie die Wegeriche pro Quadratmeter.
2. Geben sie eineinhalb bis zwei Liter guten gesiebten Kompost pro Quadratmeter und düngen Sie drei Mal pro Jahr mit organischen Rasendüngern.
3. Warten Sie etwa 9–12 Monate.
4. Zählen Sie erneut die Wegeriche. Es sollten weniger bis keine sein.

Wegeriche zeigen verdichtete, humusarme Böden an, denn sie sind faszinierende Spezialisten: trittfest, zäh und am liebsten auf betonharten Böden.

Besticht durch ihre Blätter: die Distel. Sie haben zwei Möglichkeiten zur Reduzierung. Sofort ausstechen, wobei die Pflanzen wieder durchtreiben können. Viel eleganter wäre es aber, weil Sie dabei nämlich natürliche Prozesse nutzen würden, wenn Sie einfach um die Distel herum mähen und sie wachsen lassen. Bald beginnen die Disteln zu blühen, spätestens im zweiten Jahr, und wenn Sie die Pflanzen kurz vor der Samenbildung durch einen Wurzelschnitt mit dem Spaten stechen, kommen sie nicht wieder. Viele Disteln blühen als sogenannte monokarpe Art nur einmal und sterben dann ab.

Der Kompost bildet mit Ton und Calcium im Boden eine stabile Krümelstruktur, die durch Bakterienschleim und Pilzfäden zusammengeklebt ist. Ton-Humus-Kolloide nennt man das im Fachjargon, wunderbar krümeliger Boden könnte man auch sagen. Diese Ton-Humus-Flocken sind ähnlich wie Popcorn zusammengeklebt, mit viel Luft! Das mag der Rasen und hasst der Wegerich. Er stellt die Löffel auf (der Fachmann sagt er bildet trichterförmige Blätter) und Sie können ihn dann allein durch Mähen schon reduzieren.

Probieren Sie es. Meist klappt das gut und schnell!

Magerzeiger wie **Gänseblümchen, Schafgarbe** und **Faden-Ehrenpreis:** Sie erkennen es schon an der Überschrift. Magerzeiger! Sie zeigen also magere, nährstoffarme Standorte an. Was also tun? Jetzt schämen wir uns schon fast: Humus und D-ü-n-g-e-r! Einmal pro Jahr ein Liter Kompost pro Quadratmeter ausbringen und zwei bis dreimal pro Jahr organisch düngen!

Es dauert etwa 12-18 Monate, dann gehen die Unkräuter stark auf Rückzug. Und solange Sie Ihre Rasengräser füttern, bleibt das auch so!

Löwenzahn ist wie bereits erwähnt ein Zeiger von meist exzellenter Bodenqualität. Wenn der Löwenzahn breit und mächtig im Rasen steht, dann freut sich meist auch der Rasen. Sie nicht? Dann achten Sie darauf, dass möglichst keine freien Stellen im Rasen entstehen, denn nur da kann der Löwenzahn auch auskeimen.

Die Wappenpflanze unseres Verlags, der Löwenzahn, gehört als wunderschöne Wildpflanze zum Leben dazu! Bei massenhaftem Auftreten gab es höchstwahrscheinlich zu viele Lücken im Rasen. Ausstechen, oder sich einfach über das satte Gelb im Rasen freuen und die Bedingungen für den Löwenzahn langsam verschlechtern.

Einzelne Exemplare können ausgestochen werden. Wenn es aber viel Löwenzahn ist, dann warten Sie, bis er anfängt die ersten Früchte zu bilden (der Fachmann nennt das dann *Pusteblume*). Mit der Fruchtbildung ist der Löwenzahn geschwächt und treibt nach oberflächlichem Wegkratzen meist nicht mehr stark aus. Entfernen, nachsäen und fertig!

Ungräser wie **Einjähriges Rispengras** (*Poa annua*), **Hirsen** oder **Bermudagras** stören in der Regel nur, wenn Sie auf Ihrem Rasen Golf oder Fußball spielen, denn die beiden Erstgenannten sind nicht sehr stabil. Beide keimen im Frühjahr und dabei können Sie die Gräser stören, wenn Sie etwa im April einen Dünger aus nassvermahlenem Maiskleber (enthält 10 % Stickstoff!) ausbringen. Keimende Pflanzen werden an der Schnittstelle zwischen Wurzel und Blatt (Hypocotyl) ausgetrocknet und gehen ein. Bereits stehende Pflanzen überleben es gut! Das Problem an nassvermahlenem Maiskleber: Man muss recht lange suchen, bis man einen Händler findet. Bioläden können Ihnen sicher helfen.

Bermudagras (*Cynodon* sp.) ist eigentlich schön, robust und, wenn auch nicht heimisch, trotzdem ein feines Rasengras. Man erkennt es, weil es im Gegensatz zu den anderen Gräsern eher grau-grünlich ist und recht sparrig wächst. Wenn es stört, dann helfen nur das Entfernen des Bermudagrases, Ausgraben der Wurzeln (Rhizome) und die Neuansaat. Anschließend dann beten, dass es nicht wiederkommt.

Schlechter Wuchs

Sagen Sie nicht, wir hätten es nicht schon zehnmal erwähnt. Mähen mit Fangkorb und mineralische Düngung lassen den Boden stark abmagern. Das heißt, dass der Gehalt an Humus abnimmt und der Boden letztlich nur noch Steine, Lehm, Sand und Ton enthält. Das sind

Nicht nur Unkräuter oder Ungräser, auch Unpilze kommen manchmal im Rasen vor. Meist zersetzen sie Holzteile wie z. B. alte Wurzeln im Boden und fruchten eben irgendwann durch Hutbildung. Das ist in der Regel kein Problem und gibt sich meist bei trockenerem Wetter. Ist der „Befall" mit Pilzen kreisförmig, dann sind das Hexenringe, an deren Rändern der Rasen durch das dichte Mycel des Pilzes durchaus absterben kann. Wenn Sie das stört, dann durchstechen Sie das Mycel am Ring und wässern Sie intensiv. Das mag der Pilz gar nicht. – Interessant aber auch hier: Hexenring-Pilze sind meist Partnerpilze der Rasengräser und die Gräser sind meist entweder im Ring oder, wie auf S. 300 abgebildet, auf dem Ring selbst viel grüner und robuster als im Rest des Rasens.

ideale Bedingungen für Magerspezialisten wie die meisten schön blühenden Kräuter auf Blumenwiesen! Und jetzt kommt's:

Kein Kompost und kein Dünger ergibt Blumenwiese (oder eben blühende Unkräuter).

Dünger und Kompost stärken die Gräser, was in Blumenwiesen ungut sein kann, denn die Gräser verdrängen die Blumen.

Merken Sie es? Rasen funktioniert nur mit Kompost und Dünger! Ein gut genährter Rasen lässt Unkräutern keine Chance ... oder nur wenig.

Stärken kann man Gräser außerdem noch durch Mykorrhizapilze, welche die Gräser mit zusätzlichen Nährstoffen und Wasser versor-

Risse im Boden zeigen, dass kaum Bodenleben vorhanden ist. Wahrscheinlich verhindert Humusmangel oder Kunstdünger eine Krümelbildung des Bodens. Und der Rasen reagiert mit Streik!

Hier wurde jahrelang weder gedüngt noch Humus aufgebracht, zudem ist es sehr schattig unter Bäumen. Eigentlich auch sehr schön, so ein Blumenrasen ohne Gräser.

Symbiose von Pilz und Gras. Hexenringe sind Pilze, die die Rasengräser in ihrem Einzugsbereich wunderbar wachsen lassen. So kann man den Effekt von Mykorrhizapilzen gut erklären. Will man aber keine Kreise, sondern flächiges Grün, sind andere käufliche Pilzpartner geeigneter, z. B. Glomus intraradices.

gen. Diese Pilze übernehmen quasi eine Wurzelfunktion und können die Wurzelleistung auf das Mehrhundertfache erhöhen! Im Sommer und bei Belastungsstress können Sie das deutlich beobachten. Gräser mit Partnern (also den Mykorrhizapilzen) sind robuster und wahrscheinlich glücklicher. Es sind bereits einige Dünger auf dem Markt, die Mykorrhizapilze enthalten.

Für eine zusätzliche Wurzelbildung, für ein besseres Bodenleben sind Algenpräparate sehr gut. Braunalgen (*Ascophyllum nodosum*, ist der Knotentang, der oft auch am Strand herumliegt) sind hervorragend für das Bodenleben und enthalten zusätzlich wurzelanregende Stoffe! In der ökologischen Sportrasenpflege sind sie unerlässlich und helfen Ihnen sicher auch im privaten Grün. Übrigens nicht nur für den Rasen; auch Gemüse und Obst profitierten stark von diesem Doping.

Rasenkrankheiten

Es gibt ein paar typische Rasenkrankheiten, die immer wieder auftreten, aber meistens auf Pflegefehler zurückzuführen sind. Pflegefehler sind auch intensive chemische Kuren, wie sie der Rollrasen erdulden muss. Kommt der Rollrasen dann an den Ort seiner Bestimmung und wird nicht mehr intensivmedizinisch betreut, dann wird er krank.

Um Profi-Rasen natürlich gesund zu halten nutzen wir Kompost-Tee. Wird er über den Rasen gegossen, dann fördert man eine sehr starke Belebung auf dem Halm und Krankheitskeime wie Pilzsporen haben es schwer sich zu etablieren. Für Golfgreens und Fußballplätze eine wunderbare Alternative! Zusätzlich wird das Bodenleben angeregt und Gegenspieler der bodenbürtigen Krankheiten etablieren sich dauerhaft.

Tea Time für die Pflanze – Komposttee

Als bester Kompost für Komposttee hat sich der Wurmkompost herausgestellt, der eben durch Wurmkompostierung und nicht durch Heißrotte entstanden ist.
Setzen Sie für 24 Stunden einen halben Liter Wurmkompost (in einem Strumpf) auf etwa 100 Liter Wasser an. Geben Sie den Komposttee dann über den Rasen. Und über das Gemüse, die Obststräucher ... Ein wahres Wundermittel, gegossen auch für Ihre Zimmerpflanzen! Sie können auch fertige Komposttee-Präparate für kleine (wie Gemüse oder Zimmerpflanzen) und größere Anwendungsbereiche wie Rasen kaufen.

Rotspitzigkeit können Sie aus der Ferne erkennen, weil bei feuchter Witterung ein rötlicher Schimmer über den absterbenden Rasengräsern liegt. Bei näherer Betrachtung sind rote, fast geweihartige Strukturen sowie bei Feuchtigkeit ein schleimiges Etwas zu sehen. Falsche Bewässerung und Nährstoffmangel fördern die Krankheit. Der Klee im unteren Bild zeigt zusätzlich, dass Stickstoff fehlt. Gute Nachricht: Der Rasen treibt in der Regel gesund wieder durch.

Jetzt folgt eine Aufzählung der wichtigsten Rasenkrankheiten (alle durch Pilze verursacht) und was Sie dagegen tun können.

Rotspitzigkeit (*Corticium fuciforme*): Hier wird der Rasen teilweise braun und an der Spitze der Gräser kommt ein rotes, geweihartiges Pilzmyzel heraus.

Was tun? Richtig bewässern! Maximal alle drei bis vier Tage viel Wasser geben, nicht jeden Tag wenig! Am besten morgens, so dass das Gras schnell abtrocknen kann. Und düngen Sie, denn Stickstoffmangel fördert die Rotspitzigkeit ebenso.

Schneeschimmel (*Microdochium nivale*) bildet sich oft im Frühjahr, wenn es nass und kalt ist und der Schnee lange auf den Gräsern liegt. Es bildet sich ein schimmelartiger Überzug und das Gras ist grauslig-schleimig am Absterben.

Was tun? Meist tritt Schneeschimmel nur in nasskalten Frühjahren und bei langen Halmlängen auf. Vorbeugend im Herbst den Rasen kurz mähen solange es noch warm ist.

Schneeschimmel erscheint meist in feuchten und kühlen Jahren. Zu lange Grashalme über den Winter fördern die Krankheit zusätzlich.

Wenn es aber schon schleimt und schimmelt, dann lassen Sie den Rasen möglichst abtrocknen und mähen oder rechen den ganzen Fleck weg. Gräser haben (wie schon bei der Kleebekämpfung auf S. 297 erwähnt) ihren Vegetationspunkt nahe der Erde. Das ist sehr praktisch, denn der ist nicht betroffen und das Gras wird deshalb wieder gesund austreiben!

Dollarspots (*Sclerotinia homoeocarpa*) sind münzgroße Flecken im Rasen die manchmal kreisrund absterben. Im Morgentau glitzern die Tröpfchen wunderschön an den Pilzfäden, die das abgestorbene Gras überziehen.

Was tun? Falsche Bewässerung (siehe Rotspitzigkeit), zu wenig Stickstoff und zu wenig Kalium fördern diesen Pilz. Also düngen Sie vorbeugend! Komposttee verhindert die Ausbreitung ebenfalls.

Befallene Stellen auskratzen und neu ansäen, am besten mit verschiedenen Straußgrasarten (*Agrostis* spp.). Mit Komposttee angießen! Im Profibereich sollte bei starkem Befall mit Hohlspoons aerifiziert und anschließend mit Kompost-Sand-Gemisch im Verhältnis 50 : 50 Volumenprozent befüllt werden. Aerifizieren ist quasi ein Ausstanzen von Löchern im Boden und ein Wiederbefüllen mit sandigem Kompost, um den Gräsern wieder Luft an die Wurzeln zu bringen.

Gegen die sogenannten Dollarspots können Sie vorbeugend düngen und mit Komposttee gießen.

Rasenschädlinge

Im Kapitel „Underground-Party: Tiere in der Erde und im Topf" (ab S. 158) steht bereits einiges, was diese im Untergrund fressenden kleinen Lumpen betrifft. Nichtsdestotrotz wollen wir hier die speziell im Rasen vorkommenden Beißer erneut erwähnen, denn die Bekämpfung im Blumentopf ist doch anders als auf mehreren Hundert Quadratmeter Rasen.

Engerlinge – Larven der Blatthornkäfer

Gar nicht so selten sind die beiden folgenden Rasenwurzelfresser. Zwar gibt es immer wieder einige Jahre ohne diese Gesellen, dann aber wieder hat fast jeder den **Gartenlaubkäfer** oder den **Junikäfer** in seinem Rasen oder besser gesagt dort, wo mal Rasen war.

Sie bemerken sie meist erst, wenn der Rasen stellenweise braun wird und die ersten Vögel die Larven als Delikatesse entdeckt haben. Und das wäre auch schon **unser erster Tipp:** Graben Sie ein Paar der Larven aus und legen sie offen aus! Vögel beobachten das genau und werden auch die noch unter der Erde lebenden Larven entdecken. Sie hacken dann die Erde auf und bereiten sie wunderbar für eine Nachsaat vor, denn retten kann man den Rasen an den befallenen Stellen nicht mehr. Also: Rasenreste rausrechen, leicht planieren und ansäen!

Entdecken Sie die Larven frühzeitig, dann können Sie gegen die Gartenlaubkäfer Nützlinge ausbringen. Nematoden der Art *Heterorhabditis bacteriophora* können von Juni bis Anfang

Oktober gegossen werden. Es muss aber der Gartenlaubkäfer sein. Der mit dem freundlich grinsenden Hintern ist es (siehe „Underground-Party: Tiere in der Erde und im Topf", S. 158). Bei anderen Arten wirkt es nicht ausreichend!

Hat die Larve jedoch einen Mercedesstern als Popo, dann ist sie ein Junikäfer und die Bekämpfung schwierig, weil nichts ausreichend wirkt oder zugelassen ist. Drei bis vier Jahre lebt er im Boden, dann verpuppt er sich, schlüpft und fliegt weg. Nur selten kommt er wieder, das ist der Vorteil bei diesem Blatthornkäfer. Nutzen Sie auch hier die Vögel als Nützlinge. Zeigen Sie ihnen ein paar Larven auf einem Teller oder in einer Schale, die Sie auf den Rasen stellen. Eine Wasserschale für Vögel im heißen Sommer ist übrigens ebenso ein feines Lockmittel!

Wiesenschnaken

Wenn Ihr Rasen im Juni/Juli flächenweise abstirbt und Sie graben nach, finden dann beinlose, grau-braune, ungewöhnlich aussehende Tiere, die einige Zentimeter lang sein können, dann kann das die Larve der Wiesenschnake sein. An einem Ende dieses Tiers sieht Sie dann auch noch eine Art Fratze an! Mit kleinen Hörnchen, Augen, Mund. Keine Sorge. Erstens ist das der Hintern der Larve (oder beunruhigt Sie das sogar noch mehr?) und zweitens: Nur selten schädigen Wiesenschnaken langfristig. Oft sind es nur spezielle Jahre, in denen die Schnake vermehrt fliegt und dann ihre Eier auch in Zierrasen ablegt. Ihre Lieblingskinderstuben sind nämlich richtige Wiesen mit Pflanzenvielfalt. Dort fliegt

Junikäfer, wie dieser hier, werden schnell sauer und versuchen zu beißen, bei Gartenlaubkäfern ist uns das noch nicht passiert. Vielleicht ja ein Unterscheidungsmerkmal, wobei die verschiedenen Hinternformen aussagekräftiger sind (siehe S. 159).

Eine männliche Schnake. Im Englischen heißen die Schnaken „leatherjackets", also Lederjacken, und sie fühlen sich wirklich so an.

Schnakenlarven unter dem Rasen.

das wunderbar langbeinige Weibchen, das auch gerne in beleuchtete Wohnungen kommt und dann manche Menschen alarmieren kann, durch die Wiesen und senkt ab und an ihr Hinterteil in den Boden um Eier abzulegen. Stechen kann diese „Riesenmücke" übrigens nicht.

Gegen die Larven können Sie ebenfalls nützliche Nematoden gießen. Sie sollten hier die Art *Steinernema carpocapsae* verwenden.

Wühlmäuse und Maulwürfe

Finden Sie im Kapitel „Tierische Schaderreger" unter „Was wühlt denn da? Mäuse, Wühlmäuse und Maulwürfe" ab S. 166.

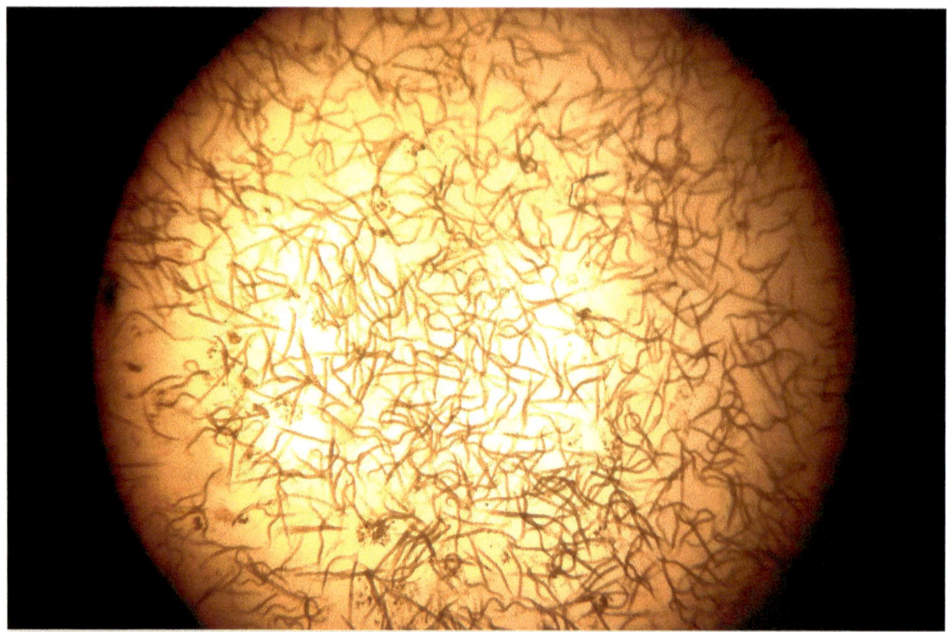
Nematoden unter dem Mikroskop. Manch Bodenschädling tritt nur einmalig auf und ist dann für Jahre wieder verschwunden. Deshalb den Einsatz von Nematoden gut überlegen und lieber Maulwürfe und Vögel fördern. Das spart Arbeit und Geld.

III. Teil – Der Gartendetektiv – draußen in der Praxis – Diagnostik

Die Werkzeuge

Für den Gartendetektiv sind die wichtigsten Werkzeuge Aufmerksamkeit, Gelassenheit, Interesse, Neugier und eine Lupe. Und vielleicht ein Buch, wenn wir Glück haben ist es dieses, was Sie gerade lesen. Ein Fotoapparat kann auch nicht schaden.

Aufmerksamkeit deshalb, weil die Veränderungen im Wuchs, an den Blättern oder den Früchten oft zeigen, dass es den Pflanzen gut geht oder eben nicht. Wie wäre es mit einer wöchentlichen Gartenrunde?

Gelassenheit brauchen Sie, denn nur wenig davon, was Sie an Schrecklichem im Garten finden können, zieht ein sofortiges Handeln nach sich. Oft ist *nichts tun* das Beste für Pflanze und Natur.

Interesse ist enorm wichtig. Um Zusammenhänge zu verstehen, jahreszeitliche Veränderungen, Witterungen und ihre Auswirkungen zu begreifen und auch mental zu erfassen, sollten Sie interessiert sein. Lernen beim Tun!

Neugier sollten Sie mitbringen, um sich manche Tiere genauer anzusehen. Der Mensch liebt was er kennt. In kürzester Zeit werden Sie Spezialistin oder Spezialist in Ihrem Garten sein und wissen, wer hier kreucht und fleucht. Jedes Lebewesen ist faszinierend. Sie müssen nicht alle anfassen und liebkosen, aber Sie sollten wissen, was diese Wesen gerne tun. Es ist so unglaublich spannend und schön, wenn Sie sich einmal darauf eingelassen haben!

Unterschiedliche Lupen sind erhältlich. Wir verwenden gerne diese robuste Taschenlupe mit Licht, die eine 30- und 60-fache Vergrößerung ermöglicht. Auch ein Kindermikroskop kann Ihnen gute Dienste leisten.

Die **Lupe** hilft ihnen dabei, die Dinge besser zu sehen und dadurch auch besser beschreiben zu können. Fangen Sie Tiere ein, die sie noch nicht kennen und geben diese kurzfristig in ein Glas zur genaueren Betrachtung. Schnell verliert so jedes Tier seinen Schrecken und die Faszination übernimmt die Regie.

Richtiges Fotografieren, Beschreiben und Probennehmen

Um sich den Nützlingen, Schädlingen und Krankheiten zu nähern, erweisen Fotoapparat oder das Mobiltelefon sehr nützliche Dienste. Viele Tiere im Garten sind eher klein und können sich teilweise sehr flott bewegen. Bis man die richtige Seite im Buch gefunden hat und dann nochmal kontrollieren möchte, ob das Tier nun sechs oder acht Beine besitzt, ein Dreieck auf dem Rücken hat oder doch von dachziegelartiger Gestalt ist, da ist es auch schon weg. Fotos können auch schnell an eine Beratungsstelle geschickt werden und helfen zuverlässig bei der Bestimmung.

Hier nun ein paar Tipps, worauf Sie möglichst achten sollten: Eine gute Auflösung, eine gewisse Tiefenschärfe und Helligkeit sind Voraussetzungen, um später nicht wahrsagen zu müssen. Eine teure Kamera ist jedoch nicht nötig.

- Bei Raupen immer die vorderen Segmente mit Füßen als Unterscheidungsmerkmale fotografieren (am besten von unten und von der Seite).

- Die Beinanzahl ist ein gutes Erkennungsmerkmal (Spinnentiere haben acht, Insekten sechs Beine).
- Blattoberseite, aber auch Blattunterseite aufnehmen (Schäden durch die Netzwanze sind z. B. auf der Oberseite sichtbar, die Wanze selbst sitzt aber unter dem Blatt).
- *Verschiedene* Fotos eines Schadens: ganze Pflanze, Detailansicht Pflanze, Blatt oben und unten.
- Nahaufnahmen immer mit Referenzgröße abbilden (Lineal, Münze, Finger).
- Bohrlöcher nicht abputzen, da Bohrmehl Auskunft über Schädling gibt.

Bei Raupen immer auch die Futterpflanze fotografieren oder bestimmen. Hier die Raupe des Großen Kohlweißlings auf Kohl.

Stets Blattoberseiten und Blattunterseiten aufnehmen. Hier sehen wir Netzwanzen.

Auch bei Pilzverdacht immer die Ober- und Unterseite eines Blattes bzw. Schadens abbilden. Hier ein beginnender Schrotschuss auf Kirschlorbeer.

Die Beinanzahl ist ein wichtiges Erkennungsmerkmal bei Raupen. Hier eine Blattwespe mit nur einem freien Segment nach den drei Beinpaaren.

Gespinstmotten können auf unterschiedlichen Pflanzen vorkommen. Wer eine genaue Bestimmung möchte, sollte hier auch die Futterpflanze angeben. Am besten und schnellsten entfernen Sie die kleinen Schmetterlingsraupen mit Hilfe eines Handschuhs.

Um eine zuverlässige Analyse eines Schadens an ihrer Pflanze zu bekommen, können Sie auch eine Pflanzenprobe einschicken und (leider manchmal kostenpflichtig) bestimmen lassen. Adressen entnehmen Sie bitte den Empfehlungen zur weiteren Recherche am Ende des Buches (ab S. 350). Folgende Parameter sollten Sie beim Versenden unbedingt beachten:

Informationen zur Pflanze

- Pflanzenart, Standort, Bodenart
- Wie wird die Pflanze gepflegt (Gießen, Dünger, letzter Umpflanz-/ Umtopfzeitpunkt)?
- Wurden Pflanzenschutzmittel eingesetzt, wenn ja, welche?
- Gibt es weitere Besonderheiten im Umfeld der Pflanze (Streusalz, böse Nachbarn)?

Informationen zum Schaderreger/ zur Schadensursache

- Zeitpunkt des ersten Auftretens?
- Welche Symptome?
- Symptome an Blatt, Frucht, oder Wurzel?

Probennahme

- ein gesundes, ein halbkrankes und ein ganz krankes Blatt
- ein Ast, an dem alle gerade genannten Bedingungen vorzufinden sind
- Einwickeln in Küchenpapier und Folie gegen Austrocknung
- Tiere am besten in eine Filmdose packen. Die gibt's aber fast nicht mehr. Eine Streichholzschachtel, mit Folie gegen die Austrocknung geschützt, funktioniert ebenso.

Gut gepolstert in einen wattierten Umschlag, oben genannte Informationen hinzu und ab die Post!

Einfache und schnelle Hilfe im Internet

Diskussionsforen im Internet gibt es für alle Themen, so auch für Gartenfragen oder Pflanzenschutzinteressierte. Wichtig hier ist, nicht alles für bare Münze zu nehmen und die Tipps zu überprüfen. Sie finden sowohl Profitipps wie auch Möchtegern-Tipps.

Foren sind beliebt und in guten Foren können Sie schnell eine Antwort oder zumindest einen Tipp in die richtige Richtung bekommen.

Fotosuche ist auch eine Möglichkeit, die Sie bei Verdacht auf die richtige Spur locken kann.

Verwenden Sie bei der **Suche im Netz** wenn möglich auch den wissenschaftlichen Namen. Sie kommen so auch auf seriösere Seiten.

Tipp

Verwenden Sie den botanischen Pflanzennamen und die englischen Bezeichnungen „pest" für Schädling oder „disease" für Krankheit. Dann führen Sie eine Bildersuche durch und beim treffendsten Bild versuchen Sie herauszufinden, wie die Schädigung mit wissenschaftlichem Namen heißt. Diesen geben Sie dann erneut in die Suchmaschine ein und vielleicht finden Sie auch eine deutsche Seite mit „Ihrer" Plage.

Legen Sie **Lesezeichen** mit den Seiten an, die für Sie am hilfreichsten sind.

Zu guter Letzt gibt es sehr empfehlenswerte **Podcasts und Newsletter**, die über die aktuellen monatlichen Geschehnisse im Gartenreich berichten und auch Apps, die Ihnen weiterhelfen.

Im Serviceteil des Buches (ab S. 350) haben wir einige **Internetseiten** gelistet, die schnell und gut Auskunft geben.

Ein Rundgang durch Ihren Garten

So, jetzt stehen Sie also im Garten, wenn auch fiktiv, und sehen erstmal nichts Besonderes. Je nach Jahreszeit ist es mehr oder weniger Grün, es blüht an manchen Stellen und einige braune Blätter sehen Sie vielleicht jetzt schon, aber dazu später mehr.

Wir haben bereits viel über Schäden durch die unbelebte Natur, aber auch über Insekten, Milben, Pilze, Viren und andere Krankheits-

erreger geschrieben. Jetzt wollen wir mit Ihnen endlich entspannt durch den Garten gehen, so wie wir das auch tun. Mit einem geschärften Blick für Veränderungen, ohne den Fokus darauf zu legen.

Viele Schädigungen kann man bereits aus der Ferne erkennen. Klar, wenn der Baum abstirbt, muss ich nicht das einzelne Blatt untersuchen. Oder wenn mein Gemüse welkt, obwohl ich doch immer brav gieße, dann muss ich nicht mit der Lupe die Schlaffheit des Blatts bezeugen.

Der Fernblick ist der große erste Eindruck für den Gartendetektiv und die ersten Vermutungen können angestellt werden. Die Lupe wird erst danach gezückt und enthüllt weitere Beweise.

Braune Blätter, Kräuselungen, Farb- oder Formveränderungen

Der gute Detektiv schaut sofort, **wo** an der Pflanze etwas braun wird, sich kräuselt oder vergilbt.

- Ist die Schädigung eher an den älteren Blättern oder den jüngeren oder überall?
- Sind blattunterseits Schädigungen zu erkennen (z. B. Einstiche)?
- Sind nur Teilbereiche der Pflanze betroffen, also beispielsweise ein Ast?
- Ist der Schaden nur auf der Sonnenseite (Sonnenbrand)?
- Und (ganz wichtig) ist mit dem bloßen Auge oder der Lupe Weiteres, eher Ungewöhnliches zu entdecken?
- Finden sich Häutungsreste auf den Blättern?

Gerade Läuse, aber auch die dreieckigen Zikaden hinterlassen Massen an Häutungsresten, die auf den Blättern zu finden sind. Ein untrügliches Indiz für die kleinen Biester!

Bei Farbveränderungen (es wird gelb, oder rot oder schwarz) ebenfalls schauen, wo an der Pflanze das passiert. Formveränderungen, kleine Auswüchse, Brennnesselblättrigkeiten oder unbeschreibliche Beulen sind gute Hinweise auf den Verursacher.

Flecken und Überzüge

Flecken auf den Blättern, Stängeln, Stamm, Früchten oder Blüten können sehr unterschiedlich aussehen. Wir beobachten die Flecken genauer, sehen, ob sie von den Blattadern begrenzt sind, ob irgendetwas auf den Flecken wächst (Pilzfruchtkörper z. B.), halten die Flecken ins Licht und beobachten, ob die Flecken heller oder dunkler sind als das gesunde Gewebe und verfolgen und vergleichen die Form der Flecken sehr genau.

- Sind sie eher alle rund oder ist jeder Fleck vollkommen anders geformt?
- Gibt es eine starke Abgrenzung der Flecken? (z. B. schwarze kleine Kreise)
- Auch der Ort des Flecks ist wichtig. Ist er eher an der Blattspitze, oder sind Flecken wild über alles verteilt?
- Sind nur alte oder nur junge Blätter betroffen?
- Befinden sich die Flecken nur auf den Blättern oder auch auf Zweigen oder dem Stamm?

Bei Überzügen versuchen wir herauszufinden, was für eine Art Überzug es ist.

- Eher pulvrig, klebrig oder kleine Fäden?
- Ist es von der Pflanze lösbar oder klebt es unglaublich fest?
- Ist der Überzug auf der Blattunterseite oder oben, oder nur am Stamm?
- Welche Farbe hat der Überzug?

Auffällige Flecken am Ahorn, verursacht durch den Erreger der Teerfleckenkrankheit. Beim genaueren Hinsehen können Sie eine runzlige Aufwölbung auf den Befallsstellen entdecken. Deshalb wird die Krankheit auch Ahornrunzelschorf genannt. Bekämpfen müssen Sie diese nicht, weil sie ohnehin erst kurz vor dem Blattfall auftritt. Laub entfernen reicht hier aus.

Welken, Absterben und Blattfall

Ein **Tipp**, den Sie vielleicht zunächst nicht ernst nehmen: Wenn etwas welkt, dann fehlt Wasser!

Wir müssen jetzt herausfinden, warum das Wasser nicht in die Blätter kommt. „Haben Sie genug gegossen" klingt so überflüssig wie die Hilfe „Haben Sie den Netzstecker eingesteckt?" in der Gebrauchsanleitung eines elektrischen Geräts. Jedoch wird das Gießen, vor allem die Menge, häufig *über-* und im Zimmerpflanzenbereich auch *unter*schätzt.

Bei Welkeerscheinungen überprüfen Sie als erstes, ob *zu viel* Wasser der Grund sein könnte bzw. Staubtrockenheit und *zu wenig* Wasser.

Welken einzelne Zweige, dann folgen Sie dem Zweig nach und achten auf Schädigungen (abgeknickt? Bohrlöcher? Fraßspuren?). Notfalls schneiden Sie einen Zweig ab und schauen im Inneren, im Längs- und Querschnitt, auf Verbräunungen oder Fraß. Nehmen Sie einen gesunden Opferzweig gleicher Stärke und verwenden diesen als Vergleich.

Welkt die Triebspitze:

- genug gegossen?
- Unterhalb der Welke Auffälligkeiten? Bohrlöcher, Einstiche?
- Klebt es, tropft es, sind Pilzfruchtkörper oder Tiere erkennbar?
- Ist es eher nass- oder trockenfaul? Oder gar nichts?

Auch *kein* weiteres Symptom kann bei der Diagnose helfen.

Bei kompletter Welke sollten Sie auch die **Wurzel** begutachten.

- Gibt es überhaupt noch eine Wurzel oder hat sie jemand angeknabbert?
- Sind die Wurzelspitzen schön weiß oder braun und abgestorben?
- Wie sieht der Übergang Wurzel-Stängel aus? Gesund? Eingeschnürt? Schwarz?

Ist die Wurzel okay, dann kann der **Stängel oder Stamm** für eine Komplettwelke verantwortlich sein. Jedoch ist das Fällen des Baums keine gute Idee, um festzustellen ob der Stamm in Ordnung ist. Bei mehreren Pflanzen mit den gleichen Symptomen kann ein Opfer, das seziert wird, jedoch hilfreich sein. Stängel oder Stamm werden im Längs- und Querschnitt begutachtet.

- Finden sich Verbräunungen?
- Fraßgänge?
- Nichts?

Bei **Blattfall** verhält es sich sehr ähnlich.

- An welchem Teil der Pflanze fallen die Blätter?
- Ist der Rest der Blätter gesund?
- Finden sich Pilzfruchtkörper (Schimmel, Fäden)?
- Ist Herbst?

Löcher wo auch immer – Blattfraß

Fraßspuren sind wunderbar. Bei vielen Spuren kann man schnell sagen, was denn da bohrt oder abbeißt. Aber nicht bei allen. Manchmal frisst auch nichts, sondern es sieht nur so aus. Deshalb auch hier: genaue Beobachtung!

Blattfraß:

- Entstehen Löcher? Welche Form haben diese?
- Wird vom Rand her gefressen oder sind die Löcher auch in der Mitte des Blatts?
- Bleibt ein Häutchen stehen (Fensterfraß)?
- Finden sich Gespinste, Schleimspuren, Häutungsreste oder Kotkrümel?
- Wird sowohl Blatt als auch Stiel verspeist?

Beispiel für Verwechslungsmöglichkeiten bei Kastanie. Oben: Die Kastanienminiermotte macht Platzminen und bei genauerer Untersuchung können Sie auch die Larven entdecken, solange diese noch nicht ausgezogen sind. Die Minen der Miniermotte gehen nicht über die Blattadern hinaus. Unten links: Blattbräune ist eine Pilzerkrankung. Der Pilz bildet unregelmäßige Flecken, die auch über die Blattadern hinweg gehen. Unten rechts: Salzschäden zeigen sich durch Verbräunungen, die regelmäßig vom Blattrand ausgehend nach innen wandern. Dieser Schaden ist auch an vielen anderen Pflanzen nach starker Salzstreuung zu sehen.

Schwierig zu unterscheiden, da optisch sehr ähnlich: Die bakterielle und pilzliche Blattflecken-Erkrankung der Walnuss. Abgebildet ist die pilzliche Erkrankung, die Blattbräune der Walnuss (Gnomonia leptostyla = Marssonina juglandis) *genannt, die mit der Lupe erkannt werden kann, denn es bilden sich konzentrische Fruchtkörper auf den befallenen Stellen. Die bakterielle Blattfleckenkrankheit, der Bakterienbrand der Walnuss* Xanthomonas campestris *pv.* juglandis *ruft eher schwarze, eckige Flecken hervor, die keine Sporenbildungen aufweisen. Auch Früchte können von beiden Krankheiten befallen werden.*

Die Eier des Kartoffelkäfers sind in ihrer Form denen der Marienkäfer ähnlich und müssen nicht unbedingt nur auf der Kartoffelpflanze sein.

Kotkrümel weisen meist auf Raupenfraß hin. Entweder von Schmetterlingsraupen, manchmal aber auch von Blattwespen wie den Rosentriebbohrern.

Bohrlöcher an Früchten oder auch an Stängel und Stamm

- Wo genau? (oben, unten etc.)
- Bei Stammschaden: Wie groß ist der Lochdurchmesser?
- (Ausgetretenes Bohrmehl oder Kot am besten mit dem Loch fotografieren! Viele Stammschädlinge werden anhand des Bohrmehls und der Größe des Lochs bestimmt.)
- Wenn Sie mutig sind, dann schnuppern Sie auch mal dran. Der Geruch kann manche Bohrer entlarven! (Weidenbohrer riechen nach Essig.)

Tipp: mit Fotos weiterkommen!

Bohrlöcher immer mit Größenvergleich abbilden und das Bohrmehl NICHT wegwischen. Anhand des Auswurfs und der Lochgröße kann der ungebetene Gast von ExpertInnen meist genau bestimmt werden.

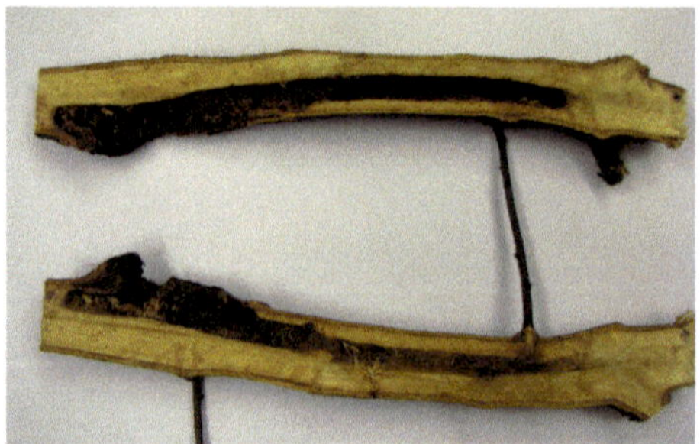

Schneiden Sie einen befallenen Ast in der Mitte durch und betrachten die Fraßgänge einer Schadraupe. Das verborgene Leben wird so verständlich.

Ich sehe Tiere!

Das ist gut. Wenn Sie das Tier dann auch noch beim Fressen oder Saugen erwischen, umso besser. Jedoch ist nicht jedes Tier, das Sie auf den Pflanzen finden auch ein Schädling. Nützlinge, wie Marienkäfer- oder Schwebfliegenlarven sehen beim ersten Anblick befremdlich aus, tun aber nichts. Und selbstverständlich müssen Sie die Amseln auf Ihrem Baum nicht abschießen.

Wenn Sie jedoch viele Tiere der vermutlich gleichen Art entdecken und auch Ihre Pflanze leidet, dann können Sie schon die ersten Schlüsse ziehen. Auch im Bodenbereich können Sie Tiere finden, die eventuell an Wurzeln nagen. Auch ein Indiz. Vielleicht.

Nein! Vollkommene Ratlosigkeit?

Glauben Sie nicht, das würde uns nicht auch passieren. Gar nicht so selten kommt es vor, dass wir vor rätselhaften Phänomenen stehen und

Wuscheliges Gebilde am Kirschlorbeer. Hier rätseln wir im Moment selbst noch und freuen uns auf Hinweise. Aber egal was es ist. Wichtig ist die Beobachtung, ob überhaupt ein Schaden entsteht. Ist das der Fall, sollten Sie abschätzen, ob die Pflanze in ihrer Vitalität eingeschränkt wird. Ist das auch der Fall, dann sollten Sie handeln und die Recherchearbeit beginnen. Coole Naturen warten sogar das nächste Jahr ab, um zu sehen, ob der Schaden erneut auftritt und handeln erst dann. Denn jedes neue Jahr ist ein komplett anderes Jahr, was den Befall mit Schaderregern angeht.

Auf den ersten Blick schwierig zu erkennen, mit der Lupe jedoch als Wanzen-Jungtiere, also Baby-Wanzen entlarvt.

erst einmal eine Zeitlang überlegen und kombinieren müssen. So konnten wir der Grund für einen Befall mit Rotspitzigkeit auf unterschiedlichen Flecken einer zehn Hektar großen Rasenfläche erst ermittelt werden, als wir herausfanden, dass hie und da Rollrasen verwendet worden war. Diese Flächen waren geschwächt und nach Rückschnitt, Bewässerungsstopp und Stärkung des Rasens konnte das Problem gelöst werden. In so einem Fall hilft auch keine gute Literatur oder das Internet weiter. Da heißt es Fragen, Forschen und Nachdenken.

Hilfreich ist Ruhe zu bewahren und Assoziationen zuzulassen. Gut Ding braucht eben Weil! Lassen Sie sich lieber nicht zu vorschnellen Diagnosen drängen. Das tut weder der Pflanze, noch Ihnen gut. Ernst nimmt man Menschen, die auch mal zugeben, dass sie etwas nicht wissen.

Das ist jedenfalls unsere Erfahrung und auch des Öfteren schon vorgekommen.

Es welkt also, oder es frisst irgendwas, anderes wird braun oder nichts wächst richtig und alles dümpelt so vor sich hin. Wir geben Ihnen in diesem Buch Tipps oder zumindest Empfehlungen für Ihre weitere Recherche. Tipps in Foren sind zwar oft fraglich, manchmal aber staunen wir über den Ideenreichtum und das Wissen mancher Forenteilnehmer.

Sie im Kreuzverhör: Was haben Sie in der Zeit vor der Schädigung getan?

Jetzt kommen Sie ins Spiel. Und Sie sollten sich fragen, welche Pflegmaßnahmen Sie getan oder gelassen haben. Dünger, Bewässerung, Pflanzenschutz, Schnittmaßnahmen usw. All das kann Pflanzen krank machen, auch wenn wir Ihnen jetzt und hier zu nahe treten.

Versuchen Sie sich also zu erinnern, was Sie (oder andere) mit Ihrer Pflanze angestellt haben. Richtiges Gießen ist gar nicht so leicht, Konzentrationsberechnungen von Düngern oder Pflanzenschutzmitteln lassen selbst Akademiker verzweifeln und wenn die Pflanze vor dem Einsetzen in den Garten einige Stunden vorher mit ihrem Wurzelballen in der prallen Sonnen stand, dann darf sie auch braun werden. Überhaupt wird bei der Pflanzung der Wurzelraum, die Lockerung des Bodens und ständiges Angießen mit viel, viel, viel Wasser nicht immer beherzigt. Das kann sich auch noch im nächsten Jahr rächen. Oder in zwei Jahren.

Auch Dinge, die mit der Pflege der Pflanze nichts zu tun haben, sollten Sie in Ihre Ermittlungen mit einbeziehen. Ein wartendes Auto

Einseitige Aufhellung von Nussbäumen im unteren Bereich des Stamms. Hier ist eine beliebte Hundestrecke und die hellen Stellen zeigen die Markierung mit Urin durch Hunde an.

bläst Abgase in die Thuja, im Winter wird Salz gestreut, der neue Hund des Nachbarn markiert gerne den Buchs oder ein Hagelsturm im Frühjahr hat die Früchte schon etwas mitgenommen. Achten Sie darauf, ob Pflanzen unterschiedlicher Arten ähnliche Symptome haben. Das kann auf so etwas, wie gerade beschrieben, hinweisen! – Schier endlose Möglichkeiten. Bleiben Sie dran!

Tipp: Achten Sie darauf, ob Pflanzen unterschiedlicher Arten ähnliche Symptome zeigen. Hier haben Sie es höchstwahrscheinlich mit einer abiotischen Schädigung (z. B. Hagel) zu tun.

Spuren lesen und verstehen – ein typisches Frühlingsbild im naturnahen Garten

Wenn Sie eine Rose in Ihrem Garten haben, dann ist dies eine wunderbare Pflanze, um mit dem Beobachten und Spuren lesen zu beginnen. Rosen haben Läuse. Immer. Außer es sind bereits genügend Blattlaus-Nützlinge in Ihrem Garten und Sie bemerken das Fressen und Gefressenwerden nicht aktiv. Wenn der Frühling anklopft, starten Sie und suchen nach Läusen. Betrachten Sie diese mit der Lupe, es werden von Tag zu Tag mehr. Sollten es zu viele sein, dann zwicken Sie einfach die am stärksten befallenen Neutriebe ab. Nach ein bis zwei Wochen werden Sie vor allem auf der Blattunterseite auch andere Lebewesen beobachten können, vorausgesetzt Sie haben bereits Nützlinge in Ihrem Garten. Da gibt es einerseits die Eier der Schwebfliege, die als erste in den Blattlausbeständen abgelegt werden. Aus diesen schlüpfen die gefräßigen Larven, die sich sofort über die leckere Blattlausmahlzeit hermachen. Die Larven hinterlassen manchmal auf ihrem Weg durch die Blattläuse schwarze Spuren, die wie Teerflecken aussehen, anhand derer Sie erkennen können, dass hier schon jemand räuberisch unterwegs war.
Andererseits werden Sie bald Marienkäfer entdecken, die sich eine schmackhafte Mahlzeit gönnen. Dass fleißigen Schlupfwespen unterwegs sind, erkennen Sie an den parasitierten, aufgeblähten Blattläusen, die dann wie „Goldtröpfchen" auf den Blättern kleben. Mit etwas Glück und geübtem Auge entdecken Sie die Eier der Florfliege und alsbald deren gefräßige Larve, den „Blattlauslöwen". Jetzt tummeln sich auch schon die ersten Marienkäferlarven, ganz klein, noch reinschwarz und kaum zu erkennen, was sich nach den ersten Häutungen, Farbverände-

Marienkäfereier blattunterseits.

Marienkäfer Ende April beim Blattlaus-Schmaus.

rungen und einer enormen Größenzunahme rasch ändert. Und im Nu sind die Blattläuse verschwunden, nur mehr leere Hauthüllen zeugen von den Geschehnissen.
Betreiben Sie Nützlingsförderung und Sie werden überrascht sein, wie schnell und effektiv diese Helfer agieren.

Zwei klar erkennbare, längliche, weiße Schwebfliegeneier in einer Blattlauskolonie.

Parasitierte Blattläuse alias Blattlausmumien alias „Goldtröpfchen".

Meldepflichtige Krankheiten und Schädlinge

Selten, aber manchmal eben doch, finden Sie Krankheiten und Schädlinge, die der Meldepflicht unterliegen. Das heißt, sobald Sie Symptome dieser Schaderreger feststellen, müssen Sie die Behörden unterrichten. Das sind meist die Pflanzenschutzämter, manchmal die Landkreise, Bezirkshauptmannschaften oder kantonale Bezirksbehörden.

Die Meldepflicht unterscheidet sich bereits auf regionaler Ebene stark. Welche Krankheiten und Schädlinge gemeldet werden müssen, ist überall verschieden. Nicht alle sind meldepflichtig, die unten angeführten sollten Sie aber melden! Wenn Sie die Symptome kennen!
Das ist gar nicht so leicht. Nichtsdestotrotz wollen wir Ihnen die Wichtigsten nennen, viele sind im Buch auch näher beschrieben. Im Internet finden Sie dann auch gehäuft Informationen hierzu.

Krankheiten:

- **Feuerbrand** an Kernobst, kernobstähnlichen Kulturen und Zierpflanzen (siehe S. 254)
- **Feuerbakterium** *Xylella* an Wein, Steinobst, Zierpflanzen (siehe S. 260)
- **Ringfäule:** Kartoffel, **bakterielle Welke:** Kartoffel und Tomate (siehe Kapitel „Bakterien", S. 252)
- **Scharka-Krankheit:** Pflaume (siehe Kapitel „Viren", S. 218)
- **Birnenverfall** (siehe „Phytoplasmen" im Kapitel „Bakterien", S. 260)

Schädlinge:

- **Asiatischer Laubholzbockkäfer ALB** (siehe S. 150)
- **Chinesischer Laubholzbockkäfer CLB/ Citrusbockkäfer** (siehe S. 150)
- **Kartoffelzystennematoden** (*Globodera rostochiensis* und *G. pallida*)
- **Maiswurzelbohrer** (*Diabrotica virgifera*)
- **Esskastanien-Gallwespe** (*Dryocosmus kuriphilus*)

... und regional noch einige mehr.

Hilfe zur Bestimmung – der Bestimmungsschlüssel

Jetzt kommen wir in einen neuen Bereich. Sie haben im vorangehenden Teil bereits wichtige Aufgaben gelöst. Wo Sie hinschauen sollten, was es zu entdecken gibt; Sie haben vielleicht sogar die Lupe benutzt. Und mit diesem Grundgerüst an Achtsamkeit, Aufmerksamkeit und Neugier gehen wir nun den nächsten Schritt.

Einen vollständigen Bestimmungsschlüssel zu erstellen, ist unmöglich. Viel zu unterschiedlich sind die Auswirkungen, die Schädlinge unseren Pflanzen antun. Hinzu kommt die Vielzahl der Pflanzenarten mit ihren individuellen Peinigern. Unübersichtlich wäre ein solcher Schädlingsfinder und deshalb haben wir uns auf durchaus viele, aber eben auch nur die wichtigsten Ursachen für Pflanzenschädigungen konzentriert.

Sie werden hier die Mehrzahl an Schädlingen, Krankheiten oder anderen Schadfaktoren finden und können die genauere Beschreibung dazu im entsprechenden Kapitel nachlesen. Dort sind natürlich ebenfalls nicht alle vorkommenden Plagen abgedeckt, auch das würde den Rahmen des Buches sprengen. Es lohnt sich jedoch, auch über die Schädiger zu lesen, die Sie nicht in Ihrem Garten haben. **Tipps**, um Ihre Pflanzen gesund zu halten, sind dort immer dabei.

Untergliedert ist dieser Bestimmungsschlüssel von oben nach unten. Also von der Sprossspitze bis zu den Wurzeln. Die Symptome sind in *kursiver* Schrift hervorgehoben. Sollte Ihre komplette Pflanze eingegangen sein, dann schauen Sie unter „Welke – ganze Pflanze" nach. Die Welke haben wir nämlich ausgelagert. Im Anschluss erfolgt die Sortierung wie angekündigt nach Pflanzenteilen.

Nach dem Bestimmungsteil der Pflanzenschäden folgt noch eine Zusammenfassung zur Bestimmung der Tiere.

		Seite
Welke	Blätter, Nadeln	319
	einzelne Zweige oder Äste	319
	ganze Pflanze	320
	Blüten und Früchte	321
Blätter, Nadeln	Farb- und Formveränderungen	322
	Überzüge, Beläge	323
	Flecken	324
	Löcher, Fraß, Fraßspuren	325
Äste, Stamm	Farb- und Formveränderungen	326
	Überzüge, Pusteln, Pilzkörper und Saftfluss	327
	Löcher, Gänge, Risse, Wunden	328
Früchte	Beläge, Überzüge, Flecken	329
	Löcher, Fraß	330
	Deformationen und anderes	331
Blüten	Löcher, Fraß	331
	Anderes, Seltsames	331
Wurzeln		332

Bestimmung von Pflanzenschäden

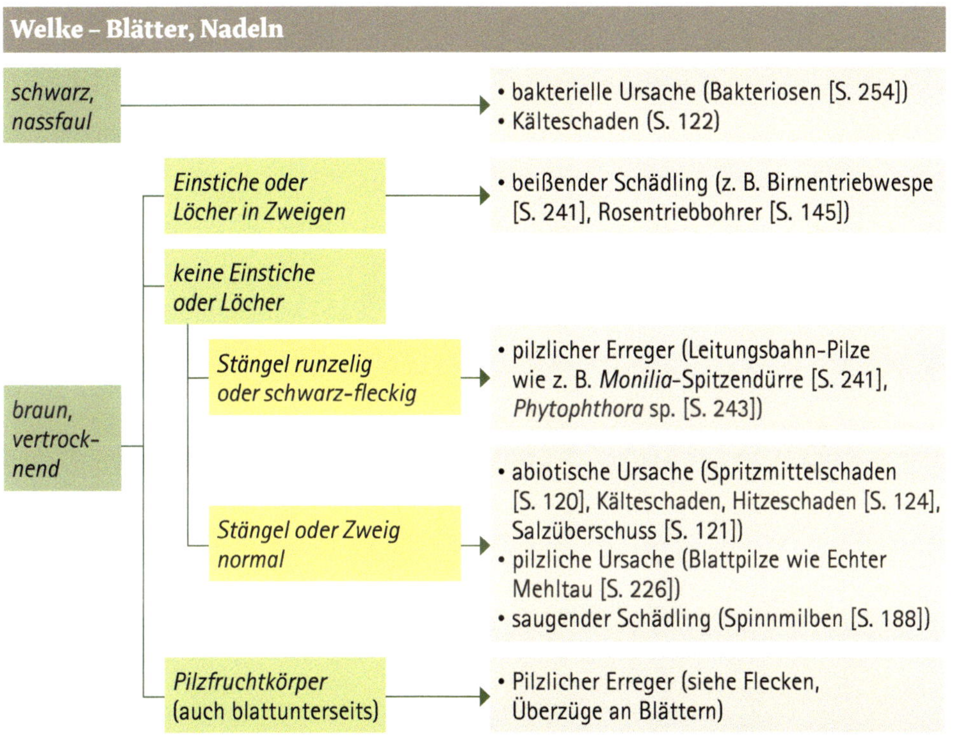

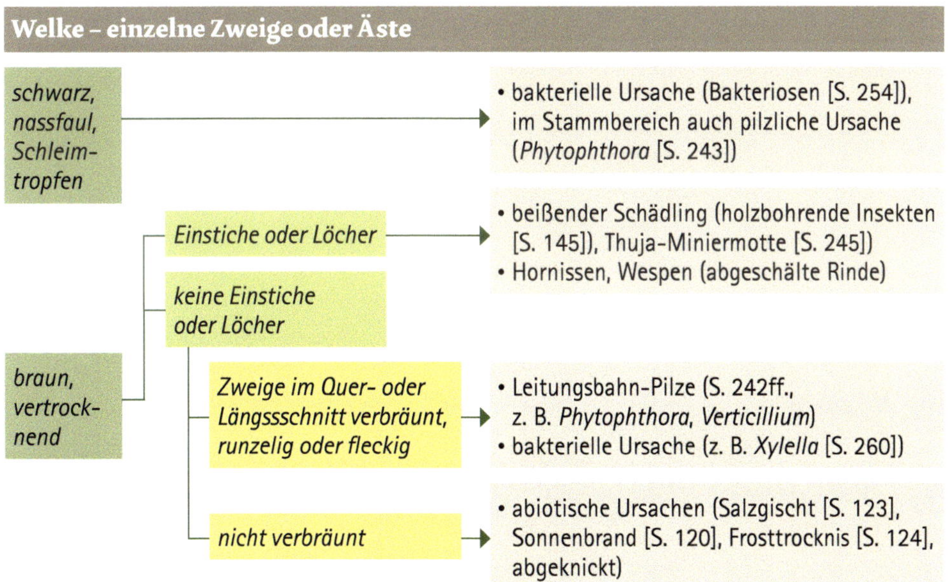

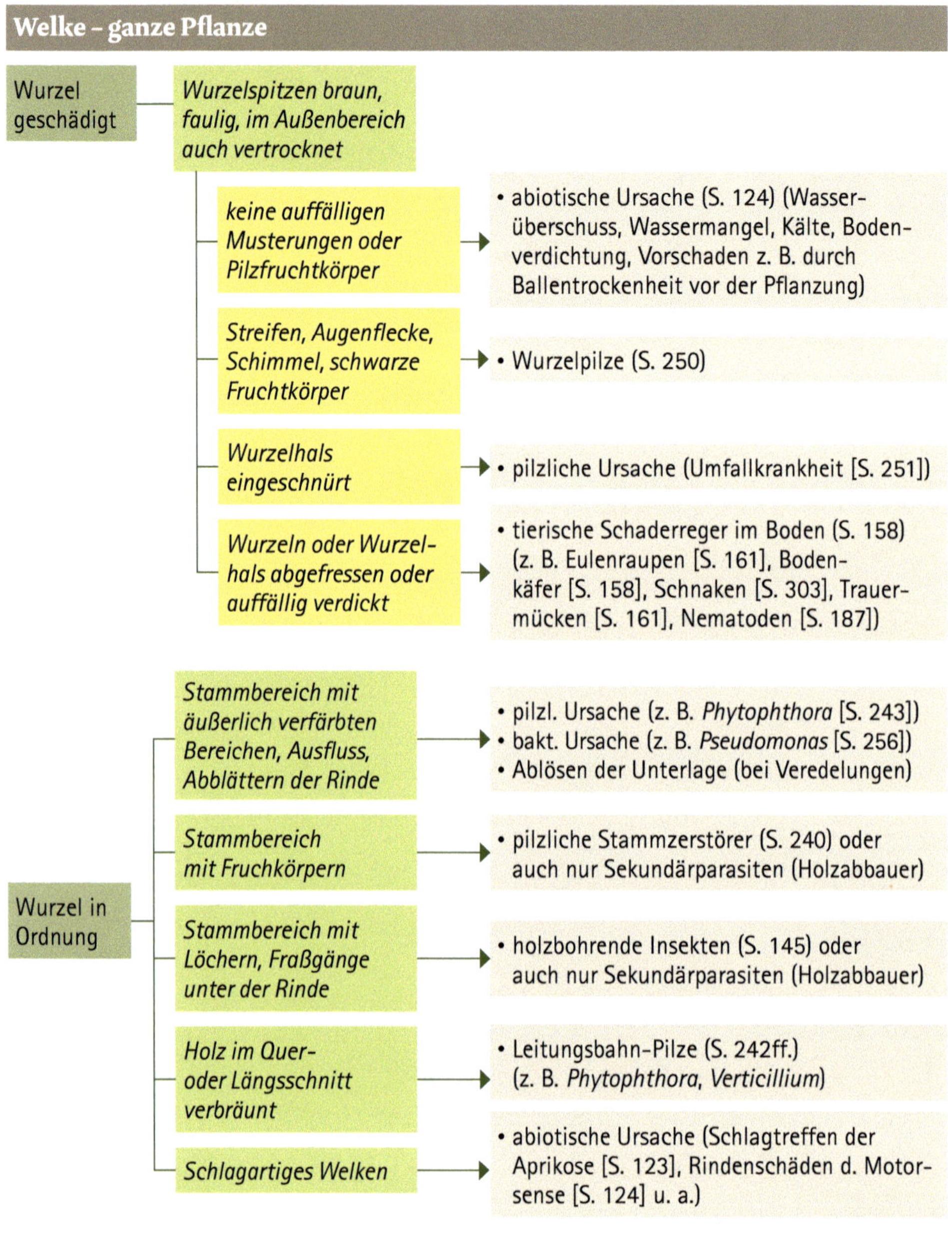
Welke - ganze Pflanze
Wurzel geschädigt
Wurzelspitzen braun, faulig, im Außenbereich auch vertrocknet
keine auffälligen Musterungen oder Pilzfruchtkörper
• abiotische Ursache (S. 124) (Wasserüberschuss, Wassermangel, Kälte, Bodenverdichtung, Vorschaden z. B. durch Ballentrockenheit vor der Pflanzung)
Streifen, Augenflecke, Schimmel, schwarze Fruchtkörper
• Wurzelpilze (S. 250)
Wurzelhals eingeschnürt
• pilzliche Ursache (Umfallkrankheit [S. 251])
Wurzeln oder Wurzelhals abgefressen oder auffällig verdickt
• tierische Schaderreger im Boden (S. 158) (z. B. Eulenraupen [S. 161], Bodenkäfer [S. 158], Schnaken [S. 303], Trauermücken [S. 161], Nematoden [S. 187])
Wurzel in Ordnung
Stammbereich mit äußerlich verfärbten Bereichen, Ausfluss, Abblättern der Rinde
• pilzl. Ursache (z. B. Phytophthora [S. 243])
• bakt. Ursache (z. B. Pseudomonas [S. 256])
• Ablösen der Unterlage (bei Veredelungen)
Stammbereich mit Fruchkörpern
• pilzliche Stammzerstörer (S. 240) oder auch nur Sekundärparasiten (Holzabbauer)
Stammbereich mit Löchern, Fraßgänge unter der Rinde
• holzbohrende Insekten (S. 145) oder auch nur Sekundärparasiten (Holzabbauer)
Holz im Quer- oder Längsschnitt verbräunt
• Leitungsbahn-Pilze (S. 242ff.) (z. B. Phytophthora, Verticillium)
Schlagartiges Welken
• abiotische Ursache (Schlagtreffen der Aprikose [S. 123], Rindenschäden d. Motorsense [S. 124] u. a.)

Welke – Blüten und Früchte

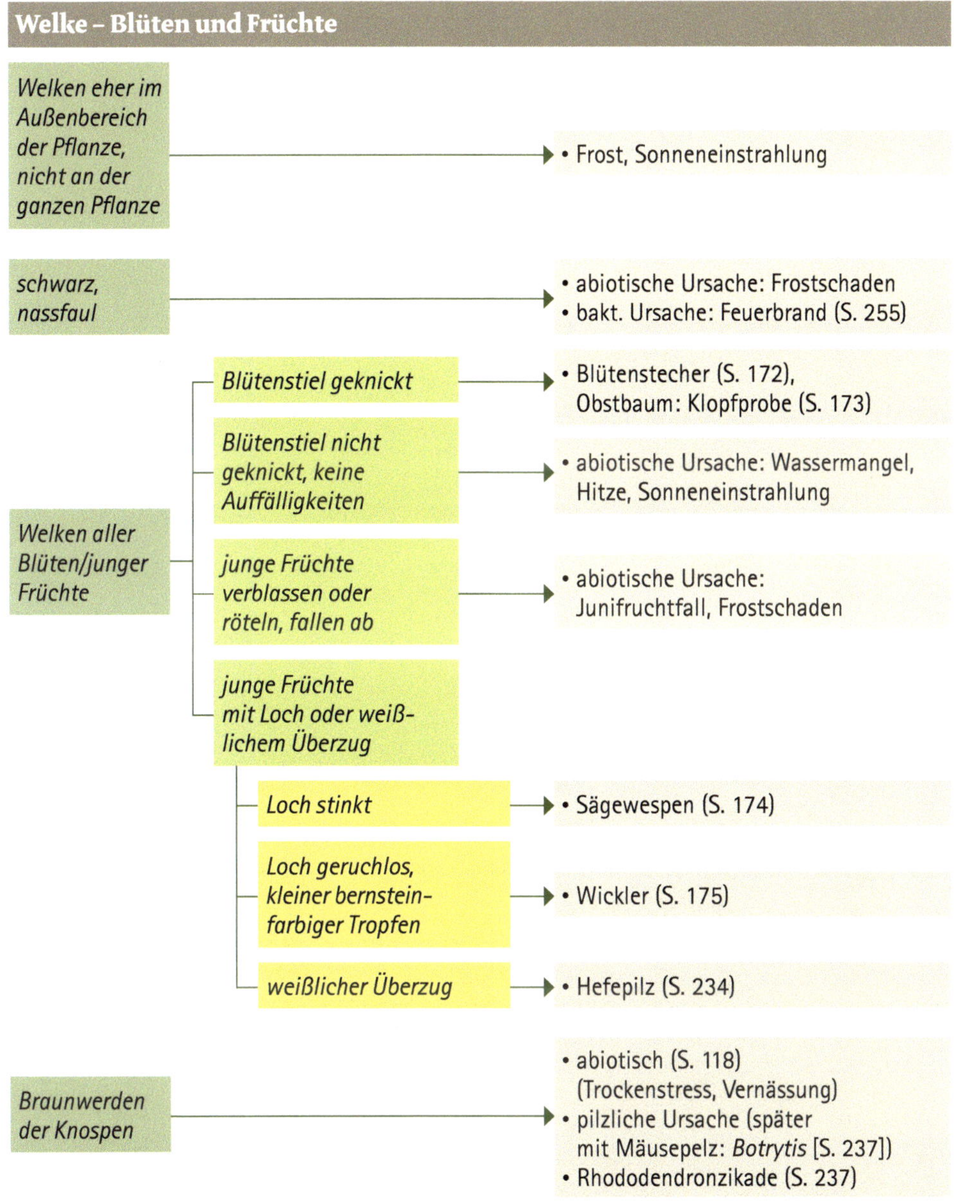

Blätter, Nadeln – Farb- und Formveränderungen

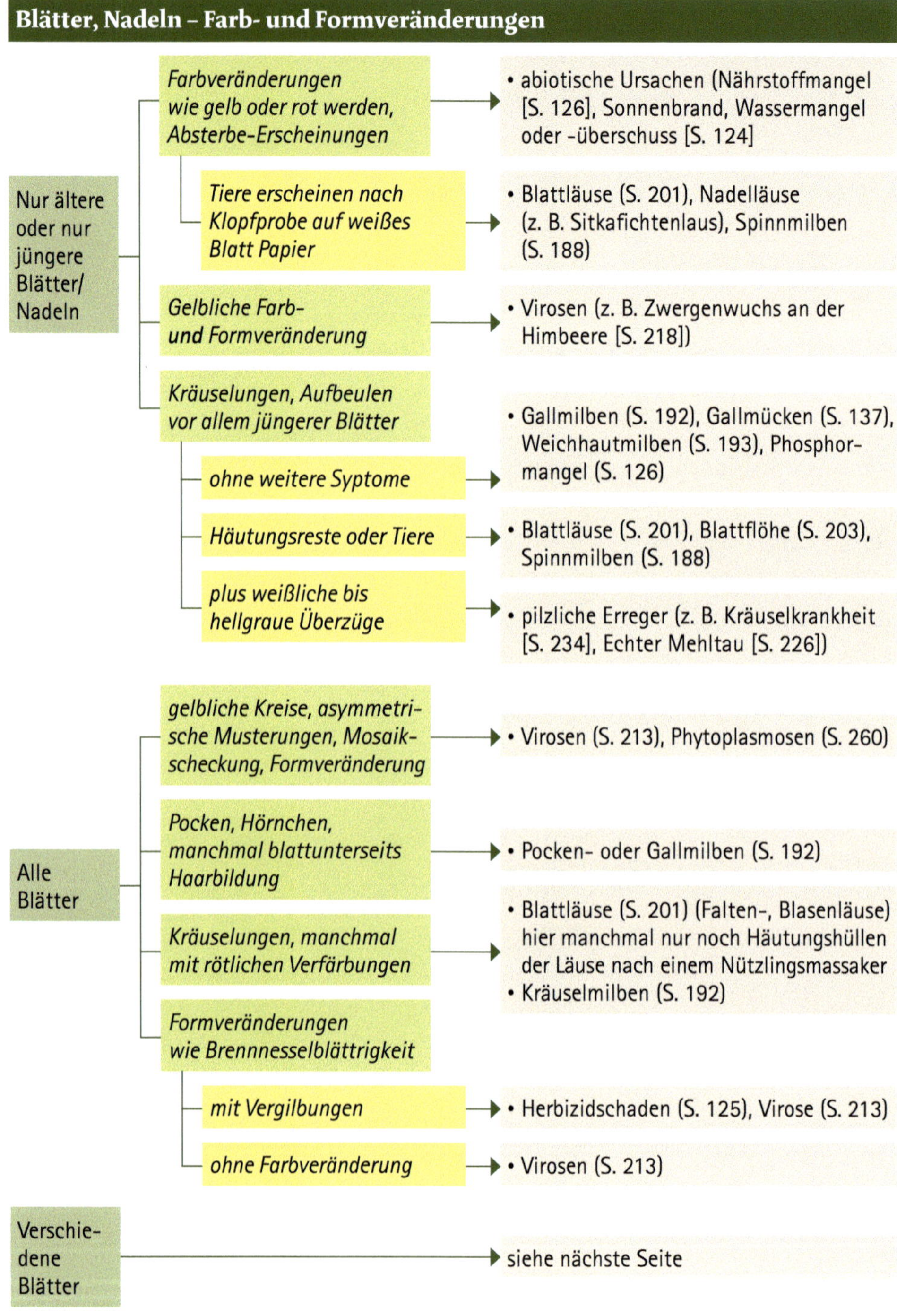

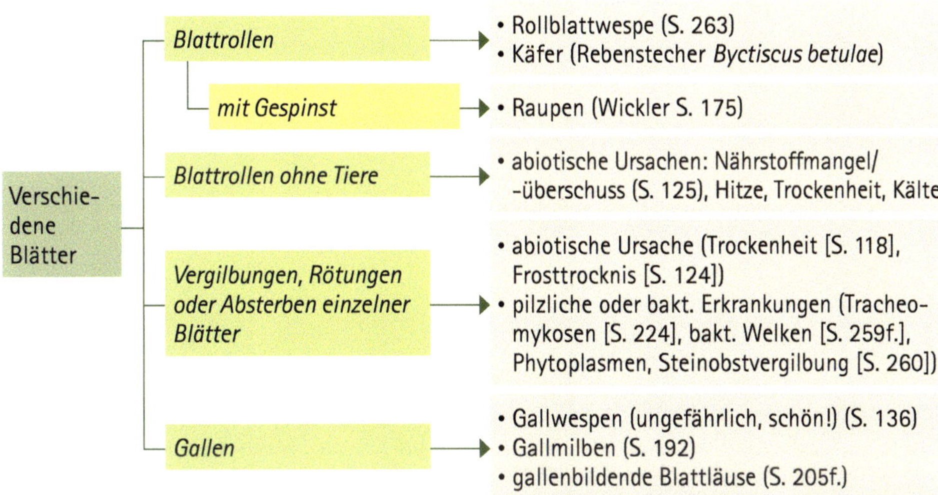

Blätter, Nadeln – Überzüge, Beläge

weißlich

- *blattoberseits, manchmal unterseits, abwischbar* → • Echter Mehltau (S. 226) • Gallmilben an Yucca oder Dracaenen (S. 192)
  - *nicht abwischbar* → • Hefepilze, wie *Taphrina* (S. 234)
- *nur blattunterseits, nicht abwischbar*
  - *mit eckigen, von Blattadern begrenzten Flecken* → • Falscher Mehltau (S. 227)
  - *andere Flecken, Gelb- oder Braunwerden des Blatts oder Pocken* → • pilzliche Erreger (*Cylindrocladium buxiola* [S. 271], *Phytophthora* [S. 229] u. a.) • Gallmilben (S. 192), z. B. Filzgallmilben

grau → • Grauschimmel (S. 238)

rot, braun, orange – staubartig → • Rostpilze (Sommer) (S. 230) • Brandpilze (S. 220)

schwarz → • Rußtaupilze durch Blattlausaussch. (S. 204) • Brandpilze (S. 220)

- *punktförmig* → • Rostpilze (Herbst) (S. 230)

spinnwebenartig → • Baldachinspinnen u. a., Nützlinge Spinnen (S. 42) • Gespinstmotten (S. 308), Wickler (S. 175) • Gespinstblattwespen, Blattwespen (S. 146) • Spinnmilben (S. 188)

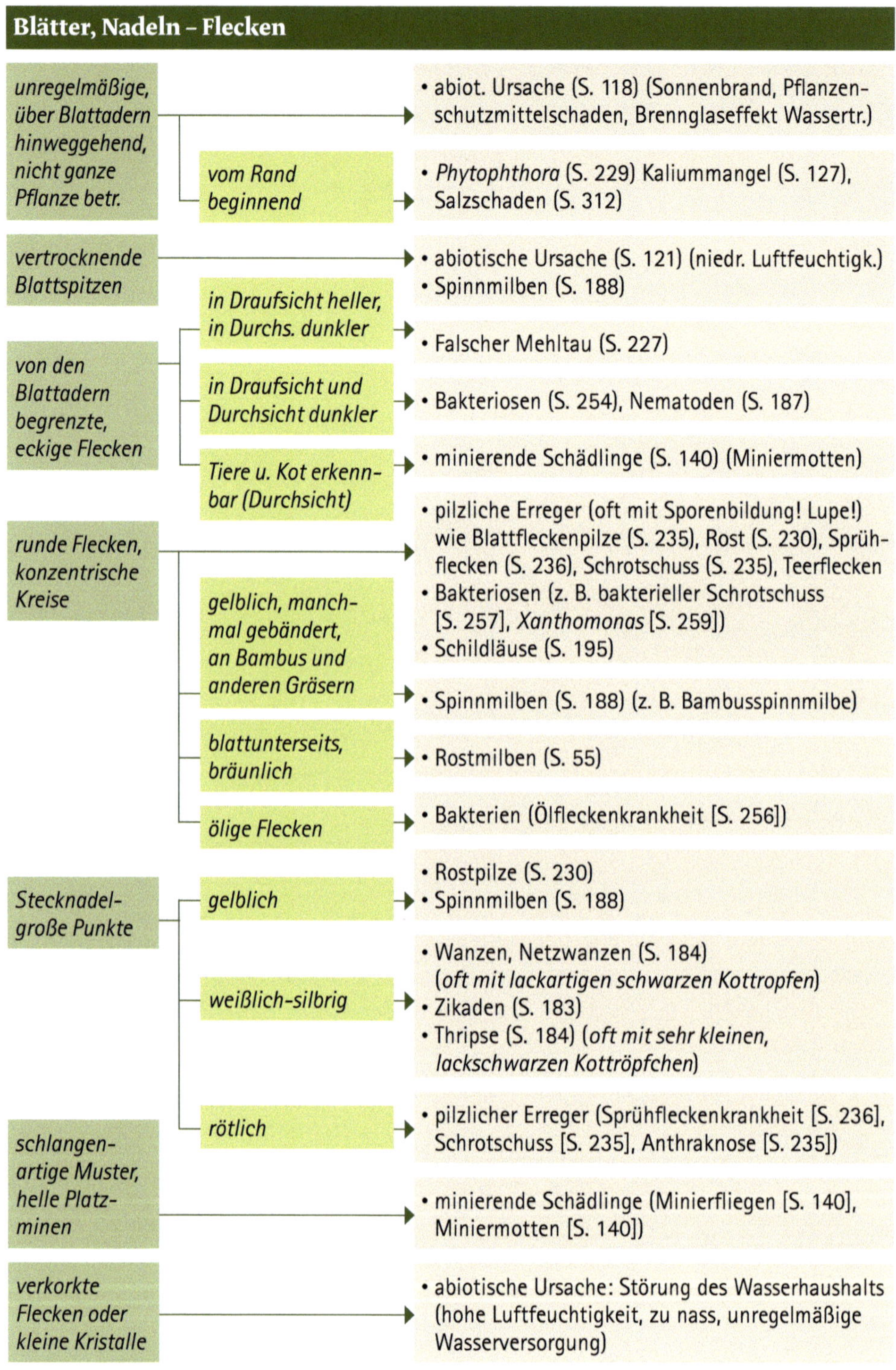
Blätter, Nadeln – Flecken
unregelmäßige, über Blattadern hinweggehend, nicht ganze Pflanze betr.
• abiot. Ursache (S. 118) (Sonnenbrand, Pflanzenschutzmittelschaden, Brennglaseffekt Wassertr.)
vom Rand beginnend
• Phytophthora (S. 229) Kaliummangel (S. 127), Salzschaden (S. 312)
vertrocknende Blattspitzen
• abiotische Ursache (S. 121) (niedr. Luftfeuchtigk.)
• Spinnmilben (S. 188)
von den Blattadern begrenzte, eckige Flecken
in Draufsicht heller, in Durchs. dunkler
• Falscher Mehltau (S. 227)
in Draufsicht und Durchsicht dunkler
• Bakteriosen (S. 254), Nematoden (S. 187)
Tiere u. Kot erkennbar (Durchsicht)
• minierende Schädlinge (S. 140) (Miniermotten)
runde Flecken, konzentrische Kreise
• pilzliche Erreger (oft mit Sporenbildung! Lupe!) wie Blattfleckenpilze (S. 235), Rost (S. 230), Sprühflecken (S. 236), Schrotschuss (S. 235), Teerflecken
• Bakteriosen (z. B. bakterieller Schrotschuss [S. 257], Xanthomonas [S. 259])
• Schildläuse (S. 195)
gelblich, manchmal gebändert, an Bambus und anderen Gräsern
• Spinnmilben (S. 188) (z. B. Bambusspinnmilbe)
blattunterseits, bräunlich
• Rostmilben (S. 55)
ölige Flecken
• Bakterien (Ölfleckenkrankheit [S. 256])
Stecknadelgroße Punkte
gelblich
• Rostpilze (S. 230)
• Spinnmilben (S. 188)
weißlich-silbrig
• Wanzen, Netzwanzen (S. 184) (oft mit lackartigen schwarzen Kottropfen)
• Zikaden (S. 183)
• Thripse (S. 184) (oft mit sehr kleinen, lackschwarzen Kotträpfchen)
rötlich
• pilzlicher Erreger (Sprühfleckenkrankheit [S. 236], Schrotschuss [S. 235], Anthraknose [S. 235])
schlangenartige Muster, helle Platzminen
• minierende Schädlinge (Minierfliegen [S. 140], Miniermotten [S. 140])
verkorkte Flecken oder kleine Kristalle
• abiotische Ursache: Störung des Wasserhaushalts (hohe Luftfeuchtigkeit, zu nass, unregelmäßige Wasserversorgung)

Blätter, Nadeln – Löcher, Fraß, Fraßspuren

Schadbild	Merkmal	Ursache
kleine Löcher, kleiner als 0,5 cm	*mit grünlichem Rand, kreisrund*	• Bakterieller Schrotschuss (S. 257)
	mit rötlichem Rand, kreisrund	• pilzlicher Erreger Schrotschuss (S. 235)
	Blatthäutchen noch sichtbar (Fensterfraß)	• Blattwespen (S. 146) (Rosenblattwespe [S. 263])
	unregelmäßig	• Käfer (Erdfloh [S. 140])
Randfraß, Buchtenfraß	*ohne Kotkrümel auf unteren Blättern*	• Käfer (Rüsselkäfer [S. 143], Blatthornkäfer, wie Junikäfer [S. 160]) • Blattwespen (S. 146) • Blattschneiderbienen (S. 143) • Raupen (mit Verstopfung, Kot abgeperlt)
	mit Kotkrümeln auf unteren Blättern	• Raupen (mit normaler Verdauung), auch Blattwespen (eher durchfallartig, weniger krümelartig)
	mit glitzerndem trockenem oder feuchtem Schleim	• Schnecken (S. 135)
Lochfraß	*eher zerrupft aussehend, kaum Randschäden*	• Knospen anstechende Wanzen (S. 144) • abiotische Ursachen (Wind, Hagel)
	mit Randschäden, teilweise Komplettfraß	• Käferlarven (S. 143) • Raupen (S. 143) • Afterraupen (S. 140) • Wildtiere (Hasen, Rehwild) (S. 134)
	mit glitzerndem trockenem oder feuchtem Schleim	• Schnecken (S. 135)

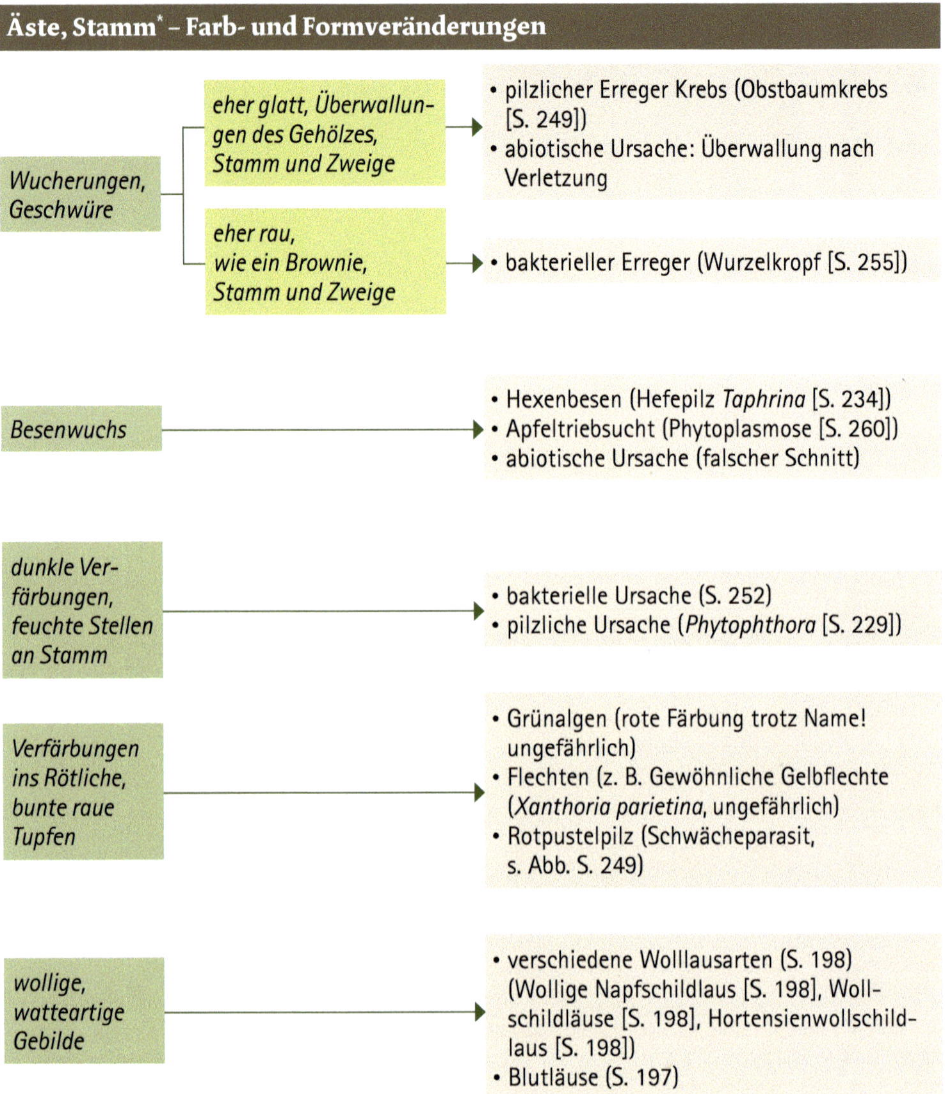

* Stand- und Bruchsicherheit gewährleisten!

Äste, Stamm* – Überzüge, Pusteln, Pilzkörper und Saftfluss

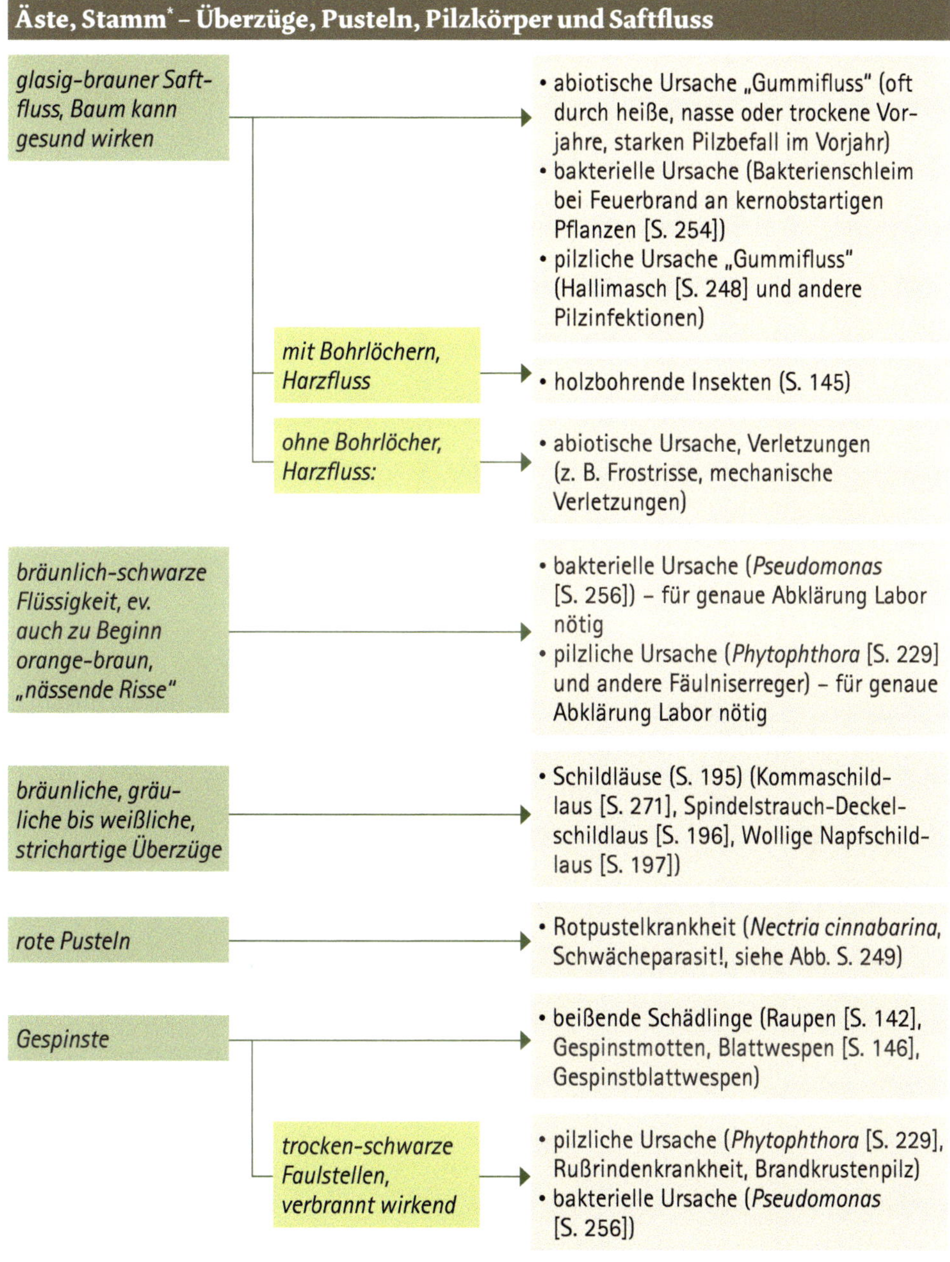

* Stand- und Bruchsicherheit gewährleisten!

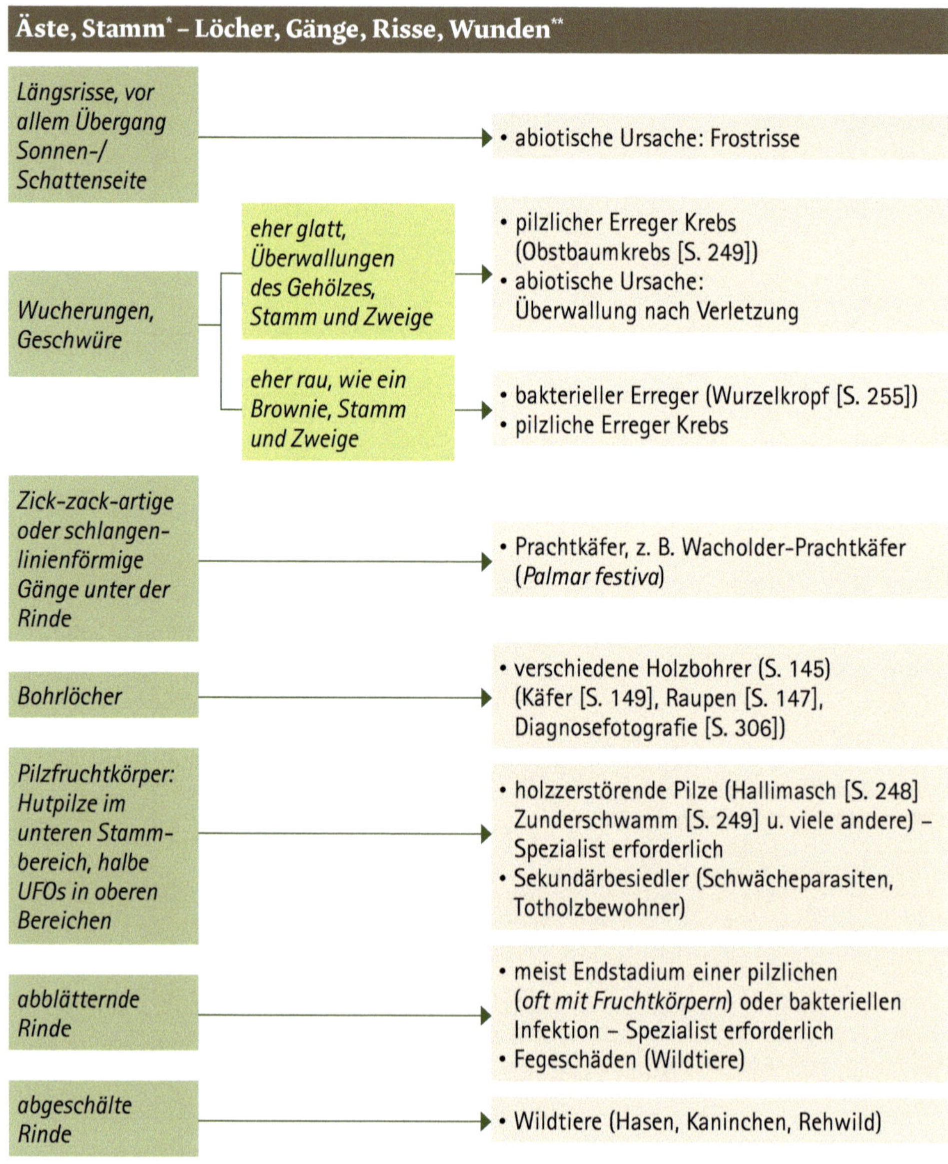

* Stand- und Bruchsicherheit gewährleisten!

** Diagnose vor allem holzzerstörender Pilze und Bakterien ist sehr schwierig. Spezialisten hinzuziehen (siehe „Empfehlungen zur weiteren Recherche" ab S. 350)

Früchte – Beläge, Überzüge, Flecken

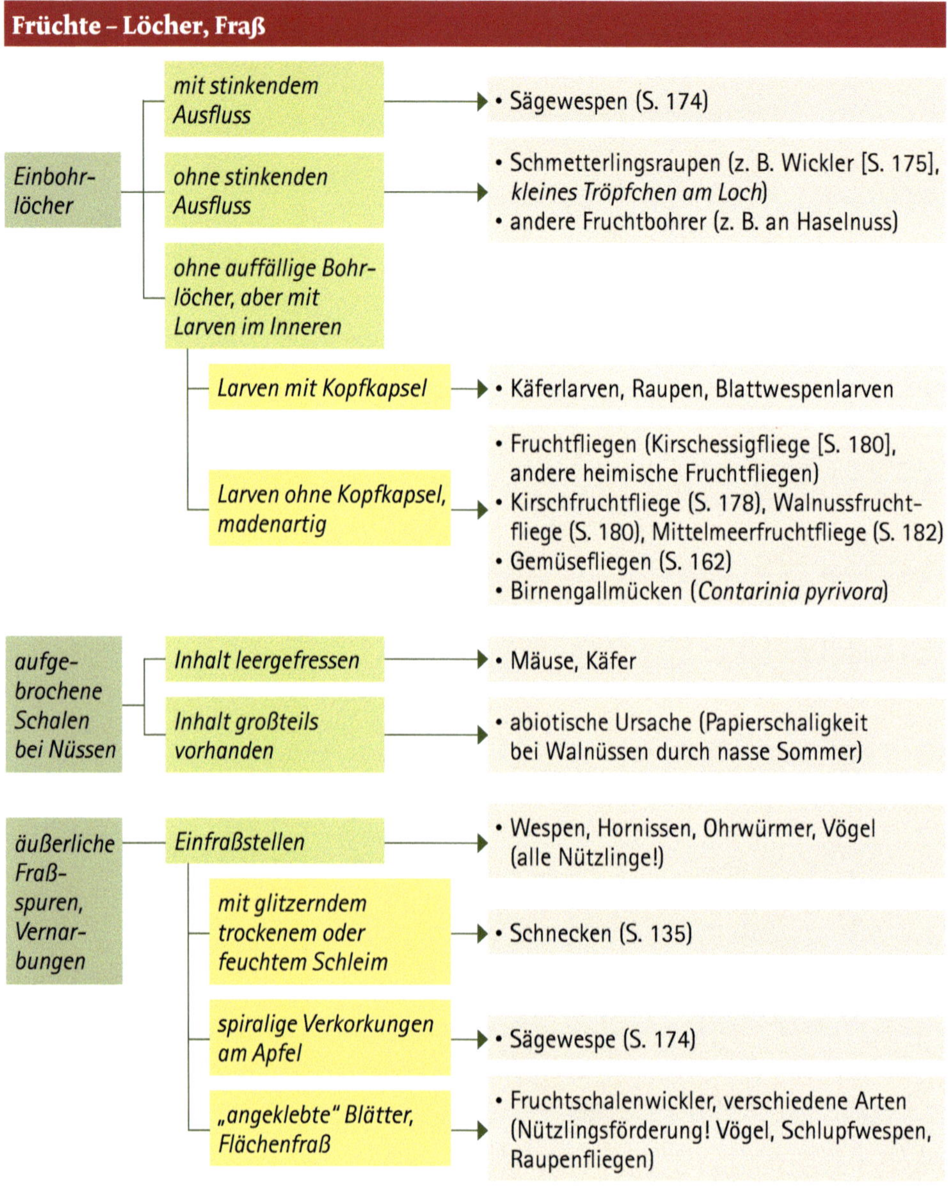
Früchte – Löcher, Fraß
Einbohrlöcher
mit stinkendem Ausfluss
• Sägewespen (S. 174)
ohne stinkenden Ausfluss
• Schmetterlingsraupen (z. B. Wickler [S. 175], kleines Tröpfchen am Loch)
• andere Fruchtbohrer (z. B. an Haselnuss)
ohne auffällige Bohrlöcher, aber mit Larven im Inneren
Larven mit Kopfkapsel
• Käferlarven, Raupen, Blattwespenlarven
Larven ohne Kopfkapsel, madenartig
• Fruchtfliegen (Kirschessigfliege [S. 180], andere heimische Fruchtfliegen)
• Kirschfruchtfliege (S. 178), Walnussfruchtfliege (S. 180), Mittelmeerfruchtfliege (S. 182)
• Gemüsefliegen (S. 162)
• Birnengallmücken (Contarinia pyrivora)
aufgebrochene Schalen bei Nüssen
Inhalt leergefressen
• Mäuse, Käfer
Inhalt großteils vorhanden
• abiotische Ursache (Papierschaligkeit bei Walnüssen durch nasse Sommer)
äußerliche Fraßspuren, Vernarbungen
Einfraßstellen
• Wespen, Hornissen, Ohrwürmer, Vögel (alle Nützlinge!)
mit glitzerndem trockenem oder feuchtem Schleim
• Schnecken (S. 135)
spiralige Verkorkungen am Apfel
• Sägewespe (S. 174)
„angeklebte" Blätter, Flächenfraß
• Fruchtschalenwickler, verschiedene Arten (Nützlingsförderung! Vögel, Schlupfwespen, Raupenfliegen)

Früchte – Deformationen und anderes

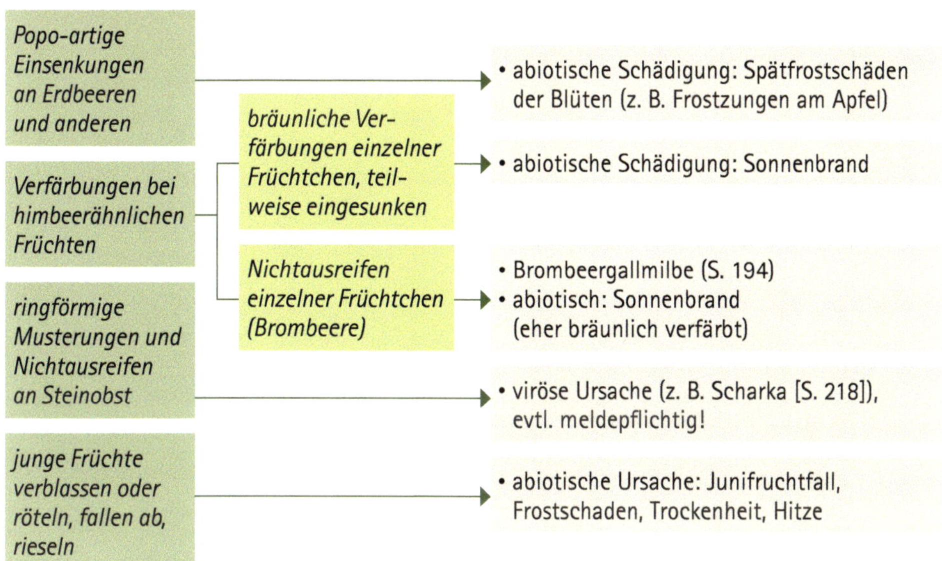

Blüten – Löcher, Fraß

Blüten – Anderes, Seltsames

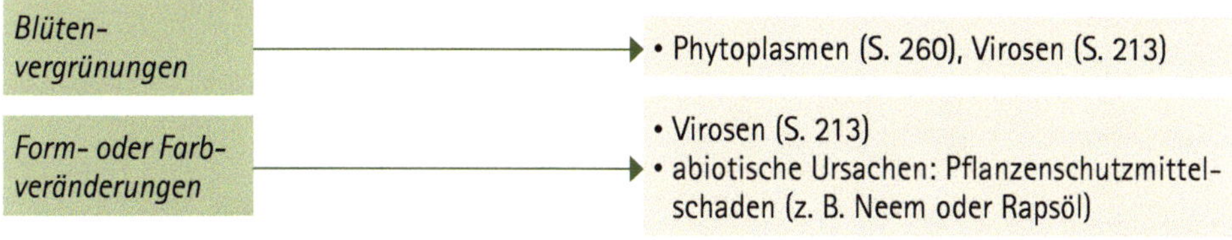

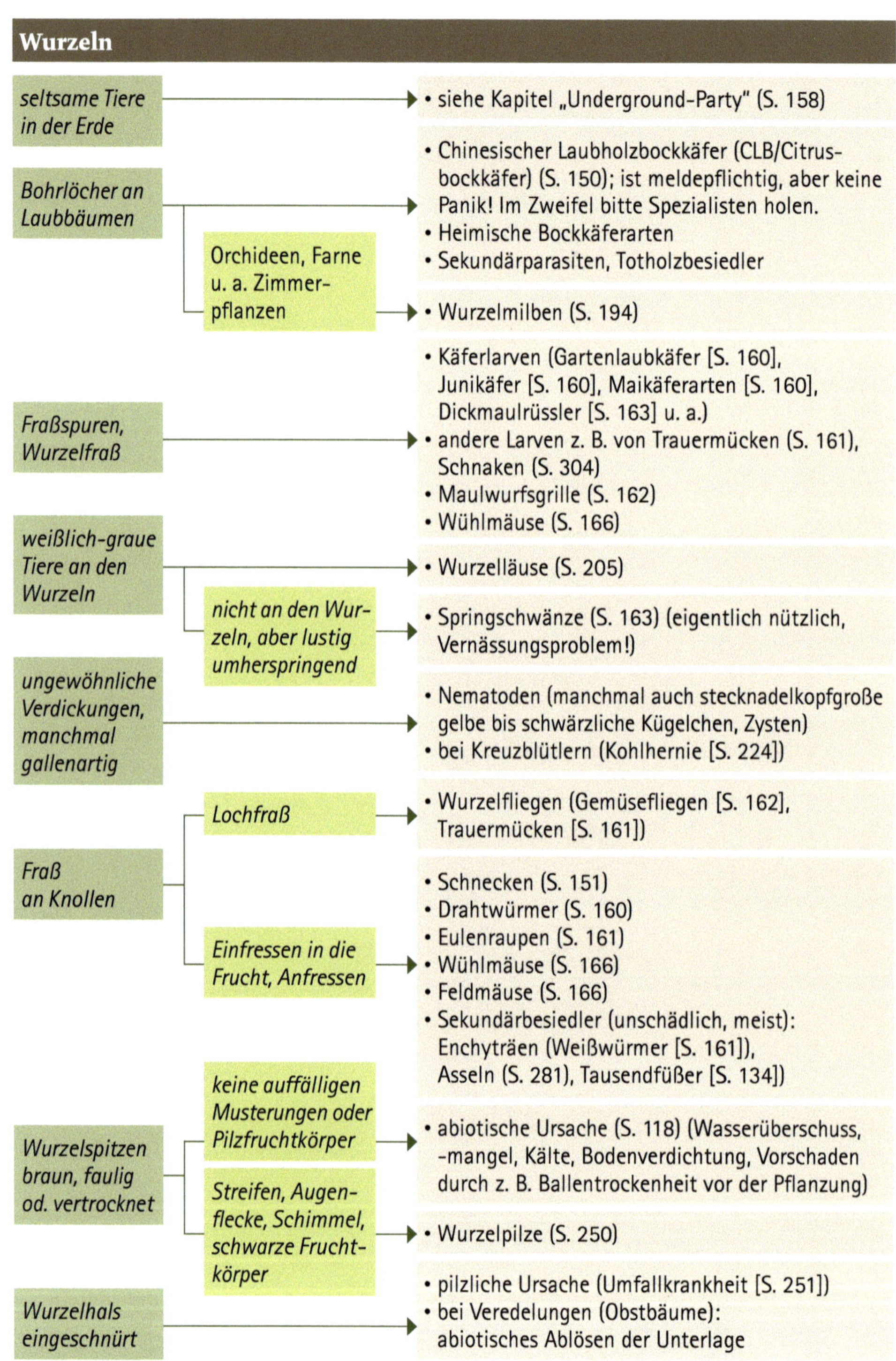
Wurzeln
seltsame Tiere in der Erde
• siehe Kapitel „Underground-Party" (S. 158)
Bohrlöcher an Laubbäumen
• Chinesischer Laubholzbockkäfer (CLB/Citrus-bockkäfer) (S. 150); ist meldepflichtig, aber keine Panik! Im Zweifel bitte Spezialisten holen.
• Heimische Bockkäferarten
• Sekundärparasiten, Totholzbesiedler
Orchideen, Farne u. a. Zimmer-pflanzen
• Wurzelmilben (S. 194)
Fraßspuren, Wurzelfraß
• Käferlarven (Gartenlaubkäfer [S. 160], Junikäfer [S. 160], Maikäferarten [S. 160], Dickmaulrüssler [S. 163] u. a.)
• andere Larven z. B. von Trauermücken (S. 161), Schnaken (S. 304)
• Maulwurfsgrille (S. 162)
• Wühlmäuse (S. 166)
weißlich-graue Tiere an den Wurzeln
• Wurzelläuse (S. 205)
nicht an den Wur-zeln, aber lustig umherspringend
• Springschwänze (S. 163) (eigentlich nützlich, Vernässungsproblem!)
ungewöhnliche Verdickungen, manchmal gallenartig
• Nematoden (manchmal auch stecknadelkopfgroße gelbe bis schwärzliche Kügelchen, Zysten)
• bei Kreuzblütlern (Kohlhernie [S. 224])
Fraß an Knollen
Lochfraß
• Wurzelfliegen (Gemüsefliegen [S. 162], Trauermücken [S. 161])
Einfressen in die Frucht, Anfressen
• Schnecken (S. 151)
• Drahtwürmer (S. 160)
• Eulenraupen (S. 161)
• Wühlmäuse (S. 166)
• Feldmäuse (S. 166)
• Sekundärbesiedler (unschädlich, meist): Enchyträen (Weißwürmer [S. 161]), Asseln (S. 281), Tausendfüßer [S. 134])
Wurzelspitzen braun, faulig od. vertrocknet
keine auffälligen Musterungen oder Pilzfruchtkörper
• abiotische Ursache (S. 118) (Wasserüberschuss, -mangel, Kälte, Bodenverdichtung, Vorschaden durch z. B. Ballentrockenheit vor der Pflanzung)
Streifen, Augen-flecke, Schimmel, schwarze Frucht-körper
• Wurzelpilze (S. 250)
Wurzelhals eingeschnürt
• pilzliche Ursache (Umfallkrankheit [S. 251])
• bei Veredelungen (Obstbäume): abiotisches Ablösen der Unterlage

Bestimmung von Tieren

Den Abschluss des Bestimmungsteils bildet dieser kleine Block, mit dessen Hilfe Sie die wichtigsten Tierarten recht sicher bestimmen können.

Wir haben uns hier auf die wichtigsten, mit dem bloßen Auge erkennbaren, wirbellosen Tiere beschränkt. Eine Amsel oder einen Fuchs müssten Sie leider mit einem anderen Buch bestimmen.

Um herauszufinden, ob ein Tier wirbellos ist oder nicht müssen, Sie es nicht sezieren oder umbiegen. Säugetiere, Reptilien und Vögel *haben* eine Wirbelsäule, Schnecken, Spinnen, Insekten und Asseln nicht. Also alles Krabbelzeug, Gewürm oder Geschleim im Garten ist in der Regel rückgratfrei.

Wir beginnen mit Tieren ohne Flügel und schon hier stellt sich die erste Herausforderung ein. Denn ob ein Tier wirklich keine Flügel hat, ist gar nicht so leicht zu sehen. Käfer und Wanzen zeigen ihre richtigen Flügel erst beim Fliegen und wirken, besonders wenn sie recht klein sind, flügellos. Auch Thripse legen die Flügel geschickt an den Körper und fliegen auch ungern. Also im Zweifel die Lupe nehmen und genau schauen, stupsen, ärgern. Vielleicht fliegt es los!

Bei den Blattsaugern wie Blattläusen, Schild- oder Wollläusen sind die Tiere nur manchmal geflügelt. Das ist ebenfalls etwas knifflig. Auch deshalb kommen manche Tiere in der Hilfe zur Bestimmung öfter vor.

Viel Spaß bei der Arbeit!

Larven, Würmer oder anderes Seltsames OHNE FLÜGEL aber MIT BEINEN

Im Querschnitt rund bis oval MIT Beinen, eher länglich (wurm-/raupenartig):

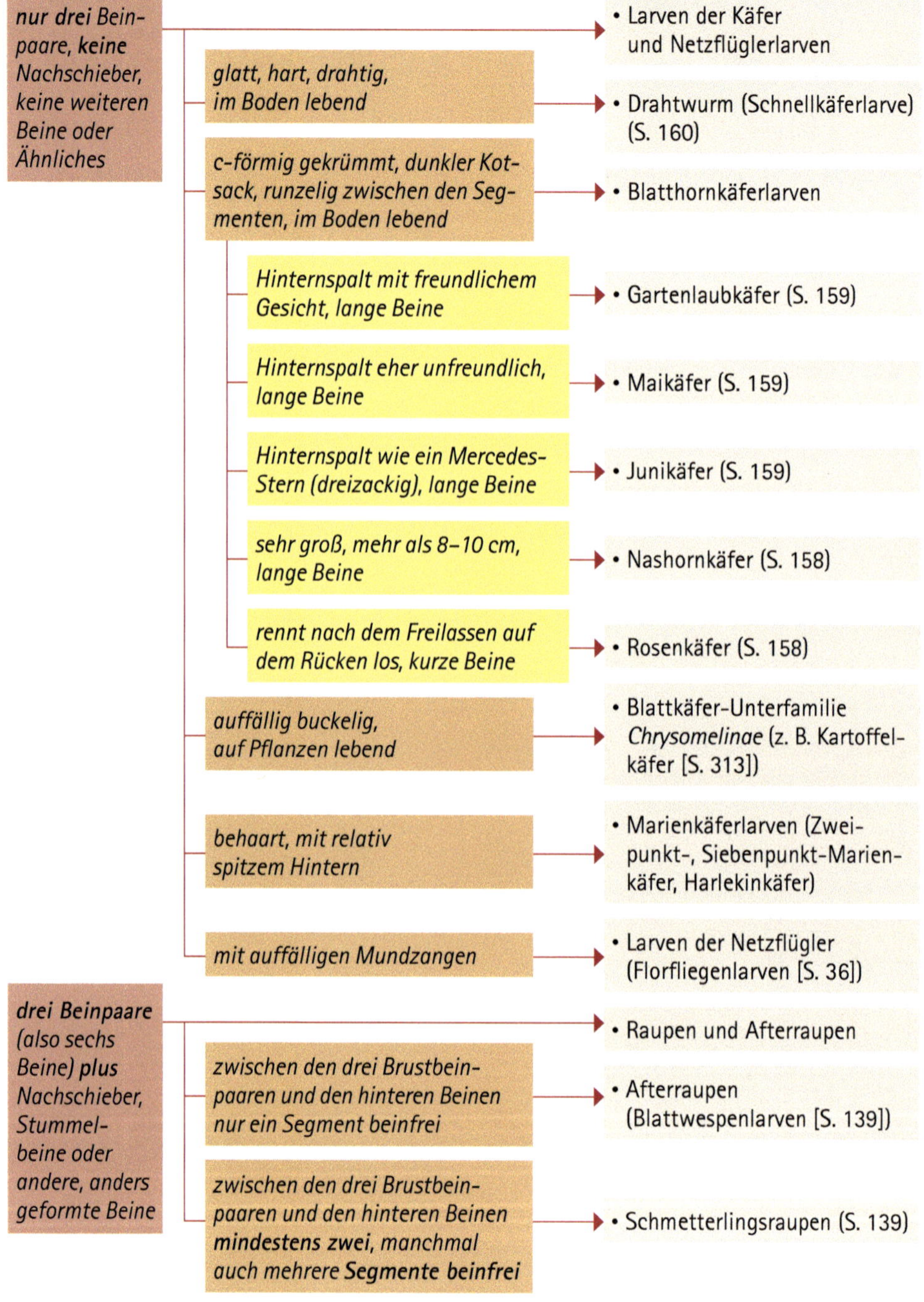

Merkmal	Untermerkmal	Detail	Ergebnis
nur drei Beinpaare, keine Nachschieber, keine weiteren Beine oder Ähnliches			• Larven der Käfer und Netzflüglerlarven
	glatt, hart, drahtig, im Boden lebend		• Drahtwurm (Schnellkäferlarve) (S. 160)
	c-förmig gekrümmt, dunkler Kotsack, runzelig zwischen den Segmenten, im Boden lebend		• Blatthornkäferlarven
		Hinternspalt mit freundlichem Gesicht, lange Beine	• Gartenlaubkäfer (S. 159)
		Hinternspalt eher unfreundlich, lange Beine	• Maikäfer (S. 159)
		Hinternspalt wie ein Mercedes-Stern (dreizackig), lange Beine	• Junikäfer (S. 159)
		sehr groß, mehr als 8–10 cm, lange Beine	• Nashornkäfer (S. 158)
		rennt nach dem Freilassen auf dem Rücken los, kurze Beine	• Rosenkäfer (S. 158)
	auffällig buckelig, auf Pflanzen lebend		• Blattkäfer-Unterfamilie *Chrysomelinae* (z. B. Kartoffelkäfer [S. 313])
	behaart, mit relativ spitzem Hintern		• Marienkäferlarven (Zweipunkt-, Siebenpunkt-Marienkäfer, Harlekinkäfer)
	mit auffälligen Mundzangen		• Larven der Netzflügler (Florfliegenlarven [S. 36])
drei Beinpaare (also sechs Beine) plus Nachschieber, Stummelbeine oder andere, anders geformte Beine			• Raupen und Afterraupen
	zwischen den drei Brustbeinpaaren und den hinteren Beinen nur ein Segment beinfrei		• Afterraupen (Blattwespenlarven [S. 139])
	*zwischen den drei Brustbeinpaaren und den hinteren Beinen **mindestens zwei**, manchmal auch mehrere **Segmente beinfrei***		• Schmetterlingsraupen (S. 139)

- *vier Beinpaare (also acht Beine)* → • Spinnentiere (Echte Spinnen, Weberknechte, Milben)
  - *Milben in Gallen, wurmförmig, manchmal nur zwei Beinpaare, 0,1–0,2 mm groß* → • Gallmilben, Kräuselmilben (S. 192) (nur unter sehr guter **Lupe/Mikroskop** sichtbar!)
  - *frei lebende Milben auf Pflanzen*
    - *samtartig behaart, 0,3–4 mm* → • Laufmilben (Samtmilbe [S. 283])
    - *nicht samtartig behaart* (jetzt gute **Lupe** oder **Mikroskop**!)
      - *häutig und ohne Schildbildung am Rücken (Dorsalschild), sehr haarige Beine* → • Spinnmilben (S. 188) (*Tetranychus* spp. und *Bryobia* spp.)
      - *verhärtetes Rückenschild, teilweise lange Haare am Hintern* → • Raubmilben (S. 36) (*Phytoseiidae*)
- *sieben Beinpaare* → • Asseln (Kellerassel [S. 181], Mauerassel [S. 181])
- *mehr als neun Beinpaare* → • Hundert- und Tausendfüßer
  - *zwei Beine pro Segment* → • Doppelfüßer (Kompostfresser, manchmal asselähnlich wie die Saftkugler [Glomerida])
  - *ein Bein pro Segment* → • Hundertfüßer (räuberischer Nützling)

Drei Beinpaare, mehr oder weniger tropfenförmig, KEINE Flügeldecken, oft lange, sichtbare Fühler, mit nicht einklappbarem, herausstehendem Stechrüssel auf der Kopfunterseite, oft glitzernd-klebriger Honigtau:

- *keine Wachswolle, frei beweglich* → • Blattläuse (S. 201)
- *mit Wachswolle, frei beweglich* → • Blattflöhe (S. 203) (*meist recht kurze Beine*) und Blattläuse (S. 201) (*recht lange Beine*)
- *mit Wachswolle, festsitzend* → • Schildläuse (S. 195) und Wollläuse (S. 198)

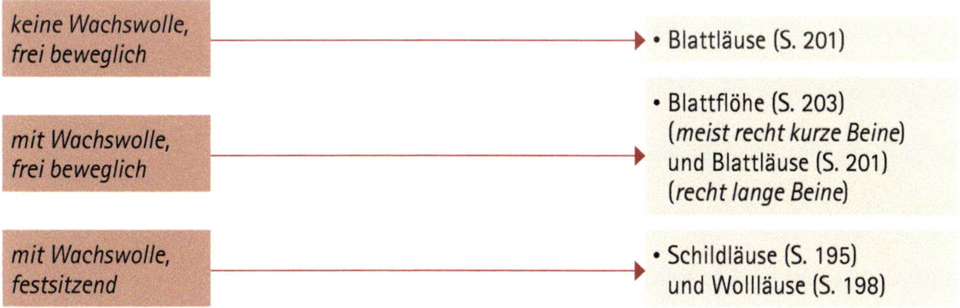

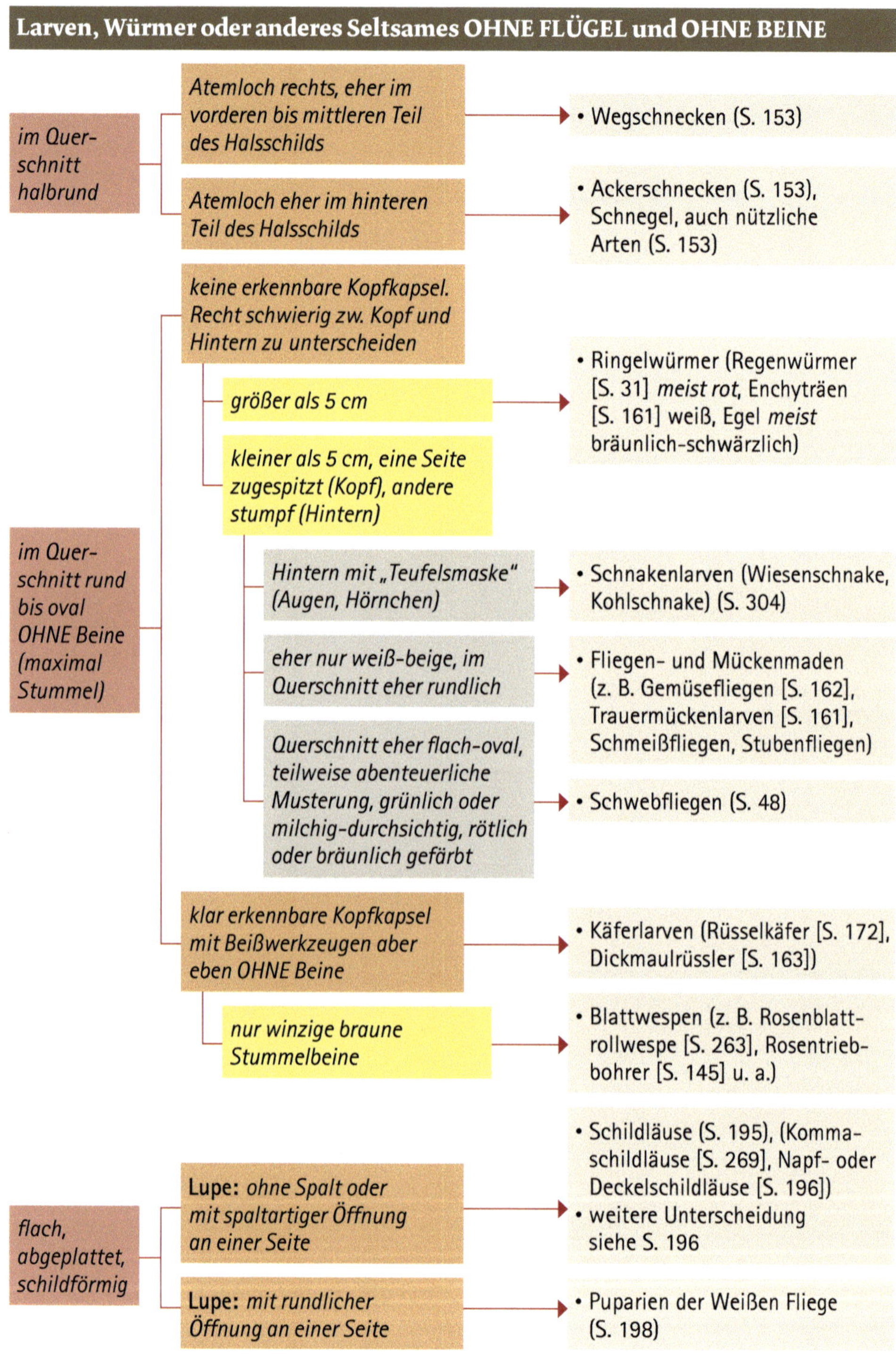
Larven, Würmer oder anderes Seltsames OHNE FLÜGEL und OHNE BEINE
im Querschnitt halbrund
Atemloch rechts, eher im vorderen bis mittleren Teil des Halsschilds
• Wegschnecken (S. 153)
Atemloch eher im hinteren Teil des Halsschilds
• Ackerschnecken (S. 153), Schnegel, auch nützliche Arten (S. 153)
im Querschnitt rund bis oval OHNE Beine (maximal Stummel)
keine erkennbare Kopfkapsel. Recht schwierig zw. Kopf und Hintern zu unterscheiden
größer als 5 cm
• Ringelwürmer (Regenwürmer [S. 31] meist rot, Enchyträen [S. 161] weiß, Egel meist bräunlich-schwärzlich)
kleiner als 5 cm, eine Seite zugespitzt (Kopf), andere stumpf (Hintern)
Hintern mit „Teufelsmaske" (Augen, Hörnchen)
• Schnakenlarven (Wiesenschnake, Kohlschnake) (S. 304)
eher nur weiß-beige, im Querschnitt eher rundlich
• Fliegen- und Mückenmaden (z. B. Gemüsefliegen [S. 162], Trauermückenlarven [S. 161], Schmeißfliegen, Stubenfliegen)
Querschnitt eher flach-oval, teilweise abenteuerliche Musterung, grünlich oder milchig-durchsichtig, rötlich oder bräunlich gefärbt
• Schwebfliegen (S. 48)
klar erkennbare Kopfkapsel mit Beißwerkzeugen aber eben OHNE Beine
• Käferlarven (Rüsselkäfer [S. 172], Dickmaulrüssler [S. 163])
nur winzige braune Stummelbeine
• Blattwespen (z. B. Rosenblattrollwespe [S. 263], Rosentriebbohrer [S. 145] u. a.)
flach, abgeplattet, schildförmig
Lupe: ohne Spalt oder mit spaltartiger Öffnung an einer Seite
• Schildläuse (S. 195), (Kommaschildläuse [S. 269], Napf- oder Deckelschildläuse [S. 196])
• weitere Unterscheidung siehe S. 196
Lupe: mit rundlicher Öffnung an einer Seite
• Puparien der Weißen Fliege (S. 198)

Tiere MIT FLÜGELN (Insekten)

Die meisten Insekten besitzen zwei Paar Flügel, also vier Stück. Im Laufe der Evolution wurde aber gar nicht so selten ein Flügelpaar zu etwas anderem umgebildet. So haben die Käfer und Wanzen schützende Chitinflügel aus den Vorderflügeln entwickelt. Die Fliegen und Mücken haben ihre Hinterflügel zu kleinen Schwingkölbchen, den sogenannten „Halteren" umgebildet, die ihren Flug stabilisieren. Wir gehen also von vier Flügeln aus, sehen aber oft nur zwei richtige Flügel oder Stummelflügel, wie bei den Ohrwürmern. In Ruhestellung sind die Flügel oft eingeklappt oder unter Deckflügeln versteckt. Stupsen und Ärgern hilft manchmal beim Auffliegen lassen, jedoch sind manche Tiere gar nicht mehr flugfähig wie die Dickmaulrüssler. Das macht es etwas schwieriger. Wir verlassen uns jedoch auf Ihre gute Aufmerksamkeit.

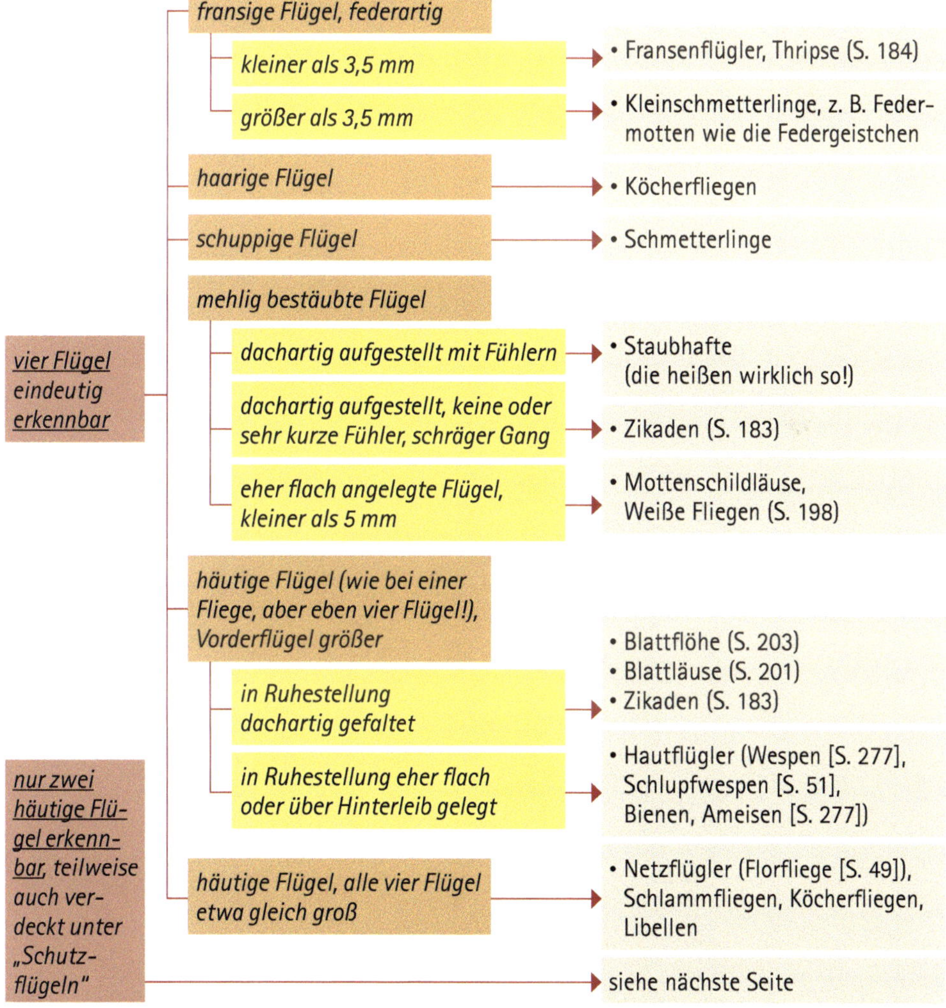

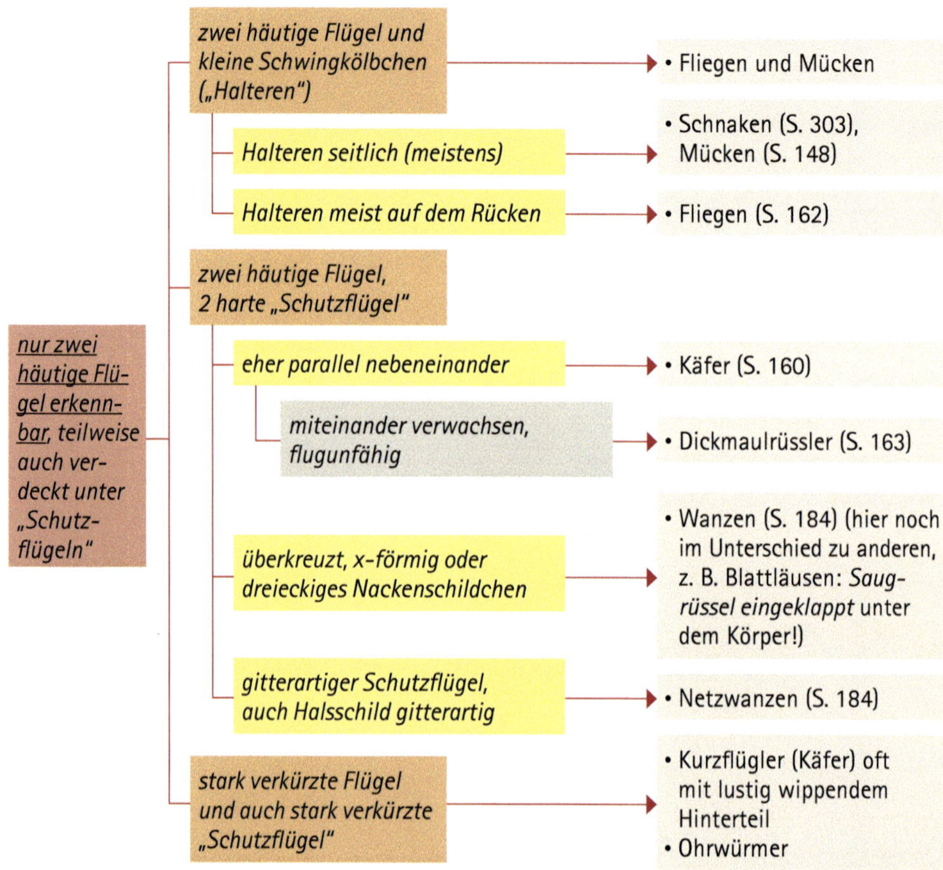
nur zwei häutige Flügel erkennbar, teilweise auch verdeckt unter „Schutzflügeln"
zwei häutige Flügel und kleine Schwingkölbchen („Halteren")
• Fliegen und Mücken
Halteren seitlich (meistens)
• Schnaken (S. 303), Mücken (S. 148)
Halteren meist auf dem Rücken
• Fliegen (S. 162)
zwei häutige Flügel, 2 harte „Schutzflügel"
eher parallel nebeneinander
• Käfer (S. 160)
miteinander verwachsen, flugunfähig
• Dickmaulrüssler (S. 163)
überkreuzt, x-förmig oder dreieckiges Nackenschildchen
• Wanzen (S. 184) (hier noch im Unterschied zu anderen, z. B. Blattläusen: Saugrüssel eingeklappt unter dem Körper!)
gitterartiger Schutzflügel, auch Halsschild gitterartig
• Netzwanzen (S. 184)
stark verkürzte Flügel und auch stark verkürzte „Schutzflügel"
• Kurzflügler (Käfer) oft mit lustig wippendem Hinterteil
• Ohrwürmer

Im Zweifel am besten alles leben lassen und beobachten!
Die etwa 30.000 Insektenarten in Mitteleuropa kann niemand
alle kennen und bestimmen.
Freuen Sie sich an Vielfalt, an Unbekanntem und bleiben Sie neugierig.

Ökologische Pflege übers Jahr

Ökologische Pflege übers Jahr: Gemüse

■ *Pflanzenschutzmittel und Nützlingseinsatz* □ *Vorbeugung, physikalische Maßnahmen und Biotechnik*

<table>
<tr><th>Vorkommen</th><th>Krankheit/ Schädling</th><th>Jan.</th><th>Feb.</th><th>März</th><th>April</th><th>Mai</th><th>Juni</th><th>Juli</th><th>Aug.</th><th>Sept.</th><th>Okt.</th><th>Nov.</th><th>Dez.</th><th>Tipp</th></tr>
<tr><td>allgemein</td><td>Unkräuter</td><td></td><td></td><td colspan="8">regelmäßig jäten und hacken, Beete mulchen, Konkurrenzpflanzen setzen, Flämmen</td><td></td><td></td><td>viele sogenannte „Unkräuter“ könnnen wunderbare Lückenfüller sein und blühen auch schön!</td></tr>
<tr><td>allgemein</td><td>Wühlmäuse</td><td colspan="12">Vergrämungsmittel zur Vertreibung, Wühlmausgitter in Hochbeeten, Abfangen mit Fallen, Holunderjauche, Förderung Nützlinge</td><td>Greifvögel, Katzen, Marder u. a. fördern</td></tr>
<tr><td>allgemein</td><td>Ameisen</td><td></td><td></td><td></td><td colspan="7">Umsiedeln mit umgestülptem Topf, vertreiben mit stark riechenden Kräuterjauchen (Lavendel, Holunder …)</td><td></td><td></td><td>Ameisen sind wichtig für das ökologische Gleichgewicht im Garten! Bei Verwendung von Ameisenmitteln nur Köderboxen mit dem Wirkstoff Spinosad verwenden!</td></tr>
<tr><td rowspan="2">allgemein</td><td rowspan="2">Spanische Wegschnecke</td><td rowspan="2"></td><td colspan="9">Nützlinge fördern: Laufkäfer, Blindschleiche, Igel, Spitzmäuse, Glühwürmchenlarve, Tigerschnegel u. a.; Schutzkragen um Jungpflanzen, Schneckenzäune, Fallen, händisches Absammeln und Vernichten von Schnecken und Eigelegen</td><td rowspan="2"></td><td rowspan="2"></td><td rowspan="2">Vorsicht: Schneckenkorn tötet ALLE Schnecken, auch nützliche Arten und Gehäuseschnecken. Absammeln und Vernichten der Schnecken und Eier sowie die Nützlingsförderung sind die effektivsten Maßnahmen!</td></tr>
<tr><td colspan="8">Eisen(III)-Phosphat (Schneckenkorn)</td><td></td></tr>
<tr><td rowspan="2">allgemein</td><td rowspan="2">Maulwurfs-grille</td><td rowspan="2"></td><td rowspan="2"></td><td rowspan="2"></td><td colspan="3">Bodenfallen und Bretter zum Abfangen auslegen</td><td></td><td rowspan="2"></td><td rowspan="2"></td><td rowspan="2"></td><td rowspan="2"></td><td rowspan="2"></td><td rowspan="2">Maulwurfsgrillen sind grundsätzlich nützlich, da sie Insekten und Larven vertilgen! Bei Nahrungsknappheit werden aber auch Jungpflanzen gefressen. Maßnahmen daher erst bei größeren Schäden ergreifen! Nematoden: weitere Behandlung im Folgejahr!</td></tr>
<tr><td colspan="2">Nematoden gegen erwachsene Tiere</td><td colspan="2">Eigelege (Nester) ausgraben</td></tr>
<tr><td>allgemein</td><td>Käfer</td><td></td><td></td><td></td><td colspan="6">Kulturschutznetze, Nützlingsföderung, Absammeln</td><td></td><td></td><td></td><td>Nicht jeder Käfer im Gemüsebeet ist ein Schädling, denken Sie nur an den Marienkäfer.</td></tr>
<tr><td rowspan="2">Kartoffel</td><td rowspan="2">Kartoffelkäfer (Käfer u. Larve)</td><td rowspan="2"></td><td rowspan="2"></td><td rowspan="2"></td><td rowspan="2"></td><td colspan="4">Eigelege, Larven und Käfer regelmäßig und gründlich absammeln</td><td rowspan="2"></td><td rowspan="2"></td><td rowspan="2"></td><td rowspan="2"></td><td rowspan="2">Ältere Larven und Käfer sind schwierig zu behandeln, daher frühzeitig Bestand kontrollieren!</td></tr>
<tr><td colspan="4">bei jungen Larven: *Bacillus thuringiensis* var. *tenebrionis*, Neem</td></tr>
<tr><td>Radieschen, Kohlpflanzen, Rucola, Pfefferminze u. a.</td><td>Erdfloh (Käfer)</td><td></td><td></td><td></td><td colspan="6">Boden feucht halten und lockern, Mulchschicht, Gesteinsmehl stäuben, ev. Gemüsenetze</td><td></td><td></td><td></td><td>Erdflöhe meiden feuchte und gemulchte bzw. geharkte Böden!</td></tr>
<tr><td>Kartoffel, Salat, Mais, Karotte, Erdbeere, Spargel u. a.</td><td>Drahtwurm (Käferlarve)</td><td></td><td></td><td></td><td></td><td></td><td></td><td colspan="3">Fangköder auslegen: halbierte Kartoffeln mit angeschnittener Seite nach unten 4–5 cm in den Boden drücken und oft kontrollieren, Salat als Fangpflanze setzen</td><td></td><td></td><td></td><td>Drahtwürmer sind gegen Trockenheit empfindlich, treten gerne nach Wiesenumbrüchen auf! Hühner vor Aussaat als Nützlinge durchschicken!</td></tr>
</table>

Tipp: Mischkultur, Fruchtfolge, Nützlinge und gesundes Saatgut sind im Gemüsegarten das Geheimrezept!

Ökologische Pflege übers Jahr: Gemüse (Fortsetzung)

■ *Pflanzenschutzmittel und Nützlingseinsatz* □ *Vorbeugung, physikalische Maßnahmen und Biotechnik*

<table>
<tr><th>Vorkommen</th><th>Krankheit/ Schädling</th><th>Jan.</th><th>Feb.</th><th>März</th><th>April</th><th>Mai</th><th>Juni</th><th>Juli</th><th>Aug.</th><th>Sept.</th><th>Okt.</th><th>Nov.</th><th>Dez.</th><th>Tipp</th></tr>
<tr><td>Laucharten</td><td>Lilienhähnchen (Käfer und Larve)</td><td></td><td></td><td></td><td colspan="6">Absammeln, Larven mit Wasserstrahl abspritzen, Bestäuben mit Algenkalk, Kaffesud ausbringen</td><td></td><td></td><td></td><td>Lilienhähnchen lassen sich blitzschnell fallen, wenn Sie sie absammeln möchten und sind am Boden nicht mehr zu erkennen, da sie ihre dunkle Seite nach oben drehen! Am besten einen Behälter unter die Pflanze halten, erst dann mit der Hand von oben kommen.</td></tr>
<tr><td rowspan="2">Salat, Kohlpflanzen, Erdbeere u. a.</td><td rowspan="2">Erdraupen (Eulenfalterraupen im Boden)</td><td rowspan="2"></td><td rowspan="2"></td><td colspan="6">Ablesen der Raupen (auch nachts), Nützlingsförderung (z. B.: Amseln, Kröte, Laufkäfer, Hühner …)</td><td rowspan="2"></td><td rowspan="2"></td><td rowspan="2"></td><td rowspan="2"></td><td rowspan="2">auf ausgeglichene Bodenfeuchtigkeit achten, 2 cm tief um die Pfanze lockern und hacken</td></tr>
<tr><td colspan="6">Bacillus thuringiensis bei jungen Raupen, Nematoden (Juni–Aug.)</td></tr>
<tr><td rowspan="2">allgemein</td><td rowspan="2">Schmetterlingsraupen</td><td rowspan="2"></td><td rowspan="2"></td><td colspan="6">Absammeln der Raupen, Förderung v. Nützlingen, Kulturschutznetze</td><td rowspan="2"></td><td rowspan="2"></td><td rowspan="2"></td><td rowspan="2"></td><td rowspan="2">Pflanzen-Jauchen können als Abwehrmittel genutzt werden! (Tomaten, Rainfarn, Brennnessel, Knoblauch, Salbei u. a.)</td></tr>
<tr><td colspan="6">Bacillus thuringiensis bei jungen Raupen, Nematoden (Juni–Aug.), Neem</td></tr>
<tr><td>allgemein</td><td>Blattwespenraupen</td><td></td><td></td><td></td><td></td><td></td><td colspan="3">evtl. absammeln, Bekämpfung nicht nötig, da meist kurz vor dem Verpuppen bei Entdeckung</td><td></td><td></td><td></td><td></td><td>Blattwespenraupen nicht mit Schmetterlingsraupen verwechseln!</td></tr>
<tr><td rowspan="2">allgemein</td><td rowspan="2">Blattläuse</td><td rowspan="2"></td><td rowspan="2"></td><td rowspan="2"></td><td colspan="6">Nützlige fördern, Mischkultur, Wasserstrahl, Brennnesseljauche</td><td rowspan="2"></td><td rowspan="2"></td><td rowspan="2"></td><td rowspan="2">Pflanzen nicht mit Stickstoff überdüngen!</td></tr>
<tr><td colspan="6">Kaliseife (Schmierseife), Neem</td></tr>
<tr><td rowspan="2">Salat, Bohnen, Karotte, Artischocke, Dill, Kümmel, Petersilie u. a.</td><td rowspan="2">Wurzelläuse</td><td rowspan="2"></td><td rowspan="2"></td><td rowspan="2"></td><td colspan="5">Boden lockern und gut wässern, Mischkultur, Brennnesseljauche, frühe Sorten, Kulturschutznetz</td><td rowspan="2"></td><td rowspan="2"></td><td rowspan="2"></td><td rowspan="2"></td><td rowspan="2">kommen oft mit Gelber Wiesenameise vor!</td></tr>
<tr><td colspan="5">Kaliseife (Schmierseife) an den Wurzelhals, Neem</td></tr>
<tr><td rowspan="2">allgemein</td><td rowspan="2">Spinnmilben, Weichhautmilben</td><td rowspan="2"></td><td rowspan="2"></td><td rowspan="2"></td><td rowspan="2"></td><td colspan="4">Nützlige fördern (Raubmilben, Raubwanzen), Luftfeuchtigkeit/Bodenfeuchte erhöhen (mulchen)</td><td rowspan="2"></td><td rowspan="2"></td><td rowspan="2"></td><td rowspan="2"></td><td rowspan="2">Weichhautmilben nur im April freilebend. Rapsöl oder Schwefel dezimiert sie am besten.</td></tr>
<tr><td colspan="4">Kaliseife (Schmierseife)</td></tr>
<tr><td rowspan="2">Erbsen, Zwiebel, Lauch u. a.</td><td rowspan="2">Thripse</td><td rowspan="2"></td><td rowspan="2"></td><td rowspan="2"></td><td colspan="6">Nützlinge fördern, frühe Aussaat, Kulturschutznetze, Mischkulturen und Untersaaten, mit kaltem Wasser abspritzen (blattunterseits), im Innenraum: blaue Leimtafeln und Raubmilben</td><td rowspan="2"></td><td rowspan="2"></td><td rowspan="2"></td><td rowspan="2">Thripsbefall ist in der Regel im Hausgarten nur selten ein Problem, da trotzdem geerntet werden kann, auch wenn die Früchte einen Schönheitsfehler haben.</td></tr>
<tr><td></td><td></td><td colspan="3">Neem</td><td></td></tr>
<tr><td rowspan="4">Kohlpflanzen</td><td rowspan="2">Kohleule</td><td rowspan="2"></td><td rowspan="2"></td><td rowspan="2"></td><td rowspan="2"></td><td colspan="4">Absammeln der Raupen und Eigelege, Kulturschutznetze</td><td rowspan="2"></td><td rowspan="2"></td><td rowspan="2"></td><td rowspan="2"></td><td rowspan="2">Mischkultur beachten! Kohlarten nicht nebeneinander anbauen.</td></tr>
<tr><td colspan="4">Bacillus thurinigiensis-Präparat gegen junge Schadraupen</td></tr>
<tr><td rowspan="2">Kohlweißling (kleiner und großer)</td><td rowspan="2"></td><td rowspan="2"></td><td rowspan="2"></td><td rowspan="2"></td><td colspan="5">Kulturschutznetze, Nützlinge fördern, Eigelege zerdrücken, Raupen absammeln</td><td rowspan="2"></td><td rowspan="2"></td><td rowspan="2"></td><td rowspan="2">Mischkultur beachten! Kohlarten nicht nebeneinander anbauen. Großer Kohlweißling ist weniger schädlich und seltener geworden.</td></tr>
<tr><td colspan="5">Bacillus thurinigiensis-Präparat gegen junge Schadraupen</td></tr>
</table>

Vorkommen	Krankheit/ Schädling	Jan.	Feb.	März	April	Mai	Juni	Juli	Aug.	Sept.	Okt.	Nov.	Dez.	Tipp
Karotten, Kohl, Zwiebel, Radieschen u. a.	Gemüsefliegen			Fruchtfolge, Mischkultur, Kulturschutznetze, Nützlinge fördern (Laufkäfer u. a.)										Larve der Fliege schädigt Gemüse
allgemein	Minierfliegen				Nützlinge fördern, stark befallenes Laub entfernen									Kein Pflanzenschutz, auch nicht Bio! Heimische Nützlinge sind am effektivsten.
Kohl, Tomate, Gurke u. a.	Weiße Fliege und Kohlmotten-schildlaus			Kulturschutznetze, Nützlinge fördern, Mischkultur, Entfernen stark befallener Blätter und Eigelege Einsatz von Erzwespe im Gewächshaus, Kaliseife (Schmierseife), Neem										Spritzungen frühmorgens, bevor Weiße Fliege aktiv wird (blattober- und -unterseits)! Kaliseife mehrmals im Abstand weniger Tage spritzen
allgemein	Echter Mehltau					tolerante Sorten verwenden, Gemüse hochbinden bzw. stäben, befallene Pflanzenteile entfernen, Pflanzenstärkungsmittel								Echter Mehltau ist immer artspezifisch und greift nicht auf andere Pflanzen über! Stärkung anfälliger Pflanzen mit Ackerschachtelhalm, Fettsäure/Pflanzenextrakt-Präparaten oder Lezithin, Molke etc.
allgemein	Falscher Mehltau					für gute Durchlüftung und Abtrocknung sorgen, geeignete Sorten pflanzen, Pflanzenstärkungsmittel bei starkem Befall Kupfermittel vorbeugend einsetzen								kommt in feuchten Jahren vor, in trockenen Jahren fast ohne Bedeutung. Stärkung mit Ackerschachtelhalm oder schwefelsauren Tonerdepräparaten. Im Hausgarten gut abwägen, ob Kupfermittel nötig sind!
allgemein	Blattflecken-pilze					Pflanzenstärkungsmittel, Entfernen der befallenen Pflanzenteile								bei jährlichem starken Befall Kupferspritzungen oder Chitosan
Zwiebel, Kopfsalat, Gurken u. a.	Grauschimmel					gute Durchlüftung und Lichtdurchlässigkeit wichtig, befallene Pflanzenteile entsorgen, Sortenwahl beachten								Schwächeparasit – also Pflanzen hätscheln und tätscheln!
Lauch, Bohne u. a.	Rost					auf luftigen Standort achten, Bodenleben fördern! Bei Anfälligkeit: Pflanzenstärkungsmittel verwenden								Rost tritt nicht jedes Jahr gleich stark auf
Kohlarten, Gurken, Salat, Tomaten, Basilikum u. a.	Keimlings-krankheit		gesundes Saatgut verwenden, frische Anzuchterde mit Sand, nicht zu dicht säen, frühzeitig pikieren Mikroorganismen gießen (*Trichoderma, Bacillus subtilis*)											Komposttee bringt Gegenspieler in den Boden
Tomate, Paprika, Zuccini	Blüten-endfäule						Calciummangel! Ausreichend wässern bzw. im Gewächshaus lüften							Sortenwahl! Manche sind einfach anfällig …
Tomate	Kraut- und Knollen-/ Braunfäule					vor Feuchtigkeit schützen, Überdachung, tolerantere Sorten bevorzugen, Bewässerung nur über Boden, Mulchschicht, offener Stand, befallene Blätter entfernen								Nähe zu Kartoffeln meiden

Tipp: Mischkultur, Fruchtfolge, Nützlinge und gesundes Saatgut sind im Gemüsegarten das Geheimrezept!

Ökologische Pflege übers Jahr: Zierpflanzen

■ *Pflanzenschutzmittel und Nützlingseinsatz* □ *Vorbeugung, physikalische Maßnahmen und Biotechnik*

Krankheit/ Schädling	Jan.	Feb.	März	April	Mai	Juni	Juli	Aug.	Sept.	Okt.	Nov.	Dez.	Tipp
Rindenrisse bei Bäumen	Kalk-anstrich										Kalkanstrich/Weiß-anstrich		wichtig bei Jungbäumen
Gespinstmotten	Entfernen v. schuppen-artigen Gelegen an Trieben			Gespinste mechanisch entfernen (Handschuh)									wenn Befall im Vorjahr
Unkräuter			regelmäßig jäten und hacken, Beete mulchen, Konkurrenzpflanzen setzen, Flämmen										viele sogenannte „Unkräuter" können wunderbare Lückenfüller sein und blühen auch schön!
Rasen		Kompost ausbringen		Düngung			Düngung			Düngung			Maßnahmen sind für englischen Rasen. Bei Krankheiten Komposttee gießen
Pilzerkrankungen an Rose			Pflanzenstärkungsmittel ab Knospenschwellen (Kombinationsspritzungen), krankes Laub entfernen, Rückschnitt nach Blüte ins gesunde Laub										Kupfer nur in Ausnahmefällen, auf Sortenwahl achten!
Rosentriebbohrer					Kontrolle und Nachbohren mit Draht, Rückschnitt								Befall variiert von Jahr zu Jahr.
Rosenblattrollwespe						eingerollte Blätter abzupfen und entsorgen							Ameisen sind gute Nützlinge und fressen Larve und Eier.
Dickmaulrüssler				Nematoden gießen					Nematoden gießen				für kleine Gärten, Balkone und Terrassen: Kombination mit Nematop-Käferstopp Brettern
Gartenlaubkäfer					Fallen aufstellen		Nematoden gießen						Wenn viele Käfer in der Falle (ab etwa 20–30 Stk.), unbedingt Rasen ab Juli auf Larven kontrollieren
Maulwurfsgrille				Nematoden gießen									sind auch Nützlinge und hübsch
Wiesenschnaken									Nematoden gießen				nicht jedes Jahr schädlich, eigentlich eher selten im Hausgarten
Frostspannerraupen, Blattläuse, Ameisen, Blutläuse				Leimringe abnehmen					Leimringe anbringen				vor Dickenwachstum abnehmen, im unteren Bereich des Stamms anbringen, wegen Vögeln und Nützlingen
Frostspanner Fraßschäden			*Bacillus thuringiensis*-Präparat spritzen										nicht verwenden, wenn genügend Nützlinge vorhanden! (Meisen brauchen Frostspanner für Brut, Wespen …)
Blattfleckenpilze				Pflanzenstärkungsmittel, Entfernen der befallenen Pflanzenteile									meist Schwächeparasiten. Also Pflanzen stärken und gut behandeln!
				Kupfer									
Schmetterlingsraupen	Nützlingsförderung, Nistkästen aufhängen			*Bacillus thuringiensis* bei Befall mit blattfressenden Raupen									Bei kühleren Temperaturen unter 10 °C auch Pyrethrum spritzen. Nützlingsschädigend!!!

Krankheit/ Schädling	Jan.	Feb.	März	April	Mai	Juni	Juli	Aug.	Sept.	Okt.	Nov.	Dez.	Tipp
Blattwespen						evtl. absammeln, Bekämpfung nicht nötig, da meist kurz vor dem Verpuppen bei Entdeckung							Blattwespen sind selten an Zierpflanzen eine Bedrohung. An Arten wie Iris oder Akelei treten sie meist nur alle paar Jahre auf. Neem spritzen hilft meist schnell und gut.
Echter Mehltau					Pflanzenstärkungsmittel sofort bei Auftreten, Befall wegschneiden und kompostieren								Richtige Sortenwahl wichtig! Standort beachten. Anfangsbefall gut eindämmbar mit Backpulver. Stärkerer Befall eher mit Schwefel.
					Schwefel, Backpulver, Lezithin spritzen								
Falscher Mehltau					Blattnässe vermeiden, Standortwechsel								trockene Standorte bevorzugen
					Kupfer, Chitosan								
Rhododendron-zikade/Knospen-sterben			Befallene Knospen ausbrechen und entfernen				Gelbtafeln zum Abfangen						Da diese Tiere auch auf anderen Pflanzen vagabundieren, ist eine richtige Bekämpfung nie möglich.
Thuja-Minier-motte	Schnitt und Schnittgut entfernen							Schnitt und Schnittgut entfernen					Kontrolle auf kleine Einbohrlöcher blatt-schuppenunterseits
Blutläuse			mechanisches Abbürsten der ersten Kolonien		Besprühen bzw. Bepinseln der Kolonien mit Rapsöl								Leimringe ab März bei Jungbäumen. In älteren Bäumen überwintern die Blutläuse auch am Baum. Dann sind Leimringe sinnlos.
Blattläuse			Nützlinge fördern und einsetzen, scharfer Wasserstrahl			Kaliseife, Neem							Leimringe gegen Ameisen!
Blattnematoden				Befallene Pflanzen mit Wurzel entfernen, Tagetes und Ringelblumen setzen									Direkte Bekämpfung mit Warmwasser (siehe Kapitel Viren, S. 216) möglich, Neem hat Neben-wirkungen gegen Nematoden
Schildläuse	Meist Schwächeparasiten! Ausgewogene Düngung, Staunässe vermeiden. Nützlingsförderung und Nützlingseinsätze												ständige Nachkontrollen notwendig
	Rapsöl, Paraffinöl												
Woll- und Schmierläuse	Meist Schwächeparasiten! Ausgewogene Düngung, Staunässe vermeiden. Nützlingsförderung und Nützlingseinsätze												ständige Nachkontrollen notwendig
	Rapsöl, Paraffinöl												
Schnecken			Nützlingsförderung		Absammeln	morgens gießen, Absammeln, Bierfallen			Bretter auslegen und Absammeln	grobscholligen Boden einebnen, Eiverstecke suchen, entdecken, vernichten			Kein Schneckenkorn bei Weinbergschnecken, Tigerschnegeln und anderen Schnegeln!
			Eisen(III)-Phosphat										
Kastanien-miniermotte			Pheromonfallen	Neem		Neem				Laub entfernen			Beste und zielführendste Methode ist Laub rechen und entsorgen (nicht auf den Kompost)
Wühlmäuse	Vergrämungsmittel zur Vertreibung, Wühlmausgitter für Neupflanzungen, Abfangen mit Fallen												Greifvögel, Katzen, Marder u. a. fördern

Ökologische Pflege übers Jahr: Obst & Wein

■ *Pflanzenschutzmittel und Nützlingseinsatz* □ *Vorbeugung, physikalische Maßnahmen und Biotechnik*

	Krankheit/ Schädling	Jan.	Feb.	März	April	Mai	Juni	Juli	Aug.	Sept.	Okt.	Nov.	Dez.	Tipp
Pfirsich	Pfirsichkräusel-krankheit	ab 10 °C an mind. 3 Tagen: Stärkungsmittel (Neudo-Vital®, Ackerschachtelhalm u. a.)				Bei Befall Rückschnitt ins Gesunde								Sortenwahl beachten!
allgem.	Rindenrisse bei Bäumen	Kalk-anstrich										Kalkanstrich/Weiß-anstrich		wichtig bei Jungbäumen
Obst und Wein	Kräusel- und Pockenmilbe	Raubmilben auf Filzstreifen		Schwefel- oder Rapsölspritzung, wenn kein Raubmilbeneinsatz										Austriebsspritzung bei Verwendung von Raubmilben teilweise nicht mehr nötig
allgem.	Winterstadien von Schädlingen			Austriebsspritzung (Rapsöl oder Paraffinöl)										wichtige und gute Maßnahme gegen überwinternde Schädlinge! Kaum Nützlingsschädigung
allgem.	Frostspanner-raupen, Blattläuse, Ameisen, Blutläuse					Leimringe abnehmen				Leimringe anbringen				vor Dickenwachstum abnehmen, im unteren Bereich des Stamms anbringen (Vögel- und Nützlings-schutz)
allgem.	Frostspanner Fraßschäden			*Bacillus thuringiensis*-Präparat spritzen										nicht verwenden, wenn genügend Nützlinge vorhanden! (Meisen brauchen Frostspanner für Brut, Wespen …)
allgem.	Blutläuse			Leimringe anbringen, mechanisches Abbürsten der ersten Kolonien		Besprühen bzw. Bepinseln der Kolonien mit Rapsöl								Leimringe!
Kirsche	Schrotschuss-krankheit			Pflanzenstärkungsmittel, Rückschnitt										abgefallenes Laub entfernen
Apfel	Apfelmehltau				Pflanzenstärkungsmittel, befallene Triebe entfernen									Sortenwahl wichtig! Durch richtige Schnittmaßnahmen schnelleres Abtrocknen ermöglichen!
Apfel, Birne	Apfelschorf, Birnenschorf				Pflanzenstärkungsmittel, Boden mit Kompost aktivieren Netzschwefel oder Kupferseife (Vorsicht, toxisch für Bodenleben!)						Falllaub entfernen oder häckseln			Sortenwahl wichtig! Bodenleben fördern, um gute Umsetzung zu gewährleisten. Regenwürmer lieben schorfige Blätter.
Birne	Birnengitterrost				Pflanzen-stärkungs-mittel									befallene Wacholderarten entfernen (Hauptwirt)

<table>
<tr><th></th><th>Krankheit/ Schädling</th><th>Jan.</th><th>Feb.</th><th>März</th><th>April</th><th>Mai</th><th>Juni</th><th>Juli</th><th>Aug.</th><th>Sept.</th><th>Okt.</th><th>Nov.</th><th>Dez.</th><th>Tipp</th></tr>
<tr><td rowspan="2">Wein</td><td rowspan="2">Echter und Falscher Mehltau an Wein</td><td rowspan="2"></td><td rowspan="2"></td><td rowspan="2"></td><td rowspan="2"></td><td colspan="4">Pflanzenstärkungsmittel</td><td rowspan="2"></td><td colspan="3" rowspan="2">Falllaub und Lederbeeren entfernen</td><td rowspan="2">resistente Sorten!</td></tr>
<tr><td colspan="4">Kupfer</td></tr>
<tr><td>allgem.</td><td>Blattläuse</td><td></td><td></td><td colspan="3">Nützlinge fördern und einsetzen, scharfer Wasserstrahl</td><td colspan="4">Kaliseife, Neempräparate</td><td></td><td></td><td></td><td>Leimringe!</td></tr>
<tr><td rowspan="3">Kirsche, Marille</td><td rowspan="2">Monilia-Spitzendürre</td><td colspan="2" rowspan="3">Winterschnitt: Fruchtmumien und befallene Triebe entfernen</td><td colspan="3">Neudo-Vital® 3x (Vor-, Haupt- und Nachblüte)</td><td rowspan="2"></td><td rowspan="2"></td><td rowspan="2"></td><td rowspan="2"></td><td rowspan="2"></td><td rowspan="2"></td><td rowspan="2"></td><td rowspan="2">Befallene Zweige 10 cm weiter ins gesunde Holz zurückschneiden</td></tr>
<tr><td colspan="3">Pflanzenstärkende Mittel</td></tr>
<tr><td>Moniliafruchtfäule</td><td></td><td></td><td></td><td colspan="4">Pflanzenstärkungsmittel</td><td></td><td></td><td></td><td>Kompostieren befallener Früchte kein Problem!</td></tr>
<tr><td rowspan="2">Apfel</td><td rowspan="2">Apfelwickler</td><td rowspan="2"></td><td rowspan="2"></td><td rowspan="2"></td><td rowspan="2"></td><td rowspan="2"></td><td colspan="5">Fanggürtel aus Wellpappe am Stamm, Schlupwespen einsetzen, Pheromonfallen, befallene Früchte aufsammeln</td><td rowspan="2"></td><td rowspan="2"></td><td rowspan="2">Hühner oder Enten unter den Bäumen fressen lassen</td></tr>
<tr><td colspan="4">Granulosevirus</td><td></td></tr>
<tr><td>Pflaume</td><td>Pflaumenwickler</td><td></td><td></td><td></td><td></td><td></td><td colspan="5">Pheromonfallen, befallene Früchte aufsammeln</td><td></td><td></td><td>Hühner oder Enten unter den Bäumen fressen lassen</td></tr>
<tr><td>Birne</td><td>Birnblattsauger</td><td></td><td></td><td colspan="2">Austriebsspritzung mit Raps- oder Paraffinöl</td><td colspan="2">geschädigte Triebe entfernen</td><td></td><td></td><td></td><td></td><td></td><td></td><td>Bei kleineren Bäumen mechanische Entfernung der orangenen Eier per Hand</td></tr>
<tr><td>Pflaume, Apfel, Birne</td><td>Sägewespen</td><td></td><td></td><td></td><td colspan="3">Bäume schütteln und abfallende Früchte entfernen, weiße Leimtafeln zur Blüte</td><td></td><td></td><td></td><td></td><td></td><td></td><td>Sägewespen sind zur Fruchtausdünnung geeignet, d. h. der Fruchtbehang wird reduziert, was die Bäume stärkt.</td></tr>
<tr><td>Kirsche</td><td>Kirschfruchtfliege</td><td></td><td></td><td></td><td></td><td>Bodenabdeckung mit 0,8 mm Netz</td><td>Fallen mit Diammonphosphat, Gelbtafeln</td><td></td><td></td><td></td><td></td><td></td><td></td><td>frühreife Kirschsorten verwenden, Hühner picken Schädlinge aus Bodenschicht! Bei Verwendung von Gelbtafeln sollte eine pro Meter Kronenhöhe verwendet werden. Fallen und Gelbtafeln beim Gelbwerden der Kirschen aufhängen</td></tr>
<tr><td>allgem.</td><td>Kirschessigfliege</td><td></td><td></td><td colspan="9">Abfangen mit Fallen, feinmaschige Netze 0,8 mm, vollständig ernten!</td><td></td><td>Früchte so bald wie möglich ernten.</td></tr>
<tr><td>allgem.</td><td>Wühlmäuse</td><td colspan="12">Vergrämungsmittel zur Vertreibung, Wühlmausgitter für Neupflanzungen, Abfangen mit Fallen</td><td>Greifvögel, Katzen, Marder u. a. fördern</td></tr>
<tr><td>Wein</td><td>Grauschimmel</td><td></td><td></td><td></td><td></td><td></td><td colspan="5">Stärkungsmittel wie Neudo-Vital®, Myco-Sin® oder Schachtelhalm alle 7–10 Tage</td><td></td><td></td><td>Schwächeparasit!</td></tr>
</table>

Ökologische Pflege übers Jahr: Beerensträucher

■ Pflanzenschutzmittel und Nützlingseinsatz ■ Vorbeugung, physikalische Maßnahmen und Biotechnik

	Krankheit/ Schädling	Jan.	Feb.	März	April	Mai	Juni	Juli	Aug.	Sept.	Okt.	Nov.	Dez.	Tipp
allgemein	Dickmaulrüssler				Nematoden gießen		Nematodenbretter für das adulte Tier			Nematoden gießen				Nematodeneinsatz ab 12° C Bodentemperatur
allgemein	Blattläuse			Nützlinge fördern und einsetzen, scharfer Wasserstrahl			Kaliseife, Neempräparate							Leimringe!
allgemein	Kirschessigfliege			Abfangen mit Fallen, feinmaschige Netze 0,8 mm, vollständig ernten!										Früchte so bald wie möglich ernten.
allgemein	Wühlmäuse	Vergrämungsmittel zur Vertreibung, Wühlmausgitter für Neupflanzungen, Abfangen mit Fallen												Greifvögel, Katzen, Marder u. a. fördern
Erdbeere, Brombeere, Himbeere	Grauschimmel, Fruchtfäule – *Botrytis cinerea*			Anbau robuster Sorten, rechtzeitiges Auslichten dichter Bestände, ausgewogene Düngung										mausgrauer stäubender Pilzüberzug, bevorzugt bei feuchter Witterung
Himbeere, Erdbeere	Himbeer-, Erdbeerblütenstecher				Befallene Knospen entfernen									Knospen besser wegwerfen, nicht kompostieren
Brombeere	Brombeerrost			Neudo-Vital®, wenn es wärmer wird							Falllaubverrottung fördern oder befallene Blätter entfernen			Infektion im März/April bei feuchtwarmer Witterung
Brombeere	Brombeergallmilbe			Voraustriebspritzung mit Rapsöl oder Schwefel										Milbe überwintert auf der Pflanze. Rückschnitt kann auch helfen.
Himbeere	Himbeerrutenkrankheit				Befallene Triebe komplett entfernen, augewogene Düngung, keinesfalls zu viel! Feuchtigkeit im Bestand reduzieren (Auslichten, weiterer Pflanzabstand)									Triebe können kompostiert werden
Himbeere	Zwergenwuchs an der Himbeere (Virus)					Befallene Pflanzen entfernen								Entfernte Pflanzen können kompostiert werden
Himbeere	Himbeerkäfer					Rainfarntee Ende Blüte/ Beginn der Fruchtbildung, Herbsthimbeeren bevorzugen								Frisst auch an Apfel, Birne, Brombeere
Himbeere	Himbeergallmücke	Bei Gallenbildung an den Trieben diese entfernen							Bei Gallenbildung an den Trieben diese entfernen					Gallen sind mit kleinen orangenen Larven bestückt
Himbeere	Himbeerrutengallmücke				Lockstoff-Klebefallen aufhängen, befallene Triebe entfernen									Schädigt nur wenig, überträgt aber die Rutenkrankheit. Fliegt auch nicht sehr hoch, deshalb in Bodennähe kontrollieren (Risse und Wunden mit rötlichen kleinen Larven)

	Krankheit/ Schädling	Jan.	Feb.	März	April	Mai	Juni	Juli	Aug.	Sept.	Okt.	Nov.	Dez.	Tipp
Erdbeere	Erdbeermilbe				Schwefelspritzung	Befallene Pflanzen entfernen, Fruchtwechsel/ Standortwechsel								Nur im April freilebend, dann in der Pflanze drin!
	Erdbeermehltau					Schwefel-, Backpulver- oder Lezithinspritzungen								Sortenwahl ist wichtig, windgeschützte Beete vermeiden
	Weißflecken-, Rotflecken-krankheit				Kupfer bei Befallsbeginn			Abmähen stark befallener Pflanzen						Strohmulchung hilft vorbeugend, nicht zu dicht pflanzen!
	Rhizom- und Lederbeeren-fäule			Gegenspieler-Förderung durch Komposttee, befallene Pflanzen entfernen										Sortenwahl wichtig. Befallene Beete nicht erneut mit Erdbeeren bepflanzen. Kompost aufbringen!
Johannis-beere, Ribisel	Johannisbeer-blasenlaus				2x bei Befall Kaliseife unter das Blatt spritzen Nützlinge fördern									Meist nur wenige Läuse blattunterseits. Die reichen aber aus, um das Blatt zu verbeulen.
	Johannisbeer-säulenrost					Schachtelhalm spritzen					Falllaubverrottung fördern oder befallene Blätter entfernen			Weymouthkiefern in der Nähe fördern den Befall.
	Blattfall-krankheit	Falllaubverrottung fördern oder befallene Blätter entfernen									Falllaubverrottung fördern oder befallene Blätter entfernen			
	Johanisbeer-gallmilbe				Voraus-triebsprit-zung mit Rapsöl oder Schwefel						Geschwollene Knospen entfernen			Stark befallene Sträucher zurückschneiden
	Brennnessel-blättrigkeit					kranke Pflanzen roden!								Gallmilben (Überträger des Virus) bekämpfen!
	Johannisbeer-glasflügler										verdächtige Triebe wegschneiden			welkende Zweige im Sommer und austretende Kotkrümel verraten die Raupe
Stachel-beere, Johannis-beeren	Stachelbeer-blattwespe	Meisen-Nistkästen aufhängen				Neem bei Befall								Kontrolle ab April und im Juni (zweite Generation)
	Amerikanischer Stachelbeer-mehltau		Schnitt der Trieb-spitzen			Schwefel, Lezithin	Back-pulver							tolerante Sorten verwenden!

Empfehlungen zur weiteren Recherche

www.ages.at
Agentur für Ernährungssicherheit, Allgemeine Informationen zum Pflanzenschutz und **psmregister.baes.gv.at** Verzeichnis der in Österreich zugelassenen Pflanzenschutzmittel

www.arbofux.de
ARBOFUX, Diagnose- und Faktendatenbank für Gehölze, HS Weihenstephan-Triesdorf

www.bfw.ac.at
Bundesforschungszentrum für Wald, Schadensdiagnose zu Gehölzpflanzen, Diagnoseservice

www.bioforschung.at
Forschungsinstitut für biologischen Landbau (BIO FORSCHUNG AUSTRIA)

www.bio-gaertner.de
Infos zum biologischen Gärtnern

www.bio-guev.com
Informationen zu Grundstoffen

www.bioterra.ch
Organisation für Bio- und Naturgarten

www.blumenpark.at
Blumenpark Seidemann, Bio-Zierpflanzen, Stärkungsmittelspezialist

www.bvl.bund.de
Bundesamt für Verbraucherschutz und Lebensmittelsicherheit (BVL), Verzeichnis der in Deutschland zugelassenen Pflanzenschutz-, Pflanzenstärkungs- und Biomittel

www.ec.europa.eu/food/plant/pesticides/eu-pesticides-database
Pflanzenschutzmittel-Recherche auf europäischer Ebene, Grundstoffe

www.infoxgen.com
InfoXgen – Arbeitsgemeinschaft für transparente Nahrungsmittel, Infos zu zugelassenen Biomitteln, Düngern und Erden

www.insektenbox.de
Bestimmung von Insekten

www.naturimgarten.at/gartenwissen.html
Broschüren und Infoblätter zum biologischen Gärtnern

www.podcast.fagw.info
Podcast: Pflanzenschutz im Gartenbau von der HS Weihenstephan-Triesdorf (T. Lohrer)

www.psm.admin.ch/psm/produkte/
Bundesamt für Landwirtschaft (BLW), Verzeichnis der in der Schweiz zugelassenen Pflanzenschutzmittel

www.schmetterling-raupe.de
Bestimmung von Schmetterlingen/Raupen

www.schmetterlinge.at
Schmetterlingsseiten von Andreas Pospisil

www.tll.de/visuplant
Ernährungsstörungen an Pflanzen, Datenbank der Thüringer Landesanstalt für Landwirtschaft

www.weichtiere.at
Infos zur Bestimmung von Schnecken, Muscheln und anderen Weichtieren

www.wsl.ch
Eidgenössische Forschungsanstalt für Wald, Schnee und Landschaft WSL, Bestimmung von Baumkrankheiten

Biologischer Pflanzenschutz, Dünger und mehr

Österreich

www.biohelp.at
biohelp Biologischer Pflanzenschutz und biohelp Garten und Bienen

www.biologisch-gaertnern.at
Gütesiegel für Produkte

www.florissa.at
ökologische Pflanzenpflege

www.gartenleben.at
Komposttee, ökolog. Rasenpflege, Gartentel.

www.ke-shop.at
Kräuterextrakte zur Pflanzenstärkung

www.liebedeinengarten.at/produkte
Gartenportal und NATUREN® Produkte
www.multikraft.com
effektive Mikroorganismen
www.naturimgarten.at
Initiative des Landes Niederösterreich zur Ökologisierung der Gärten und Grünräume, Gütesiegel für Produkte
www.naturrein-bio.at
Naturrein Biogarten, Dünger und Erden aus naturreinen Rohstoffen
www.neudorff.at
ökologische Dünger, Pflanzenpflege u. mehr
www.pflanzenstark.com
Homöopathie Kühberger
www.rewisa.at
regionale Wildpflanzen und Samen

Deutschland

www.biplantol.de
Homöopathie für Pflanzen
www.e-nema.de
Nützlinge zur biolog. Schädlingsbekämpf.
www.naturgarten.org
NaturGarten e.V. für naturnahe Garten- und Landschaftsgestaltung
www.neudorff.de
ökologische Dünger, Pflanzenpflege u. mehr
www.nuetzlinge.de
Nützlinge
www.nutzpflanzenvielfalt.de
Verein zur Erhaltung der Nutzpflanzenvielfalt, alte Sorten, Infos zu Pflanzen, Pflege und Aufzucht
www.oscorna.de
organische Düngemittel
www.re-natur.de
Nützlinge, ökologische Pflanzenpflege
www.schwegler-natur.de
Vogelschutzgeräte u. Naturschutzprodukte
www.trifolio-m.de
Ökologische Pflanzenschutzmittel

Schweiz

www.biocontrol.ch und **www.biogarten.ch**
ökologische Pflanzenpflegeprodukte
www.em-schweiz.ch
effektive Mikroorganismen

Verwendete und weiterführende Literatur

Bedlan, Gerhard: Gemüsekrankheiten, Zentralverband der Kleingärtner und Siedler Österreichs (Wien 2012).

Bellmann, Heiko: Bienen, Wespen, Ameisen. Hautflügler Mitteleuropas, 3. Aufl., Kosmos Verlag (Stuttgart 2010).

Bellmann, Heiko: Der Kosmos Schmetterlingsführer. Schmetterlinge, Raupen und Futterpflanzen, 3. Aufl., Kosmos Verlag (Stuttgart 2016).

Börner, Horst: Pflanzenkrankheiten und Pflanzenschutz, 8. Aufl., Springer Verlag (Berlin, Heidelberg 2009).

Butin, Heinz; Nienhaus, Franz; Böhmer, Bernd: Farbatlas Gehölzkrankheiten. Ziersträucher und Parkbäume, 3. Aufl., Ulmer Verlag (Stuttgart [Hohenheim] 2003).

Chinery, Michael: Pareys Buch der Insekten. Über 2000 Insekten Europas, Kosmos Verlag (Stuttgart 2012).

Fischer, Manfred A. (Red.): Exkursionsflora für Österreich, Liechtenstein und Südtirol, 3. Aufl., Biologiezentrum der Oberösterreichischen Landesmuseen (Linz 2008).

Fischer-Colbrie, Peter; Hluchy, Milan; Hofmann, Uwe; Pleininger, Sabine; Stolz, Michaela: Atlas der Krankheiten, Schädlinge und Nützlinge im Obst- und Weinbau. Mit umweltschonenden Strategien für gesunde Kulturen, Stocker-Verlag (Graz, Stuttgart 2015).

Fortmann, Manfred: Das große Kosmosbuch der Nützlinge, 2. Aufl., Franck-Kosmos Verlag, (Stuttgart 2002).

GARTENleben (Elisabeth Koppensteiner, Hrsg.): Ökologischer Pflanzenschutz im naturnahen Garten, Schwarzenbek. avBuch im Cadmos Verlag (2016).

Geib, Marion: Myxomyceten. Kleiner Führer für Exkursionen, mgp-publikationen (Kirkel-Altstadt 2016).

Goppel, Christine: Luis' Raumfahrt. Das große Abenteuer einer kleinen Blattlaus, NordSüd Verlag (Zürich 2005).

Harde, Karl Wilhelm; Frantisek, Severa: Der Kosmos-Käferführer. Die Käfer Mitteleuropas, 6. Aufl., Kosmos Verlag (Stuttgart 2009).

Heddergott, Hermann: Gärtners Pflanzenarzt, Landwirtschaftsverlag (Münster Hiltrup 2011).

Heistinger, Andrea; Grand, Alfred: Biodünger selber machen. Regenwurmhumus – Gründüngung – Kompost, Löwenzahn Verlag (Innsbruck 2014).

Kreuter, Marie-Luise: Pflanzenschutz im Biogarten, 5. Aufl., blv (München, Wien, Zürich 2002).

Lauber, Konrad; Wagner, Gerhart; Gygax, Andreas: Flora Helvetica. Flora der Schweiz, 3. Aufl., Haupt Verlag (Bern, Stuttgart, Wien 2007).

Lohrer, Thomas: Aus die Laus, Ulmer Verlag (Stuttgart [Hohenheim] 2012).

Lohrer, Thomas: Ende mit Schnecken. 160 Krankheiten und Schädlinge im Ziergarten erkennen und bekämpfen, Ulmer Verlag (Stuttgart [Hohenheim] 2013).

Lohrer, Thomas: Marienkäfer, Glühwürmchen, Florfliege & Co., Pala Verlag (Darmstadt 2010).

Maier-Bode, Friedrich W.: Taschenbuch des Pflanzenarztes, Landwirtschaftsverlag (Hiltrup Münster 2010).

Martin, Konrad; Allgaier, Christoph: Ökologie der Biozönosen, 2. Aufl., Springer Verlag (Berlin, Heidelberg 2011).

Maurer, Johannes; Kajtna, Bernd; Heistinger, Andrea/Arche Noah: Handbuch Bio-Obst. Sortenvielfalt erhalten, Ertragreich ernten, Natürlich genießen, Löwenzahn Verlag (Innsbruck 2016).

Miedaner, Thomas: Pflanzenkrankheiten, die die Welt beweg(t)en, Springer Verlag (Berlin, Heidelberg 2017).

Müller/Bährmann (Begr.), Bestimmung wirbelloser Tiere. Bildtafeln für zoologische Bestimmungsübungen und Exkursionen, Günther Köhler (Hrsg.), Springer Spektrum Verlag (Berlin, Heidelberg 2015).

Oberdorfer, Erich: Pflanzensoziologische Exkursionsflora für Deutschland und die angrenzenden Gebiete, Ulmer Verlag (Stuttgart [Hohenheim] 2001).

Schmid, Otto; Henggeler, Silvia: Biologischer Pflanzenschutz im Garten, 10. Aufl., Ulmer Verlag (Stuttgart [Hohenheim] 2012).

Schuster, Thomas: Quickfinder Pflanzenschutz. Die besten Mittel gegen Krankheiten und Schädlinge, Gräfe und Unzer Verlag (München 2007).

Seidemann, Erwin: Mit Brühen zum Blühen – abgebrühte Rezepte von Pflanzenauszügen in der Topfpflanzenproduktion, Vortrag bei den 7. Internationalen Fachtagen Ökologische Pflege von Natur im Garten, 23.-24. November 2016 (abrufbar auf www.naturimgarten.at).

Tomiczek, Christian; Cech, T.; Krehan, H.; Perny, B.: Krankheiten und Schädlinge an Bäumen im Stadtbereich, Eigenverlag Ch. Tomiczek (Wien 2000).

Wiesbauer, Heinz: Wilde Bienen. Biologie, Lebensraumdynamik am Beispiel Österreich, Artenporträts, Ulmer Verlag (Stuttgart 2017).

Register

Verzeichnis der lateinischen Artnamen

Wirbeltiere

Bufo bufo → Erdkröte
Capreolus capreolus → Rehe, Rehwild
Epidalea calamita,
Synonym: *Bufo calamita* → Kreuzkröte
Microtus arvalis → Feldmaus
Mus musculus → Hausmaus
Salamandra salamandra → Feuersalamander
Talpa sp. → Maulwurf
Zamenis longissimus → Äskulapnatter
Collembola → (Klasse) Springschwänze

Weichtiere

Arion vulgaris → Spanische Wegschnecke, Kapuzinerschnecke
Boettgerilla sp. → Wurmschnegel
Helix pomatia → Weinbergschnecke
Limax maximus → Tigerschnegel, Großer Schnegel

Spinnentiere

Acari → Milben

Aceria unguiculatus → Triebspitzengallmilbe
Aculus schlechtendali → Apfelrostmilbe
Bryobia sp. → eine Spinnmilbengattung
Bryobia gramineum → Echte Grasmilbe
Eriophyes erineus → Walnussgallmilbe
Eriophyes essigi, Synonym: *Acalitus essigi* → Brombeergallmilbe
Eriophyes leiosoma → Birnenpockenmilbe, Lindenfilzgallmilbe
Eriophyes tiliae Lindengallmilbe
Eurytetranychus buxi → Buchsbaumspinnmilbe
Neotrombicula autumnalis → Herbstmilbe
Panonychus ulmi → Obstbaumspinnmilbe
Schizotetranychus celarius → Bambusmilbe
Steneotarsonemus pallidus fragariae → Erdbeermilbe
Steneotarsonemus pallidus → eine Weichhautmilbenart
Tetranychus telarius → Lindenspinnmilbe
Tetranychus urticae → Gemeine Spinnmilbe
Trombidium holosericeum Rote Samtmilbe
Eriophyidae (Fam.) → Gallmilben

Raubmilben

Amblydromalus limonicus → Raubmilbe ohne dt. Artnamen
Amblyseius andersoni → Raubmilbe ohne dt. Artnamen
Amblyseius cucumeris → Raubmilbe ohne dt. Artnamen
Amblyseius swirskii → Raubmilbe ohne dt. Artnamen
Hypoaspis miles → Raubmilbe ohne dt. Artnamen
Phytoseiulus persimilis → Raubmilbe ohne dt. Artnamen
Typhlodromus pyri → Raubmilbe ohne dt. Artnamen
Phytoseiidae (Fam.) → eine Raubmilbenfamilie

Spinnen

Argiope bruennichi → Wespenspinne

Insekten

Käfer

Amphimallon solstitiale → Gerippter Brachkäfer, Junikäfer
Anoplophora chinensis → Chinesischer Laubholzbockkäfer, CLB, auch Citrusbockkäfer
Anoplophora glabripennis → Asiatischer Laubholzbockkäfer, ALB
Anthonomus spp. → Blütenstecher
Anthonomus rectirostis → Kirschkernstecher
Anthonomus rubi → Erdbeerblütenstecher, Rosenblütenstecher
Byctiscus betulae → Rebenstecher, Zigarrenwickler
Byturus tomentosus → Himbeerkäfer (Byturidae)
Chilocorus nigritus → nützliche Marienkäferart ohne dt. Namen, gegen Deckelschildläuse
Coccinella septempunctata → Siebenpunkt-Marienkäfer
Cryptolaemus montrouzieri → Australischer Marienkäfer
Diabrotica virgifera → Maiswurzelbohrer
Exochomus quadripustulatus → Vierfleckiger Kugelmarienkäfer
Harmonia axyrisis → Asiatischer Marienkäfer, Harlekinkäfer
Leptinotarsa decemlineata → Kartoffelkäfer (Chrysomelinae)
Lilioceris lilii → Lilienhähnchen
Meligethes aeneus → Rapsglanzkäfer
Melolontha spp. → Maikäfer
M. hippocastani → Waldmaikäfer
M. melolontha → Feldmaikäfer
Monochamus sutor → Schusterbock
Oryctes nasicornis → Nashornkäfer
Otiorhynchus sulcatus → Gefurchter Dickmaulrüssler
Palmar festiva → Wacholder-Prachtkäfer
Phyllopertha horticola → Gartenlaubkäfer
Psylliodes → Erdflöhe
Psyllobora vigintiduopunctata → Zweiundzwanzigpunkt-Marienkäfer
Pyrrhalta viburni → Schneeballblattkäfer
Phyllotreta nemorum → Erdfloh (an Kohlpflanzen)
Rhynchites bacchus → Purpurroter Apfelfruchtstecher
Rhyzobius lophantae → nützliche Marienkäferart ohne dt. Namen, gegen Deckelschildläuse

Xyleborus dispar → Ungleicher Holzbohrer
Cetoniinae (Fam.) → Rosenkäfer
Chrysomelinae → Unterfamilie der Blattkäfer
Byturidae (Fam.) → Blütenfresser

Schmetterlinge, Falter, Wickler und Motten

Agrotis ipsilon → Ypsiloneule
Cameraria ohridella → Kastanienminiermotte
Cossus cossus → Weidenbohrer
Cucullia verbasci → Eulenfalter Königskerzen-Mönch
Cydalima perspectalis, Synonyme: *Glyphodes perspectalis*, *Diaphania perspectalis* → Buchsbaumzünsler
Cydia funebrana → Pflaumenwickler
Cydia pomonella → Apfelwickler
Erannis defoliaria → Großer Frostspanner
Hyles euphorbiae Wolfsmilchschwärmer
Lobesia botrana → Bekreuzter Traubenwickler
Manduca sexta → Tabakschwärmer
Operophtera brumata → Kleiner Frostspanner
Orgyia antiqua → Schlehen-Bürstenspinner
Ostrinia nubilalis → Maiszünsler
Papilio machaon → Schwalbenschwanz
Pieris brassicae → Kohlweißling
Plutella xylostella → Kohlmotte
Thaumetopoea processionea → Eichenprozessionsspinner

Echte Wespen, Schlupf- und Erzwespen

Aphidius rhopalosiphi → nützliche Brack-Wespe
Ardis brunniventris → Absteigender Rosentriebbohrer
Blennocampa elongatula → Aufwärtssteigender Rosentriebbohrer
Blennocampa pusilla → Rosenblattrollwespe
Caliroa aethiops, Synonyme: *Endelomyia aethiops*, *Eriocampoides aethiops* → Rosenblattwespe
Caliroa cerasi → Kirschblattwespe
Coccophagus lycimnia → nützliche Schlupfwespe gegen Halbkugelige Napfschildlaus (*Saissetia coffeae*) und Schwarze Ölbaumschildlaus (*S. oleae*)
Cynips quercusfolii → Eichengallwespe
Dolichovespula saxonica → Sächsische Wespe
Dryocosmus kuriphilus → Esskastanien-Gallwespe
Encarsia formosa → nützliche Erzwespe gegen die Weiße Fliege
Encarsia tricolor → nützliche Erzwespe, aktuell im Test gegen saugende Schädlinge
Hoplocampa spp. → Sägewespen
Hoplocampa flava → Gelbe Pflaumensägewespe
Hoplocampa minuta → Schwarze Pflaumensägewespe
Janus compressus → Birnentriebwespe
Leptomastidea abnormis → nützliche Schlupfwespe, gegen Zitruswollläuse (*Planococcus citri*)
Metaphycus helvolus → nützliche Schlupfwespe gegen alle Napfschildläuse
Microterys flavus → nützliche Schlupfwespe gegen die Gemeine Napfschildlaus (*Coccus hesperidum*)
Polistes dominula → Französische Feldwespe
Trichogramma dendrolimi → nützliche Erzwespe
Vespula germanica → Deutsche Wespe
Vespula vulgaris → Gemeine Wespe

Läuse und Schildläuse

Aleyrodes proletella → Kohlmottenschildlaus
Aphis fabae → Schwarze Bohnenlaus
Aphis sambuci → Holunderblattlaus
Aphis spiraephaga → Spireenlaus
Brevicoryne brassicae → Mehlige Kohlblattlaus
Bemisisa tabaci → Baumwoll-Weiße-Fliege
Coccus hesperidum → Gemeine Napfschildlaus
Cryptomyzus ribes → Johannisbeerblasenlaus
Dysaphis spp. → Apfelfaltenlaus
Eriosoma lanigerum → eine Blutlausart
Eupulvinaria hydrangeae → Hortensienwollschildlaus
Hyalopterus pruni → Mehlige Pflaumenblattlaus
Lepidosaphes ulmi → Kommaschildlaus
Macrosiphum rosae → Rosenblattlaus
Myzus cerasi → Schwarze Kirschenblattlaus
Myzus persicae → Grüne Pfirsichblattlaus
Nasonovia ribisnigri → Grüne Salatblattlaus
Pemphigus bursarius → Schwarzpappelblattstielblasenlaus, Salatwurzellaus
Planococcus citri → Zitruswolllaus
Pseudococcus affinis → Kalifornische Wolllaus
Pseudococcus longispinus → Langschwänzige Wolllaus
Psylla buxi → Buchsbaumblattfloh
Pulvinaria regalis → Wollige Napfschildlaus
Saisettia oleae → Schwarze Ölbaumschildlaus
Saissetia coffeae → Halbkugelige Napfschildlaus
Trialeurodes vaporariorum → Gewächshaus-Weiße-Fliege
Unaspis euonymi → Spindelstrauch-Deckelschildlaus
Viteus vitifoliae → Reblaus
Coccoidea (Fam.) → Schildläuse

weitere

Aeolothrips intermedius → Zebrathripse
Bombus sp. → Hummel
Ceratitis capitata → Mittelmeerfruchtfliege
Chamaepsila rosae → Möhrenfliege
Contarinia pyrivora → Birnengallmücken
Delia antiqua → Zwiebelfliegen
Delia brassicae → Kleine Kohlfliegen
Drosophila suzukii → Kirschessigfliege
Dolycoris baccarum → Beerenwanze
Episyrphus balteatus → Hainschwebfliege
Eupteryx atropunctata → Bunte Kartoffelblattzikade
Eurydema oleraceum → Kohlwanzen
Frankliniella occidentalis → Kalifornischer Blütenthrips
Graphocephala coccinea → Rhododendronzikade
Gryllotalpa gryllotalpa → Maulwurfsgrille

Helicomyia saliciperda → Weidenholzgallmücke
Heriades spp. → Löcherbienen
Hylaeus spp. → Maskenbienen
Lasioptera rubi → Himbeergallmücke
Lasius flavus → Gelbe Wiesenameise
Macrolophus pygmaeus → nützliche Raubwanze
Megachile spp. → Blattschneiderbienen
Metcalfa pruinosa → Bläulingszikade
Monarthropalpus buxi → Buchsbaumgallmücke
Osmia spp. (u. a). → Mauerbienen
Osmia-Untergattung *Chelostoma* → Scherenbienen
Oxycarenus lavaterae → Malvenwanzen
Resseliella theobaldi → Himbeerrutengallmücke
Rhagoletis cerasi → Kirschfruchtfliege
Rhagoletis completa → Walnussfruchtfliege
Ribautiana debilis → Brombeer-Blattzikade
Syrphus corollae → Schwebfliegenart ohne dt. Namen
Typhlocyba rosae → Rosenzikade
Xylocopa iris → Kleine Holzbiene

Tracheen- und Krebstiere

Oniscus asellus → Mauerassel
Porcellio scaber → Kellerassel
Glomerida → Saftkugler

Nematoden (Fadenwürmer)

Globodera rostochiensis und *G. pallida* → Kartoffelzystennematoden
Heterorhabditis spp. → nützliche Nematoden gegen Larven von Dickmaulrüsslern und Gartenlaubkäfern
Meloidogyne incognita → „böse" Nematode
Phasmarhabditis hermaphrodita → nützliche Nematoden gegen Ackerschnecken
Steinernema carpocapsae → nützliche Nematoden gegen Dickmaulrüssler, Wiesenschnaken, Maulwurfsgrillen, Buchsbaumzünsler, Erdraupen
Steinernema feltiae → nützliche Nematoden gegen Apfel- und Pflaumenwickler, Trauermückenlarven

Pflanzen (und eine Alge)

Achillea sp. → Schafgarbe
Acer sp. → Ahorn
Aegopodium podagraria → Giersch, Erdholler
Aesculus hippocastanum → Rosskastanie
Agrostis spp. → Straußgrasarten
Ajuga sp. → Günsel
Allium cepa → Zwiebel
Allium sativum → Knoblauch
Alyssum sp. → Steinkraut
Amelanchier spp. → Felsenbirnen
Angelica sp. → Engelwurz
Anthemis sp. → Färberkamille
Anthriscus cerefolium → Echter Kerbel
Armeria sp. → Grasnelke
Artemisia campestris → Feld-Beifuß
Artemisia sp. → Wermut
Aruncus sp. → Geißbart
Ascophyllum nodosum → Knotentang
Asparagus sp. → Spargel
Atriplex sp. → Melde
Aubrieta sp. → Blaukissen
Azadirachta indica → Nimbaum, Neem, Niem
Bellis perennis → Gänseblümchen
Berberis sp. → Berberitze
Beta vulgaris subsp. *vulgaris* → Mangold
Betula sp. → Birke
Brassica oleracea var. *botrytis* → Blumenkohl, Karfiol
Brassica oleracea var. *gemmifera* → Rosenkohl
Brassica oleracea var. *italica* → Brokkoli
Buddleja sp. → Sommerflieder
Buxus sp. → Buchs
Buxus microphylla → Kleinblättriger Buchsbaum
Buxus sempervirens → Europäischer Buchsbaum
Calendula sp. → Ringelblume
Calluna sp. → Besenheide
Calystegia sp. → Zaunwinde
Cannabis spp. → Hanf
Capsella sp. → Hirtentäschel
Cardamine pratensis → Wiesen-Schaumkraut
Carex spp. → Seggen
Carum carvi → Wiesen-Kümmel
Caryopteris sp. → Bartblume
Centaurea cyanus → Kornblume
Centaurea sp. → Flockenblume
Chaenomeles sp. → Zierquitte
Chamaecyparis sp. → Scheinzypresse
Chiococca sp. → Schneebeere
Chrysalidocarpus sp. → Goldfruchtpalme
Cichorium sp. → Wegwarte
Cimicifuga sp. → Silberkerze
Cirsium oleraceum → Kohl-Kratzdistel
Consolida regalis → Acker-Rittersporn, Gewöhnlicher Feldrittersporn
Convolvulus arvensis → Ackerwinde, Feldwinde, Windling
Convolvulus spp. → Winden
Cornus sp. → Kornelkirsche
Corydalis sp. → Lerchensporn
Corylus avellana → Hasel
Corynephorus canescens → Silbergras
Cotoneaster sp. → Zwergmispel
Crataegus sp. → Weißdorn
Cucumis spp. → Gurken
Cucurbita spp. → Kürbis(se)
Cucurbita pepo subsp. *pepo* convar. *giromontiina* → Zucchini
Cupressus sp. → Echte Zypresse
Cuscuta sp. → Seide, Teufelsseide
Cyclamen sp. → Alpenveilchen

Salix sp. → Weide
Salvia sp. → Salbei
Sambucus sp. → Holunder
Schefflera → Schefflera
Scleranthus sp. → Knäuel
Sedum sp. → Fetthenne
Senecio sp. → Greiskraut, Kreuzkraut
Silene viscaria → Gewöhnliche Pechnelke
Silybum sp. → Mariendistel
Sinapis arvensis → Ackersenf
Sinapis sp. → Senf
Sisymbrium sp. → Rucola
Solanum lycopersicum → Tomate, Paradeiser
Solanum tuberosum → Kartoffeln, Erdäpfel
Sorbaria sp. → Fiederspiere
Sorbus spp. → Vogelbeeren
Spirea spp. → Spiersträucher
Stellaria media → Vogel(-Stern)miere
Symphyotrichum spp. → Herbstastern (Bsp. für Gattung herbstblühender Astern)
Tagetes sp. → Studentenblume
Tanacetum sp. → Wucherblume
Tanacetum cinerariifolium → Dalmatin. Insektenblume
Tanacetum vulgare, Synonym: *Chrysanthemum vulgare* → Rainfarn
Taraxacum sp. → Löwenzahn
Thymus sp. → Thymian
Trifolium repens → Weißklee
Tripleurospermum perforatum, T. maritimum agg. → Geruchlose Strandkamille
Trollius europaeus → Europäische Trollblume
Tropaeolum sp. → Kapuzinerkresse
Tussilago farfara → Huflattich
Urtica sp. → Brennnessel
Urtica dioica → Große Brennnessel
Urtica urens → Kleine Brennnessel
Valerianella sp. → Feldsalat, Vogerlsalat
Verbascum sp. → Königskerze
Veronica sp. → Ehrenpreis
Veronica filiformis → Faden-Ehrenpreis
Viburnum sp. → Schneeball
Viburnum opulus → Gewöhnlicher Schneeball
Vicia sp. → Wicken
Vicia faba → Ackerbohne
Viola sp. → Stiefmütterchen
Viola arvensis → Acker-Stiefmütterchen
Vitis vinifera → Wein
Zea mays → Mais
Zinnia sp. → Zinnie

Pilze und Pilzähnliche

Alternaria spp. → pilzl. Erreger der *Alternaria*-Fäule/ Blattfleckenkrankheit
Alternaria alternata f. sp. *cucurbitae* → pilzl. Blattflecken-Erreger an Gurken
Alternaria solani → pilzl. Erreger der Dürrflecken-krankheit, an Tomate
Alternaria zinnia → pilz. Erreger, an Blühpflanzen wie *Zinnia* sp.
Ambrosia → Pilz, der Borkenkäferlarven als Nahrung dient
Ampelomyces quisqualis → parasitärer Nutzpilz gegen den Echten Mehltau
Armillaria spp. → Hallimasch
Aureobasidium pullulans → Nutzpilz gegen Feuerbrand, Lager- und Grauschimmelfäule
Beauveria sp. → Nutzpilz (untersch. Stämme) gegen Engerlinge
Beauveria bassiana → Nutzpilz gegen die Puppen von Kirschfruchtfliegen im Boden
Blumeriella jaapii → pilzl. Erreger der Sprühflecken-krankheit
Botrytis spp. → Schimmelpilz (u. a. Edelfäule)
Botrytis aclada → Zwiebelhalsfäule
Botrytis cinerea, Synonym: *Botrytinia fuckeliana*) → Grauschimmel
Calocera viscosa → Klebriger Hörnling
Cladobotryum-Arten z. B. *C. dendroides* oder *C. mycophilum* → pilzl. Erreger von Spinnwebschimmel
Cladosporium → pilzl. Blattflecken-Erreger, auch Anthraknosen
Colletotrichum sp. → Schlauchpilzgattung (asexuelle Form), pilzl. Erreger von Anthraknosen
Coniothyrium wernsdorffiae → pilzl. Erreger der Rinden- oder Brandfleckenkrankheit an der Rose
Corticium fuciforme → pilzl. Erreger der Rotspitzigkeit
Cronartium ribicola → Johannisbeersäulenrost
Cylindrocladium buxicola → pilzl. Erreger des Buchs-baumsterbens
Diplocarpon rosae, Synonym: *Marssonina rosae* → Sternrußtau
Erysiphe cichoracearum, Synonym: *Golovinomyces cichoracearum* → Echter Mehltau, an Salat, Zucchini, Kürbis
Erysiphe cucurbitacearum, Synonyme: *Golovinomyces cucurbitacearum, Leiveillula cucurbitacearum* → Echter Mehltau, an Kürbis, Zucchini
Erysiphe necator → Echter Mehltau, an Wein
Erysiphe polyphaga → Echter Mehltau, an Feldsalat, Kürbis, Zucchini
Erysiphe polygoni → Echter Mehltau, an Gurken
Erysiphe orontii, Synonym: *Golovinomyces orontii* → Echter Mehltau, an Kürbis, Zucchini
Fomes fomentarius → Zunderschwamm
Fuligo candida → Weiße Lohblüte
Fuligo septica → Gelbe Lohblüte

Fusarium → pflanzenpathogener Pilz, der u. a. Wurzelkrankheiten verursacht
Fusarium oxysporum → pflanzenpathogener Pilz; als Nutzpilz gegen *Phytophthora*-Erkrankungen
Gliocladium sp. → antagonistischer Pilz, der Schadpilze parasitiert
Gloeosporium → pilzl. Erreger von Lagerfäule
Gnomonia leptostyla (früher *Marssonina juglandis*) → pilzl. Erreger der Blattbräune der Walnuss
Golovinomyces spp. → Echter Mehltau
Golovinomyces cichoracearum, Synonym: *Erysiphe cichoracearum*: → Echter Mehltau, an Salat, Zucchini, Kürbis
Golovinomyces cucurbitacearum, Synonyme: *Erysiphe cucurbitacearum*, *Leiveillula cucurbitacearum* → Echter Mehltau, an Kürbis, Zucchini
Golovinomyces orontii, Synonym: *Erysiphe orontii* → Echter Mehltau, an Kürbis, Zucchini
Guignardia buxi → Blattfleckenpilz am Buchs
Gymnosporangium fuscum → Birnengitterrost
Gyromitra esculenta → Frühjahrs-Lorchel
Helminthosporium solani → pilzl. Erreger des Silberschorfs
Hericium sp. → Stachelbart
Kabatina thujae → pilzl. Erreger des Kabatina-Zweigsterbens
Laetiporus sulphureus → Schwefelporling
Lecanicillium fungicola, Synonym: *Verticillium fungicola* → pilzl. Erreger von Trockenschimmel
Leiveilulla cucurbitacearum, Synonyme: *Golovinomyces cucurbitacearum*, *Erysiphe cucurbitacearum* → Echter Mehltau, an Kürbis, Zucchini
Marssonina juglandis (heute *Gnomonia leptostyla*) → pilzl. Erreger der Blattflecken-Erkrankung der Walnuss
Metarhizium anisopliae → insektenpathogener Nutzpilz
Microdochium nivale → pilzl. Erreger d. Schneeschimmels
Microsphaera grossulariae → Echter Mehltau, an Stachelbeere
Monilia → pilzl. Erreger von *Monilia*-Erkrankungen
Monilia fructigena → Fruchtmonilia
Monilia laxa → *Monilia*-Spitzendürre
Morchella esculenta → Speise-Morchel
Mucor → Köpfchenschimmel
Mycogone perniciosa → pilzl. Erreger der Weichfäule
Nectria cinnabarina → Rotpustelpilz
Neonectria galligena → pilzl. Erreger v. Obstbaumkrebs
Oidium spp. → Echter Mehltau, an Gemüse u. Beerenobst
Oidium neolycopersici → Echter Mehltau, an Tomate
Oomyceten, Peronosporomycetes → Eipilze, Scheinpilze
Peronospora sparsa, Synonym: *Pseudoperonospora sparsa*, Falscher Mehltau
Pestalotia → opportunistischer Pilz; Erreger des *Pestalotia*-Zweigsterbens
Phaeoacremonium (*P. aleophilum* [= *Togninia minima*] und *P. chlamydospora*) → Komplex pilzl. Erreger (siehe auch ESCA)
Phoma → pilzl. Erreger von Wurzel- oder Keimlingskrankheiten
Phomopsis → Pilz, der Tracheomykosen verursacht
Phragmidium mucronatum → Rosenrost
Physarum polycephalum → Schleimpilzart
Phytophthora spp. → pilzähnl. Erreger von Fäulen und anderen Pflanzenkrankheitn (z. B. Eichen-, Erika-, Buchen-, ...-sterben)
Phytophthora cactorum → pilzähnl. Erreger von Fäulen an Rosengewächsen und Rhododendren, Kragenfäule an Apfel, Wurzelfäule an Erdbeere
Phytophthora cambivora und *Phytophthora citricola* → pilzähnl. Erreger von Fäulen an Buchen und anderen Laubgehölzen
Phytophthora cinnamomi → pilzähnl. Erreger von Fäulen an Pflanzen in sauren Böden (Rhododendren, Erikas, Nadelgehölze)
Phytophthora infestans → pilzähnl. Erreger der Kraut- und Braunfäule an Nachtschattengewächsen
Phytophthora ramorum → pilzähnl. Erreger von Fäulen an Eichen, Rhododendron und Schneeball
Plasmodiophora brassicae → pilzähnl. Erreger der Kohlhernie
Plasmopara viticola → Falscher Mehltau, an Wein
Pleurotus ostreatus → Austernseitling
Podosphaera spp. → Echter Mehltau
Podosphaera leucotricha → Echter Mehltau, an Apfel
Podosphaera xanthii → Echter Mehltau, an Marktgemüse, z. B. Gurken
Puccinia buxi → Buchsbaumrost
Puccinia graminis → Getreiderost
Puccinia malvacearum → Malvenrost
Puccinia ribesii-caricis → Stachelbeerrost
Pycnostysanus azaleae → pilzl. Erreger von Knospensterben an Rhododendron, übertragen durch Rhododendronzikaden
Pyrenophora graminea → pilzl. Erreger der Streifenkrankheit
Pythium → pilzl. Erreger von Wurzel- und Keimlingskrankheiten
Pythium ultimum → pilzl. Erreger der *Pythium*-Wurzelfäule
Ramularia → pilzl. Blattflecken-Erreger
Rhizoctonia → pilzl. Erreger von Wurzel- und Keimlingskrankheiten
Rhizopus stolonifer → pilzl. Erreger (Fruchtschimmel)
Sarcoscypha coccinea → Scharlachroter Kelchbecherling
Sclerotinia → pflanzenpathogener Pilz
Sclerotinia homoeocarpa → pilzl. Erreger von Dollarspots (Absterbe-Erscheinungen im Rasen)
Septoria → pilzl. Blattflecken-Erreger
Septoria lycopersici → pilzl. Erreger der Blattfleckenkrankheit (Tomate)

Sphaceloma rosarum, Synonyme: *Gloesporium rosarum, Phyllosticta rosarum* → pilzl. Blattflecken-Erreger an der Rose
Sphaerotheca spp. → Echter Mehltau, an allen Gemüsen und Beerenobst
Sphaerotheca fuliginea → Echter Mehltau, an Kürbis, Zucchini
Sphaerotheca pannosa → Echter Mehltau, an Rose
Stigmina carpophila → pilzl. Erreger der Schrotschusskrankheit
Streptomyces scabiei → pilzl. Erreger des Kartoffelschorfs (Strahlenpilz)
Strobilurus tenacellus → Kiefernzapfenrübling
Taphrina → Schleimpilz; Erreger verschiedener Krankheiten (Kräuselkrankheit, Besenwuchs, Narren(taschen)krankheit, Steinbrand)
Taphrina deformans → pilzl. Erreger der Kräuselkrankheit (Pfirsichkräuselkrankheit)
Taphrina pruni → pilzl. Erreger der Narren(taschen)-krankheit, an Pflaumen
Tilletia caries → pilzl. Erreger des Steinbrands, an Getreide
Tilletia foetida → pilzl. Erreger des Steinbrands, an Getreide
Trametes versicolor → Schmetterlingstramete
Tranzschelia pruni-spinosae → Pflaumenrost
Trichoderma → hyperparasitärer Nutzpilz
Trichoderma harzianum → hyperparasitärer Nutzpilz gegen pflanzenpathogene Pilze (*Pythium, Fusarium, Botrytis, Sclerotinia, Oidium*)
Ustilago maydis → Brandbeulenpilz, an Mais
Venturia spp. → Schorf
Venturia inaequalis → Schorf an Apfel
Venturia pirina → Birnenschorf
Verticillium → pilzl. Erreger der *Verticillium*-Welke
Verticillium albo-atrum → pilzl. Erreger der *Verticillium*-Welke
Verticillium dahliae → pilzl. Erreger der *Verticillium*-Welke
Volutella buxi → pilzl. Erreger des *Volutella*-Zweigsterbens, am Buchs

Bakterien

Agrobacterium tumefaciens → Bakterium, verursacht Tumore (Wurzelkropf)
Bacillus amyloliquefaciens → nützliches Bakterium gegen bodenbürtige Pilzkrankheiten
Bacillus thuringiensis → auch Bt abgekürzt, nützliches Bakterium gegen Schmetterlings-Schadraupen
Bacillus thuringiensis var. *aizawei* → nützliches Bakterium gegen Schmetterlings-Schadraupen
Bacillus thuringiensis var. *israelensis* → nützliches Bakterium gegen Stechmücken, Gelsen
Bacillus thuringiensis var. *kurstaki* → nützliches Bakterium gegen Schmetterlings-Schadraupen
Bacillus thuringiensis var. *tenebrionis* → nützliches Bakterium gegen Blattkäfer
Clavibacter → bakt. Fäule-Erreger
Clostridium → Clostridien, Bakteriengattung, einige Arten produzieren Botulinumtoxin
Erwinia amylovora → bakt. Erreger des Feuerbrands
Erwinia carotovora → bakt. Erreger von Wurzelnassfäulen
Penicillium expansum → bakt. Erreger von Lagerfäule an Äpfeln
Pseudomonas → dt. Pseudomonaden, mit pflanzenschädigenden und -schützenden Stämmen
Pseudomonas syringae → Erreger der bakteriellen Schrotschusskrankheit
Pseudomonas syringae pv. *aceris* → Erreger der bakteriellen Schrotschusskrankheit, an Ahorn
Pseudomonas syringae pv. *aesculi* → Erreger der bakteriellen Schrotschusskrankheit, an der Rosskastanie
Pseudomonas syringae pv. *mors-prunorum* → Erreger der bakteriellen Schrotschusskrankheit, an Zwetschge und anderen Steinfrüchten
Pseudomonas syringae pv. *phaseolicola* → bakt. Erreger der Öl- oder Fettfleckenkrankheit, an Bohnen
Pseudomonas syringae pv. *pisi* → Erreger der bakteriellen Schrotschusskrankheit, an Erbse
Pseudomonas syringae pv. *syringae* → Erreger der bakteriellen Schrotschusskrankheit, an Flieder
Ralstonia solanacearum → bakt. Erreger der Schleimkrankheit, an Pelargonien
Saccharopolyspora spinosa → Bakterium, das die insektiziden Wirkstoffe Spinosad A und D produziert
Xanthomonas → Xanthomonaden, verursachen zahlreiche Krankheiten (z. B. Welken), Pathovare vorh.
Xanthomonas campestris pv. *hederae* → bakt. Erreger von Efeukrebs
Xanthomonas campestris pv. *juglandis* → bakt. Erreger des Bakterienbrands der Walnuss
Xanthomonas campestris pv. *vitians* → bakt. Blattflecken-Erreger an Salat
Xylella fastidiosa → Feuerbakterium, verursacht Welken und Absterbe-Erscheinungen durch Tracheobakteriosen

Über die Autoren

Fiona Kiss ist Gärtnermeisterin mit einem halben Studium der Landschaftsplanung an der Universität für Bodenkultur in Wien und arbeitet seit über 20 Jahren auf dem Gebiet des ökologischen Pflanzenschutzes. Durch die Praxis in verschiedenen Betrieben, im Forst, einem Schlossgarten und einem gärtnerischen Sozialprojekt sowie durch selbständige Beratungstätigkeit in Privatgärten konnte sie sich ein breites Wissen im Umgang mit Menschen und Natur aneignen. Die letzten elf Jahre beschäftigte sie sich mit der ökologischen Pflege und dem Pflanzenschutz auf der Garten Tulln, der ersten ökologischen Gartenschau in Europa, sowie der Umstellungsberatung zur pestizidfreien Pflege im öffentlichen Raum.

In ihrer Tätigkeit für die niederösterreichische Initiative „Natur im Garten" gibt sie ihre Erfahrungen in Seminaren und Vorträgen für Privatpersonen, Laien und Profis weiter, unter anderem an der Donau-Universität Krems, und initiierte die jährlichen „Internationalen Fachtage Ökologische Pflege". Als wesentlich sieht sie das Lernen und Erfahren durch Beobachtung. Denn was man selber „erkennt", lernt man lieben und schützt man auch.

Die gebürtige Oberösterreicherin lebt mit ihrer Familie im Waldviertel in Niederösterreich.

Andreas Steinert, geboren im oberfränkischen Coburg, hat noch mit Gift und Galle Zierpflanzengärtner gelernt und studierte anschließend Chemie und Gartenbau. Eigentlich eine ideale Kombination für den chemisch-synthetischen Pflanzenschutz. „Oder", wie er sagt, „ausreichend Kenntnisse über die dunkle Seite des Ackers", um mit diesem Wissen eben genau das Gegenteil zu tun.

Eine pflanzensoziologische Diplomarbeit und die Mitarbeit in der Nürnberger Stadtökologie waren die Einstiegsdrogen in eine Natur, die nur im komplexen Wechselspiel stark ist. Fast eineinhalb Jahrzehnte Fachberater für ökologische Gartenprodukte und Pflanzenschutz und aktuell Fachberater bei GARTENleben im niederösterreichischen Waldviertel.

Neben der Hauptaufgabe, der Umstellungsberatung von Städten und Gemeinden auf ökologische Pflege für das Land Niederösterreich („Natur im Garten"), werden auch Gartencenter und Schaugärten naturgemäß beraten. Durch unzählige Vorträge, Seminare und bei Vorlesungen an der Donau-Universität Krems wird die ökologische Gartenidee weitergetragen. Wenn die Natur als selbstheilendes System verstanden wird, erübrigt sich fast jeder Eingriff. Andreas Steinert pendelt regelmäßig zwischen dem Rande des Waldviertels und Nürnberg.

Dank

Bei folgenden Freundinnen und Freunden sowie lieben Kolleginnen und Kollegen und Ihren Instituten bzw. Firmen bedanken wir uns ganz herzlich für die zur Verfügung gestellten Fotos:

Margit Beneš-Oeller: Gartenfachautorin, Landschaftsplanerin & „Natur im Garten"-Beraterin, Wien

Roland Gaber: Gartenfachautor, Pomologe und Pflanzenschutzlehrer, Krems

Florin Kiss: Sohn der Autorin und interessiert an Naturfotografien

Karin Trauner, Die Garten Tulln: Vorarbeiterin der 1. Ökologischen Gartenschau in Europa, Tulln

biohelp Garten & Bienen – Biologische Produkte für Garten, Haus und Imkerei GmbH: berät und vertreibt biologische Produkte für Haus, Garten und Imkerei, Wien

W. Neudorff GmbH KG: Nützlingspionier und Vorreiter ökologischer Produkte für Garten und Haus, Emmerthal

Bundesforschungszentrum für Wald (BFW), Institut für Waldschutz, Wien:

Neben vielen anderen Tätigkeiten untersucht das Institut für Waldschutz biotische und abiotische Schadfaktoren an Bäumen und berät Waldbesitzer und Behörden. Die Diagnosetätigkeit beschränkt sich aber nicht nur auf den Wald, sondern schließt auch städtische Bereiche und Hausgärten ein (http://bfw.ac.at). Wir danken hier im Speziellen: Thomas Cech, James Connell, Ute Hoyer-Tomiczek, Hannes Krehan und Bernhard Perny

Wir danken auch unseren Arbeitgebern (**„Natur im Garten"** und **GARTENleben**), dass wir Fotos, die in der Arbeitszeit entstanden sind, für dieses Buch nutzen dürfen.

Bildnachweis

Der Großteil der Fotos in diesem Buch stammt von den Autoren Fiona Kiss und Andreas Steinert. Wenn nichts anderes angegeben, handelt es sich um Fotos der Autoren.

Margit Benes-Oeller: S. 7, Tagetes; S. 38, Nistkasten; S. 41, Tigerschnegel; S. 44, Laufkäfer; S. 133, oben links Schwalbenschwanz; S. 156, Laufenten; S. 176, Pflaume; S. 187, Tagetes; S. 268, Buchs; S. 302, Dollarspots; S. 309 unten;
biohelp Garten & Bienen – Biologische Produkte für Garten, Haus und Imkerei GmbH: S. 36, Raubmilbe; S. 36, Spinnmilbe; S 47, Nematoden; S. 165, Fangbrett; S. 45, Schlupfwespe;
Thomas Cech (BFW): S. 168, Feldmaus; S. 180 Walnussfruchtfliege beide Bilder; S. 221, Fusarium; S. 223, Lohblüte; S. 225, Absterbeerscheinungen; S. 225 Verfärbungen; S. 237, Knospensterben unteres Bild; S. 246, Pestalotia unteres Bild; S. 246, Kabatina beide Bilder; S. 248, Hallimasch beide Bilder; S. 251, Keimlingsfäule beide Bilder; S. 272, Volutella beide Bilder;
James Connell (BFW): S. 146, Wacholder-Prachtkäfer;
Roland Gaber: S. 96, Birne; S. 105, Schwefel; S. 129, Blütenendfäule; S. 144, Lilienhähnchenlarve beide Fotos; S. 161, Eulenraupe; S. 171, Wühlmausgitter; S. 174, Pflaumensägewespe; S. 174, Sägerin; S. 175, Apfelsägewespe; S. 178, Kirschfruchtfliege; S. 178, Larve; S. 216, Mosaikvirus; S. 217, Sharka; S. 232, Schorf; S. 233, Schorf Bild rechts; S. 239 alle Bilder; S. 255, Wurzelkropf; S. 256, Wurzelkropf; S. 260, Phytoplasmose; S. 312, Salzschäden Bild rechts unten;
Ute Hoyer-Tomiczek (BWF): S. 6, A. chinensis ganz oben; S. 150, Laubholzbockkäfer; S. 151, A. chinensis;
Nicole Kajtna: S. 9, Autoren;
Florin Kiss: S. 108, Regenwurm;
Hannes Krehan (BFW): S. 151, A. glabripennis;
W. Neudorff GmbH KG: S. 49, Kokon; S. 177, Wellpappstreifen;
Bernhard Perny (BFW): S. 99, Rapsöl; S. 149, Holzbohrer (beide Fotos); S. 168, Wühlmaus; S. 172, Rüsselkäfer rechts oben; S. 245, Miniermotte;
Christina Stegner: S. 274, Lohrer;
Karin Trauner (Die Garten Tulln): S. 157, Laufkäfer Bild unten;

forestryimages.org: S. 256, Öl- oder Fettfleckenkrankheit: Howard F. Schwartz, Colorado State University, Bugwood.org, „halo blight (Pseudomonas savastanoi pv. phaseolicola)" (https://www.forestryimages.org/browse/detail.cfm?imgnum=5357502); es handelt sich um einen Ausschnitt aus der Originalabbildung, lizenziert unter Creative-Commons-Lizenz CC BY 3.0 US, URL: https://creativecommons.org/licenses/by/3.0/us/

Shutterstock.com: S. 19, Meise (Bildagentur Zoonar GmbH); S. 44, Ohrwurm (slavik65); S. 51, Schlupfwespe (Erik Karits); S. 92, Dalmatiner Insektenblume (alybaba); S. 94, Kiefernzapfenrübling (Ivan Marjanovic); S. 95, indischer Nimbaum (AjayTvm); S. 102, Quassiabaum (pisitpong2017); S. 158, Rosenkäferlarve (TwilightArtPictures); S. 163, Maulwurfsgrille (VladKK); S. 163, Springschwänze (Holger Kirk); S. 167, Maulwurf (Bildagentur Zoonar GmbH); S. 173, Larve des Himbeerkäfers (Henrik Larsson); S. 188 Spinnmilbe (D. Kucharski K. Kucharska); S. 199, Larve des Australischen Marienkäfers (Martin Fowler); S. 200, Weiße Fliegen (D. Kucharski K. Kucharska); S. 222, Kraut- und Knollenfäule (Elena Masiutkina); S. 222, Kartoffelschorf (Grandpa); S. 240, Lagerfäule/Faulende Früchte (Gabor Tinz); S. 273, Schimmelnde Erde (Mr. adisorn khiaopo); S. 280, Deutsche Wespe (David Dohnal)

Wikimedia Commons:
S. 44, Hundertfüßer: Darkone, „Steinläufer (Lithobius forficatus) 2" (https://commons.wikimedia.org/wiki/File:Steinläufer_(Lithobius_forficatus)_2.jpg), lizenziert unter Creative-Commons-Lizenz CC BY-SA 2.5, URL: https://creativecommons.org/licenses/by-sa/2.5/deed.de
S. 44, Zebrathrips: --M.J. 16:36, 7. Jun 2006 (CEST), „Pampelmusen-Thrips" (https://commons.wikimedia.org/wiki/File:Pampelmusen-Thrips.jpg), lizenziert unter Creative-Commons-Lizenz CC BY-SA 2.0 DE, URL: https://creativecommons.org/licenses/by-sa/2.0/de/deed.en
S. 137, Eulenraupe: Frank Peairs, Colorado State University, United States, „Agrotis ipsilon larva" (https://commons.wikimedia.org/wiki/File:Agrotis_ipsilon_larva.jpg), lizenziert unter Creative-Commons-Lizenz CC BY 3.0, URL: https://creativecommons.org/licenses/by/3.0/deed.de
S. 172, Apfelblütenstecher: Sanja565658, „Anthonomus pomorum 01" (https://commons.wikimedia.org/wiki/File:Anthonomus_pomorum_01.JPG); es handelt sich um einen Ausschnitt aus der Originalabbildung, lizenziert unter Creative-Commons-Lizenz CC BY-SA 3.0. URL: https://creativecommons.org/licenses/by-sa/3.0/deed.en
S. 174, Plommonstekel: Nordisk familjebok (1920), vol. 30, *Trädgårdens skadeinsekter. II.*, „Plommonstekel_ugglan" (https://upload.wikimedia.org/wikipedia/commons/5/50/Plommonstekel_ugglan.jpg); Public domain (CC0 1.0)
S. 179, Kirschfruchtfliege: ©entomart, „Rhagoletis cerasi01" (https://commons.wikimedia.org/wiki/File:Rhagoletis_cerasi01.jpg)

S. 182, Mittelmeerfruchtfliege: Daniel Feliciano, „Ceratitis capitata" (https://commons.wikimedia.org/wiki/File:Ceratitis_capitata.JPG); es handelt sich um einen Ausschnitt aus der Originalabbildung, lizenziert unter Creative-Commons-Lizenz CC BY-SA 4.0, URL: https://creativecommons.org/licenses/by-sa/4.0/

S. 187, Nematoden, links: CSIRO, „CSIRO ScienceImage 6949 Roots of tomato plant affected with rootknot nematodes" (https://commons.wikimedia.org/wiki/File:CSIRO_ScienceImage_6949_Roots_of_tomato_plant_affected_with_rootknot_nematodes.jpg); es handelt sich um einen Ausschnitt aus der Originalabbildung, lizenziert unter Creative-Commons-Lizenz CC BY 3.0, URL: https://creativecommons.org/licenses/by/3.0/deed.en

S. 187, Nematoden, rechts: Photo by William Wergin and Richard Sayre. Colorized by Stephen Ausmus. U.S. Department of Agriculture, „A juvenile root-knot nematode (Meloidogyne incognita) penetrates a tomato root - USDA-ARS"), (https://commons.wikimedia.org/wiki/File:A_juvenile_root-knot_nematode_(Meloidogyne_incognita)_penetrates_a_tomato_root_-_USDA-ARS. jpg); es handelt sich um einen Ausschnitt aus der Originalabbildung, lizenziert unter Creative-Commons-Lizenz CC BY 2.0, URL: https://creativecommons.org/licenses/by/2.0/deed.en

S. 237, Botryotinia fuckeliana: Rasbak, „Botryotinia fuckeliana on Capsicum annuum, grauwe schimmel op paprika" (https://commons.wikimedia.org/wiki/File:Botryotinia_fuckeliana_on_Capsicum_annuum,_grauwe_schimmel_op_paprika.jpg); es handelt sich um einen Ausschnitt aus der Originalabbildung, lizenziert unter Creative-Commons-Lizenz CC BY-SA 3.0, URL: https://creativecommons.org/licenses/by-sa/3.0/deed.en

S. 237, Zikadenart, oben: Karsten Dörre (= user grizurgbg), „Rhododendron-Zikade 2006 08" (https://commons.wikimedia.org/wiki/File:Rhododendron-Zikade_2006_08.jpg); es handelt sich um einen Ausschnitt aus der Originalabbildung, lizenziert unter Creative-Commons-Lizenz CC BY-SA 3.0, URL: https://creativecommons.org/licenses/by-sa/3.0/deed.en

S. 246, Thuja, oben links: I. Sáček, senior, „Thuja occidentalis disease" (https://commons.wikimedia.org/wiki/File:Thuja_occidentalis_disease.jpg); Public domain (CC0 1.0)

S. 249, Obstbaumkrebs: I. Sáček, senior, „2013 03 28 Brno 9999 6ues" (https://commons.wikimedia.org/wiki/File:2013_03_28_Brno_9999_6u.JPG); Public domain (CC0 1.0) S. 250, Das Ende einer Kiefer: INAKAvillage211, „Pinus taeda seedling damping off", (https://commons.wikimedia.org/wiki/File:Pinus_taeda_seedling_damping_off.jpg); es handelt sich um einen Ausschnitt aus der Originalabbildung, lizenziert unter Creative-Commons-Lizenz CC BY-SA 3.0, URL: https://creativecommons.org/licenses/by-sa/3.0/deed.en

S. 251, Rhizoctonia solani: Howard F. Schwartz, „Rhizoctonia solani symptoms on bean roots" (https://commons.wikimedia.org/wiki/File:Rhizoctonia_solani_symptoms_on_bean_roots.jpg); lizenziert unter Creative-Commons-Lizenz CC BY 3.0, URL: https://creativecommons.org/licenses/by/3.0/deed.en

S. 254, Feuerbrand: Ninjatacoshell, „Fire blight (Erwinia amylovora) of pear" (https://commons.wikimedia.org/wiki/File:Fire_blight_(Erwinia_amylovora)_of_pear.png); es handelt sich um einen Ausschnitt aus der Originalabbildung, lizenziert unter Creative-Commons-Lizenz CC BY-SA 3.0, URL: https://creativecommons.org/licenses/by-sa/3.0/deed.en

S. 257, Bakterielle Blattflecken: Ninjatacoshell, „Xanthomonas leaf spot" (https://commons.wikimedia.org/wiki/File:Xanthomonas_leaf_spot.png); es handelt sich um einen Ausschnitt aus der Originalabbildung, lizenziert unter Creative-Commons-Lizenz CC BY-SA 3.0, URL: https://creativecommons.org/licenses/by-sa/3.0/deed.en

S. 280, oben, *Vespula* Vulgaris: Martin Cooper from Ipswich, UK, „Common Wasp (Vespula (Paravespula) vulgaris) (8655493612)" (https://commons.wikimedia.org/wiki/File:Common_Wasp_(Vespula_(Paravespula)_vulgaris)_(8655493612).jpg); lizenziert unter Creative-Commons-Lizenz CC BY 2.0, URL: https://creativecommons.org/licenses/by/2.0/deed.en

S. 280, unten, Dolichovespula Saxonica: Magne Flåten, „Dolichovespula saxonica-a" (https://commons.wikimedia.org/wiki/File:Dolichovespula_saxonica-a.jpg); es handelt sich um einen Ausschnitt aus der Originalabbildung, lizenziert unter Creative-Commons-Lizenz CC BY-SA 3.0, URL: https://creativecommons.org/licenses/by-sa/3.0/deed.en

S. 283, links, Zecke: Thomas Bresson from Belfort, France, „Ixodida sp (3)" (https://commons.wikimedia.org/wiki/File:Ixodida_sp_(3).jpg); es handelt sich um einen Ausschnitt aus der Originalabbildung, lizenziert unter Creative-Commons-Lizenz CC BY 2.0, URL: https://creativecommons.org/licenses/by/2.0/deed.en

S. 283, rechts, Rote Samtmilbe: gbohne from Berlin, Germany, „Rote Samtmilbe - Red velvet mite (9086054919)" (https://commons.wikimedia.org/wiki/File:Rote_Samtmilbe_-_Red_velvet_mite_(9086054919).jpg); es handelt sich um einen Ausschnitt aus der Originalabbildung, lizenziert unter Creative-Commons-Lizenz CC BY-SA 2.0, URL: https://creativecommons.org/licenses/by-sa/2.0/deed.en